新版建筑设备安装工程质量通病防治手册

深圳市建设工程质量监督总站　主编

中国建筑工业出版社

图书在版编目(CIP)数据

新版建筑设备安装工程质量通病防治手册/深圳市建设工程质量监督总站主编.—北京:中国建筑工业出版社,2005
ISBN 7-112-07834-2

Ⅰ.新… Ⅱ.深… Ⅲ.房屋建筑设备—建筑安装工程—工程质量—质量管理—手册 Ⅳ.TU8-62

中国版本图书馆 CIP 数据核字(2005)第 128042 号

新版建筑设备安装工程质量通病防治手册

深圳市建设工程质量监督总站 主编

*

中国建筑工业出版社出版、发行(北京西郊百万庄)

新 华 书 店 经 销

广东昊盛彩印有限公司印刷

*

开本:787×1092毫米 1/16 印张:29¼ 字数:712千字

2005年11月第一版 2005年11月第一次印刷

印数:1—7000册 定价:**60.00**元

ISBN 7-112-07834-2
(13788)

(邮政编码 100037)

本社网址:http://www.china-abp.com.cn

网上书店:http://www.china-building.com.cn

本书分为6章,内容是:建筑给水排水工程、通风与空调工程、建筑电气工程、智能建筑工程、电梯工程和建筑燃气工程。全书以从事施工、设计、监理、工程管理及质量监督的专家们多年的实践经验和技术知识为基础,深入研究国家规范、技术标准及相关技术资料,提出了建筑设备安装工程中规律性、关键性的质量通病共456条,其内容涉及到施工、设计、材料设备、管理等方面。

本书内容详尽,涉及面广,实用性强。通过列出通病的现象,分析其危害及产生原因,最后提出标准要求及防治措施,对建筑设备施工技术人员、设计工程师、监理工程师、施工管理人员及质量监督工程师等人有很好的参考价值。

* * *

责任编辑 常 燕

编审单位及人员名单

主　编：弓经远
副主编：庚润同　刘锋钢　曾　胜
主　审：漆保华　于　剑　刘文化　周　卫
第一章：徐以中　黄晓峰　钱志辉　刘锋钢
第二章：盖晓霞　龙雄燕　唐忠赤　吴延奎　彭　洁　方　平　弓经远
第三章：张绍昌　宋文峰　万　军　褚　蒙　漆保华　梁　映
第四章：韩　红　周义坪　徐岩宇　刘立强　廖寒冰　黄加余　梁　映
第五章：沈铁成　谢贵乾　陆树勇　庚润同
第六章：刘宏桂　夏荣刚　张　军　张　琳　孙锡伦　刘永信　弓　明
审　查：史丹梅　梁游均　罗　艺　傅书训　沈喜恩　毛俊琦
封面设计：孟顺利

主编单位：深圳市建设工程质量监督总站
参编单位：深圳市首嘉工程顾问有限公司
深圳市美达安装工程有限公司
深圳市燃气集团有限公司
深圳市建筑设计研究总院
深圳市华西企业有限公司
深圳市城建监理有限公司
江苏省华建建设股份有限公司深圳分公司
深圳市京圳建设监理公司
深圳市鹏城房地产开发有限公司
深圳市胜捷消防器材工程公司
深圳市协创科技有限公司
深圳市荣华机电工程有限公司
深圳市同大机电设备安装有限公司

前　言

建筑设备安装工程质量通病是指建筑设备安装工程中经常发生的、普遍存在的一些工程质量问题。由于这些问题涉及面广，且不易引起重视，工作中长期得不到解决，所以成为群众投诉的热点。造成建筑设备安装工程质量通病的原因是多方面的，除施工方面的原因外，设计、材料、工程造价、工期、施工管理以及上岗人员培训等都是不可忽视的因素，所以我们认为防治质量通病必须采取综合治理的方法。

对建筑设备安装工程质量通病的防治一直是业内人士所关注的课题。深圳市建设工程质量监督总站多年来一直从事该课题的探索与研究工作，也多次到全国各地的同行中吸取经验，经多年的积累，认为有必要将一些粗浅认识献给同行以供借鉴。2004年开始，我们组织深圳地区业内有声望的专家编写《建筑设备安装工程质量通病防治手册》一书。本书是以从事施工、设计、监理、工程管理及质量监督的专家们多年的实践经验和技术知识为基础，深入研究国家规范、技术标准及相关技术资料，提出了建筑设备安装工程中规律性、关键性的质量通病共456条，其范围涉及到建筑工程中的"给水排水工程"、"通风与空调工程"、"建筑电气工程"、"智能建筑工程"、"电梯工程"、"燃气工程"等主要建筑设备安装分部工程。其内容涉及到施工、设计、材料设备、管理等方面。

通病防治，其重点在预防。所以本书以预防为主线，过程质量控制为前提，通过列出通病的现象，分析其危害及产生原因，最后提出标准要求及防治措施。我们力求准确、详明、实用。希望本书能成为一本施工技术人员、设计工程师、监理工程师、施工管理人员及质量监督工程师较为实用的工具书。

由于编者水平有限，编制工作量大，时间仓促，因此，难免会存在这样或那样的问题，敬请读者批评指正，以使我们今后不断修订和完善。

编　者

目　录

第1章　建筑给水排水工程

第2章 通风与空调工程

第3章 建筑电气工程

第4章 智能建筑工程

第5章 电梯工程

第6章 建筑燃气工程

第1章 建筑给水排水工程

1.1 室内给水系统安装质量通病

1.1.1 室内生活给水管材选择不合理

1. 现象

(1) 室内生活给水管使用镀锌钢管、铸铁给水管或无缝钢管;

(2) 屋顶、外墙等受阳光直接照射的地方选用塑料管,且未采取防晒、保温措施。

2. 危害及原因分析

(1) 危害

1) 镀锌钢管分冷镀锌和热镀锌两类。镀锌管由于镀层脱落,管道被腐蚀,导致供水水质受污染,出现"黄水"现象。尤其冷镀锌钢管,使用1~2年镀锌层就会脱落;

2) 屋顶选用塑料管,如未采取防晒、保温措施,将会导致塑料管受阳光直射,加快塑料老化,缩短使用寿命;同时管内水温受阳光照射升高,导致用水时水温忽冷忽热,不舒适,水温升高还会给细菌繁殖提供了良好的环境,可能导致用水点出水的细菌数超标,管内的水受到"热污染",特别是透明塑料管。

(2) 原因分析

思想不重视,执行规范不严,考虑不充分。

3. 标准要求及防治措施

(1) 标准要求

1)《建筑给水排水设计规范》(GB 50015—2003)第3.4.3条:"室内的给水管道,应选用耐腐蚀和安装连接方便可靠的管材,可采用塑料给水管、塑料和金属复合管、铜管、不锈钢管及经可靠防腐处理的钢管";

2)《建筑给水排水设计规范》(GB 50015—2003)第3.5.24条:"在室外明设的给水管道,应避免受阳光直接照射,塑料给水管还应采取有效保护措施;在结冻地区应做保温层,保温层的外壳,应密封防渗";

3)《建筑给水排水及采暖工程施工质量验收规范》(GB 50242—2002)第4.1.2条:"给水管道必须采用与管材相适应的管件。生活给水系统所涉及的材料必须达到饮用水卫生标准";

4)《建筑给水排水及采暖工程施工质量验收规范》(GB 50242—2002)第9.1.3条:"塑料管道不得露天架空铺设,必须露天架空铺设时应有保温和防晒等措施";

5) 建设部、国家经贸委、质量技术监督局、建材局联合印发的《关于在住宅建设中淘汰落后产品的通知》(建住房[1999]295号):"室内给水管道禁止使用冷镀锌钢管,逐步限时禁止使用热镀锌钢管"。

(2) 防治措施

1）设计施工过程中应执行国家规范及当地主管部门对给水管材的采用规定来选择使用给水管材。当必须使用钢管（铸铁管）时，应对钢管（铸铁管）内外进行防腐处理，内防腐处理常见的有衬塑、涂塑或涂防腐涂料（镀锌层不是防腐层，而是防锈层，镀锌钢管亦必须做防腐处理）；

2）给水系统所采用的管材和管件，除应符合现行规范及相应的产品标准外，还要求其工作压力不得大于产品标准标注的允许工作压力。管件的允许工作压力除取决于管材、管件的承压能力外，还与管道接口能承受的拉力有关，这三个允许工作压力中的最低者为管道系统的允许工作压力；

3）部分塑料管及其复合管材（如PP－R，铝塑复合管等）一般都有冷、热水管之分，选择使用时应注意塑料冷水管不得使用于热水系统，聚乙烯及交联聚乙烯塑料管不得使用于热水系统；

4）屋顶、明装于外墙等可能受阳光直接照射部位的管道，宜采用金属管或钢塑复合管，当选用塑料管时应采取有效的保护措施；北方冰冻地区应采取保温措施。

1.1.2 阀门安装前未试压

1．现象

阀门安装前未做强度和严密性试验，或抽检数量不够。

2．危害及原因分析

（1）危害

目前国内小型阀门厂家很多，质量问题也很多，若在安装前不做强度和严密性试验，就会影响系统使用功能及日后的维护检修，同时可能为质量不好的产品提供了市场机会。

（2）原因分析

制度不严，认识不够，工作不认真。

3．标准要求及防治措施

（1）标准要求

1）《建筑给水排水及采暖工程施工质量验收规范》（GB 50242—2002）第3.2.4条："阀门安装前，应做强度和严密性试验。试验应在每批（同牌号、同型号、同规格）数量中抽查10%，且不少于一个。对于安装在主干管上起切断作用的闭路阀门，应逐个做强度和严密性试验"；

2）《建筑给水排水及采暖工程施工质量验收规范》（GB 50242—2002）第3.2.5条："阀门的强度和严密性试验，应符合以下规定：阀门的强度试验压力为公称压力的1.5倍；严密性试验压力为公称压力的1.1倍；试验压力在试验持续时间内保持不变，且壳体填料及阀瓣密封面无渗漏"。阀门试压的试验持续时间应不少于表1.1.2的规定。

（2）防治措施

1）阀门进场时应进行检查：阀门的型号、规格应符合设计要求。阀体铸造应规矩，表面光滑，无裂纹，开关灵活，手轮完整无损，具有出厂合格证；

2）按标准要求进行试验，试验用的压力表应在校验有效期内。强度试验要求全部打开阀门，封堵阀门两端进行试压，在强度试验压力下检查阀体及填料部位有无渗漏；严密性试验时关闭阀门，封堵阀门一端，在严密性试验压力下检查阀门关闭是否严密不漏；在规定的持续时间内试压检查部位不渗不漏为合格；

阀门试验持续时间　　表 1.1.2

公称直径 DN (mm)	最短试验持续时间(s)		
	严密性试验		强度试验
	金属密封	非金属密封	
≤50	15	15	15
65～200	30	15	60
250～450	60	30	180

3）试验合格的阀门应及时排出内部积水，密封面应涂抹防锈油，关闭阀门，并将两端暂时封闭。试验不合格的阀门应经研磨修理（或退货更换新批次阀门），重新试验，合格后方可使用。试验合格应填写相应的试验记录；

4）阀门安装前应先将管道内部杂物清除干净，以防铁屑、砂粒等杂物刮伤阀门的密封面。

1.1.3　用水点水量水压不符合规范或设计要求

1．现象

给水管道系统通水后，部分用水点水量水压达不到规范或设计要求。

2．危害及原因分析

（1）危害

室内生活给水系统是将城镇给水管网或自备水源给水管网的水引入室内，经配水管送至生活用水设备，并满足各用水点对水量、水压和水质要求的给水供应系统。若用水点出水水量水压过大或是过小，则表明该给水系统不能满足使用功能。

（2）原因分析

1）设计中水泵水量、扬程确定不合理，分区不尽合理，导致分区顶部用水点水量水压过大或过小；

2）管道安装过程中，临时敞口处未及时进行封堵，导致水泥砂浆、石块等杂、污物掉入管内；后续安装及连接器具（配件）时没有清理干净管内的杂物，导致管内过水断面减小；

3）管道安装完毕后未进行冲洗或冲洗不合格就投入使用，掉入管腔内的油麻、泥砂等导致水嘴滤网堵塞；

4）减压阀质量不过关或未按设计要求进行调试。

3．标准要求及防治措施

（1）标准要求

1）《建筑给水排水设计规范》（GB 50015—2003）第 3.1.14 条：卫生器具给水额定流量、当量、连接管径和最低工作压力应按表 1.1.3 确定；

2）《建筑给水排水设计规范》（GB 50015—2003）第 3.3.2 条："居住小区的加压给水系统，应根据小区的规模、建筑高度和建筑物的分布等因素确定加压站的数量、规模和水压"；

卫生器具给水额定流量、当量、连接管径和最低工作压力　　表 1.1.3

序号	给水配件名称	额定流量(L/s)	当量	连接管公称直径(mm)	最低工作压力(MPa)
1	洗涤盆、拖布盆、盥洗槽				
	单阀水嘴	0.15～0.20	0.75～1.00	15	0.050
	单阀水嘴	0.30～0.40	1.50～2.00	20	
	混合水嘴	0.15～0.20(0.14)	0.75～1.00(0.70)	15	
2	洗脸盆				
	单阀水嘴	0.15	0.75	15	0.050
	混合水嘴	0.15(0.10)	0.75(0.50)	15	
3	洗手盆				
	感应水嘴	0.10	0.50	15	0.050
	混合水嘴	0.15(0.10)	0.75(0.50)	15	
4	浴盆				
	单阀水嘴	0.20	1.00	15	0.050
	混合水嘴(含带淋浴转换器)	0.24(0.20)	1.20(1.00)	15	0.050～0.070
5	淋浴器				
	混合阀	0.15(0.10)	0.75(0.50)	15	0.050～0.100
6	大便器				
	冲洗水箱浮球阀	0.10	0.50	15	0.020
	延时自闭式冲洗阀	1.20	6.00	25	0.100～0.150
7	小便器				
	手动或自动自闭式冲洗阀	0.10	0.50	15	0.050
	自动冲洗水箱进水阀	0.10	0.50	15	0.020
8	小便槽穿孔冲洗管(每 m 长)	0.05	0.25	15～20	0.015
9	净身盆冲洗水嘴	0.10(0.07)	0.50(0.35)	15	0.050
10	医院倒便器	0.20	1.00	15	0.050
11	实验室化验水嘴(鹅颈)				
	单联	0.07	0.35	15	0.020
	双联	0.15	0.75	15	0.020
	三联	0.20	1.00	15	0.020
12	饮水器喷嘴	0.05	0.25	15	0.050
13	洒水栓	0.40	2.00	20	0.050～0.100
		0.70	3.50	25	0.050～0.100
14	室内地面冲洗水嘴	0.20	1.00	15	0.050
15	家用洗衣机水嘴	0.20	1.00	15	0.050

注：表中括弧内的数字系在有热水供应时，单独计算冷水或热水时使用。

3)《建筑给水排水设计规范》(GB 50015—2003)第3.3.4条:“卫生器具给水配件承受的最大工作压力,不得大于0.6MPa”;

4)《建筑给水排水设计规范》(GB 50015—2003)第3.3.5条:“高层建筑生活给水系统应竖向分区,竖向分区应符合下列要求:

a. 各分区最低卫生器具配水点处的静水压不宜大于0.45MPa,特殊情况下不宜大于0.55MPa;

b. 水压大于0.35MPa的入户管(或配水横管),宜设减压或调压设施;

c. 各分区最不利配水点的水压,应满足用水水压要求”。

5)《建筑给水排水及采暖工程施工质量验收规范》(GB 50242—2002)第4.2.2条:“给水系统交付使用前必须进行通水试验并做好记录”;

6)《建筑给水排水及采暖工程施工质量验收规范》(GB 50242—2002)第4.2.3条:“生活给水系统管道在交付使用前必须冲洗和消毒,并经有关部门取样检验,符合国家《生活饮用水标准》方可使用”。

(2) 防治措施

1) 设计中应根据建筑物,按设计规范合理选用给水系统供水方式,进行管道布置,正确确定水泵的流量及扬程,保证给水系统满足其使用功能;

2) 管道施工时应保证接口质量,施工过程中的临时间断处必须及时封堵,防止管道堵塞,后续安装及连接器具(配件)时清理干净管内的杂、污物;严格按设计选择使用各类阀门,减压阀安装完毕应进行调试,并应符合设计要求;

3) 管道安装完毕,必须按系统进行冲洗,将管道内的杂物冲洗出来,直至合格。为保证使用功能,给水系统交付使用前必须进行通水试验,系统用水点出水的水量水压应能满足设计规范要求,并做好相应记录归档。

1.1.4 给水管道渗漏

1. 现象

管道连接处或管道与设备(卫生器具)连接处滴水渗漏。

2. 危害及原因分析

(1) 危害

明装管道渗漏滴水将影响环境,并会导致吊顶等装饰损害;暗埋管道渗漏会产生积水,导致面层装饰损害。

(2) 原因分析

1) 管道安装过程中,管接口不牢,连接不紧密,以致连接处渗漏;

2) 管道水压试验不认真,没有认真检查管道安装质量;

3) 管道与器具给水阀门、水龙头、水表等连接不紧密,导致接口渗漏;

4) 管道安装完成后,成品保护不力,造成管道损坏。

3. 标准要求及防治措施

(1) 标准要求

1)《建筑给水排水及采暖工程施工质量验收规范》(GB 50242—2002)第4.2.1条:“室内给水管道的水压试验必须符合设计要求。当设计未注明时,各种材质的给水管道系统试验压力均为工作压力的 1.5 倍，但不得小于 0.6MPa”。

2)《建筑给水排水及采暖工程施工质量验收规范》(GB 50242—2002)第 7.3.1 条：“卫生器具给水配件应完好无损伤，接口严密，启闭部分灵活”。

3)《建筑给水排水及采暖工程施工质量验收规范》(GB 50242—2002)第 3.3.15 条：“管道接口应符合下列规定：

a. 管道采用粘接接口，管端插入承口的深度不得小于表 1.1.4 的规定；

管端插入承口的深度 **表 1.1.4**

公称直径(mm)	20	25	32	40	50	75	100	125	150
插入深度(mm)	16	19	22	26	31	44	61	69	80

b. 熔接连接管道的结合面应有一均匀的熔接圈，不得出现局部熔瘤或熔接圈凸凹不匀现象；

c. 采用橡胶圈接口的管道，允许沿曲线敷设，每个接口的偏转角不得超过 2°；

d. 法兰连接时衬垫不得凸入管内，其外边缘接近螺栓孔为宜。不得安放双垫或偏垫；

e. 连接法兰的螺栓，直径和长度应符合标准，拧紧后，突出螺母的长度不应大于螺杆直径的 1/2；

f. 螺纹连接管道安装后的管螺纹根部应有 2~3 扣的外露螺纹，多余的麻丝应清理干净并作防腐处理；

g. 承插口采用水泥捻口时，油麻必须清洁、填塞密实，水泥应捻入并密实饱满，其接口面凹入承口边缘的深度不得大于 2mm；

h. 卡箍(套)式连接两管口端应平整、无缝隙，沟槽应均匀，卡紧螺栓后管道应平直，卡箍(套)安装方向应一致”。

(2) 防治措施

1) 管道安装时应按设计选用管材与管件相匹配的合格产品，并采用与之相适应的管道连接方式，要求严格按照施工方案及相应的施工验收规范、工艺标准，采取合理的安装程序进行施工；

2) 对于暗埋管道应采取分段(户)试压方式，即对暗埋管道安装一段，试压一段，隐蔽一段。分段(户)试压必须达到规范验收要求，全部安装完毕再进行系统试压，同样必须满足验收规范，从而确保管道接口的严密性；

3) 做好成品保护，与相关各工种配合协调；

4) 管道与器具(配件)连接时，应注意密封填料要密实饱满，密封橡胶圈等衬垫要求配套、不变形；金属管道与非金属管道转换接头质量要过关，以确保接口严密、牢固。

1.1.5 给水管道或水箱结露

1. 现象

管道通水后，夏季管道(或水箱)周围积结露水，并往下滴水。

2. 危害及原因分析

(1) 危害

管道系统通水后,在夏季当环境温度与管道(或水箱)内水温相差较大时,管道(或水箱)外部表面就会结露,结露严重将造成管道(或水箱)外壁局部点蚀和孔蚀,导致管道(或水箱)的寿命缩短;如果滴水将导致吊顶等装饰损坏,且水箱间潮湿,容易在一些不易清扫的地方滋生藻类,使环境不洁。

(2) 原因分析

1) 管道及水箱没有防结露的保温措施;

2) 保温材料种类和规格选择不合适;

3) 保温材料的保护层不严密。

3. 标准要求及防治措施

(1) 标准要求

1)《建筑给水排水设计规范》(GB 50015—2003)第 3.5.17 条:"当给水管道结露会影响环境,引起装饰、物品等受损害时,给水管道应做防结露保冷层,防结露保冷层的计算和构造,按现行的《设备及管道保冷技术通则》执行";

2)《建筑给水排水及采暖工程施工质量验收规范》(GB 50242—2002)第 4.4.8 条:管道及设备保温层的厚度和平整度的允许偏差应符合表 1.1.5 的规定。

管道及设备保温的允许偏差和检验方法 **表 1.1.5**

项次	项目		允许偏差(mm)	检验方法
1	厚度		$+0.1\delta, -0.05\delta$	用钢针刺入
2	表面平整度	卷材	5	用 2m 靠尺和楔形塞尺检查
		涂抹	10	

注:δ 为保温层厚度。

(2) 防治措施

1) 设计时应按规范设置防结露保冷层,并选择满足防结露要求的保温材料;

2) 施工前应认真审核施工图,对需设置防结露保冷层的部位,而设计未要求时应及时提出来。安装中严格施工,选择使用满足设计要求的保温材料,认真检查防结露保温的施工质量,保证保护层的厚度和严密性;对有破损处应及时予以处理修复。

1.1.6 给水管穿室内楼板或墙体施工不规范

1. 现象

(1) 未按规范设置防水套管;

(2) 未按规范设置套管(或预留孔洞),在管道安装时,穿越楼板或墙体处随意开洞、割筋;

(3) 套管的尺寸、位置及高出装饰面高度不符合要求;

(4) 保温管道穿墙处结露;

(5) 管道与套管之间渗水;

(6) 套管与楼板接触处渗水。

2. 危害及原因分析

(1) 管道穿墙、楼板处,结构施工时未按设计、规范要求预留孔洞或套管(防水套管),漏放、错放预埋套管;

(2) 操作人员未按图纸、规范要求施工,现场各级管理人员检查不到位;

(3) 保温管道在安装之前,未设置套管,或设置的套管尺寸未考虑保温要求;

(4) 套管安装于预留孔洞中,封堵不认真。

3. 标准要求及防治措施

(1) 标准要求

1)《建筑给水排水设计规范》(GB 50015—2003)第 3.5.22 条:"给水管道穿越下列部位或接管时,应设置防水套管:

a. 穿越地下室或地下构筑物的外墙处;

b. 穿越屋面处(注:有可靠的防水措施时,可不设套管。);

c. 穿越钢筋混凝土水池(箱)的壁板或底板连接管时"。

2)《建筑给水排水设计规范》(GB 50015—2003)第 3.5.23 条:"明设的给水立管穿越楼板时,应采取防水措施"。

3)《建筑给水排水及采暖工程施工质量验收规范》(GB 50242—2002)第 3.3.3 条:"地下室或地下构筑物外墙有管道穿过的,应采取防水措施。对有严格防水要求的建筑物,必须采用柔性防水套管"。

4)《建筑给水排水及采暖工程施工质量验收规范》(GB 50242—2002)第 3.3.13 条:"管道穿过墙壁和楼板,应设置金属和塑料套管。安装在楼板内的套管,其顶部应高出装饰地面 20mm;安装在卫生间及厨房内的套管,其顶部应高出装饰地面 50mm,底部应与楼板底面相平;安装在墙壁内的套管其两端与饰面相平。穿过楼板的套管与管道之间缝隙应用阻燃密实材料和防水油膏填实,端面光滑。穿墙套管与管道之间缝隙宜用阻燃密实材料填实,且端面应光滑。管道的接口不得设在套管内"。

(2) 防治措施

1) 主体施工时,按图纸要求密切配合土建施工预埋套管(或预留孔洞)。需要预埋套管的位置,于施工图纸上标注好规格、尺寸、标高、轴线位置,施工中跟踪检查,各级检查人员签字后,方可隐蔽。

2) 各种套管应根据设计要求及相应标准图集加工制作,定位安装:

a. 防水套管应在土建主体施工时进行配合预埋,应固定牢靠,在浇筑混凝土时要有专人看护;安装管道时,对于刚性防水套管,套管与管道的环形间隙中间部位填嵌油麻,两端用水泥填塞捻打密实;

b. 安装在墙内的套管,宜在墙体砌筑时或浇筑混凝土前进行预埋;如果为砖墙,也可待墙体砌好后开洞,安装管道时埋设套管,并用砂浆填补密实封堵。过墙套管应垂直墙面水平设置,套管与管道之间的填料宜采用阻燃密实材料;

c. 穿越楼板的套管应在地面粉刷或铺设饰面之前埋设。穿楼板套管的固定可在套管两侧地面处焊两根圆钢,搁置在地面上,然后用砂浆封堵洞隙。若洞隙较大,板底应加托板,托板用铁丝吊在套管两侧的圆钢上,然后浇筑细石混凝土封堵。封堵前须用水冲洗，楼板堵洞宜采用二次灌堵，且抹面平整，完成后浇水养护并用水试验，确保套管与楼板之间封堵密实，不渗不漏。套管与管道之间应采用阻燃密实材料和防水油膏填实。

3）保温管道在安装时，预先考虑穿墙、穿楼板的套管，并能满足保温层的厚度。

1.1.7 给水管支(吊架)及支墩安装不合格

1．现象

(1) 支吊架选型不合理，如：有防晃要求的未设置防晃支架、有热伸长的管道未按设计(或规范)设置滑动支架等；

(2) 支吊架根部选型不合理，固定不牢靠；

(3) 制作支吊架的型材过小，与所固定的管道不相称，制作粗糙，切口不平整，有毛刺；支吊架不预先进行除锈刷一道防锈漆，直接固定安装后才刷防锈漆；

(4) 塑料管与金属支吊架间未设置非金属垫或套管、铜管与金属支吊架间未设置橡胶垫。

2．危害及原因分析

(1) 危害

支吊架先固定安装后才刷防锈漆，将使有些部位刷不到防锈漆，造成局部地方产生锈蚀现象。同时支吊架是管道与结构相固定的连接体，如其选型或安装不合格将直接影响管道系统的使用及安全，出现管道投入使用后，支架松动或变形，管道有局部“塌腰”等变形现象，甚至出现管路系统整体坠落。

(2) 原因分析

1）支吊架选型不合理，制作时不按标准图(或工艺标准)选择型材，片面追求省料；制作下料时采用电、气焊切割开孔，毛刺不经打磨；

2）支吊架根部处理不规范，焊接不牢固；放线定位不准，管道支(吊)架偏移、间距过大；

3）对于有热伸缩管道的支吊架安装时未考虑管道的热伸缩性。

3．标准要求及防治措施

(1) 标准要求

1)《建筑给水排水及采暖工程施工质量验收规范》(GB 50242—2002)第3.3.7条：“管道支、吊、托架的安装应符合下列规定：

a．位置正确，埋设应平整牢固；

b．固定支架与管道接触应紧密，固定应牢靠；

c．滑动支架应灵活，滑托与滑槽两侧间应留有3～5mm的间隙，纵向移动量应符合设计要求；

d．无热伸长管道的吊架、吊杆应垂直安装；

e．有热伸长管道的吊架、吊杆应向热膨胀的反方向偏移；

f．固定在建筑结构上的管道支、吊架不得影响结构的安全”。

2)《建筑给水排水及采暖工程施工质量验收规范》(GB 50242—2002)第3.3.8条：钢管水平安装的支、吊架间距不应大于表1.1.7-1的规定。

3)《建筑给水排水及采暖工程施工质量验收规范》(GB 50242—2002)第3.3.9条：采

暖、给水及热水供应系统的塑料管及复合管垂直或水平安装的支架间距应符合表1.1.7－2的规定。采用金属制作的管道支架，应在管道与支架间加衬非金属垫或套管。

钢管管道支架的最大间距　　表1.1.7－1

公称直径(mm)		15	20	25	32	40	50	70	80	100	125	150	200	250	300
支架的最大间距(m)	保温管	2	2.5	2.5	2.5	3	3	4	4	4.5	6	7	7	8	8.5
	不保温管	2.5	3	3.5	4	4.5	5	6	6	6.5	7	8	9.5	11	12

塑料管及复合管管道支架的最大间距　　表1.1.7－2

管径(mm)			12	14	16	18	20	25	32	40	50	63	75	90	110
最大间距(m)	立管		0.5	0.6	0.7	0.8	0.9	1.0	1.1	1.3	1.6	1.8	2.0	2.2	2.4
	水平管	冷水管	0.4	0.4	0.5	0.5	0.6	0.7	0.8	0.9	1.0	1.1	1.2	1.35	1.55
		热水管	0.2	0.2	0.25	0.3	0.3	0.35	0.4	0.5	0.6	0.7	0.8		

4)《建筑给水排水及采暖工程施工质量验收规范》(GB 50242—2002)第3.3.10条：铜管垂直或水平安装的支架间距应符合表1.1.7－3的规定。

铜管管道支架的最大间距　　表1.1.7－3

公称直径(mm)		15	20	25	32	40	50	65	80	100	125	150	200
支架的最大间距(m)	垂直管	1.8	2.4	2.4	3.0	3.0	3.0	3.5	3.5	3.5	3.5	4.0	4.0
	水平管	1.2	1.8	1.8	2.4	2.4	2.4	3.0	3.0	3.0	3.0	3.5	3.5

5)《建筑给水排水及采暖工程施工质量验收规范》(GB 50242—2002)第3.3.11条："采暖、给水及热水供应系统的金属管道立管管卡安装应符合下列规定：

a. 楼层高度小于或等于5m，每层必须安装1个；

b. 楼层高度大于5m，每层不得少于2个；

c. 管卡安装高度，距地面应为1.5～1.8m，2个以上管卡应均匀安装，同一房间管卡应安装在同一高度"。

6)《建筑给水排水及采暖工程施工质量验收规范》(GB 50242—2002)第3.3.12条："管道及管道支墩(座)，严禁铺设在冻土和未经处理的松土上"。

(2) 防治措施

1) 管道支、吊、托架的形式、尺寸及规格应按设计或标准图集加工制作，型材与所固定的管道相称；孔、眼应采用电钻或冲床加工，焊接处不得有漏焊、欠焊或焊接裂纹等缺陷；金属支、吊、托架应做好防锈处理；

2) 支、吊、托架间距应按规范要求设置，直线管道上的支架应采用拉线检查的方法使支架保持同一直线，以便使管道排列整齐，管道与支架间紧密接触，铜管与金属支架间还应加橡胶等绝缘垫；

3）对于墙上的支架，如墙上有预留孔洞的，可将支架横梁埋入墙内，埋入墙内部分一般不得小于120mm，且应开脚，埋设前应清除孔洞内的杂物及灰尘，并用水将孔洞浇湿，以M5水泥砂浆和适量石子填塞密实饱满；对于吊架安装在楼板下时，可采用穿吊型，即吊杆贯穿楼板，但必须在楼板面层施工前钻孔安装，适用于*DN*15～*DN*300的管道；

4）钢筋混凝土构件上的支吊架也可在浇筑时于各支吊架位置处预埋钢板，安装时将支吊架根部焊接在预埋钢板上；

5）当没有预留孔洞和预埋钢板的砖墙或混凝土构件上，对于*DN*15～*DN*150的管道支吊架可以用膨胀螺栓固定支吊架，但膨胀螺栓距结构物边缘、螺栓间距及螺栓的承载力应符合要求；

6）沿柱敷设的管道，可采用抱柱式支架；

7）有热伸长的管道支吊架应按设计设置固定及滑动支吊架，明管敷设的支吊架对管道线膨胀采取措施时，应按固定点要求施工，管道的各配水点、受力点以及穿墙支管节点处，应采取可靠的固定措施；

8）埋地管道的支墩（座）必须设置在坚实老土上，松土地基必须夯实。

1.1.8 给水立管及多用水点配水支管未设置可拆卸的连接件或阀门

1. 现象

给水立管及多用水点配水支管未设置可拆卸的连接件或阀门。

2. 危害及原因分析

(1) 危害

如未设置控制阀门，配水管网维修时，需大面积停水，甚至整个管网系统需要停水；如未设置可拆卸的连接件，在维修时可能要拆除大量的管道。因此加大了维修难度，降低了供水可靠性。

(2) 原因分析

设计、施工中执行规范不严，图省事。

3. 标准要求及防治措施

(1) 标准要求

1）《建筑给水排水设计规范》(GB 50015—2003）第3.4.5条："室内给水管道向住户、公用卫生间等接出的配水管起端；配水支管上配水点在3个或3个以上时应设置阀门"；

2）《建筑给水排水及采暖工程施工质量验收规范》(GB 50242—2002)第4.1.7条："给水立管和装有3个或3个以上配水点的支管始端，均应安装可拆卸的连接件"。

(2) 防治措施

给水立管和装有3个或3个以上配水点的支管始端设置可拆卸的连接件及阀门主要是便于维修，拆装方便，在设计施工中应严格执行规范要求。

1.1.9 室内暗设给水管道安装不符合规范要求

1. 现象

(1) 暗设给水管道直埋于建筑结构层中；

(2) 敷设在找平层或非承重墙上的管槽内给水支管管径过大；

(3) 直埋金属给水管道未做防腐处理；

(4) 暗埋管道未做管道位置标识。

2．危害及原因分析

(1) 危害

给水管道直埋于建筑结构层中不易更换管道，同时可能降低建筑结构的安全可靠性；敷设在找平层或管槽内的给水支管管径过大将影响建筑装修层厚度，经常导致地面裂缝；直埋金属管道如不做外防腐将会被水泥腐蚀，而影响管道使用的耐久性。

(2) 原因分析

设计考虑不充分，缺乏专业沟通；施工不认真，没有按设计及规范施工。

3．标准要求及防治措施

(1) 标准要求

1)《建筑给水排水设计规范》(GB 50015—2003)第3.5.12条："塑料给水管在室内宜暗设。明设时立管应布置在不易受撞击处，如不能避免时，应在管外加保护措施"。

2)《建筑给水排水设计规范》(GB 50015—2003)第3.5.18条："给水管道暗设时，应符合下列要求：

a．不得直接敷设在建筑物结构层内；

b．干管和立管应敷设在吊顶、管井、管窿内，支管宜敷设在楼(地)面的找平层内或沿墙敷设的管槽内；

c．敷设在找平层或管槽内的给水支管的外径不宜大于25mm；

d．敷设在找平层或管槽内的给水管管材宜采用塑料、金属与塑料复合管材或耐腐蚀的金属管材；

e．敷设在找平层或管槽内的管材，如采用卡套式或卡环式接口连接的管材，宜采用分水器向各卫生器具配水，中途不得有连接配件，两端接口应明露。地面宜有管道位置的临时标识"。

3)《建筑给水排水及采暖工程施工质量验收规范》(GB 50242—2002)第4.2.4条："室内直埋给水管道(塑料管道和复合管道除外)应做防腐处理。埋地管道防腐层材质和结构应符合设计要求"。

(2) 防治措施

1) 设计时应执行国家规范及当地主管部门对给水管材的采用规定，合理选择使用给水管材及管件；同时应加强各专业间的沟通，使管道布置符合规范要求。给水管道不论其管材是金属管还是塑料管(含复合管)，均不得直接埋设在建筑结构层中。如一定要埋设时，必须在管外设置套管，这可以解决在套管内敷设和更换管道的技术问题，且应经注册结构工程师的同意，确认在结构层内的套管不会降低建筑结构的安全可靠性；

2) 小管径的配水支管，可以直接埋设在楼板面的找平层内，或在非承重墙体上开凿的管槽内(当墙体材料强度低不能开槽时，可将管道贴墙面安装后抹厚墙体)。这种直埋安装的管道外径，受找平层厚度或管槽深度的限制，一般外径不宜大于25mm；

3) 采用卡套式或卡环式接口的交联聚乙烯管、铝塑复合管，为了避免直埋管因接口渗漏而维修困难，因此在直埋管段不应中途接驳或用三通分水配水，而采用分水器集中配水，管接口均外露，以便检修；

4）为防止直埋管道在进行饰面层施工时，或交付用户使用后，被误钉铁钉或钻孔而导致损坏管道，因此管道隐蔽后应在管位处设置临时标识。在交付用户的房屋使用说明书中亦应标出管道位置；

5）为保证管道使用的耐久性，延长使用寿命，确保使用安全，施工时除塑料管和复合管本身具有防腐功能可直接埋地敷设外，其他金属给水管材埋地敷设均应按设计或规范要求做防腐处理。

1.1.10　水表安装不符合要求

1．现象

（1）水表安装于潮湿阴暗处，阀门配件生锈，不便于维修和抄表；

（2）水表外壳距墙内表面过近或过远；

（3）水表与表前阀门的直线距离不符合规范要求；

（4）水表组接口处有渗漏；

（5）水表组安装水平度不符合要求。

2．危害及原因分析

（1）危害

水表是计量水量的仪表，如安装不符合要求，将导致计量不准确，维修、抄表困难等危害。

（2）原因分析

1）缺乏水表安装经验，安装水表时未考虑外壳尺寸和使用维修的方便性；

2）给水立管距墙过近或过远，支管上安装水表时未用乙字弯调整；

3）水表接口不平直，踩踏或碰撞后，接口松动。

3．标准要求及防治措施

（1）标准要求

1）《建筑给水排水设计规范》（GB 50015—2003）第3.4.19条："水表应装设在观察方便、不冻结、不被任何液体及杂质所淹没和不易受损坏的地方"；

2）《建筑给水排水及采暖工程施工质量验收规范》（GB 50242—2002）第4.2.10条："水表应安装在便于检修、不受曝晒、污染和冻结的地方。安装螺翼式水表，表前与阀门应有不小于8倍水表接口直径的直线段。表外壳距墙表面净距为10～30mm；水表进水口中心标高按设计要求，允许偏差为±10mm"。

（2）防治措施

1）按设计和规范要求，选择适宜安装水表的部位设置水表。当给水立管距墙过近或过远，支管上安装水表时应采用乙字弯调整，调整后的位置应符合规范要求；

2）对管路安装不符合要求时，应于水表安装前对管路进行调整，标高控制应以实际地面标高为准；

3）螺纹连接时的螺纹根部，应留有外露螺纹并进行防腐处理；安装后的水表，应将多余油麻等填料及时清理干净；

4）水表接口不平直、有松动，应拆除重装，使水表接口平直，垫好橡胶圈，用锁紧螺母锁紧接口，表盖清理干净；严禁踩踏和碰撞。

1.1.11 立管距墙过远或半明半暗

1. 现象

(1) 立管距墙过远;

(2) 立管部分嵌于抹灰层中,半明半暗。

2. 危害及原因分析

(1) 危害

立管距墙过远会占据室内有效空间,增加固定的难度;过近,甚至部分管道嵌于墙面抹灰层中影响美观,给检修带来困难。

(2) 原因分析

1) 由于设计原因,建筑的同一位置的各层墙体不在同一轴线上;

2) 施工放线不准确或施工误差,使建筑的同一位置的各层墙体不在同一轴线上;

3) 施工中技术变更,墙体移位;

4) 高层建筑中结构尺寸、位置变化,未相应调整立管位置;

5) 管道安装未吊通线,管道偏斜。

3. 标准要求及防治措施

(1) 施工前必须进行图纸会审,会审时应认真核对土建施工图纸,发现问题及时解决;

(2) 紧密配合土建主体施工,预留好孔洞,土建的施工变更应及时通知安装专业;

(3) 土建专业在砌筑墙体时必须精确放线,发现墙体轴线压预留管洞或距离管洞过远时,应及时与安装专业联系,找出原因,寻求合理解决办法;

(4) 安装时应用线坠吊通线,找准管中心线,进行修补管洞,保证管洞修补后位置准确,直径适宜。立管安装前,应及时复核立管甩口与室内外的装修厚度,并及时调整管中心位置;

(5) 因高层建筑中结构尺寸、位置变化或土建主体承重墙影响管道坐标时,应尽量利用管道配件来调整管中心;因隔墙影响管坐标时,应拆除墙体重新砌筑或采取其他有效方案解决。

1.1.12 给水系统未按要求进行冲洗和消毒

1. 现象

(1) 以系统试压后的泄水代替管路的系统冲洗;

(2) 消毒时浸泡时间不足,加药量不够;

(3) 冲洗、消毒不彻底,用水点出水水质不符合《生活饮用水标准》要求;

(4) 不认真填写冲洗、消毒记录,无据可查。

2. 危害及原因分析

给水系统冲洗不彻底,管道安装过程中的填料、泥砂等杂物将存于管内,导致通水时水中含有杂质,在使用时用水点滤网堵塞,出水水量、水压降低;消毒不认真将导致管网出水水质不能满足《生活饮用水标准》要求。

3. 标准要求及防治措施

(1) 标准要求

1)《建筑给水排水设计规范》(GB 50015—2003)第 3.4.19 条:"生活给水系统的水质,

应符合现行的国家标准《生活饮用水卫生标准》的要求”；

2)《建筑给水排水及采暖工程施工质量验收规范》(GB 50242—2002)第4.2.3条:“生活给水系统管道在交付使用前必须冲洗和消毒,并经有关部门取样检验,符合国家《生活饮用水标准》方可使用”。

(2) 防治措施

1) 冲洗消毒是为保证水质使用安全,强调生活饮用水管道在竣工后或交付使用前必须进行冲洗,除去杂物,使管道清洁,加药进行消毒并经有关部门取样化验,达到相应标准后才能交付使用。因此在施工中应严格执行规范,在系统水压试验后或交付使用前必须单独进行管路系统的冲洗和消毒,并按冲洗消毒试验记录表单内规定如实填写,归档备查;

2) 给水管路系统的冲洗应以冲洗管段最大设计流量或不小于1.5m/s的流速分区、分段冲洗,在冲洗前应将系统内孔板、喷嘴、滤网、节流阀、水表等全部卸下,等冲洗后再复位。冲洗顺序:先底层主干管,后立管、水平干管和支管,管段冲洗应以各出水口的出水色度、透明度与进水目测一致为合格;

3) 给水管路系统的消毒应以游离氯含量为20~30mg/L的含氯水灌满管道及水箱(水池),并应留置24h以上。消毒完毕,再用饮用水冲洗,经卫生部门取样化验符合国家现行《生活饮用水标准》后,方可交付使用。若化验不合格,应重新进行消毒,直至合格为止。

1.2 给水设备安装质量通病

1.2.1 水池无水位计

1. 现象

水池无水位计。

2. 危害及原因分析

(1) 危害

1) 无法观察到水池内水位的情况;

2) 若生活水池无水而不能反馈到值班室将直接影响人们的正常用水;消防水池无水而不能反馈到值班室将可能造成严重的人员伤亡和经济损失。

(2) 原因分析

1) 未设计水位计;

2) 水池施工时未预留水位计的套管;

3) 施工中忘记安装水位计。

3. 标准要求及防治措施

(1) 标准要求

《建筑给水排水设计规范》(GB 50015—2003)第3.7.7条:“水塔、水池、水箱等构筑物应设进水管、出水管、溢流管、泄水管和信号装置”。

(2) 防治措施

1) 如采用钢筋混凝土水池,需在土建主体施工时配合预留套管,套管管径应大于穿管管径 1～2 号，水位计管径一般采用 *DN*15（或 *DN*20）。如采用不锈钢或玻璃钢水箱，则需在制作时开孔直接接出水位计管道；

2）水位计可采用透明的玻璃管或有机玻璃管，并在管一侧的池壁上标注水位刻度；也可采用浮球组合式水位计。可设水位监控装置，并需将信号传至监控中心。

1.2.2 人孔、通气管、溢流管无防虫网、人孔盖无锁

1. 现象

（1）人孔、通气管、溢流管无防止昆虫等爬入水池（箱）的措施；

（2）人孔盖无锁。

2. 危害及原因分析

由于溢流管上无阀门，人孔、通气管、溢流管与水池直接相通，如不设置防虫网，昆虫甚至小动物可爬入水池（箱）内，影响水质。

3. 标准要求及防治措施

（1）标准要求

《建筑给水排水设计规范》（GB 50015—2003）第 3.2.12 条："生活饮用水水池（箱）的人孔、通气管、溢流管应有防止昆虫爬入水池（箱）的措施"。

（2）防治措施

1）人孔盖与孔座应吻合和紧密，并用富有弹性的无毒发泡材料嵌在人孔盖及盖座之间的接缝处。暴露在外的人孔盖应加锁；

2）通气管口和溢流管的喇叭口处应设置铜丝网网罩或其他耐腐材料做的网罩，网孔为 14～18 目（25.4mm 长度上有 14～18 条金属丝）；溢流管出口离池外地面高度 200～300mm，出口上宜装轻质拍门或网罩。

1.2.3 水池溢流管或放空管直接排入雨、污水井

1. 现象

（1）溢流管、泄空管的出口与排水构筑物或排水管道相连接；

（2）溢流管、泄空管口标高低，淹没在集水坑内。

2. 危害及原因分析

（1）排水系统的污物会污染水箱水质；

（2）若排入雨水井，暴雨强度大时，雨水将通过溢流管、泄空管倒流入地下水池。

3. 标准要求及防治措施

（1）标准要求

1）《建筑给水排水设计规范》（GB 50015—2003）第 4.3.13 条："下列构筑物和设备的排水管不得与污废水管道系统直接连接，应采取间接排水方式：生活饮用水贮水箱（池）的泄水管和溢流管"；

2）《建筑给水排水设计规范》（GB 50015—2003）第 3.2.12 条："泄空管和溢流管的出口，不得直接与排水构筑物或排水管道直接相连，应采取间接排水的方式"；

3）《建筑给水排水及采暖工程施工质量验收规范》（GB 50242—2002）第 4.4.5 条："水箱溢流管和放空管应设置在排水地点附近但不得与排水管直接连接"。

（2）防治措施

1）溢流管口不得伸入集水池，应使溢流管口与集水池水面有空气隔断；

2）若泄空管不能自流将池内水排空，可用水泵将其水抽空；

3）若地下水池的溢流水直接排入雨水井必须设置防溢水封阀。

1.2.4 水池防水套管与池壁之间渗水

1．现象

(1) 水池防水套管与池壁之间渗水；

(2) 防水套管与管道之间渗水。

2．危害及原因分析

(1) 危害

水池渗水将影响水池结构、污染水质。

(2) 原因分析

1）防水套管未按标准图制作；

2）防水套管安装歪斜；

3）防水套管与钢筋焊接不牢；

4）防水套管与水池壁结合处混凝土浇筑不密实；

5）防水套管与管道间隙封堵不严密。

3．标准要求及防治措施

(1) 标准要求

《建筑给水排水及采暖工程施工质量验收规范》(GB 50242—2002)第3.3.3条："地下室或地下构筑物外墙有管道穿过的，应采取防水措施。对有严格防水要求的建筑物，必须采用柔性防水套管"。

(2) 防治措施

1）套管应根据设计要求及相应标准图集加工制作，并应于土建施工水池时配合安装防水套管，要求将防水套管与钢筋搭接牢固，并与混凝土浇筑密实；

2）当水池防水套管与结构的钢板止水带在同一位置时，可将止水环与钢板止水带焊接在一起；

3）对于刚性防水套管，套管与管道的环形间隙中间部位填嵌油麻，两端用水泥填塞捻打密实。

1.2.5 水泵减振及防噪声措施不好

1．现象

(1) 水泵运转时振动较大；

(2) 水泵运转时噪声较大；

(3) 水泵运转时管道有振动。

2．危害及原因分析

(1) 危害

1）泵运转时振动大，会影响水泵的正常工作和寿命；

2）噪声大，将影响环境；

3）通过管道等固体传递的噪声进入室内，影响夜间人们的休息。

(2) 原因分析

1）水泵地脚螺栓松动或基础不稳固；

2）泵轴与电机轴不同心；

3）水泵叶轮不平衡；

4）水泵出水管支吊架偏少、偏小，固定不牢靠，或未按设计采用弹性吊架；

5）水泵底座无防振措施。

3. 标准要求及防治措施

(1) 标准要求

《建筑给水排水设计规范》(GB 50015—2003)第3.8.12条："建筑物内的给水泵房，应采取下列减振防噪措施：

1）应选用低噪声水泵机组；

2）吸水管和出水管上应设置减振装置；

3）水泵机组的基础应设置减振装置；

4）管道支架、吊架和管道穿墙、穿楼板处，应采取防止固体传声措施；

5）必要时，泵房的墙壁和顶棚应进行隔声吸声处理"。

(2) 防治措施

1）设计施工过程中应严格按照上述要求实施，水泵机组安装时应均匀紧固地脚螺栓，或增设减振装置。

2）对于现场组装的水泵机组，应先安装固定水泵再装电机，安装电机时以水泵为基准。安装时应将电动机轴中心调整到与水泵轴中心在同一条直线上。通常是以测量水泵与电机连接处两个联轴器的相对位置为准，即把两个联轴器调整到既同心，又相互平行，两个联轴器间的轴向间隙要求：

小型水泵(吸入口径在300mm以下)间隙为2~4mm；

中型水泵(吸入口径在350~500mm)间隙为4~6mm；

大型水泵(吸入口径在600mm以上)间隙为4~8mm。

3）对于叶轮不平衡时，应更换该叶轮；管道进、出水管上应按设计及规范要求作支吊架(或弹性吊架)，制作安装要求参考标准图集。

4）按设计在水泵进出水管上设置橡胶软接头。

1.2.6 水泵停泵时产生水锤

1. 现象

(1) 水泵出水管上无水锤消除装置；

(2) 水泵出水管上有缓闭式止回阀或消声止回阀，但停泵时仍有水锤现象。

2. 危害及原因分析

(1) 危害

水锤是在压力管道中，由于流速的剧烈变化而引起一系列急剧的压力交替升降的水力冲击现象。水锤会产生剧烈的噪声，同时可能击破管道引起跑水、停水事故；严重时会造成泵房被淹，设备可能被打坏，造成人员伤亡的事故。

(2) 原因分析

1）泵房内产生水锤的主要原因是水泵出口止回阀的突然关闭所引起的；

2）对缓闭式止回阀没有进行有效的调试。

3．标准要求及防治措施

（1）标准要求

《建筑给水排水设计规范》（GB 50015—2003）第3.8.9条："每台水泵的出水管上，应装设压力表、止回阀和阀门，必要时应设置水锤消除装置"。

（2）防治措施

1）按设计在水泵的出水管上设置水锤消除装置；

2）在水泵的出水管上设置缓闭式止回阀、消声止回阀或多功能水力控制阀，并在水泵试运行时按产品要求调整缓闭式止回阀的各配件。

1.2.7 水泵软接头安装后产生静态变形

1．现象

（1）软接头的两法兰盘不平行成喇叭状或不同心；

（2）软接头处于静态被拉、压状态。

2．危害及原因分析

（1）软接头静态变形不能起到正常的伸缩作用，使得水泵振动较大；

（2）软接头两法兰盘不平行成喇叭状或不同心，将造成软接头受力不均；水压大时，单边受力，软接头甚至会爆裂，造成水淹事故。

3．标准要求及防治措施

（1）标准要求

《建筑给水排水设计规范》（GB 50015—2003）第3.8.12条第2款："吸水管和出水管上应设置减振装置"。

（2）防治措施

1）装软接头时应先将软接头两法兰盘按自然状态固定好，使之成为一个刚性的整体；

2）沿水流方向当软接头与水泵其他管件连接固定好后再将固定措施拆除。

1.2.8 水泵吸水管上异径管安装错误

1．现象

（1）水泵吸水管上未安装偏心异径管；

（2）偏心异径管安装时斜边不是朝下。

2．危害及原因分析

（1）危害

1）水泵吸水管上积气将使水泵叶轮产生气蚀，水泵的寿命将大大缩短；

2）水泵内存有积气，导致水泵不能在高效区运转。

（2）原因分析

由于未使用偏心异径管，吸水管顶部将形成气泡。气泡随水流带入叶轮中压力升高的区域时，气泡突然被四周水压压破，水流因惯性以高速冲向气泡中心，在气泡闭合区内产生强烈的局部水锤现象。水泵金属叶轮表面承受着局部水锤作用，金属叶轮就产生疲劳，其表面开始呈蜂窝状，继而叶片出现裂缝和剥落。水泵叶轮进口端产生的这种效应称为“气蚀”。

3. 标准要求及防治措施

(1) 标准要求

《自动喷水灭火系统施工及验收规范(2003版)》(GB 50261—96)第4.2.4.3条：“吸水管水平管段上不应有气囊和漏气现象。变径时应用偏心异径管件，连接时应保持其管顶平直”。

(2) 防治措施

在吸水管上安装偏心异径管或在吸水管上安装放气阀(吸水管坡向水池方向)，以保证管路无气囊和漏气现象。

1.2.9 泵房管道支吊架偏小或间距偏大

1. 现象

(1) 泵房管道支吊架规格偏小；

(2) 泵房管道支吊架间距偏大。

2. 危害及原因分析

(1) 危害

因水泵起停时振动较大，如果支吊架偏小或偏少，管道也将产生很大的振动，并易产生事故。

(2) 原因分析

1) 泵房管道支吊架规格偏小；

2) 泵房管道支吊架间距偏大。

3. 标准要求及防治措施

(1) 标准要求

《建筑给水排水及采暖工程施工质量验收规范》(GB 50242—2002)第3.3.8条、第3.3.9条、第3.3.10条：钢管、塑料管及复合管、铜管水平安装的支、吊架间距不应大于表1.2.9-1~表1.2.9-3的规定。

钢管管道支架的最大间距 **表1.2.9-1**

公称直径(mm)		15	20	25	32	40	50	70	80	100	125	150	200	250	300
支架的最大间距(m)	保温管	2	2.5	2.5	2.5	3	3	4	4	4.5	6	7	7	8	8.5
	不保温管	2.5	3	3.5	4	4.5	5	6	6	6.5	7	8	9.5	11	12

塑料管及复合管管道支架的最大间距 **表1.2.9-2**

管 径(mm)			12	14	16	18	20	25	32	40	50	63	75	90	110
最大间距(m)	立 管		0.5	0.6	0.7	0.8	0.9	1.0	1.1	1.3	1.6	1.8	2.0	2.2	2.4
	水平管	冷水管	0.4	0.4	0.5	0.5	0.6	0.7	0.8	0.9	1.0	1.1	1.2	1.35	1.55
		热水管	0.2	0.2	0.25	0.3	0.3	0.35	0.4	0.5	0.6	0.7	0.8		

铜管管道支架的最大间距　　表 1.2.9－3

公称直径(mm)		15	20	25	32	40	50	65	80	100	125	150	200
支架的最大间距(m)	垂直管	1.8	2.4	2.4	3.0	3.0	3.0	3.5	3.5	3.5	3.5	4.0	4.0
	水平管	1.2	1.8	1.8	2.4	2.4	2.4	3.0	3.0	3.0	3.0	3.5	3.5

(2) 防治措施

1) 泵房内管道的支吊架应能满足管道满水及水流冲击的要求,同时还需满足防振的需要。支吊架的根部处理应选择能承受该规格支吊架需要的形式,要求与结构可靠固定,并不得影响结构的安全;

2) 设备、配件及管道转弯、分支处应单独设置相应规格的支吊架;

3) 管道支吊架的制作安装参见本章 1.1.7 的防治措施要求。

1.2.10　地沟排水入集水池处无侧向箅子

1. 现象

(1) 泵房内未设置排水地沟;

(2) 泵房内地沟排水入集水池处无挡垃圾的侧向箅子。

2. 危害及原因分析

(1) 泵房内未设置排水地沟,将导致水泵正常滴水无组织排放,影响环境;

(2) 垃圾排入集水池不便清理且易堵塞潜水泵。

3. 标准要求及防治措施

(1) 标准要求

1)《建筑给水排水设计规范》(GB 50015—2003)第 4.7.8 条第 2 款:"集水池应满足水泵设置、水位控制器、格栅等安装、检查要求";

2)《建筑给水排水设计规范》(GB 50015—2003)第 3.8.13 条:"设置水泵的房间,应设排水设施"。

(2) 防治措施

应在水泵周围一侧设置通向泵房集水池的地沟,并在地沟出口处(集水池入口处)设置侧向的箅子。

1.2.11　集水池无盖或设置固定盖板,池内潜水泵未自控

1. 现象

(1) 地下室集水池无盖;

(2) 清理集水池时,集水池盖开启不方便;

(3) 集水池内潜水泵不能随水位升高自动控制排水。

2. 危害及原因分析

(1) 集水池无盖易发生安全事故;

(2) 水池盖开启不方便不利于物业管理;

(3) 集水池内潜水泵不能自动控制排水,易发生水淹事故。

3. 标准要求及防治措施

(1) 标准要求

1)《建筑给水排水设计规范》(GB 50015—2003)第4.7.8条第4款:"集水池如设置在室内地下室时,池盖应密封,并设通气管系";

2)《建筑给水排水设计规范》(GB 50015—2003)第4.7.6条:"污水水泵的启闭,应设置自动控制装置"。

(2) 防治措施

集水池设置较易开启的池盖,以便维修水泵,必要时可采用自动耦合装置的污水泵。泵房内集水池的排污泵应设置备用泵,污水泵排水应能达到自控。

1.2.12 减压阀前后无压力表、阀门、过滤器

1. 现象

(1) 减压阀前无过滤器;

(2) 减压阀前后无压力表、阀门。

2. 危害及原因分析

(1) 减压阀前无过滤器容易被杂质堵塞,达不到减压效果;

(2) 减压阀前后无压力表则无法知道减压阀的运行状态及前后的压力值;

(3) 减压阀前后无阀门,检修时无法断开水源。

3. 标准要求及防治措施

(1) 标准要求

《建筑给水排水设计规范》(GB 50015—2003)第3.4.10条:"减压阀的设置应符合下列要求:

a. 减压阀前应设阀门和过滤器;需拆卸阀体才能检修的减压阀后,应设管道伸缩器;检修时阀后水会倒流时,阀后应设阀门;

b. 减压阀节点处的前后应装设压力表"。

(2) 防治措施

1) 减压阀的公称直径应与管道管径相一致;设置减压阀的部位,应便于管道过滤器的排污和减压阀的检修,地面宜有排水设施;

2) 安装时,比例式减压阀宜垂直安装,可调式减压阀宜水平安装;

3) 减压阀处不得设置旁通管。若减压阀设旁通管,因旁通管上的阀门渗漏会导致减压阀减压作用失效。

1.3 室内排水系统安装质量通病

1.3.1 管材与管件不是配套产品

1. 现象

(1) 管材与管件色泽不一致;

(2) 管材外径或管件内径不标准。

2. 危害及原因分析

(1) 危害

1) 管道安装完,观感不合要求;

2) 管道连接时接口处无法吻合。

(2) 原因分析

1) 材料采购时未注意色泽是否一致;

2) 材料堆放的场地不一样(在室内、外)导致管材颜色变化不一样。

3. 防治措施

(1) 设计时应要求排水塑料管管材、管件厂家配套;施工采购时应确保采购同一厂家产品,同时应于采购前对管材、管件进行比较,选择色泽无差异(或差异较小)、管材管件配套、管件齐全、质量可靠的厂家供货;

(2) 管材、管件等材料应有出厂合格证,管材应标有规格、生产厂的厂名和执行的标准号,在管件上应有明显的商标和规格。包装上应标有批号、数量、生产日期和检验代号;

(3) 管材、管件材质、规格必须符合设计要求,内外壁应光洁平整,无气泡、裂口、裂纹、脱皮,且色泽基本一致;

(4) 加强现场验收环节,承包方应在材料进场时先自验,并填报材料进场申报表及使用报审表。监理工程师严格把关,对不合格产品一律不予进场和使用。

1.3.2 管道穿楼板套管安装不正确

1. 现象

(1) 管道穿楼板无套管;

(2) 管道穿楼板的套管高出装饰面高度不够;

(3) 套管管壁厚度不符合要求;

(4) 套管与管道之间缝隙未填实;

(5) 套管与楼板之间封堵不密实。

2. 危害及原因分析

(1) 管道易渗水;

(2) 管道检修更换时不方便。

3. 标准要求及防治措施

(1) 标准要求

《建筑给水排水及采暖工程施工质量验收规范》(GB 50242—2002)第 3.3.13 条:"管道穿过墙壁和楼板,应设置金属或塑料套管。安装在楼板内的套管,其顶部应高出装饰面20mm;安装在卫生间及厨房内的套管,其顶部应高出装饰面 50mm,底部应与楼板底面相平;安装在墙壁内的套管其两端与饰面相平。穿过楼板的套管与管道之间缝隙应用阻燃密实材料和防水油膏填实,端面光滑。穿墙套管与管道之间缝隙应用阻燃密实材料填实,且端面光滑。管道的接口不得设在套管内"。

(2) 防治措施

管道套管的制作安装参见本章 1.1.6 的防治措施要求。

1.3.3 高层室内明设 PVC 排水管无阻火圈

1. 现象

高层建筑明装在楼梯间、厨房及卫生间等房间内,PVC 排水管无阻火圈(或防火套管)。

2. 危害及原因分析

如不加设阻火圈(或防火套管),发生火灾时塑料管被烧坏后火势将穿过楼板(或隔墙),使火灾蔓延到其他层(或其他的防火分区)。

3. 标准要求及防治措施

(1) 标准要求

1)《建筑给水排水设计规范》(GB 50015—2003)第4.3.11条:"建筑塑料排水管穿越楼层、防火墙、管道井井壁时,应根据建筑物性质、管径和设置条件,以及穿越部件防火等级等要求设置阻火装置";

2)《建筑给水排水及采暖工程施工质量验收规范》(GB 50242—2002)第5.2.4条:"高层建筑中明设排水塑料管道应按设计要求设置阻火圈或防火套管"。

(2) 防治措施

1) 高层建筑内明敷管道,当设计要求采取防止火灾贯穿措施时,应符合下列规定:

a. 立管管径大于或等于110mm时,在楼板贯穿部位应设置阻火圈或长度不小于500mm的防火套管。

b. 管径大于或等于110mm的横支管与暗设立管相连时,墙体贯穿部位应设置阻火圈或长度不小于300mm的防火套管,且防火套管的明露部分长度不宜小于200mm。

c. 横干管穿越防火分区隔墙时,管道穿越墙体的两侧应设置阻火圈或长度不小于500mm的防火套管。

2) 在需要安装防火套管的楼层,应将防火套管和管道同时安装。阻火圈则在管道安装完成后加设。

1.3.4 PVC排水管无伸缩节或伸缩节间距偏大

1. 现象

(1) 排水塑料管未设置伸缩节;

(2) 排水塑料管伸缩节的间距超过4m。

2. 危害及原因分析

因塑料管有热胀冷缩系数较大的特点,温度变化大时,不按规范设置伸缩节将出现管道变形、接口脱漏等现象。

3. 标准要求及防治措施

(1) 标准要求

1)《建筑给水排水设计规范》(GB 50015—2003)第4.3.10条:"塑料排水管应根据其管道的伸缩量设置伸缩节。伸缩节宜设置在汇合配件处。排水横管应设置专用伸缩节";

2)《建筑给水排水及采暖工程施工质量验收规范》(GB 50242—2002)第5.2.4条:"排水塑料管必须按设计要求设置伸缩节。如设计无要求时,伸缩节的间距不得大于4m"。

(2) 防治措施

1) 根据管道伸缩量严格按规范设置伸缩节。

2) 伸缩节设置位置应靠近水流汇合管件,并符合下列规定:

a. 立管穿越楼层处为固定支承且排水支管在楼板之下接入时,伸缩节应设置于水流汇合管件之下，图1.3.4中的(a)、(c)；

b. 立管穿越楼层处为固定支承且排水支管在楼板之上接入时，伸缩节应设置于水流汇合管件之上，图1.3.4中的(b)；

c. 立管穿越楼层处为不固定支承时，伸缩节应设置于水流汇合管件之上或之下，图1.3.4中的(e)、(f)；

d. 立管上无排水支管接入时，伸缩节可按伸缩节设计间距置于楼层任何部位，图1.3.4中的(d)、(g)；

e. 横管上设置伸缩节应设于水流汇合管件上游端；

f. 立管穿越楼层处为固定支承时，伸缩节不得固定；伸缩节固定支承时，立管穿越楼层处不得固定；

g. 伸缩节插口应顺水流方向；

h. 埋地或埋设于墙体、混凝土柱体内的管道不应设置伸缩节。

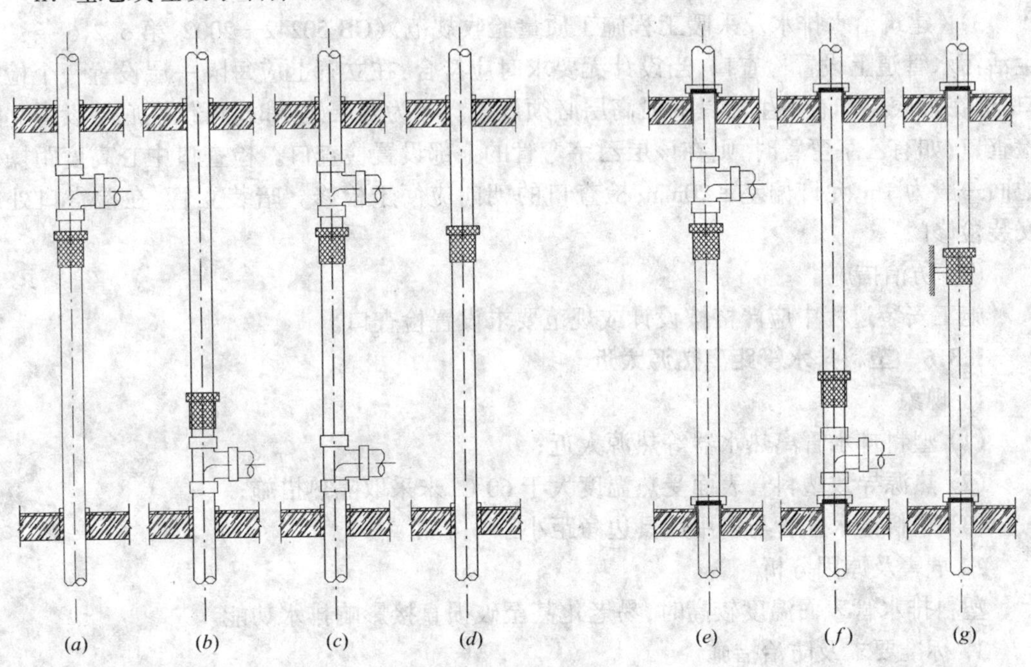

图1.3.4　伸缩节设置位置

1.3.5 排水立管检查口设置不符合要求

1. 现象

(1) 排水立管未按规范要求安装检查口；

(2) 排水立管检查口间距太大；

(3) 排水立管检查口中心距操作地面高度不是1m(允许偏差20mm)。

2. 危害及原因分析

排水管道上无检查口，管道堵塞时无法清通。

3. 标准要求及防治措施

(1) 标准要求

1)《建筑给水排水设计规范》(GB 50015—2003)第4.5.12条第1款:"铸铁排水立管上检查口之间的距离不宜大于10m,塑料排水管立管宜每六层设置一个检查口。但在建筑物最低层和设有卫生器具的二层以上建筑物的最高层,应设置检查口,当立管水平拐弯或有乙字管时,在该层立管拐弯处和乙字管的上部应设检查口"。

2)《建筑给水排水设计规范》(GB 50015—2003)第4.5.14条:"在排水管上设置检查口应符合下列规定:

a. 立管上设置检查口,应在地(楼)面以上1.0m,并应高于该层卫生器具上边缘0.15m;

b. 地下室立管上设置检查口时,检查口应设在立管底部之上;

c. 立管上检查口检查盖应面向便于检查清扫的方位,横干管上的检查口应垂直向上"。

3)《建筑给水排水及采暖工程施工质量验收规范》(GB 50242—2002)第5.2.6条:"在生活污水管道上设置检查口,当设计无要求时应符合:在立管上应每隔一层设置一个检查口,但在最底层和有卫生器具的最高层必须设置。如为两层建筑时,可仅在底层设置立管检查口;如有乙字弯管时,则在该层乙字弯管的上部设置检查口。检查口中心高度距操作地面一般为1m,允许偏差±20mm;检查口的朝向应便于检修。暗装立管,在检查口处应安装检修门"。

(2) 防治措施

施工安装过程中应严格按设计或规范要求设置检查口。

1.3.6 塑料排水管距离热源太近

1. 现象

(1) 塑料排水管离热水器等热源太近;

(2) 热源导致塑料管表面受热温度大于60℃,未采取隔热措施;

(3) 塑料排水立管与家用灶具边净距小于0.4 m。

2. 危害及原因分析

塑料排水管表面温度较高时,易老化甚至破损直接影响排水功能。

3. 标准要求及防治措施

(1) 标准要求

《建筑给水排水设计规范》(GB 50015—2003)第4.3.3条第9款:"塑料排水管应避免布置在热源附近,如不能避免,并导致管道表面受热温度大于60℃时,应采取隔热措施。塑料排水立管与家用灶具边净距不得小于0.4m"。

(2) 防治措施

安装塑料排水管时,按规范要求与热源保持一定距离;如不能避免,应采取必要的隔热措施,如采取保温措施等。

1.3.7 排水立管垂直度达不到规范要求

1. 现象

(1) 排水立管安装歪斜;

(2) 排水管接口处上下管道不在同一垂直线上。

2. 危害及原因分析

(1) 排水管道安装达不到观感质量要求；

(2) 管道接口不顺直将影响排水效果；

(3) 管道在温度变化时会纵向伸缩，如管道接口处安装不顺直，管道伸缩时会产生径向应力，多次往复将会导致管道接口处裂开，出现漏水。

3. 标准要求及防治措施

(1) 标准要求

《建筑给水排水及采暖工程施工质量验收规范》(GB 50242—2002)第5.2.16条：室内排水管道安装的允许偏差应符合表1.3.7的相关规定。

室内排水和雨水管道安装的允许偏差和检验方法　　表1.3.7

<table>
<tr><th>项次</th><th colspan="4">项　　目</th><th>允许偏差(mm)</th><th>检验方法</th></tr>
<tr><td>1</td><td colspan="4">坐　标</td><td>15</td><td rowspan="12">用水准仪(水平尺)、直尺、拉线和尺量检查</td></tr>
<tr><td>2</td><td colspan="4">标　高</td><td>±15</td></tr>
<tr><td rowspan="10">3</td><td rowspan="10">横管纵横方向弯曲</td><td rowspan="2">铸铁管</td><td colspan="2">每1m</td><td>≯1</td></tr>
<tr><td colspan="2">全长(25m以上)</td><td>≯25</td></tr>
<tr><td rowspan="4">钢管</td><td rowspan="2">每1m</td><td>管径小于或等于100mm</td><td>1</td></tr>
<tr><td>管径大于100mm</td><td>1.5</td></tr>
<tr><td rowspan="2">全长(≥25m)</td><td>管径小于或等于100mm</td><td>≯25</td></tr>
<tr><td>管径大于100mm</td><td>≯38</td></tr>
<tr><td rowspan="2">塑料管</td><td colspan="2">每1m</td><td>1.5</td></tr>
<tr><td colspan="2">全长(25m以上)</td><td>≯38</td></tr>
<tr><td rowspan="2">钢筋混凝土管</td><td colspan="2">每1m</td><td>3</td></tr>
<tr><td colspan="2">全长(25m以上)</td><td>≯75</td></tr>
<tr><td rowspan="6">4</td><td rowspan="6">立管垂直度</td><td rowspan="2">铸铁管</td><td colspan="2">每1m</td><td>3</td><td rowspan="6">吊线和尺量检查</td></tr>
<tr><td colspan="2">全长(25m以上)</td><td>≯15</td></tr>
<tr><td rowspan="2">钢管</td><td colspan="2">每1m</td><td>3</td></tr>
<tr><td colspan="2">全长(25m以上)</td><td>≯10</td></tr>
<tr><td rowspan="2">塑料管</td><td colspan="2">每1m</td><td>3</td></tr>
<tr><td colspan="2">全长(25m以上)</td><td>≯15</td></tr>
</table>

(2) 防治措施

安装排水管时，应先吊线，根据管节长度安装管卡，再进行管道安装，以保证其垂直度。

1.3.8 排水管道隐蔽前灌水试验不合要求

1. 现象

(1) 排水管道隐蔽前未做灌水试验;

(2) 排水管道隐蔽前灌水试验有渗漏现象;

(3) 排水管道隐蔽前灌水试验满水时间不够。

2. 危害及原因分析

若排水管道灌水试验不合要求,管道隐蔽后将会渗水影响使用造成经济损失。

3. 标准要求及防治措施

(1) 标准要求

1)《建筑给水排水及采暖工程施工质量验收规范》(GB 50242—2002)第 3.3.16 条:"各种承压管道系统和设备应做水压试验,非承压管道系统和设备应做灌水试验"。

2)《建筑给水排水及采暖工程施工质量验收规范》(GB 50242—2002)第 5.2.1 条:"隐蔽或埋地的排水管道在隐蔽前必须做灌水试验,其灌水高度应不低于底层卫生器具的上边缘或底层地面高度。检验方法:满水 15min 水面下降后,在灌满观察 5min,液面不降,管道及接口无渗漏为合格"。

(2) 防治措施

1) 设在吊顶内、楼板内、降板坑内、管沟内或埋地敷设的排水横支管、横干管、敷设在管道竖井、墙柱内以及沿墙、柱敷设后被装修封闭的排水立管均属于隐蔽管道,为防止隐蔽管道本身及管道接口渗漏,必须作灌水试验。当灌水试验合格后方可隐蔽。

2) 对于楼层内隐蔽排水支管的灌水试验流程及方法如下:

放气囊封闭下游段→向管道内灌水至地漏上口→检查管道接口是否渗漏→认定试验结果。

灌水试验示意如图 1.3.8 所示。

a. 放气囊封闭下游段:

底层管道做灌水试验时,可将通向室外的排出管管口,用大于或等于管径的橡胶囊封堵,放入管里充气堵严;

二层做灌水试验时,可将未充气胶囊从立管管口(在三楼操作,有检查口的楼层可从本层检查口放入)放到所测长度,向胶囊内充气并观察压力,表示值上升至 0.07MPa 为止,最高不超过 0.12MPa;

三层做灌水试验时,可在四楼操作。以此类推,逐层试验;

顶层做灌水试验时,可从顶层检查口放入胶囊,在本层操作。

b. 管道内灌水至地漏上口。

c. 检查试验段各管口是否渗漏。

3) 排水管道灌水试验合格后方可隐蔽。

1.3.9 排水横管无坡度、倒坡或坡度偏小

1. 现象

(1) 排水横管无坡度;

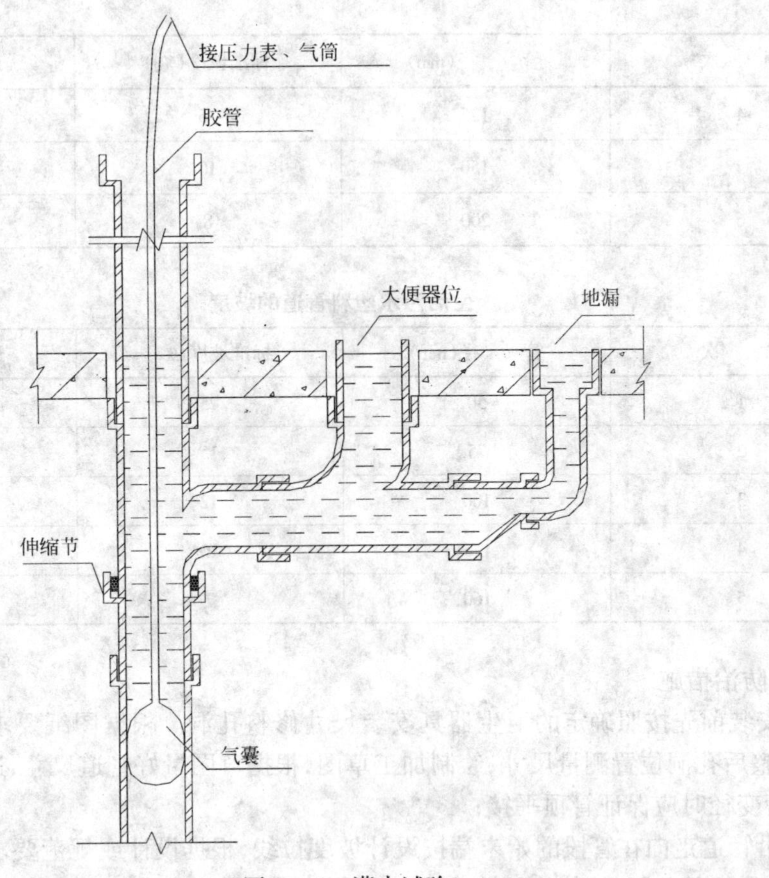

图 1.3.8　灌水试验

(2) 排水横管坡度偏小；

(3) 排水横管倒坡。

2. 危害及原因分析

排水管道坡度不合要求将造成排水不顺畅甚至堵塞。

3. 标准要求及防治措施

(1) 标准要求

《建筑给水排水及采暖工程施工质量验收规范》(GB 50242—2002)第 5.2.2 条、第 5.2.3 条:生活污水管道的坡度必须符合设计或表 1.3.9－1、表 1.3.9－2 的要求。

生活污水铸铁管的坡度　　　　**表 1.3.9－1**

项　次	管　径(mm)	标准坡度(‰)	最小坡度(‰)
1	50	35	25
2	75	25	15
3	100	20	12

续表

项　次	管　径(mm)	标准坡度(‰)	最小坡度(‰)
4	125	15	10
5	150	10	7
6	200	8	5

生活污水塑料管道的坡度　　**表 1.3.9-2**

项　次	管　径(mm)	标准坡度(‰)	最小坡度(‰)
1	50	25	12
2	75	15	8
3	100	12	6
4	125	10	5
5	160	7	4

(2) 防治措施

1) 安装前先按照确定的卫生器具安装尺寸修整孔洞。根据图纸要求并结合实际情况,按修整后孔洞位置测量尺寸,绘制加工草图,根据草图量好管道尺寸,进行裁管,预制,排水横管变径时应保证管顶平接;

2) 沿管道走向在管段的始末端按设计坡度拉线,根据设计或规范要求并结合管节长度确定支吊架的位置,按拉线处该位置与支吊架固定点的垂直距离制作支吊架;

3) 将预制好的管段用铁丝临时吊挂,查看无误后进行粘接,按规定校正管道坡度。待粘接固化后,再紧固支承件。

1.3.10　最低横支管与立管管底垂直距离不够

1. 现象

(1) 无专用通气管时,最低横支管与立管管底垂直距离不够;

(2) 无专用通气管时,排水支管连接在排出管或排水横干管上时,连接点距离管底部下游水平距离不够。

2. 危害及原因分析

污水立管的水流流速大,而污水排出管的水流流速小,排水横管的排水能力远小于立管。若距离不满足设计或规范要求,将会导致最低排水管上的地漏等卫生器具水封破坏产生返臭,甚至发生返水现象,从而使排水管道系统不能实现其使用功能。

3. 标准要求及防治措施

(1) 标准要求

《建筑给水排水设计规范》(GB 50015—2003)第 4.3.12 条:靠近排水立管底部的排水支管连接,应符合下列要求:

a. 排水立管仅设置伸顶通气管时,最低排水横支管与立管连接处距排水立管管底垂直距离不得小于表 1.3.10 的规定。

最低横支管与立管连接处至立管管低的垂直距离　　表 1.3.10

立管连接卫生器具的层数	垂直距离(m)
≤4	0.45
5 ~ 6	0.75
7 ~ 12	1.2
13 ~ 19	3.0
≥20	6.0

注：当与排出管连接的立管底部放大一号管径或横干管比与之连接的立管大一号管径时，可将表中垂直距离缩小一档。

b. 排水支管连接在排出管或排水横干管上时，连接点距立管底部下游水平距离不宜小于 3.0m，且不得小于 1.5m。

c. 横支管接入横干管竖直转向管段时，连接点应距转向处以下不得小于 0.6m。

d. 当靠近排水立管底部的排水支管的连接不能满足本条 a、b 款的要求时，排水支管应单独排至室外检查井或采取有效的防反压措施。

(2) 防治措施

靠近排水立管底部的排水支管连接示意图如图 1.3.10 所示。

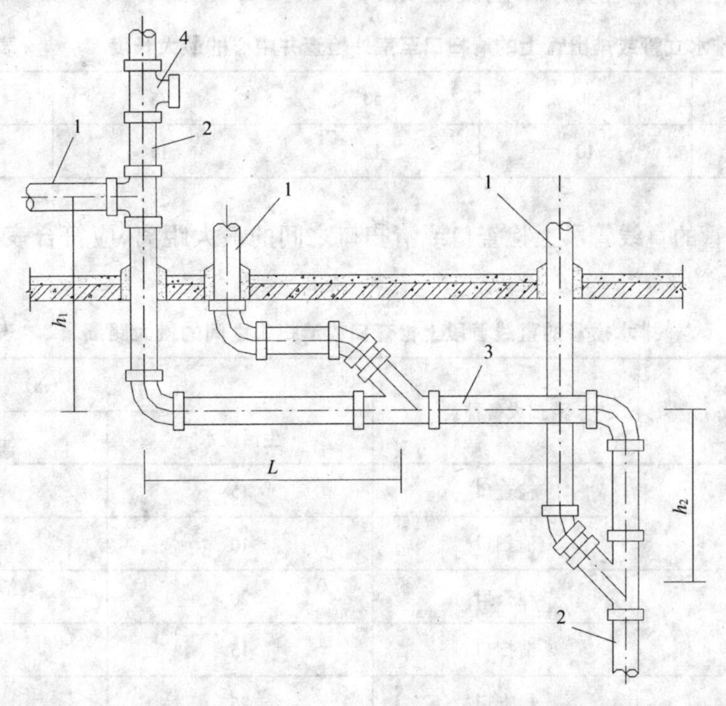

图 1.3.10　排水支管与排水立管、横管连接

1—排水支管；2—排水立管；3—排水横管；4—检查口

图示中的 h_1、L、h_2 在设计施工时应严格按上述原则实施。

1.3.11 排水横管无清扫口

1. 现象

(1) 连接2个及2个以上大便器或3个及3个以上卫生器具的污水横管上无清扫口；

(2) 超过一定距离污水横干管端头无清扫口；

(3) 管道拐弯处无清扫口。

2. 危害及原因分析

未按规范设置清扫口，当管道堵塞时将不便于管道的清通。

3. 标准要求及防治措施

(1) 标准要求

1)《建筑给水排水设计规范》(GB 50015—2003)第4.5.12条：在生活排水管道上，应按下列规定设置清扫口：

a. 在连接2个及2个以上的大便器或3个及3个以上卫生器具的铸铁排水横管上，宜设置清扫口；

在连接4个及4个以上的大便器的塑料排水横管上宜设置清扫口；

b. 在水流偏转角大于45°的排水横管上，应设检查口或清扫口(可采用带清扫口的转角配件替代)；

c. 当排水立管底部或排出管上的清扫口至室外检查井中心的最大长度大于表1.3.11-1的数值时，应在排水管上设清扫口；

排水立管或排出管上的清扫口至室外检查井中心的最大长度　　表1.3.11-1

管　径(mm)	50	50	75	100以上
最大长度(m)	10	12	15	20

d. 排水横管的直线管段上检查口或清扫口之间的最大距离，应符合表1.3.11-2的规定。

排水横管的直线管段上检查口或清扫口之间的最大距离　　表1.3.11-2

管道管径(mm)	清扫设备种类	距　离　(m)	
		生活废水	生活污水
50~75	检查口	15	12
	清扫口	10	8
100~150	检查口	20	15
	清扫口	15	10
200	检查口	25	20

2)《建筑给水排水设计规范》(GB 50015—2003)第4.5.13条："在排水管道上设置清

扫口,应符合下列规定:

a. 在排水管起点上设清扫口,宜将清扫口设置在楼板或地坪上,且与地面相平。排水横管起点的清扫口与其端部相垂直的墙面的距离不得小于0.15m;

b. 排水管起点设置堵头代替清扫口时,堵头与墙面应有不小于0.4m的距离;

c. 在管径小于100mm的排水管道上设置清扫口,其尺寸应与排水管道同径;管径等于或大于100mm的排水管道上设置清扫口,应采用100mm直径的清扫口;

d. 铸铁排水管道设置清扫口,其材质应为铜质;硬聚氯乙稀管道上设置的清扫口应与管道同质;

e. 排水横管连接清扫口的连接管管件应与清扫口同径,并采用45°斜三通或45°弯头或由2个45°弯头组合的管件"。

(2) 防治措施

设计施工时应严格按上述原则实施。

1.3.12 排水主立管及水平干管未做通球试验

1. 现象

排水主立管及水平干管安装完未做通球试验。

2. 危害及原因分析

若不做通球试验,排水管道内有杂物堵塞而不知。

3. 标准要求及防治措施

(1) 标准要求

《建筑给水排水及采暖工程施工质量验收规范》(GB 50242—2002)第5.2.5条:"排水主立管及水平干管管道均应做通球试验,通球球径不小于排水管道管径的2/3,通球率必须达到100%"。

(2) 防治措施

1) 施工时应先做出通球试验方案,通球试验宜采取分段试验,分段时应考虑管径、放球口、出球口等因素,试验的分段情况可参考图1.3.12所示;

2) 将直径不小于被试验管道管径2/3的塑胶球体从放球口放入,在出球口接出。以自下而上的原则进行试验,做完下面一段后,及时封堵管口(以免杂物进入),再进行上一段的试验。见图1.3.12中1~3的顺序;

3) 检查方法主要是观察检查。如果球体顺利排出,即为合格,否则为不合格。不合格者,应检查管内是否有杂物,管道坡度是否准确,清通或更正坡度后再行通球,直至合格为止。

通球合格后,施工单位整理好记录,有关人员签字后备案存档。

1.3.13 排水管三通、四通、弯头使用不正确

1. 现象

(1) 排水管未采用45°三通或45°四通;

(2) 排水管转90°弯时未采用90°斜三通或两个45°弯头连接。

2. 危害及原因分析

污水管道经常发生堵塞的部位一般在拐弯或汇流接口处,采用顺水三通、四通或弯头

可改善管道内水力条件，否则，管道易堵塞，不便使用。

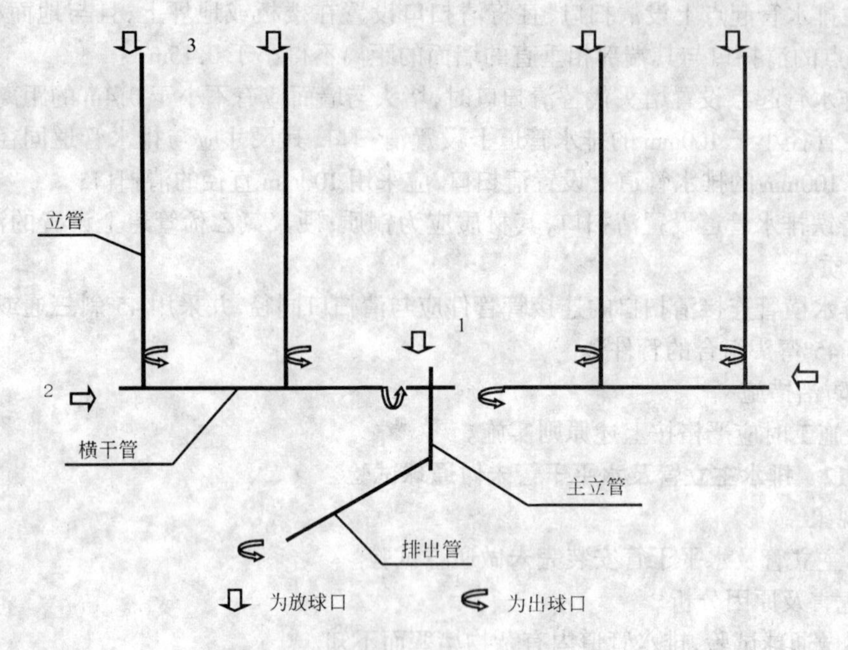

图 1.3.12　通球试验分段试验示意图

3. 标准要求

(1)《建筑给水排水及采暖工程施工质量验收规范》(GB 50242—2002)第 5.2.13 条："通向室外的排水管，穿过墙壁或基础必须返下时，应采用 45°三通和 45°弯头连接，并应在垂直管段顶部设置清扫口"。

(2)《建筑给水排水及采暖工程施工质量验收规范》(GB 50242—2002)第 5.2.15 条："用于室内排水的水平管道与水平管道、水平管道与立管的连接，应采用 45°三通或 45°四通和 90°斜三通或 90°斜四通。立管与排出管端部的连接，应采用两个 45°弯头或曲率半径不小于 4 倍管径的 90°弯头"。

1.3.14　管道支吊架间距偏大、规格偏小

1. 现象

(1) 排水管支吊架间距偏大；

(2) 排水管支吊架规格偏小。

2. 危害及原因分析

(1) 支吊架间距偏大或规格偏小将影响道管道的安全及稳固；

(2) 管道将会局部变形、下沉。

3. 标准要求及防治措施

(1) 标准要求

1)《建筑给水排水及采暖工程施工质量验收规范》(GB 50242—2002)第 5.2.8 条："金属排水管道上的吊钩或卡箍应固定在承重结构上。固定件间距：横管不大于 2m；离管不大于 3m。楼层高度小于或等于 4m，立管可安装 1 个固定件。立管底部的弯管处应设支墩或采取固定措施”。

2)《建筑给水排水及采暖工程施工质量验收规范》(GB 50242—2002)第5.2.9条:排水塑料管道支、吊架间距应符合表1.3.14的规定。

排水塑料管支架最大间距(单位:m) **表1.3.14**

管径(mm)	50	75	110	125	160
立 管	1.2	1.5	2.0	2.0	2.0
横 管	0.5	0.75	1.10	1.30	1.60

(2) 防治措施

管道的支吊架制作安装参见本章1.1.7条中防治措施要求。

1.3.15 通气管高出屋面的高度不够

1. 现象

(1) 通气管高出屋面高度小于0.3m或积雪厚度;

(2) 通气管高出上人屋面高度不足2m;

(3) 通气管口离门窗距离太近。

2. 危害及原因分析

经常有人停留的屋面,通气管高度若不够,人将吸入由排水管道系统散发出来的臭气,影响健康。

3. 标准要求及防治措施

(1) 标准要求

《建筑给水排水设计规范》(GB 50015—2003)第4.6.10条:“高出屋面的通气管设置应符合下列要求:

a. 通气管高出屋面不得小于0.3m,且应大于最大积雪厚度,通气管顶端应装设风帽或网罩(屋顶有隔热层时,应从隔热层板面算起)。

b. 在通气管周围4m以内有门窗时,通气管口应高出窗顶0.6m或引向无门窗一侧。

c. 在经常有人停留的平屋面上,通气管口应高出2m并应根据防雷要求考虑防雷装置。

d. 通气管口不宜设在建筑物挑出部分(如屋檐檐口、阳台和雨棚等)的下面”。

(2) 防治措施

设计施工时应严格按上述原则实施。

1.3.16 室内雨水管道灌水试验不符合要求

1. 现象

(1) 雨水管道安装在室内但未做灌水试验;

(2) 安装在室内的雨水管管材不能满足灌水试验的要求;

(3) 室内雨水管道灌水试验时水面下降超过规定值;

(4) 雨水管道个别接口渗水。

2. 危害及原因分析

雨水管满管流时，若管道不具备一定的承压能力，雨水将由接口渗出流入房间。

3. 标准要求及防治措施

(1) 标准要求

《建筑给水排水及采暖工程施工质量验收规范》(GB 50242—2002)第 5.3.1 条："安装在室内的雨水管道安装后应做灌水试验，灌水试验必须到每根立管上部的雨水斗。灌水持续 1h，不渗不漏"。

(2) 防治措施

1) 安装在室内的雨水管按规范进行灌水试验，灌水试验流程如下：

封堵雨水立管底部或排出管管口→向管道内灌水至雨水斗处→检查管道接口是否渗漏→认定试验结果。

2) 填写灌水试验记录，试验合格后请相关人员签字，归档以备查验。

1.3.17 雨水斗不标准

1. 现象

(1) 天面侧排雨水直接排入管道；

(2) 天面雨水斗未按标准制作、设置；

(3) 采用地漏代替雨水斗。

2. 危害及原因分析

(1) 侧排雨水在外墙接入雨水立管处无雨水斗，不利于气水分离而排水不畅；

(2) 进水断面面积小易堵塞。

3. 标准要求及防治措施

(1) 标准要求

《建筑给水排水设计规范》(GB 50015—2003)第 4.9.14 条："屋面排水系统应设置雨水斗。不同设计排水流态、排水特征的屋面排水系统应选用相应的雨水斗"。

(2) 防治措施

1) 天面侧排雨水口过墙后，应设敞开的雨水斗与管道相连；钢制雨水斗应按标准图集加工制作；

2) 按设计要求设置雨水斗，对于侧墙雨水箅子应加工立体的网罩，以增加进水断面的面积，同时可以防止杂物堵塞。

1.4 卫生器具安装质量通病

1.4.1 未选用节水型卫生器具

1. 现象

(1) 使用 9L 大便器；

(2) 使用螺旋升降式铸铁水嘴。

2. 危害及原因分析

(1) 危害

我国是一个比较缺水的国家，节水的工作尤为重要。普通传统大便器一次冲洗水量大，不利于节约用水；螺旋升降式铸铁水嘴生产工艺落后，使用寿命短，密封性能差，关闭不严，易造成长流水，从而浪费水。

(2) 原因分析

1) 对规范不熟悉，执行规范不严；

2) 一味强调降低工程造价，不考虑节水的重要性。

3. 标准要求及防治措施

(1) 标准要求

1)《建筑给水排水设计规范》(GB 50015—2003)第4.2.3条："大便器选用应根据使用对象、设置场所、建筑标准等因素确定，且均应选用节水型大便器"；

2)《建筑给水排水设计规范》(GB 50015—2003)第4.2.4条："公共场所设置小便器时，应采用延时自闭式冲洗阀或自动冲洗装置"；

3)《建筑给水排水设计规范》(GB 50015—2003)第4.2.5条："公共场所的洗手盆宜采用限流节水型装置"；

4) 建设部、国家经贸委、质量技术监督局、建材局联合印发的《关于在住宅建设中淘汰落后产品的通知》(建住房[1999]295号)：">9L冲洗水量的坐便器及螺旋升降式铸铁水嘴不得用于住宅建筑，推荐使用节水型大便器系统(≤6L)及陶瓷片密封水嘴。采用陶瓷阀芯水嘴，其密封性能好，耐磨性好，使用寿命较长，且有利于节水"。

(2) 防治措施

1) 在设计施工过程中各单位应严格执行国家规范及有关部委的相关规定选用节水型卫生器具；

2) 实施过程中发现未采用节水型卫生器具，均有义务提出来予以修改，重新选择使用节水型卫生器具。

1.4.2 地漏等位置返臭气

1. 现象

接入污废水管道的地漏等处返臭气。

2. 危害及原因分析

(1) 危害

由于水封破坏，污水管内的臭气通过地漏等返入室内，破坏室内环境卫生。

(2) 原因分析

1) 地漏(或存水弯)的水封高度小于50mm，不带水封的地漏(或其他卫生器具)接入污废水管道而未设置存水弯；

2) 钟罩式地漏的钟罩安装不吻合，导致水封破坏；

3) 通气管设置不合理导致管道系统上的水封破坏；

4) 长时间无水补充，导致水封干涸。

3. 标准要求及防治措施

(1) 标准要求

1)《建筑给水排水设计规范》(GB 50015—2003)第4.2.6条："构造内无存水弯的卫生器具与生活污水管道或其他可能产生有害气体的排水管道连接时，必须在排水口以下设存水弯。存水弯的水封高度不得小于 50mm”。

2)《建筑给水排水设计规范》(GB 50015—2003)第 4.5.9 条:“带水封的地漏水封深度不得小于 50mm”。

3)《建筑给水排水设计规范》(GB 50015—2003)第 4.5.10 条:“地漏的选择应符合下列要求:

a. 应优先采用直通式地漏;

b. 卫生标准要求高或非经常使用地漏排水的场所,应设置密闭地漏;

c. 食堂、厨房和公共浴室等排水宜设置网框式地漏”。

4)《建筑给水排水设计规范》(GB 50015—2003)第 4.3.19 条:“室内排水沟与室外排水管连接处,应设水封装置”。

5)《建筑给水排水及采暖工程施工质量验收规范》(GB 50242—2002)第 7.2.1 条:“排水栓和地漏的安装应平正、牢固,低于排水表面,周边无渗漏。地漏水封高度不得小于 50mm”。

(2) 防治措施

设计中应严格按规范设置地漏、存水弯及通气管,施工安装时应选用符合标准的产品,严格按图施工。安装过程中应保证地漏(特别是钟罩式地漏)的水封深度不得小于 50mm。

1.4.3 卫生器具排水不畅

1. 现象

管道通水时,卫生器具排水不畅,甚至出现底层卫生器具返水。

2. 危害及原因分析

(1) 危害

卫生器具排水不畅,直接影响其使用功能,导致该卫生器具无法使用,形同虚设。

(2) 原因分析

1) 管道甩口封堵不及时或方法不当,造成水泥砂浆等杂物掉入管道中,并未及时认真清理;

2) 管道安装坡度不均匀,甚至局部倒坡;

3) 管道接口零件使用不当,造成管道局部水流阻力过大;

4) 最低排水横支管与立管连接处至排出管管底的距离过小,排水支管与横管连接点至立管底部水平距离过小;

5) 通气管堵塞或未设通气管,排水时管内夹杂空气,造成水力波动,降低了排水管道系统的排水能力。

3. 标准要求及防治措施

(1) 标准要求

《建筑给水排水及采暖工程施工质量验收规范》(GB 50242—2002)第 7.2.2 条:“卫生器具交工前应做满水和通水试验。要求通水试验给、排水畅通”。

(2) 防治措施

1) 排水管道安装中应根据施工工序安排及时封堵管道的甩口,防止杂物掉进管膛。

在后续安装管道时及卫生器具安装前,应认真检查原管道甩口,疏通管膛,并清理管道内杂物;

2) 管道安装过程中严格按照规范施工,确保管道坡度符合规范要求,保持坡度均匀,排水管道变径时应采用管顶平接,不得出现无坡或倒坡现象;

3) 合理使用管道配件,管道汇流时应按规范要求采用 TY 和 Y 形三通(四通),或 45°弯头,以便流水通畅;

4) 最低排水横支管与立管连接处至排出管管底的距离、排水支管与横管连接点至立管底部水平距离均必须满足规范要求,必要时应单独排放;

5) 排水管道系统应按规范设置各类通气管;

6) 管道安装完毕应做通球试验,发现问题及时处理;

7) 存水弯的检查丝堵最好缓装,以便施工过程中随时清通;立管检查口和平面清扫口的安装位置应便于清通操作。

1.4.4 卫生间漏水

1. 现象

卫生间及易产生积水的房间,其地面积水从穿楼板的管(或套管)外壁及地漏处渗漏到下一层。

2. 危害及原因分析

(1) 危害

1) 卫生间漏水至下层,将造成下层的装饰层破坏;

2) 漏水至下层,会影响下层人员的身心健康,处理不善会影响邻里关系。

(2) 原因分析

1) 未按设计、规范设置套管或管道与套管之间封堵不严密;

2) 堵洞时没按规范采用细石混凝土分两次封堵;

3) 卫生间防水不严密,未按要求在完成防水后做卫生间整体灌水试验。

3. 标准要求及防治措施

(1) 标准要求

1)《建筑给水排水及采暖工程施工质量验收规范》(GB 50242—2002)第 3.3.13 条:"管道穿过楼板,应设置金属或塑料套管。安装在楼板内的套管,其顶部应高出装饰地面 20mm;安装在卫生间及厨房内的套管,其顶部应高出装饰地面 50mm,底部应与楼板底面相平。穿过楼板的套管与管道之间应用阻燃密实材料和防水油膏填实。管道的接口不得设在套管内";

2)《建筑给水排水及采暖工程施工质量验收规范》(GB 50242—2002)第 7.4.1 条:"卫生器具排水管道与楼板的接合部位应采取牢固可靠的防渗、防漏措施"。

(2) 防治措施

1) 施工时应按设计、规范设置套管,并将管道与套管之间封堵严密;

2) 封堵孔洞时采用细石混凝土分两次进行,细心捣实,第一次浇筑 2/3 板厚,第二次浇筑 1/3 板厚。当管道(或套管)为塑料管时,与细石混凝土接触的管外壁应先刷胶粘剂再涂抹细砂(或安装止水环),以提高防渗效果;

3）管道安装完毕，各孔洞封堵后，土建专业应认真做好卫生间整体防水，并于完成防水后做卫生间整体灌水试验，要求不渗不漏。

1.4.5 卫生间地面或排水面积水

1．现象

卫生间地面或排水面排水不尽，存有积水。

2．危害及原因分析

(1) 危害

地漏具有排除地面积水的功能，但由于地漏设置不当，反而造成地面积水，形同虚设。

(2) 原因分析

1）地漏或排水栓上边缘未按规范低于排水表面；

2）排水面凸凹不平、地坪坡度不标准，地漏或排水栓未设置于排水面的最低处导致存水。

3．标准要求及防治措施

(1) 标准要求

1）《建筑给水排水设计规范》(GB 50015—2003)第4.5.8条："地漏应设置在易溅水的器具附近地面的最低处"；

2）《建筑给水排水及采暖工程施工质量验收规范》(GB 50242—2002)第7.2.1条："排水栓和地漏的安装应平正、牢固，低于排水表面，周边无渗漏"。

(2) 防治措施

1）安装地漏及地面找坡应严格按照基准线施工，地面找坡应使地坪按设计要求均匀坡向地漏，以使保证地漏设于汇水面的最低处，地漏周边要有合理坡度。

2）水栓和地漏安装高度应保证低于排水表面，一般为5~10mm。

1.4.6 洗脸盆配管及配件安装不规范

1．现象

洗脸盆安装高度错误，固定不牢靠，冷热水管及给排水配件安装错误。

2．危害及原因分析

(1) 危害

洗脸盆的安装高度是按人体工程学原理确定的，过高或过低将导致在使用时不方便，冷热水管道安装及水龙头安装时，没有按照热左冷右、热上冷下的原则安装，也会导致使用不方便。

(2) 原因分析

1）洗脸盆选型不符合设计或规范要求；

2）未按洗脸盆安装程序施工，固定不牢甚至未采取固定措施。

3．标准要求及防治措施

(1) 标准要求

1）《建筑给水排水及采暖工程施工质量验收规范》(GB 50242—2002)第7.1.3条："如设计无要求时，洗脸盆、洗手盆（有塞、无塞）安装于居住和公共建筑的安装高度为800mm，安装于幼儿园的安装高度为500mm（自地面至器具上边缘）"。

2)《建筑给水排水及采暖工程施工质量验收规范》(GB 50242—2002)第7.2.6条:"卫生器具的支、托架必须防腐良好,安装平整、牢固,与器具接触紧密、平稳"。

3)《建筑给水排水及采暖工程施工质量验收规范》(GB 50242—2002)第4.1.8条:"冷、热水管道同时安装应符合下列规定:

a. 上、下平行安装时热水管应在冷水管的上方;

b. 垂直平行安装时热水管应在冷水管左侧"。

(2) 防治措施

1) 洗脸盆、洗手盆应按设计要求选型,暗装敷设的冷热水管道甩口应按选定的脸盆的样本尺寸施工;洗脸盆安装应保证位置准确、高度无误;

2) 托架安装方式,洗脸盆安装时一般先将水龙头及排水栓安装固定于洗脸盆上,再进行正式安装固定。托架采用随产品配套的托架,应做好防腐措施,采用预埋螺栓或膨胀螺栓固定;

3) 背挂式洗脸盆由于陶瓷件直接用预埋螺栓或膨胀螺栓固定在墙上,因此螺栓应加软垫圈;

4) 台式洗脸盆安装时,台面板开洞的形状、尺寸均应按选定洗脸盆的产品样本尺寸要求进行加工,盆边与板间缝隙应采用密封胶密封固定;

5) 立柱式洗脸盆安装时陶瓷件直接固定在墙上,因此固定螺栓应加软垫圈,同时脸盆下的立柱将冷热水管与排水管隐蔽在柱体内起到装饰作用,另外也起到一定的支撑作用,因此要求各接口连接严密,柱脚与地面接触良好,并采取固定措施;

6) 冷热水管道安装时,水平管道中热水管应在冷水管的上方,垂直管道及接脸盆水嘴的热水管应在冷水管的左侧安装;

7) 洗脸盆的配套存水弯可为S形、P形或瓶式,存水弯安装于楼板上面,并应保证其竖向排水支管的垂直度。

1.4.7 大便器安装不规范

1. 现象

大便器安装完毕后出现位置不正、破损、渗漏及排水管道堵塞。

2. 危害及原因分析

(1) 危害

1) 位置不正,在使用时让使用者有偏斜感觉;

2) 破损影响整体美观,渗漏或堵塞会影响其使用效果。

(2) 原因分析

1) 大便器安装前未核实大便器的型号,产品样本与设计图纸不符,预留排水甩口不准确;

2) 安装时未检查大便器有无裂纹与缺损,安装过程中方法不正确或成品保护不善导致器具破损;

3) 水箱进水管的接口不严密导致渗漏;

4) 安装前未清理干净预留排水管内的垃圾杂物;安装完毕未及时冲洗,安装时的填料存于管内。

3. 防治措施

1) 安装大便器之前必须核实大便器选定的型号、厂家产品样本是否与设计图纸相符,检查预留排水甩口位置是否准确,避免因选型与图纸不符而剔凿预留孔洞重新安装排水甩口。

2) 安装时应检查大便器有无裂纹与缺损,清除连接大便器承口周围的杂物,检查有无堵塞。

3) 坐便器安装顺序一般为稳住坐便器、水箱配件安装、水箱(水箱盖)安装、进水阀及坐便盖安装。安装时,应将坐便器排水口插入甩口内,预先在接大便器底部均匀地铺上5mm左右油灰层,坐便器平稳地坐在油灰层上,用水平尺找平找正。大便器安装完毕后应用水冲洗器具,冲掉可能进入管内的多余填料。

a. 挂箱式坐便器的冲洗水箱与坐便器分开,通过角尺弯连接,壁挂式低水箱及坐便器底部的固定采用M8膨胀螺栓、软垫片、螺母固定,坐便器底部排出口采用橡胶密封圈或油灰密封;

b. 坐箱式坐便器的冲洗水箱直接固定在坐便器尾部,水箱的出水口与坐便器的进水口直接相连,通过之间的橡胶圈密封,水箱与坐便器采用配套的螺栓、橡胶软垫及螺母固定;

c. 自闭式冲洗阀坐便器就是用冲洗阀代替冲洗水箱,采用压力水直接冲洗坐便器,为防止管道系统污染,应在冲洗阀后安装防污器,冲洗阀、冲洗弯管,与坐便器相连的锁紧螺母应配套;

d. 壁挂式坐便器采用后出水方式,坐便器固定在一个金属框架上,冲洗水箱安装在金属框架内,金属框架在楼板上固定,隐蔽于墙内;

e. 坐便器多采用低水箱、自闭冲洗阀两种方式,冲洗水箱进水阀配件包括角阀、软管、水箱配件等,坐便器冲洗水箱应采用节水型6L水箱,并应优先选用3/6L可转换水箱配件。水箱进水角阀的安装高度应按设计或产品要求确定,如无具体要求,角阀中心距地为150mm。水箱配件安装完毕应满水试验,检查水箱及各接口是否渗漏,同时调节好浮球水位,以防溢水。应保证各接口连接紧密,不渗不漏。

4) 安装蹲便器时,应在排水管甩口处抹上油灰,蹲便器底部填石灰膏,将蹲便器排水口插入排水管甩口内稳好,用水平尺找正、调平,并使进水口与预留给水甩口对应。稳好后四周用砖固定。进水胶皮碗大小两头均应采用喉箍箍紧或采用铜丝绑扎,胶皮碗及冲洗弯管四周填干砂,砂上面抹一层水泥砂浆,禁止用水泥砂浆将胶皮碗全部堵死,以免给以后维修造成困难,蹲便器周围与完成地面之间采用硅酮密封膏嵌缝。如多个大便器安装,应保证在同一直线位置上。交工前将出水口暂时封堵,避免施工过程中杂物掉入堵塞管道。

1.4.8 浴盆安装不规范

1. 现象

浴盆检修口错位,甚至无检修口、底部渗漏,淋浴器安装高度不合要求。

2. 危害及原因分析

(1) 危害

浴盆安装不规范将导致使用、维修困难，达不到其使用功能；渗漏会导致室内地坪积水。

(2) 原因分析

1) 浴盆安装时，未考虑排水管道的排污和检修工作的需要，造成检修门位置错误，甚至未设检修门；

2) 安装浴盆排水栓时，排水栓与排水管承口的封口不严；穿楼板管道封堵不密实。

3. 标准要求及防治措施

(1) 标准要求

1)《建筑给水排水及采暖工程施工质量验收规范》(GB 50242—2002)第 7.2.4 条："有饰面的浴盆，应留有通向浴盆排水口的检修门"；

2)《建筑给水排水及采暖工程施工质量验收规范》(GB 50242—2002)第 7.3.3 条："浴盆软管淋浴器挂钩的高度，如无设计要求，应距地 1.8m"。

(2) 防治措施

1) 浴盆的安装应配合土建地坪及墙面镶贴瓷砖等工序施工。淋浴器安装需在上述工序施工完毕后进行。

2) 浴盆的安装高度应按设计及产品的具体要求而确定，如无具体要求时应不大于 520mm 为宜。

a. 有饰面的浴盆应留有通向浴盆排水口的检修口，普通浴盆外侧在安装时由建筑装修配合预留 200×300(高)检修口，经通水试验无渗漏后再封堵；

b. 裙边浴盆在其排水口处的楼板上应设置 300×250 安装孔，经通水试验无渗漏后再封堵，并在排水管一侧的墙面上设置 200×250(高)检修口；

c. 按摩浴盆除排水口处设置 200×250(高)检修口外，电机处也需预留 300×300 的电机检修门，应注意环境电源与产品要求是否配套，并要根据电气及产品要求设置漏电保护。

3) 浴盆的淋浴设备安装方式有明装及入墙式两种，明装淋浴设备采用花洒座或滑杆方式固定花洒，入墙式淋浴设备的水流开关与出水口分开。金属软管长度一般为 1.5m，龙头、花洒(莲蓬头)的安装高度应根据设计或产品的具体要求确定。淋浴器的各组件与墙面固定要牢固，入墙式淋浴设备安装时应密切配合建筑装修，确保位置及尺寸满足要求。浴盆冷热水管道安装时，水平管道中热水管应在冷水管的上方，垂直管道及接浴盆水嘴的热水管应在冷水管的左侧安装。

4) 浴盆的排水一般采用产品配套的排水栓作为去水，并于排水栓下安装存水弯，浴盆的排水配件还包括连接浴盆溢流口的溢流管安装。安装浴盆排水栓时，应把排水栓与排水管承口的封口封严。

1.4.9 卫生器具给水配件连接不美观

1. 现象

卫生器具给水配件与预留给水甩口错位、给水配件损伤。

2. 危害及原因分析

(1) 危害

错位会导致卫生器具给水配件安装困难，甚至无法安装；给水配件损伤影响美观。

(2) 原因分析

1) 预留给水甩口偏差太大；

2) 有热水供应管道时，冷热水龙头未按左热右冷的规定安装；

3) 采用铜管镶接方式在安装时弯曲凹陷；

4) 采用镀铬给水配件安装时破坏镀铬表面。

3. 标准要求及防治措施

(1) 标准要求

1)《建筑给水排水及采暖工程施工质量验收规范》(GB 50242—2002)第7.3.1条："卫生器具给水配件应完好无损伤，接口严密，启闭部分灵活"。

2)《建筑给水排水及采暖工程施工质量验收规范》(GB 50242—2002)第4.1.8条："冷、热水管道同时安装应符合下列规定：

a. 上、下平行安装时热水管应在冷水管的上方；

b. 垂直平行安装时热水管应在冷水管左侧"。

(2) 防治措施

1) 预留给水管甩口应按设计图纸，参考所选卫生器具规格型号的要求，结合建筑装修图纸进行安装定位。管道甩口标高和坐标经核对准确后，应及时将管道固定牢靠。安装过程注意土建施工中有关尺寸的变动情况，发现问题，及时处理；

2) 连接卫生器具的铜管，弯管时弯曲应均匀，弯管椭圆度应小于8%，并不得有凹凸现象；

3) 安装镀铬的卫生器具给水配件应使用扳手，不得使用管子钳，以保护镀铬表面完好无损。给水配件应安装端正，表面洁净并清除外露麻丝或水胶布。接口应严密不漏、牢固、不漏水；

4) 安装冷、热水龙头要注意安装的位置和色标，一般为：蓝色、绿色表示冷水，应安装在面向卫生器具的右侧；红色表示热水，应安装在面向卫生器具的左侧。

1.4.10 卫生器具排水管道安装不满足规范

1. 现象

(1) 卫生器具排水管道上未按设计或规范设置存水弯，或存水弯设置不合理；

(2) 卫生器具排水管道管径不合理，坡度不够，甚至倒坡；

(3) 卫生器具排出口采用塑料软管与排水管连接；

(4) 卫生器具排出管与排水横支管上的受水口封口不严。

2. 危害及原因分析

(1) 危害

卫生器具排水管安装不规范将直接导致卫生器具的排水不通畅，影响其使用功能。

(2) 原因分析

制度不严，认识不够，工作不认真，图省事。

3. 标准要求及防治措施

(1) 标准要求

1)《建筑给水排水设计规范》(GB 50015—2003)第 4.2.6 条:“构造内无存水弯的卫生器具与生活污水管道或其他可能产生有害气体的排水管道连接时,必须在排水口以下设存水弯。存水弯的水封深度不得小于 50mm”;

2)《建筑给水排水设计规范》(GB 50015—2003)第 4.2.7 条:“医疗卫生机构内门诊、病房、化验室、实验室等处不在同一房间内的卫生器具不得共用存水弯”;

3)《建筑给水排水及采暖工程施工质量验收规范》(GB 50242—2002)第 7.4.4 条:连接卫生器具的排水管管径和最小坡度,如设计无要求时,应符合表 1.4.10 的规定。

连接卫生器具的排水管管径和最小坡度　　表 1.4.10

<table>
<tr><th>项次</th><th colspan="2">卫生器具名称</th><th>排水管管径(mm)</th><th>管道最小坡度(‰)</th></tr>
<tr><td>1</td><td colspan="2">污水盆(池)</td><td>50</td><td>25</td></tr>
<tr><td>2</td><td colspan="2">单、双格洗涤盆(池)</td><td>50</td><td>25</td></tr>
<tr><td>3</td><td colspan="2">洗手盆、洗脸盆</td><td>32~50</td><td>20</td></tr>
<tr><td>4</td><td colspan="2">浴　盆</td><td>50</td><td>20</td></tr>
<tr><td>5</td><td colspan="2">淋浴器</td><td>50</td><td>20</td></tr>
<tr><td rowspan="3">6</td><td rowspan="3">大便器</td><td>高、低水箱</td><td>100</td><td>12</td></tr>
<tr><td>自闭式冲洗阀</td><td>100</td><td>12</td></tr>
<tr><td>拉管式冲洗阀</td><td>100</td><td>12</td></tr>
<tr><td rowspan="2">7</td><td rowspan="2">小便器</td><td>手动自闭式冲洗阀</td><td>40~50</td><td>20</td></tr>
<tr><td>自动冲洗水箱</td><td>40~50</td><td>20</td></tr>
<tr><td>8</td><td colspan="2">化验盆(无塞)</td><td>40~50</td><td>25</td></tr>
<tr><td>9</td><td colspan="2">净身器</td><td>40~50</td><td>20</td></tr>
<tr><td>10</td><td colspan="2">饮水器</td><td>20~50</td><td>10~20</td></tr>
<tr><td>11</td><td colspan="2">家用洗衣机</td><td>50(软管为 30)</td><td></td></tr>
</table>

(2) 防治措施

1) 严格按图施工,选用合格产品,施工过程中控制好管道坡度。卫生器具排出口按设计要求与排水管相连,并不得采用塑料软管;

2) 卫生器具排出管与排水横支管上的受水口应采取密封措施。

1.5 室内消防系统质量通病

1.5.1 镀锌钢管连接不满足规范要求

1. 现象

(1) 镀锌钢管采用焊接连接方式;镀锌管与法兰的焊接处未作二次镀锌;

(2) 管道接口有返潮、滴水、渗漏现象。

2. 危害及原因分析

(1) 危害

1) 室内消防给水系统管材大多使用镀锌钢管,如采用焊接连接方式,或法兰焊接处未作二次镀锌,由于焊接破坏了镀锌层,将导致使用不久即出现接口处锈蚀严重等现象;

2) 接口渗漏会使消防管网不能持压,如有增压措施时,将会经常启动增压设备,浪费能源。

(2) 原因分析

1) 对新规范不熟悉,施工图省事,或有关方不执行规范,一味强调控制造价(成本);

2) 管道接口质量不过关,试压不认真,通水后管道接口处有返潮、滴水、渗漏现象。

3. 标准要求及防治措施

(1) 标准要求

1)《自动喷水灭火系统设计规范》(GB 50084—2001)第 8.0.4 条:"系统中直径等于或大于 100mm 的管道,应分段采用法兰或沟槽式连接件(卡箍)连接。水平管道上法兰间的管道长度不宜大于 20mm;立管上法兰间的距离,不应跨越 3 个及以上楼层。净空高度达于 8m 的场所内,立管上应有法兰"。

2)《建筑给水排水及采暖工程施工质量验收规范》(GB 50242—2002)第 4.1.3 条:"管径小于或等于 100mm 的镀锌钢管应采用螺纹连接,套丝扣时破坏的镀锌层表面及外露螺纹部分应做防腐处理;管径大于 100mm 的镀锌钢管应采用法兰或卡套式专用管件连接,镀锌管与法兰的焊接处应二次镀锌"。

3)《自动喷水灭火系统施工及验收规范(2003 版)》(GB 50261—96)第 5.1.3 条:"管网应采用螺纹、沟槽式管接头或法兰连接;连接后均不得减小过水横断面面积"。

4)《自动喷水灭火系统施工及验收规范(2003 版)》(GB 50261—96)第 5.1.4 条:"螺纹连接应符合下列要求:

5.1.4.1　管子宜采用机械切割,切割面不得有飞边、毛刺;管子螺纹密封面应符合现行国家标准《普通螺纹　基本尺寸要求》、《普通螺纹　公差与配合》、《管路旋入端螺纹尺寸系列》的有关规定;

5.1.4.2　当管道变径时,宜采用异径接头;在管道弯头处不得采用补芯;当需要采用补芯时,三通上可用 1 个,四通上不能超过 2 个;公称直径大于 50mm 的管道不宜采用活接头;

5.1.4.3　螺纹连接的密封填料应均匀附着在管道的螺纹部分;拧紧螺纹时,不得将填料挤入管道内;连接后应将连接处外部清理干净"。

5)《自动喷水灭火系统施工及验收规范(2003 版)》(GB 50261—96)第 5.1.5 条:"法兰连接可采用焊接法兰或螺纹法兰。法兰连接时,焊接法兰焊接处应重新镀锌后再连接,焊接连接应符合现行国家标准《工业管道工程施工及验收规范》(GB 50235)、《现场设备、工业管道焊接工程施工及验收规范》(GB 50236)的有关规定。螺纹连接预测对接位置,清除外露密封填料后再紧固、连接"。

6)《自动喷水灭火系统施工及验收规范(2003 版)》(GB 50261—96)第 5.1.4A 条:"沟

槽式管接头连接应符合下列要求：

5.1.4A.1　选用的沟槽式管接头应符合国家现行标准《沟槽式管接头》(CJ/T 156—2001)的要求，其材质应为球墨铸铁并符合现行国家标准《球墨铸铁件》GB/T 1348 的要求；

5.1.4A.2　沟槽式管件连接时，其管材连接沟槽和开孔应用专用滚槽机和开孔机；连接前应检查沟槽、孔洞尺寸和加工质量是否符合技术要求；沟槽、孔洞处不得有毛刺、破损裂纹和脏物；

5.1.4A.3　橡胶密封圈应无破损和变形，涂润滑剂后卡装在钢管两端；

5.1.4A.4　沟槽式管件的凸边应卡进沟槽后再紧固螺栓，两边应同时紧固，紧固时发现橡胶圈起皱应更换新橡胶圈；

5.1.4A.5　机械三通连接时，应检查机械三通于孔洞的间隙，各部位应均匀，然后再紧固到位；

5.1.4A.6　配水干管(立管)与配水管(水平管)连接，应采用沟槽式管接头异径三通；

5.1.4A.7　埋地、水泵房内的管道连接应采用挠性接头，埋地的沟槽式管接头螺栓、螺帽应作防腐处理"。

7)《自动喷水灭火系统施工及验收规范(2003 版)》(GB 50261—96)第 5.1.5 条："法兰连接可采用焊接法兰或螺纹法兰。法兰连接时，焊接法兰焊接处应重新镀锌后再连接，焊接连接应符合现行国家标准《工业管道工程施工及验收规范》(GB 50235)、《现场设备、工业管道焊接工程施工及验收规范》(GB 50236)的有关规定。螺纹法兰连接应预测对接位置，清除外露密封填料后再紧固、连接"。

(2) 防治措施

1) 选用优质管材及管件；按设计或规范要求，结合管径的大小，确定管道连接方式。按照各类连接方式的操作工艺标准或施工方案要求，严格施工。

2) $DN \leqslant 100$mm 时，镀锌钢管接口应采用螺纹连接方式：

a. 管螺纹加工时应根据管径大小决定切削次数，管径大于 25mm 时，应分 2～3 次套丝；

b. 螺纹加工长度应符合表 1.5.1 的规定。螺纹应清洁、规整，断丝或缺丝不大于螺纹全扣数的 10%；

圆锥管螺纹的加工长度(mm)　　　　**表 1.5.1**

公称直径	15	20	25	32	40	50	65	80	100
螺纹加工长度	15	17	19	22	22	26	26	31	38
螺纹牙数	8	9	8	9	9	11	11	23	16

c. 管道连接前，用手将管件拧上，以检查管螺纹的松紧程度，应保证管螺纹留有足够的装配余量可供拧紧；

d. 缠绕填料应按顺时针方向，要求缠绕均匀，紧贴管螺纹；上管件时应使填料吃进螺纹间隙内，不得将填料挤出；

e. 连接时应选用合适的管钳，确保螺纹的连接紧密牢固。螺纹应一次上紧，并不得

倒回,拧紧后螺纹根部应有2~3扣的外露螺纹;

f. 螺纹连接后,应进行外观检查,并清除外露麻丝,及时对被破坏镀锌层进行防腐处理。

3) $DN > 100mm$,镀锌钢管接口可采用法兰连接方式,镀锌钢管与法兰焊接处应二次镀锌:

a. 法兰应垂直于管中心,采用角尺找正,管端插入法兰深度为法兰厚度的1/2~2/3。法兰的内外面均需焊接,法兰内侧的焊缝不得凸出密封面。法兰焊接后应将毛刺及熔渣清除干净,内孔应光滑,法兰面应无飞溅物;

b. 法兰焊接完毕,应进行二次镀锌。对于下料尺寸不容易把握的部位,可进行预组装,无误后拆下来再进行二次镀锌;

c. 法兰装配时,两法兰应相互平行,不得将不平行的法兰强制对口;

d. 连接法兰,将垫片放入法兰之间,法兰间垫片的材质和厚度应符合设计和施工验收规范的要求,安装垫片时要做成带把的形状,垫片不得凸入法兰内,其边缘接近螺栓孔为宜。不得安放双垫或偏垫;

e. 连接法兰的螺栓,其直径和长度应符合标准。安装方向一致,即螺母在同一侧。拧紧螺栓时应对称成十字交叉式进行,不得一次拧紧一颗螺栓,对称的螺栓应松紧一致,拧紧后的螺栓应突出螺母,其长度不得大于螺杆直径的1/2;

f. 法兰连接接口不得直接埋入土壤中,必须埋地时应沿地沟敷设或设置检查井,且法兰和螺栓应涂防腐漆。

4) $DN > 100mm$,镀锌钢管可采用卡套(箍)连接方式,卡套(箍)连接应采用专用沟槽式管接头。

5) 管道安装完毕应进行水压试验,试压时应检查各接口是否有渗漏,发现问题应做好记号,待修复后重新进行试压,直至水压试验合格。

1.5.2 箱式消火栓安装不规范

1. 现象

(1) 消火栓口朝向不正确,单栓消火栓安装于门轴一侧;

(2) 栓口中心距地面高度、箱底标高、栓口距箱后面及侧面距离不满足规范要求;

(3) 暗装的消防箱箱体变形,箱门启闭不灵活;

(4) 栓口接管与箱底留孔间隙处、箱体背板后面未进行防火封堵;

(5) 水龙带与接扣处绑扎不合理,不按规定放置。

2. 危害及原因分析

(1) 危害

消火栓系统是民用建筑中最基本的固定灭火设施,而消火栓(含水枪、水龙带)作为直接的灭火工具,如选用、安装不规范,势必导致无法保证灭火时所需水量、使用中不方便,影响灭火功能。

(2) 原因分析

1) 消火栓箱的几何尺寸不符合要求,箱体厚度过小,不能满足栓口朝外的规定;消火栓安装时没有按规范安装;

2）消火栓预留孔洞不准，安装消火栓箱时未认真核对尺寸及标高；

3）砖墙上的消火栓箱孔洞上部未采取承重措施，箱体受力变形；消火栓箱在运输、储存中乱堆乱放，箱体碰撞变形，导致箱门开启不灵活。

3．标准要求及防治措施

（1）标准要求

1）《高层民用建筑设计防火规范（2001年版）》（GB 50045—95）第7.4.6.4条："消火栓栓口离地面高度宜为1.10m，栓口出水方向宜向下或与设置消火栓的墙面相垂直"；

2）《高层民用建筑设计防火规范（2001年版）》（GB 50045—95）第7.4.6.6条："消火栓应采用同一型号规格。消火栓的栓口直径应为65mm，水带长度不应超过25m，水枪喷嘴口径不应小于19mm"；

3）《建筑给水排水及采暖工程施工质量验收规范》（GB 50242—2002）第4.3.2条："安装消火栓水龙带，水龙带与水枪和快速接头绑扎好后，应根据箱内构造将水龙带挂好在箱内的挂钩、托盘和支架上"；

4）《建筑给水排水及采暖工程施工质量验收规范》（GB 50242—2002）第4.3.3条："箱式消火栓的安装应符合下列规定：

a．栓口应朝外，并不应安装在门轴侧；

b．栓口中心距地为1.1m，允许偏差±20mm；

c．阀门中心距箱侧为140mm，距箱后内表面为100mm，允许偏差±5mm；

d．消火栓箱体安装的垂直度允许偏差为3mm"。

（2）防治措施

1）消火栓箱体的几何尺寸和厚度尺寸必须符合设计及现行技术标准的规定。消火栓应参照标准图集安装，单栓消火栓的栓口出水方向宜向下或与设置消火栓的墙面相垂直；

2）暗装消火栓应在土建主体施工时预留孔洞，预留孔洞大小、位置及标高应准确并满足消火栓及箱体安装的要求，并留有一定的调节余量。消火栓箱体安装时要考虑装饰层的厚度；应保证箱体安装高度正确，一般箱底安装高度为0.95m，若带自救式卷盘，箱底为0.90m；

3）设于砖墙上的暗装消火栓箱体上部应采取承重措施，以防止箱体受压变形而影响箱门的开启；

4）按照消防防火要求，应将栓口接管与箱底留孔间隙处进行防火封堵；箱体背板不得外露于墙面，如箱体所在的墙面厚度小于箱体厚度，应采用防火材料对箱体背板后面进行处理，且处理后不应低于同房间耐火等级；

5）消火栓箱内的栓、水枪、水龙带及快速接扣必须按设计规格配置齐全，其产品必须符合消防部门批准生产、销售、使用的合格品。水龙带与快速接扣一般采用16号铜丝（ϕ1.6）缠绕2～3道，每道缠紧3～4圈，扎紧后将水龙带和水枪挂于箱内挂架或卷盘上。

1.5.3 消防管网上阀门选型及安装不合理

1．现象

（1）消防系统采用没有明显启闭标志的阀门；

(2) 消防水泵吸水管上采用没有可靠锁定装置的蝶阀。

2. 危害及原因分析

1) 室内消防管道上的阀门,应处于常开状态,当管段或阀门检修时,可以关闭相应的阀门。为防止检修后忘开阀门,要求阀门设有明显的启闭标志(例如采用明杆阀门),以便检查,及时开启阀门,保证管网水流畅通。如采用没有明显启闭标志的阀门,将不便于发现和监视阀门的启闭状况,严重时可能会耽误火情,导致灭火失败;

2) 一般蝶阀的结构,阀瓣的开、关是用蜗杆传动,在使用中受振动时,阀瓣容易变位,改变其规定位置,甚至自行关闭,因此如果没有可靠的锁定装置,将会带来不良后果。

3. 标准要求及防治措施

1)《高层民用建筑设计防火规范(2001年版)》(GB 50045—95)第7.4.4条:"室内消防给水管道应采用阀门分成若干独立段。阀门的布置,应保证检修管道时关闭停用的竖管不超过一根。当竖管超过4根时,可关闭不相邻的两根。

阀门应有明显的启闭标志"。

2)《自动喷水灭火系统施工及验收规范(2003版)》(GB 50261—96)第4.2.4.1条:"吸水管上的控制阀应在消防水泵固定于基础上之后再进行安装,其直径不应小于消防水泵吸水口直径,且不应采用没有可靠锁定装置的蝶阀"。

3) 在设计及施工过程中,应严格按规范布置、选择阀门。

1.5.4 屋顶试验消火栓不合要求

1. 现象

(1) 屋顶未设置试验消火栓,或试验消火栓的栓口高度不正确;

(2) 高层建筑屋顶消火栓处未设置压力表。

2. 危害及原因分析

(1) 危害

室内消火栓能不能覆盖整个建筑的防火区,取用是否方便可靠,水压和出水量是否满足设计要求,应通过实测检验,但不可能对消火栓逐个试射,故取用有代表性的三处:屋顶层(或水箱间内)试验消火栓和首层二处消火栓做试射试验。屋顶层的试验消火栓试射可检测消火栓出水流量和压力(充实水柱)是否满足设计要求,若不设置试验消火栓,将导致检测困难,同时也不便于日常对消火栓系统的检查。

(2) 原因分析

对规范理解不够,认识不足,没按规范进行设计与施工。

3. 标准要求及防治措施

(1)《高层民用建筑设计防火规范(2001年版)》(GB 50045—95)第7.4.6.9条:"高层建筑的屋顶应设一个装有压力显示装置的检查用的消火栓,采暖地区可设在顶层出口处或水箱间内"。

(2)《建筑给水排水及采暖工程施工质量验收规范》(GB 50242—2002)第4.3.1条:"室内消火栓系统安装完成后,应取屋顶层(或水箱间内)试验消火栓和首层二处消火栓做试射试验,达到设计要求为合格。检验方法:实地试射检查"。

(3) 屋顶消火栓是供消防责任单位或消防队定期检查室内消火栓给水系统功能的重

要设备,因此必须于该处设置便于观察的压力表。

1.5.5 水泵接合器设置不规范

1. 现象

(1) 水泵接合器位置不合理,与室外(市政)消火栓间距过大;

(2) 水泵接合器安装高度不符合规范要求;

(3) 水泵接合器标识不清,不能区分消火栓系统、喷淋系统,以及两系统的分区情况;

(4) 各系统、各区水泵接合器设置在同一位置,不便于消防车补水灭火。

2. 危害及原因分析

水泵接合器是消防灭火时由消防车向室内消防给水系统加压供水的重要装置。如安装设置不规范,就会在消防灭火时,对室内消防给水系统补水产生困难,耽误灭火,甚至灭火失败。

3. 标准要求及防治措施

(1) 标准要求

1)《高层民用建筑设计防火规范(2001 年版)》(GB 50045—95)第 7.4.5 条:"室内消火栓给水系统和自动喷水灭火系统应设水泵接合器,并应符合下列规定:

7.4.5.1 水泵接合器的数量应按室内消防用水量经计算确定。每个水泵接合器的流量应按 10~15L/s 计算;

7.4.5.2 消防给水为竖向分区供水时,在消防车供水压力范围内的分区,应分别设置水泵接合器;

7.4.5.3 水泵接合器应设在室外便于消防车使用的地点,距室外消火栓或消防水池的距离宜为 15~40m;

7.4.5.4 水泵接合器宜采用地上式;当采用地下式水泵接合器时,应有明显标志"。

2)《自动喷水灭火系统施工及验收规范(2003 版)》(GB 50261—96)第 4.5.1 条:"消防水泵接合器的组装应按接口、本体、连接管、止回阀、安全阀、放空管、控制阀的顺序进行。止回阀的安装方向应使消防水能从消防水泵接合器进入系统"。

3)《自动喷水灭火系统施工及验收规范(2003 版)》(GB 50261—96)第 4.5.2 条:"消防水泵接合器的安装应符合下列规定:

4.5.2.1 应安装在便于消防车接近的人行道或非机动车行驶地段;

4.5.2.2 地下消防水泵接合器应采用铸有"消防水泵接合器"标志的铸铁井盖,并应在附近设置指示其位置的固定标志;

4.5.2.3 地上消防水泵接合器应设置与消火栓区别的固定标志;

4.5.2.4 墙壁消防水泵接合器的安装应符合设计要求。设计无要求时,其安装高度宜为 1.1m;与墙面上的门、窗、孔、洞的净距离不应小于 2.0m,且不应安装在玻璃幕墙下方"。

4)《自动喷水灭火系统施工及验收规范(2003 版)》(GB 50261—96)第 4.5.3 条:"地下消防水泵接合器的安装,应使进水口与井盖底面的距离不大于 0.4m,且不应小于井盖的半径"。

(2) 防治措施

1）设计时应与建筑专业配合，合理确定水泵接合器的数量和位置，并满足规范要求；北方冰冻地区应有防冻保护措施；

2）严格按设计和规范施工，在对水泵接合器标识时，应将消火栓系统、喷淋系统，及两系统的高、中、低区分别进行有效标识。

1.5.6　喷头安装不合理

1．现象

(1) 喷头表面涂刷涂层，喷头框架、溅水盘变形；

(2) 喷头之间(或喷头距墙、梁)的间距不满足设计或规范要求；

(3) 宽度大于1.2m的风管下未设置喷头；

(4) 未按设计要求选用安装喷头，甚至将直立型喷头向下安装，或下垂型喷头向上安装。

2．危害及原因分析

(1) 危害

喷头的布置要求在所保护的区域内任何部位发生火灾都能得到一定强度的水量，喷水强度应根据建筑物的危险级别而确定。如不按设计及规范施工，将会导致所布置的喷头喷水强度不能满足灭火要求，发生火灾时不能正常灭火。

(2) 原因分析

对喷头的性能及使用范围不了解，不熟悉规范，无施工及验收经验。

3．标准要求及防治措施

(1) 标准要求

1)《自动喷水灭火系统施工及验收规范(2003版)》(GB 50261—96)第5.2.3条："喷头安装时，不得对喷头进行拆装、改动，并严禁给喷头附加任何装饰性涂层"；

2)《自动喷水灭火系统施工及验收规范(2003版)》(GB 50261—96)第5.2.7条："喷头安装时，溅水盘与吊顶、门、窗、洞口和墙面的距离应符合设计要求"；

3)《自动喷水灭火系统施工及验收规范(2003版)》(GB 50261—96)第5.2.8条：当喷头溅水盘高于附近梁底或高于小于1.2m的通风管道腹面时，喷头溅水盘高于梁底、通风管道腹面的最大垂直距离应符合表1.5.6－1的规定；

喷头溅水盘高于梁底、通风管道腹面的最大垂直距离　　表1.5.6－1

喷头与梁、通风管道的水平距离(mm)	喷头溅水盘高于梁底、通风管道腹面的最大垂直距离(mm)
300～600	25
600～750	75
750～900	75
900～1050	100
1050～1200	150
1200～1350	180

续表

喷头与梁、通风管道的水平距离(mm)	喷头溅水盘高于梁底、通风管道腹面的最大垂直距离(mm)
1350~1500	230
1500~1680	280
1680~1830	360

4)《自动喷水灭火系统施工及验收规范(2003版)》(GB 50261—96)第5.2.9条:"当通风管道宽度大于1.2m时,喷头应安装在其腹面以下部位";

5)《自动喷水灭火系统施工及验收规范(2003版)》(GB 50261—96)第5.2.10条:当喷头安装在不到顶的隔断附近时,喷头与隔断的水平距离和最小垂直距离应符合表1.5.6-2的规定。

喷头与隔断的水平距离和最小垂直距离　　表1.5.6-2

水平距离(mm)	150	225	300	375	450	600	750	>900
最小垂直距离(mm)	75	100	150	200	236	313	336	450

(2) 防治措施

1) 安装时应按设计正确选择喷头形式:直立型喷头向上安装,适用于明装管道的场所;下垂型喷头向下安装,适用于暗装管道或在有吊顶的场所;普通型喷头可上、下安装;边墙式喷头可垂直或水平安装,适用于无吊顶的旅馆客房和无法布置直立型、下垂型喷头的地方;

2) 喷头安装应在系统试压、冲洗合格后进行,安装时宜采用专用的弯头、三通;

3) 喷头安装应使用专用扳手,严禁利用喷头的框架施拧;喷头的框架、溅水盘产生变形或释放原件损伤时,应采用规格、型号相同的喷头更换;

4) 安装在易受机械损伤处的喷头,应加设喷头防护罩。

1.5.7 自动喷水系统配水管安装不平正

1. 现象

配水管、配水支管安装通水后,有"拱起"、"塌腰"、不平直等现象。

2. 危害及原因分析

(1) 危害

影响管道系统的使用及安全,同时也影响喷头的喷水效果。

(2) 原因分析

1) 管道在运输、堆放和装卸中产生弯曲变形;

2) 管件偏心,丝扣偏斜;

3) 支吊架间距过大,管道与支吊架接触不紧密,受力不均。

3. 标准要求及防治措施

(1) 标准要求

《自动喷水灭火系统施工及验收规范(2003 版)》(GB 50261—96)第 5.1.7 条:管道支架、吊架、防晃支架的安装应符合下列要求:

5.1.7.1 管道应固定牢固;管道支架或吊架之间的间距不应大于表 1.5.7 的规定;

管道支架或吊架之间的间距 **表 1.5.7**

公称直径(mm)	25	32	40	50	70	80	100	125	150	200	250	300
距离(m)	3.5	4.0	4.5	5.0	6.0	6.0	6.5	7.0	8.0	9.5	11.0	12.0

5.1.7.2 管道支架、吊架、防晃支架的型式、材质、加工尺寸及焊接质量等应符合设计要求和国家现行标准的规定;

5.1.7.3 管道支架、吊架的安装位置不应妨碍喷头的喷水效果;管道的支架、吊架与喷头之间的距离不宜小于 300mm;与末端喷头之间的距离不宜大于 750mm;

5.1.7.4 配水支管上每一直管段、相邻两喷头之间的管段设置吊架均不宜少于 1 个;当喷头之间距离小于 1.8m 时,可隔段设置吊架,但吊架的间距不宜大于 3.6m;

5.1.7.5 当管子的公称直径等于或大于 50mm 时,每段配水干管或配水管防晃支架不应少于 1 个;当管道改变方向时,应增设防晃支架;

5.1.7.6 竖直安装的配水干管应在其始端和终端设防晃支架或采用管卡固定,其安装位置距地面或楼面的距离宜为 1.5~1.8m。

(2) 防治措施

1) 管道在装卸、搬运中应轻拿轻放,不得野蛮装卸或受重物挤压,存放于仓库时应按材质、型号、规格、用途,分门别类地挂牌,堆放整齐;

2) 喷淋管道必须按设计挑选优质管材、管件。直管安装,不得用偏心、偏扣、壁厚不均的管件施工;如发现有"拱起"、"塌腰"、不平直等现象,应予以拆除,更换直管和管件重新安装;

3) 配水管支吊架设置和排列,应根据管道标高、坡度吊好线,确定支架间距,埋设安装牢固,接触紧密,外形美观整齐;

4) 设置于弧形车道、环形走道等部位需弯曲的管道,应采用管段煨弯方式或利用管件弯曲,管道煨弯时应采用煨弯器或弯管机,不宜采用热弯方式;

5) 管道的支吊架制作安装参见 1.1.7 条中防治措施要求。

1.5.8 自动喷水灭火系统管网上未设置自动排气阀

1. 现象

管网配水干管顶部、配水管各末端未设置自动排气阀。

2. 危害及原因分析

(1) 危害

自动喷水灭火系统管网上设置排气阀的主要目的是防止管道被腐蚀、影响系统动作、管道和附件被损坏。系统在准工作状态时,管网顶部会聚集压缩的空气,随着环境温度的变化,对管道会产生化学腐蚀和电化学腐蚀;当管网内有压缩空气时,整个管网系统不能充满消防水,特别是上部管网,当有火灾时,先喷出的是压缩空气,从而延误喷头的喷水时间，影响系统灭火；此外，水在重力和压缩空气的推动下，会产生水力冲击，损坏管道及附件，因此在自动喷水灭火系统中必须安装排气阀。

(2) 原因分析

执行规范不严，工作不认真，对不设置自动排气阀的危害性认识不够。

3. 标准要求及防治措施

(1) 标准要求

《自动喷水灭火系统施工及验收规范(2003 版)》(GB 50261—96)第 5.4.4 条："排气阀的安装应在系统管网试压和冲洗合格后进行；排气阀应安装在配水干管顶部、配水管的末端，且应确保无渗漏"。

(2) 防治措施

1) 对于闭式管道系统，应设置自动排气阀；对预作用系统和开式系统，应设置受控制的排气装置；

2) 安装的规格和部位应符合设计图纸要求，便于检修，竖直安装于管道上，阀体内应清洁无堵塞；

3) 排气阀上游应设置控制阀，平时常开。当排气阀故障时，关闭控制阀，检修排气阀，确保系统仍可正常运作。

1.5.9 水力警铃安装不规范

1. 现象

(1) 水力警铃安装位置不符合规范要求；

(2) 水力警铃与报警阀的连接管长度超过规范要求。

2. 危害及原因分析

(1) 危害

水力警铃是各种类型的自动喷水灭火系统均需配备的通用组件。它是一种在使用中不受外界条件限制和影响，当使用场所发生火灾、自动喷水灭火系统启动后，能及时发出声响报警的安全可靠的报警装置。如水力警铃安装位置或与报警阀的连接管长度过长，将会导致值班人员无法及时发现报警信号，而延误疏散及灭火。

(2) 原因分析

对规范理解不够，认识不足，没按规范进行设计与施工。

3. 标准要求及防治措施

(1) 标准要求

《自动喷水灭火系统施工及验收规范(2003 版)》(GB 50261—96)第 5.4.1 条："水力警铃应安装在公共通道或值班室附近的外墙上，且应安装检修、测试用的阀门。水力警铃和报警阀的连接应采用镀锌钢管，当镀锌钢管的公称直径为 15mm 时，其长度不应大于 6m；当镀锌钢管的公称直径为 20mm 时，其长度不应大于 20m；安装后的水力警铃启动压力不应小于 0.05MPa"。

(2) 防治措施

1) 水力警铃安装总的要求是：要保证系统启动后能及时发出设计要求的声强强度的声响报警，且其报警能及时被值班人员或保护场所内其他人员发现，平时能够检测水力报警装置功能是否正常。在测试时，要求水力警铃喷嘴处压力不应小于0.05MPa，且距警铃3m远处警铃声强强度不应小于70dB；

2) 水力警铃的安装位置、其与报警阀连接管的管径及走向应严格按设计或规范要求施工安装；对于不满足规范要求的设计，应及时提出修改；

3) 报警阀与水力警铃之间应按设计和规范设置过滤器、延迟器、压力开关等。过滤器应安装在延迟器前，而且是便于排渣操作的位置；延迟器安装在过滤器与压力开关之间，可以防止管路系统压力波动时误报警；压力开关应竖直安装在通往水力警铃的管道上，且不应在安装中拆装改动；

4) 水力警铃排水应设置专用的排水管，并就近接入室内雨水管或排水沟内。

1.5.10 喷淋系统末端试水装置设置不合理

1. 现象

(1) 未设置末端试水装置，导致无法对各防火分区进行放水试验；

(2) 压力表及试水阀设于吊顶内，导致试水及检查系统压力困难。

2. 危害及原因分析

末端试水装置的功能是检验系统启动、报警和利用系统启动后的特性参数组成联动控制装置等的功能是否正常，是自动喷水灭火系统使用中其可检测系统总体功能的一种简易可行的检测试验装置。如系统中该装置未设置或设置不合理，将影响系统检测，而无法实现上述功能。

3. 标准要求及防治措施

(1) 标准要求

《自动喷水灭火系统施工及验收规范(2003版)》(GB 50261—96)第5.4.8条："末端试水装置宜安装在系统管网末端或分区管网末端"。

(2) 防治措施

1) 末端试水装置一般由连接管、压力表、控制阀及排水管组成，管径为25mm，有条件的也可采用远传压力表、流量测试装置和电磁阀组成。总的安装要求是操作简便，检测结果可靠。在湿式、预作用系统中均要求在分区管网或系统管网末端设置末端试水装置；

2) 末端试水装置排水管一般接至卫生间、盥洗间、空调机房地漏处等便于排水的地方。为便于试水操作及观察，试水阀及压力表一般安装于吊顶以下明显位置。

1.5.11 喷头、阀门安装前未进行试验

1. 现象

喷头、阀门安装前未做强度和严密性试验，或抽检数量不够。

2. 危害及原因分析

主要原因是制度不严，认识不够，工作不认真。

3. 标准要求及防治措施

(1)《自动喷水灭火系统施工及验收规范(2003版)》(GB 50261—96)第3.0.5.5条："闭式喷头应进行密封性能试验，以无渗漏、无损伤为合格。试验数量宜从每批中抽检1%，但不得少于5只，试验压力为3.0MPa；保压时间不得少于3min。当2只及2只以上不合格时，不得使用该批喷头。当有2只不合格时，应再抽检2%，但不得少于10只；重新进行密封性能试验，当仍有不合格时，亦不得使用该批喷头”；

(2)《自动喷水灭火系统施工及验收规范(2003 版)》(GB 50261—96)第 3.0.6.6 条：“报警阀应逐个进行渗漏试验。试验压力为额定工作压力的 2 倍，保压时间为 5min，阀瓣处应无渗漏”；

(3) 其余阀门的试验参见本章 1.1.2 条要求。

1.6 室外给排水工程质量通病

1.6.1 沟槽开挖不符合要求

1. 现象

(1) 所开挖的沟槽槽底局部被超挖，槽底土层受到松动或扰动；

(2) 沟槽槽底土层为淤泥质土、回填土及局部有块石等，而未作处理。

2. 危害及原因分析

(1) 危害

1) 超挖部分要进行回填夯实，浪费人工；

2) 回填夯实的土层或其他材料的密实度，均不如原状土均匀，导致沟基承载力不均，易造成不均匀沉降。

(2) 原因分析

1) 测量放线或复核标高时出现错误，造成超挖；

2) 采用机械挖槽时控制不严，局部多挖。

3. 标准要求及防治措施

(1) 标准要求

《给水排水管道工程施工及验收规范》(GB 50268—97)第 3.2.7 条：“沟槽的开挖质量应符合下列规定：

3.2.7.1 不扰动天然地基或地基处理符合设计要求；

3.2.7.3 沟槽中心线每侧的净宽不应小于管道沟槽底部开挖宽度的一半；

3.2.7.4 槽底高程的允许偏差：开挖土方时应为 ± 20mm；开挖石方时应为 + 20mm、- 200mm”。

(2) 防治措施

1) 应安排专业测量人员严格按图进行测量放线，认真落实测量复核制度，挖槽时要设专人把关检查；

2) 使用机械挖槽时，在设计槽底高程以上一般预留 20cm 土层，待人工清挖；

3) 槽底干燥时，超挖可用原土回填夯实，其密实度不应低于原地基天然土的密实度；

4) 槽底有地下水，或地基土壤含水量较大为淤泥质土，不适于加夯时，一般可用天然级配砂砾回填；

5) 当沟槽槽底为回填土或局部有块石等时，应及时与设计单位沟通，并按设计要求进行槽底基础的处理。

1.6.2 沟槽回填施工的质量不符合要求

1. 现象

沟槽回填土的局部地段(特别是检查井周围)出现程度不同的下沉。

2. 危害及原因分析

(1) 危害

1) 回填土的下沉。

a. 如在绿化带会使林木花草遭受破坏;

b. 如在建筑物旁会危及建筑物的安全;

c. 如在道路上会使道路结构层遭到破坏,影响交通,造成经济损失和不良的社会影响。

2) 室外给排水管材的受力特点,是要求管道胸腔和管顶以上都要形成卸力拱,以保护管体,如不进行夯实,会造成管顶以上松土下沉,将会使管道受到损伤。

(2) 原因分析

1) 松土回填,未分层夯实,或虽分层但超厚夯实,一经地面水浸入或经地面荷载作用,造成沉陷;

2) 沟槽中的积水、淤泥、有机杂物没有清除和认真处理,虽经夯打,但在饱和土上不可能夯实;有机杂物一经腐烂,必造成回填土下沉;

3) 部分槽段,尤其是小管径或雨水口连接管的沟槽,槽宽较窄,夯实不力,没有达到要求的密实度;

4) 使用压路机碾压回填土的沟槽,在检查井周围和沟槽边角碾压不到的部位,又未用小型夯具夯实,造成局部漏夯;

5) 在回填土中含有较大的干土块或含水量大的黏土块较多,回填土的夯实质量达不到要求;

6) 回填土不用夯压方法,采用水沉法(纯砂性土除外),密实度达不到要求。

3. 标准要求及防治措施

(1) 标准要求

1)《给水排水管道工程施工及验收规范》(GB 50268—97)第3.5.6条:"回填土要分层铺土进行夯实,回填土每层虚铺厚度,应按采用的压实工具和要求的压实度确定"。对一般压实工具,铺土厚度可按表1.6.2中的数值选用;

回填土每层虚铺厚度 **表1.6.2**

压实工具	虚铺厚度(mm)
木夯、铁夯	≤20
蛙式夯、火力夯	20~25
压路机	20~30
振动压路机	≤40

2)《给水排水管道工程施工及验收规范》(GB 50268—97)第 3.5.4.1 条(1):"槽底至管顶以上 50cm 范围内,回填土中不得含有有机物、冻土以及大于 50mm 的砖、石等硬块";

3)《给水排水管道工程施工及验收规范》(GB 50268—97)第 3.5.11.2 条:"管道两侧和管顶以上 50cm 范围内,应采用轻夯压实,管道两侧压实面的高差不应超过 30cm";

4)《给水排水管道工程施工及验收规范》(GB 50268—97)第 3.5.11.6 条:"分段回填压实时,相邻段的接茬应呈阶梯形,且不得漏夯"。

(2) 防治措施

1) 沟槽回填土前,须将槽中积水、淤泥、杂物清理干净;

2) 凡在检查井周围和边角机械碾压不到位的地方,必须要有机动夯和人力夯的补夯措施,不得出现局部漏夯;

3) 局部小量沉陷,应立即将土挖出,重新分层夯实;

4) 面积或深度较大的严重沉陷,除重新将土挖出,分层夯实外,还应会同有关部门共同检验管道结构有无损坏,如有损坏应挖出换管或采取其他补救措施。

1.6.3 沟槽底部浸水

1. 现象

沟槽开挖后槽底土层被雨水或地下水浸泡。

2. 危害及原因分析

(1) 危害

槽底土层被浸泡后,地基土质变软,会大大降低其承载力,引起管道下沉,造成管道受损渗水。

(2) 原因分析

1) 雨天降水或沟槽附近有其他废水流入槽底;

2) 对于地下水或浅层滞水,未采取排降水措施或措施不力。

3. 标准要求及防治措施

(1) 雨期施工时,应在沟槽四周叠筑闭合的土埂,必要时要在埂外开挖排水沟,防止沟槽附近有其他废水流入槽底;

(2) 在地下水位以下或有浅层滞水地段挖槽,应使排水沟、集水井或各种井点排降水设备经常保持完好状态,保证正常运行;

(3) 排水管接通河道或接入老的雨水管渠的沟段,开槽应在枯水期先行施工,以防下游水倒灌入沟槽;

(4) 沟槽见底后应随即进行下一道工序,否则槽底以上应暂留 20cm 土层不予挖出,作为保护层;

(5) 如沟槽已被泡水,应立即检查排降水设备,疏通排水沟,将水引走、排净;

(6) 已经被水浸泡而受扰动的地基土,可根据具体情况处理。一般当土层扰动在 10cm 以内时,要将扰动土挖出,换填级配砂砾或砾石夯实;当土层扰动深度达到 30cm 但下部坚硬时,要将扰动土挖出换填大卵石或块石,并用砾石填充空隙,将表面找平夯实。

1.6.4 室外给排水管材材质不符合要求

1. 现象

(1) 室外给水管道采用灰口铸铁管材、管件；

(2) 室外排水管道采用砂模铸造铸铁排水管；

(3) 室外排水管道采用平口、企口混凝土排水管(≤500mm)；

(4) 管材或附件出现砂眼及裂纹，加工粗糙。

2. 危害及原因分析

管道局部出现渗漏，造成管网渗水。

3. 标准要求及防治措施

(1) 标准要求

1)《建设部推广应用和限制禁止使用技术》(建设部公告第218号)中规定："灰口铸铁管材、管件不得用于城镇供水、燃气等市政管道系统。口径＞400mm的管材及管件不允许在污水处理厂、排水泵站及市政排水管网中的压力管线中使用(2004年7月1日起执行)"；

2)《建设部推广应用和限制禁止使用技术》(建设部公告第218号)中规定："平口、企口混凝土排水管(≤500mm)不得用于城镇市政污水、雨水管道系统(2005年1月1日起执行)"；

3) 依据建设部、国家经贸委、质量技监局、建材局联合印发的《关于在住宅建设中淘汰落后产品的通知》(建住房[1999]295号)中规定："砂模铸造铸铁排水管不得用于住宅建筑"。

(2) 防治措施

1) 管材及管件进入施工现场后，应做好外观检查，并要求有合格证及材质试验证明文件，必要时在使用前预先进行给水管道的水压试验和排水管道的灌水试验，合格后方可使用；

2) 对不合格的管材及管件，为避免与合格管件及管材混在一起，必须将不合格管材与管件进行封存，并通报有关政府部门进行处置。

1.6.5 室外埋地钢管的外防腐不符合要求

1. 现象

(1) 防腐底层与管子表面粘接不牢；

(2) 卷材与管道或各层之间粘贴不牢；

(3) 表面不平整，有空鼓、封口不严、搭接尺寸过小等缺陷。

2. 危害及原因分析

(1) 危害

埋地钢管周围土壤中的各种电解质会对管道造成腐蚀，如果管道防腐不符合要求，将会大大缩短管道的使用寿命。

(2) 原因分析

1) 管子表面上的污垢、灰尘和铁锈清理不干净，甚至有水分，使冷底子油不能很好地与管道粘接；

2) 沥青温度不合适，操作不当；

3) 防腐卷材缠绕不紧密。

3. 标准要求

(1)《建筑给水排水及采暖工程施工质量验收规范》(GB 50242—2002)第 9.2.6 条:镀锌钢管、钢管的埋地防腐必须符合设计要求,如设计无规定时,可按表 1.6.5-1 的规定执行。卷材与管材间应粘贴牢固,无空鼓、滑移、接口不严等。

管道防腐层种类 **表 1.6.5-1**

防腐层层次	正常防腐层	加强防腐层	特加强防腐层
(从金属表面起) 1	冷底子油	冷底子油	冷底子油
2	沥青涂层	沥青涂层	沥青涂层
3	外包保护层	加强包扎层	加强保护层
		(封闭层)	(封闭层)
4		沥青涂层	沥青涂层
5		外包保护层	加强包扎层
6			(封闭层)
			沥青涂层
7			外包保护层
防腐层厚度不小于(mm)	3	6	9

(2)《给水排水管道工程施工及验收规范》(GB 50268—97)第 4.3.9 条:"钢管道石油沥青涂料外防腐层施工应符合下列规定:

4.3.9.1 涂底漆前管子表面应清除油垢、灰渣、铁锈,氧化铁皮采用人工除锈时,其质量标准应达 St3 级;喷砂或化学除锈时,其质量标准应达 Sa2.5 级;

4.3.9.2 涂底漆时基面应干燥,基面除锈后与涂底漆的间隔时间不得超过 8h。应涂刷均匀、饱满,不得有凝块、起泡现象,底漆厚度宜为 0.1~0.2mm,管两端 150~250mm 范围内不得涂刷;

4.3.9.3 沥青涂料熬制温度宜为 230℃左右,最高温度不得超过 250℃,熬制时间不大于 5h,每锅料应抽样检查;

4.3.9.4 沥青涂料应涂刷在洁净、干燥的底漆上,常温下刷沥青涂料时,应在涂底漆后 24h 之内实施;沥青涂料涂刷温度不得低于 180℃;

4.3.9.5 涂沥青后应立即缠绕玻璃布,玻璃布的压边宽度应为 30~40mm;接头搭接长度不得小于 100mm,各层搭接接头应相互错开,玻璃布的油浸透率应达到 95%以上,不得出现 50mm×50mm 的空白;管端或施工中断处应留出长 150~250mm 的阶梯形搭茬;阶梯宽度应为 50mm;

4.3.9.6 当沥青涂料温度低于 100℃时,包扎聚氯乙烯工业薄膜保护层,不得有褶皱、脱壳现象,压边宽度应为 30~40mm,搭接长度应为 100~150mm;

4.3.9.7　沟槽内管道接口施工，应在焊接、试压合格后进行，接茬处应粘接牢固、严密”。

(3)《给水排水管道工程施工及验收规范》(GB 50268—97)第 4.3.5 条：钢管外防腐如采用环氧煤沥青涂料，其构造应符合表 1.6.5－2 的规定。

环氧煤沥青涂料外防腐层构造　　　　表 1.6.5－2

材料种类	二油		三油一布		四油二布	
	构造	厚度(mm)	构造	厚度(mm)	构造	厚度(mm)
环氧煤沥青涂料	1. 底漆 2. 面漆 3. 面漆	≥0.2	1. 底漆 2. 面漆 3. 玻璃布 4. 面漆 5. 面漆	≥0.4	1. 底漆 2. 面漆 3. 玻璃布 4. 面漆 5. 玻璃布 6. 面漆 7. 面漆	≥0.6

(4)《给水排水管道工程施工及验收规范》(GB 50268—97)第 4.3.10 条：“环氧煤沥青外防腐层施工应符合下列规定：

4.3.10.1　管节表面应符合上述第 4.3.9.1 的规定；焊接表面应光滑无刺、无焊瘤、棱角；

4.3.10.2　涂料配制应按产品说明书的规定操作；

4.3.10.3　底漆应在表面除锈后 8h 之内涂刷，涂刷应均匀，不得漏涂；管两端 150～250mm 范围内不得涂刷；

4.3.10.4　面漆涂刷和包扎玻璃布，应在底漆表干后进行，底漆与第一道面漆涂刷的间隔时间不得超过 24h”。

(5)《给水排水管道工程施工及验收规范》(GB 50268—97)第 4.3.6 条：“钢管道石油沥青及环氧煤沥青涂料外防腐层，雨期、冬期施工应符合下列规定：

4.3.6.1　当环境温度低于 5℃时，不宜采用环氧煤沥青涂料，当采用石油沥青时，应采取冬期施工措施；当环境温度低于－15℃或相对湿度大于 85%时，未采取措施不得进行施工；

4.3.6.2　不得在雨、雾、雪或 5 级以上大风中露天施工；

4.3.6.3　已涂石油沥青防腐层的管道，炎热天气下，不宜直接受阳光照射；冬期当气温等于或低于沥青涂料脆化温度时，不得起吊、运输和铺设。脆化温度试验应符合现行国家标准《石油沥青脆点测定法》的规定”。

1.6.6　给水铸铁管道管口的质量不符合要求

1. 现象

(1) 管道接口工作坑尺寸不够，影响管道接口质量；

(2) 承插接口无空隙，没有变形余地，容易损坏管子接口；

(3) 管子切割缺边掉角，接口质量不易保证；

(4) 管道有裂纹。

2. 危害及原因分析

(1) 铸铁管和管件在运输或装卸过程中，往往由于撞击而产生肉眼不易觉察的裂纹；

(2) 技术交底不清，施工人员缺少经验；

(3) 铸铁管剁切时用力不均匀，落锤不稳。

3. 防治措施

(1) 铸铁管材在运输过程中，应有防止滚动和防止互相碰撞的措施，管子与缆绳、车底的接触处，应垫以麻袋或草帘等软衬。铸铁管短距离滚运，应清除地面上的石块等杂物，防止损伤保护层或防腐层。管端可用草绳或草袋包扎约15cm长，以防损坏管端，装卸管材时严禁管子互相碰撞和自由滚落，更不能向地面抛掷。管子堆放要纵横交错。下管时应采用单绳或双绳下管的方法平稳地下入沟内；

(2) 管子在使用前应检查管材有无裂缝和砂眼。检查时可用手锤轻敲管身，一般如发出清音说明没有问题，浊音和沙哑音即为不合格；

(3) 认真进行书面的技术交底并加强施工过程中的监督检查工作；

(4) 承插管剁切时，管端应留3~5mm的间隙。铸铁管在剁切前要先用石笔画出切割线，剁切时，落锤要稳和准，用力要均匀；

(5) 若发现铸铁管有裂纹，要将有裂纹的管段截去后再用；

(6) 管道接口工作坑尺寸应能满足操作人员的操作，否则要重新开挖至规定尺寸；

(7) 如果管子口缺边掉角或呈螺旋形，应重新切割。

1.6.7 给水承插铸铁管安装质量不符合要求

1. 现象

在进行管道水压试验时，管道接口处有渗漏现象。

2. 危害及原因分析

(1) 危害

1) 系统不能正常运行；

2) 增加运营成本；

3) 地基被水浸泡后，承载力下降，会造成管路运行中断。

(2) 原因分析

1) 接口在施工时清理不干净，填料填塞不密实；

2) 填料材料不合格或配合比不准确；

3) 接口施工后没有进行认真养护或冬期施工保温不好，接口受冻；

4) 对口不符合要求，接口不牢。

3. 防治措施

(1) 安装前，应对管材的外观进行检查，查看有无裂纹、毛刺等，不合格的不能使用；

(2) 插口装入承口前，应将承口内部和插口外部清理干净，用气焊烤掉承口内及承口外的沥青；

(3) 铸铁管全部放稳后，暂将接口间隙内填塞干净的麻绳等，防止泥土及杂物进入；

(4) 接口前挖好操作坑；

(5) 接口内填麻丝时，应将堵塞物拿掉，填麻丝的深度为承口总深的 1/3，填麻丝应密实均匀，应保证接口环形间隙均匀。打麻丝时，应先打油麻后打干麻。应把每圈麻丝拧成麻辫，麻辫直径等于承插口环形间隙的 1.5 倍，长度为周长的 1.3 倍左右为宜。打锤要用力，凿凿相压，一直到铁锤打击时发出金属声为止。采用胶圈接口时，填打胶圈应逐渐滚入承口内，防止出现“闷鼻”现象；

(6) 给水承插铸铁管橡胶圈接口时，一般采用滑入式。安装程序为：清理管口→在插口外表面和胶圈上刷润滑剂(肥皂水)→在承口内上胶圈→安装顶进设备→顶入就位→检查；

(7) 膨胀水泥砂浆接口的配料：采用水泥强度等级不低于 32.5 级硅酸盐膨胀水泥，出厂日期三个月以内为合格产品，粒径为 0.2～0.5mm 洗净晒干砂；配合比为：砂：水泥：水＝1∶1∶0.3(质量比)拌和；拌和后应在半小时内用完为宜。采用膨胀水泥接口时，应分层填入接口内并捣实，最后捣实至表层面反浆，且比承口边缘凹进 1～2mm 为宜；

(8) 接口完毕，应速用湿泥或用湿草袋将接口处周围覆盖好，并用虚土埋好进行养护。天气炎热时，还应铺上湿麻袋等物进行保护，防止热胀冷缩损坏管口。在太阳暴晒时，应随时洒水养护；

(9) 若接口处仅有水渍现象，使用一段时间后能自愈，可不用处理；若有渗漏滴水甚至流水，应慢慢剔开接口重新捻入填料。

1.6.8 管道堵塞

1. 现象

管道通水时，水流不畅，管道有堵塞现象。

2. 危害及原因分析

(1) 危害

1) 不能将室内污水及时排除；

2) 污水返溢，影响环境。

(2) 原因分析

1) 土建专业在施工或清洗地面时产生的混有水泥浆的废水流入了室外排水管网，积存在管道内底部，减小了管道过水断面，造成排水不畅。而且一旦凝结在管道内底部，今后将很难清除，造成永久性的缺陷；

2) 室外给排水管道安装完后，管口未进行封堵，造成建筑垃圾进入管道内，产生堵塞现象；

3) 排水管道坡度未满足设计要求。

3. 标准要求及防治措施

(1) 标准要求

《建筑给水排水及采暖工程施工质量验收规范》(GB 50242—2002)第 10.2.1 条：“排水管道的坡度必须符合设计要求，严禁无坡或倒坡。检验方法：用水准仪、拉线和尺量检查”。

(2) 防治措施

1) 组织好工地现场的临时施工排水,严禁土建专业施工人员把施工和清洗中产生的含有水泥砂浆的废水排入室外排水管网;

2) 管道安装前要检查防止灰、泥土及异物进入管内,并清扫干净;

3) 对已经安装完毕的管道应及时牢固地封闭临时敞口处;

4) 排水管道的坡度应按设计图纸施工,不得倒坡。

1.6.9 排水管道基础(平基法)质量不符合要求

1. 现象

排水管道基础的施工一般采用平基法。

(1) 混凝土平基础、垫层的厚度及宽度,局部地方未达到设计要求;

(2) 浇筑管座前,平基上不凿毛;另外平基上经过踩踏,槽外向平基上溜土,以及风吹入杂物等,而在浇筑混凝土管座时又未进行清除,这些土和杂物均夹在了平基与管座之间。

2. 危害及原因分析

(1) 危害

平基厚度和平基高程的不合格,会造成管道基础强度降低,减少管道使用寿命。

(2) 原因分析

1) 槽基标高控制不准出现局部槽底高突,平基表面设计高程不变,造成平基厚度不达标;

2) 平基表面标高控制偏低,基槽设计高程不变,也同样造成平基厚度不达标;

3) 平基和管座应结合在一起,形成整体受力。平基不凿毛,反而夹带土和杂物,达不到整体受力效果,降低管道使用寿命。

3. 标准要求及防治措施

(1) 标准要求

《给水排水管道工程施工及验收规范》(GB 50268—97)第 4.5.9.2 条:"(排水混凝土)管座分层浇筑时,应先将平基凿毛冲净。并将管座平基与管材相接触的三角部位,用同强度等级的混凝土砂浆填满、捣实后,再浇混凝土"。

(2) 防治措施

1) 在浇筑混凝土平基前,支搭模板时,要做好测量复核,复核水准点有无变化,复核槽底标高和模板弹线高程,当确认无误后,方可浇筑混凝土;

2) 对混凝土平基的表面高程,在振捣完毕后,要用标高线或模板上的弹线找平,核对标高。

1.6.10 排水混凝土管道的安装质量不符合要求

1. 现象

管道安装后,局部管节发生位移,造成管道顺直度出现偏差。

2. 危害及原因分析

(1) 危害

管座混凝土一旦形成,管道的出弯、错口将会造成永久性缺陷,降低外观质量和使用功能,甚至会影响到今后管道的疏通维护。

(2) 原因分析

1) 管道安装时一般多挂边线,高度是在管子半径处,如果挂线出现松弛,发生了严重垂线,就会造成管段中部出缓弯;

2) 管道安装时,支垫不牢,在支搭管座模板或浇筑管座混凝土时,受碰撞变位未予矫正;

3) 浇筑混凝土管座时,单侧灌注混凝土高度过高,侧压力过大,将管推动移位;

4) 管道胸腔回填土时,单侧夯填高度过高,土的侧压力推动管子位移。

3. 标准要求及防治措施

(1) 标准要求

1)《给水排水管道工程施工及验收规范》(GB 50268—97)第 3.5.11.2 条:"在管道胸腔回填夯实时,管道两侧应同时进行,其高差不得超过 30cm";

2)《给水排水管道工程施工及验收规范》(GB 50268—97)第 4.5.9.3 条:"采用垫块法一次浇筑管座时,必须先从一侧灌注混凝土,当对侧的混凝土与灌注一侧混凝土高度相同时,两侧再同时浇筑,并保持两侧混凝土高度一致"。

(2) 防治措施

1) 采用挂边线安管时,管子半径高度要丈量准确,线要绷紧,管道安装过程中要随时检查;

2) 在调整每节管子的中心线和高程时,要用石块支垫,并要支垫牢固,不得松动,不得用土块、木块和砖块支垫;

3) 在浇筑管座前,要用平基混凝土同强度等级的混凝土砂浆,将管子两侧与平基相接处的三角部分填满填实后,再在两侧同时浇筑混凝土;

4) 安装管道时,应有测量人员进行及时复查。

1.6.11 排水混凝土管道接口的质量不符合要求

1. 现象

排水混凝土管接口部位的水泥砂浆和钢丝网水泥砂浆抹带,在局部地方出现横向和纵向的裂缝或空鼓。

2. 危害及原因分析

(1) 危害

1) 污水管抹带接口空鼓和裂缝将无法进行闭水试验,必须返工重做,造成人力、物力的浪费。一旦产生渗漏,当地下水位低于管内水位时,污水通过缝隙外渗,将污染地下水源;当地下水位高于管内水位时,地下水通过缝隙内渗,会增大城市污水处理厂的处理量;

2) 雨水管抹带空鼓和裂缝,也应返工重做。否则,当大雨期间雨水管满流时,会通过管缝冲刷管外的泥土,使地面沉陷,危及地面构筑物的安全。

(2) 原因分析

1) 抹带接口砂浆的配合比不准确,和易性、匀质性差;

2) 因管口部位不干净或未凿毛,接口处抹带水泥砂浆未与管外表面粘结牢固;

3) 抹带接口砂浆抹完后,没有覆盖或覆盖不严,受风干和暴晒,造成干缩、空鼓和裂缝;

4）冬期施工抹带接口时，没有进行覆盖保温，或覆盖层薄，遭冻胀，抹带与管外表面脱节。或已抹带的管段两端管口未封闭，管体未复盖，形成管外表面受冻，管内穿堂风也造成受冻，管节受冻收缩，造成在接口处将砂浆抹带拉裂；

5）管带太厚，或水灰比太大，造成收缩较大，产生裂缝；

6）管缝较大，抹带砂浆往管内泄漏，使用碎石、砖块、木片、纸屑等杂物充填，也易引发空鼓和裂缝。

3．标准要求及防治措施

（1）标准要求

1）《建筑给水排水及采暖工程施工质量验收规范》（GB 50242—2002）第10.2.7条："混凝土管或钢筋混凝土管采用抹带接口时，应符合下列规定：

a．抹带前应将管口的外壁凿毛，扫净，当管径小于或等于500mm时，抹带可一次完成；当管径大于500mm时，应分二次抹成，抹带不得有裂纹；

b．钢丝网应在管道就位前放入下方，抹压砂浆时将钢丝网抹压牢固，钢丝网不得外露；

c．抹带厚度不得小于管壁的厚度，宽度宜为80～100mm"。

2）《给水排水管道工程施工及验收规范》（GB 50268—97）第4.5.18.3条："抹带完成后，应立即用平软材料覆盖，3～4h后洒水养护"。

（2）防治措施

1）冬期施工的水泥砂浆抹带接口，不仅要做到管带的充分保温，而且还需将管身、管段两端管口、已砌好检查井的井口，要加以覆盖封闭保温，以防穿管寒风和管身受冻使管严重收缩，造成管带在接口处开裂；

2）在覆土之前的隐蔽工程验收中，必须逐个检查，如发现有空鼓开裂，必须予以返修。

1.6.12　检查井基础施工的质量不符合要求

1．现象

检查井基础未浇成整体。在浇筑管基混凝土时，在检查井的位置只浇筑与管基等宽的基础，待管安后砌筑检查井时，再在原管基宽度的基础上加宽，以满足检查井基础的宽度要求。

2．危害及原因分析

（1）危害

检查井基础被分成三块，缺乏整体承载能力，在加宽的基础薄弱部分，会产生不均匀下沉，将造成井墙开裂。

（2）原因分析

1）在浇筑管道平基混凝土时，检查井的准确位置还没有测量标定出来，只顾浇平基，不管检查井基础，造成检查井基础未能与平基同步施工；

2）在必须于检查井处设置施工缝或沉降缝时，没有按规定的工艺要求严格操作，从而降低了检查井基础混凝土的整体性能。

3．标准要求及防治措施

(1) 标准要求

《给水排水管道工程施工及验收规范》(GB 50268—97)第 9.1.2 条:"井底基础应与管道基础同时浇筑"。

(2) 防治措施

1) 在安排和测量管道平基混凝土的中线和高程的同时,应安排测量检查井混凝土基础位置,使检查井基础与平基混凝土同步施工;

2) 当检查井基础混凝土与管道平基混凝土必须分两次浇筑时,应按施工缝工艺要求进行处理。

1.6.13 检查井井圈、井盖安装不符合要求

1. 现象

(1) 铸铁井圈往砖砌井墙上安装时不铺放水泥砂浆,直接搁置;或支垫碎砖、碎石等;

(2) 位于未铺装地面上的检查井安装井圈后,未在其周围浇筑混凝土圈予以固定;

(3) 型号用错,在有重载交通的路面上安装轻型井盖;

(4) 误将污水井盖安装在雨水检查井上或反之,或排水检查井上安装其他专业井盖;

(5) 安装井盖过高,高出地面很多;或过低,低于原地面,常被掩埋。

2. 危害及原因分析

(1) 危害

1) 井圈与井墙之间不做水泥砂浆、在未铺装的地面上不浇筑混凝土井圈以及在已铺装路面上使用轻型井盖,通过车辆的撞压或其他地面作业的碰撞,有可能造成移动错位或轻型井盖破裂,易使大量泥土和杂物掉入下水道内,造成淤积、堵塞下水道,同时危及车辆、行人的安全;

2) 盖错井盖以及井盖安装较地面过高,或过低掩埋,将对管理和养护造成不便。

(2) 原因分析

施工单位对检查井盖的安装敷衍了事,对检查井盖的安装在检查井质量上和使用功能上的重要性不够了解和重视。如井圈必须与井墙紧密联接,以保障井圈在检查井上的牢固性和稳定性,保证地面行人、车辆的安全通行,而且保护排水管不掉入泥土和杂物,保证泄水正常的运行;通过井盖的外露,标志管线的准确位置,防止人为侵占;通过井盖的特征,能区别于其他专业设施。

3. 标准要求及防治措施

(1) 标准要求

《建筑给水排水及采暖工程施工质量验收规范》(GB 50242—2002)第 10.3.4 条:"井盖选用应正确,标志应明显,标高应符合设计要求"。

(2) 防治措施

1) 施工技术人员必须首先了解安装井盖在检查井质量和使用功能上的重要性,加强对工人的施工交底;

2) 井圈与井墙之间必须做水泥砂浆。未经铺装的地面上的检查井,周围必须浇筑水泥混凝土圈,要露出地面;

3) 严格按照各专业的井盖专用的原则,安装排水井盖。在道路上必须安装重型井盖。

1.6.14 检查井的踏步(爬梯)、脚窝安装、制作不规矩

1. 现象

(1) 铸铁踏步(爬梯)断面尺寸小于设计要求,有的使用钢筋煨制成踏步;

(2) 踏步往井壁上安装时,水平间距、垂直间距、外露尺寸忽大忽小,安装不平,在圆形井墙上不向心(踏步的纵向中心线应对准圆形井的圆心);污水井踏步不涂防腐漆。

2. 危害及原因分析

(1) 危害

1) 踏步和脚窝具有使用功能,如果检查井无踏步,检查和维修就要携带专用梯子,不方便操作;

2) 如果踏步不平、不牢固、材质不合格或缺少踏步和脚窝,还可能造成人身安全事故;

3) 污水井踏步不涂漆防腐或雨污水井使用钢筋煨制成踏步,在常年潮湿的环境中,容易锈蚀。特别是污水井内,还可能产生腐蚀性水质和气体。即便是铸铁踏步(较钢筋耐腐蚀)也会被锈蚀得断面逐渐变小,造成一触即断的事故。

(2) 原因分析

1) 铸铁踏步材质不合格,厂家不按标准图的规格尺寸铸造。原因在产品价格上,谁的产品便宜,谁的就好卖,所以厂家竞相减少铸铁的单位使用量,造成踏步断面又窄又薄;

2) 施工单位的技术管理人员和操作人员,对踏步安装的水平间距、垂直间距、外露长度这三个尺寸,脚窝的长、宽、高的制作规格掌握不全面;

3) 未充分认识到污水井踏步防腐涂漆的重要性。

3. 标准要求及防治措施

(1) 关于铸铁踏步的材质问题,它是一种市政工程专用的建材产品,应由当地市政工程质量监督站和监理单位监督管理起来,纠正材质不合格问题;

(2) 对于踏步、脚窝的安装和制作,首先是工程技术管理人员要弄清楚,在做工序交底时,向操作者交待清楚,并检查实际安装、制作的效果;

(3) 排水检查井的踏步禁止使用钢筋煨制,必须使用灰口铸铁踏步。

1.6.15 室外给水阀门井施工不规范

1. 现象

(1) 井室设计尺寸偏小;

(2) 管道穿过井壁时在井壁上不留防沉降环缝。

2. 危害及原因分析

(1) 危害

1) 给水管件和闸阀距井壁与井底的距离太近,影响管件和闸阀的正常维护及拆换,有的甚至将接口和法兰砌在井外,正常维修时都会使井室受到损坏;

2) 检查井或回填土不均匀沉降使管道受损。

(2) 原因分析

1) 设计人员缺乏经验,井型选型考虑不周;

2) 技术交底不清,施工过程中缺少有效的质量监督和检查。

3. 标准要求及防治措施

(1) 标准要求

《建筑给水排水及采暖工程施工质量验收规范》(GB 50242—2002)第 9.2.4 条:"给水系统各种井室内的管道安装,如设计无要求,井壁距法兰或承口的距离:管径小于或等于450mm时,不得小于250mm;管径大于450mm时,不得小于350mm"。

(2) 防治措施

1) 要认真组织施工前的图纸会审工作,发现问题及时设计单位取得联系。加强施工中的技术交底和质量检查工作;

2) 井室的尺寸及管件和闸阀在井室内的位置,应能保证管件与闸阀的拆换。接口和法兰不得砌在井外。一般管道穿过井壁应有 30~50mm 的环缝,用油麻填塞并捣实;

3) 若井室尺寸偏小,闸阀的接口和法兰砌在井外,或虽在井室内但距井壁和井底的距离太近,不能进行正常管道维护,要返工重做;

4) 管道穿过井壁没有留防沉降环缝的,可在井壁上管道周围凿出环缝,用油麻填塞并捣实。

1.6.16 排水检查井流槽不符合要求

1. 现象

(1) 雨水井流槽高度低于主管半径或高于主管半径。污水井流槽做成主管半径流槽或高于全径流槽;

(2) 检查井流槽不是与主管同半径的半圆弧形流槽,而是做成梯形流槽;

(3) 流槽宽度,有的大于主管直径,有的小于主管直径。

2. 危害及原因分析

(1) 危害

1) 已竣工而不符合规格的流槽,必须返工重做,造成浪费;

2) 流槽做小了将会限制过水流量,不能充分发挥设计管径的使用效能。

(2) 原因分析

1) 施工人员没有熟读各类形式检查井的结构图,未认真进行技术交底;

2) 对流槽施工不够重视,认为只要能流水就行。

3. 标准要求及防治措施

(1) 标准要求

《给水排水管道工程施工及验收规范》(GB 50268—97)第 9.1.3 条:"排水检查井内的流槽,宜与井壁同时进行砌筑。当采用砖石砌筑时,表面应采用砂浆分层压实抹光,流槽应与上下游管道底部接顺"。

(2) 防治措施

1) 雨水井流槽高度应与主管的半径相平,流槽的形状,应为与主管半径相同的半圆弧。污水井流槽的高度应与主管管内顶相平,半径以下部分是与主管半径相同的半圆弧,半径以上部分应为自 180°切点向上与两侧井墙相平行,既不能比主管管径大又不能比主管管径小;

2) 施工员必须学透所施工的检查井井型的结构图,并向操作工人做好工序技术交底,在施工过程中注意检查,控制质量;

3) 施工员和操作工人要清楚的知道,检查井是排水管道质量检查的窗口,除了管道主体必须做好外,检查井各部位也应做好。

1.6.17 室外给水管网水压试验不符合要求

1. 现象

试压过程中压力稳不住。

2. 危害及原因分析

(1) 管道接口和管身漏水;

(2) 加压设备工作不正常;

(3) 管道内空气未排净。

3. 标准要求及防治措施

(1) 标准要求

《建筑给水排水及采暖工程施工质量验收规范》(GB 50242—2002)第 9.2.5 条:"管网必须进行水压试验,试验压力为工作压力的 1.5 倍,但不得小于 0.6MPa"。

(2) 防治措施

1) 水压试验应符合以下条件:

a. 试验前,为防止管道在试压中产生位移,除管道接口部位外,其余管身应先回填一部分土,并将沿线的管道弯头处顶紧顶牢,三通处支牢;

b. 管端应做后背,而且与管道轴线垂直。一般后背以原有管沟土作后背,紧贴土壁横放方木一排,外加一块钢板,再用千斤顶或方木与管端顶牢;

c. 试验管段长度,一般条件下 500~600m,不宜超过 1000m;

d. 试验前,管道内应灌满净水、排气和浸泡。排气阀应设在管道起伏各顶点处。边充水边排气,直至管内出水无气泡为止,然后关闭排气阀。一般在加压前应对管道进行浸泡,各类管道一般的浸泡时间为:钢管、铸铁管为 24h;塑料管为 48h。

2) 水压试验方法:管道按规定时间浸泡以后,可进行水压试验。管道升压过程中应继续排气。升压应分级进行,每级以 0.2MPa 为宜,每升一级应检查后背、弯头、管口、支墩等处有无异常现象,若正常再继续升压。

a. 给水管材为钢管、铸铁管时,试验压力为工作压力的 1.5 倍,但不得小于 0.6MPa。在此压力下 10min 内压力降不应大于 0.05MPa,然后降至工作压力进行检查,压力应保持不变,检查接口处不渗不漏为合格;

b. 给水管材为塑料管时,试验压力为工作压力 1.5 倍,但不得小于 0.6MPa,稳压 1h 压力降不小于 0.05MPa,然后降至工作压力进行检查,压力保持不变,检查接口处不渗不漏为合格。

1.6.18 室外给水管网清洗和消毒程度不够

1. 现象

管道出水混浊。

2. 危害及原因分析

(1) 危害

1) 进入室内的给水不能饮用；

2) 污染室内给水管网；

3) 造成室内给水管网堵塞。

(2) 原因分析

1) 管道安装前没有将管内诸如铁锈、铸砂、泥土等杂物清理干净；

2) 水压试验合格后，没有严格按照冲洗和消毒规定认真操作和验收。

3. 标准要求及防治措施

(1) 标准要求

《建筑给水排水及采暖工程施工质量验收规范》(GB 50242—2002)第 9.2.7 条："给水管道在竣工后，必须对管道进行冲洗，饮用水管道还要冲洗后进行消毒，满足饮用水卫生要求。检验方法：观察冲洗水的浊度，查看有关部门提供的检验报告"。

(2) 防治措施

1) 管道冲洗：在消毒前后应对新安装管道进行冲洗。消毒前的冲洗，主要是对管道内的杂物进行冲洗。消毒后的冲洗，主要是排除消毒时高浓度的含氯水，使水中的余氯等卫生指标符合规定值。

a. 冲洗时技术要求：

a) 冲洗水的压力应大于管道中的工作压力；

b) 冲洗水的流速一般不小于 1.0m/s，应连续冲洗，直至出水浊度与冲洗进水口处相同为止。

b. 冲洗注意事项：

a) 冲洗前应拟定冲洗方案，解决冲洗水源、冲洗时间和冲洗水的排除等项事宜；

b) 冲洗过程中经常检查冲洗情况，并派专人进行安全监护。

2) 管道消毒：管道消毒一般用 20 ~ 30mg/L 含游离氯的水充满管道，浸泡 24h 以上，然后再冲洗，直至取样化验合格为止。

1.6.19 室外排水管道闭水试验不符合要求

1. 现象

不做闭水试验或闭水试验不符合要求。

(1) 试验管段局部地方漏水，如管堵、井墙、管道接口、管道与井墙接缝、混凝土基础、混凝土管座以及管材本身等处；

(2) 强调工期紧，影响交通，影响道路的施工等客观原因，而先行填土，然后补做闭水试验或不做闭水试验。

2. 危害及原因分析

(1) 危害

1) 城市污水管道、雨污合流管道，在国家有关规范和标准中明文规定，必须在回填土前做闭水试验，以防止污水污染地下水源。如果以种种借口不做闭水，或回填土后闭水（如果闭水不合格，漏水处将无法寻觅，无法堵漏），等于没闭水，留下隐患；

2) 管道安装完进入闭水试验工序时，如果管道发现漏水，其堵漏是相当费时费力的，必要时还需将已灌满的水放掉，待修补好后重灌。特别是在接口下部隐蔽性漏水会直接渗入地下，很难找到，将造成很大的修补困难以及工期和经济上的损失。

(2) 原因分析

1) 管道浸泡时间不够，即进行闭水试验；

2) 砖砌闭水管堵、砖砌井墙的灰缝砂浆饱满度不够，水泥砂浆抹面不严实，混凝土基础有蜂窝或孔洞；

3) 管材本身有裂纹或裂缝。制造管材的模板接缝处漏浆，致使接缝处混凝土不密实或管身其他个别处混凝土有孔隙，或使用断级配骨料本来就有空隙的挤压管做污水管，导致漏水；

4) 接口管带裂缝空鼓，管带与管座结合处不严密，抹带砂浆与管座混凝土未结合成一体，产生裂缝漏水；

5) 管道在平基管座包裹的管子接口范围，混凝土不密实，在接口处有隐蔽性的渗漏。

3. 标准要求及防治措施

(1) 标准要求

《建筑给水排水及采暖工程施工质量验收规范》(GB 50242—2002)第 10.2.2 条："管道埋设前必须做灌水试验和通水试验，排水应畅通，无堵塞，管接口无渗漏"。

(2) 防治措施

1) 做好试验前的准备工作。试验前，需将灌水的检查井内支管管口和试验管段两端的管口，用 1:3 水泥砂浆砌 24cm 厚的砖堵死，并抹面密封，待养护 3～4d 达到一定强度后，在上游检查井内灌水，当水头达到要求高度时，检查砖堵、管身、井身，有没有漏水，如有严重渗漏应进行封堵，待浸泡 24h 后，再观测渗水量；

2) 严格选用管材，污水管不得使用挤压管。对从外观检查有裂纹裂缝的管材，不得使用，疑有个别处混凝土不密实或模板缝有漏浆的，要做水压试验，证明不漏水，再送往工地现场使用；

3) 在浇筑混凝土管座时，管节接口处要认真捣实。在浇筑管基管座混凝土时，靠管口部位应铺适量抹带的水泥砂浆，以防接口在隐蔽处漏水；

4) 砖砌闭水管堵和砖砌检查井及抹面，应做到砂浆饱满。砖砌体与管道及井底基础接触处、安装踏步根部、制作脚窝处砂浆更应饱满密实；

5) 抹管带前，可在管口处涂抹一层与管带宽度基本相同的专用胶水，使管带与管外皮能紧密粘结，对防止管带漏水也有较大作用；

6) 严重漏水的管段，一般均应返工修理。但如果管材、管带、管堵、井墙等仅有少量渗水，一般可用防水剂配制水泥砂浆，或水泥砂浆涂刷或勾抹于渗水部位即可。涂刷或勾抹前，应将管道内的水排放干净。

1.7 设计通病

1.7.1 给水管道倒流防止器未设计

1. 现象

(1) 生活给水管道在消防灭火时压力突然升高；

(2) 生活给水用水点出水出现浑浊等污染现象；

(3) 接锅炉、热水机组、热交换器等设备的生活给水管出现管壁升温的现象。

2. 危害及原因分析

(1) 危害

生活给水管道中的水只允许向一个方向流动，一旦因某种原因倒流时，不论其水质是否已被污染，都称为“倒流污染”；

倒流可分为压力倒流和虹吸倒流两种情况，无论哪种倒流都会对生活饮用水水质造成严重污染。

(2) 原因分析

1) 在必要的生活给水管道上未设计倒流防止器；

2) 倒流防止器安装方向错误。

3. 标准要求及防治措施

(1) 标准要求

《建筑给排水设计规范》(GB 50015—2003)第 3.2.5 条：“从给水管道上直接接出下列用水管道时，应设置管道倒流防止器或防止其他有效的防止倒流污染的装置：

1) 单独接出消防用水管道时，在消防用水管道的起端；

2) 从城市给水管道上直接吸水的水泵，其吸入管起端；

3) 当游泳池、水上游乐池、按摩池、水景观赏池、循环冷却水集水池等的充水或补水管道出口与溢流水位之间的空气间隙小于出口管径 2.5 倍时，在充(补)水管上；

4) 由城市管道直接向锅炉、热水机组、水加热器、气压水罐等存压容器或密闭容器内注水的注水管上；

5) 垃圾处理站、动物养殖场(含动物园的饲养展览区)的冲洗管道及动物引水管道的起端；

6) 绿地等自动喷灌系统，当喷头为地下式或自动外降式时，其管道起端；

7) 从城市给水环网的不同管段接出引入管向居住小区供水，且小区供水管与城市给水管形成环状管网时，其引入管上(一般在总水表后)”。

(2) 防治措施

1) 设计人员必须按标准、规范要求设计；

2) 设计单位的审查人员，应了解设计标准，认真履行审查职责；

3) 审图机构发现未按强制性标准和强制性条文设计的施工图，应送回设计单位重新设计。

1.7.2 生活用水水池结构与建筑结构设计使用同一结构构件

1. 现象

(1) 建筑物内的生活饮用水水池(箱)利用建筑物的本体结构作为水池(箱)的壁板、底板及顶盖，当结构因某些原因下沉时，引起生活用水池池壁开裂渗水；

(2) 生活饮用水水池(箱)与其他用水水池(箱)并列设置时，共用一堵分隔墙，当出现墙壁裂缝时，导致生活水质受污染。

2. 危害及原因分析

(1) 危害

1) 水池渗漏,使其承载力下降,从而进一步加剧结构的下沉;

2) 板、壁裂缝会引起不洁物渗入水池,导致生活用水水质变坏;

3) 生活饮用水的水中含有氯离子,板、壁裂缝会导致含氯水渗入建筑本体结构,对钢筋的腐蚀作用而引起对本体结构强度的损害。

(2) 原因分析

1) 生活饮用水水池未采用独立结构形式;

2) 生活饮用水水池未单独设置。

3. 标准要求及防治措施

(1) 标准要求

《建筑给水排水设计规范》(GB 50015—2003)第 3.2.10 条:"建筑物内的生活饮用水水池(箱)体,应采用独立结构形式,不得利用建筑物的本体结构作为水池(箱)的壁板、底板及顶盖。

生活饮用水水池(箱)与其他用水水池(箱)并列设置时,应有各自独立的分隔墙,不得共用一堵分隔墙,隔墙与隔墙之间应有排水措施"。

(2) 防治措施

1) 设计人员应认真学习规范,按规范要求进行设计;

2) 图纸审查人员,发现违反强制性标准条文的设计,应立即通知设计单位另行设计。

1.7.3 给水管道未按规定设置阀门

1. 现象

(1) 室内主管爆裂,维修时无法切断水源;

(2) 水表更换时无法关闭水源;

(3) 小区管网损坏或管网连接的设备损坏,无法切断水源。

2. 危害及原因分析

(1) 危害

阀门是保证安全供水、日常维修必不可少的一个装置。没有阀门将无法保证给水管道、加压泵、水池、水箱、加热器、减压阀、管道倒流防止器等在安全供水的前提下进行维修。室内、室外管道损坏,应立即切断损坏管段的水源,否则不但造成大量水资源浪费,也可能造成大面积地面污染。

(2) 原因分析

1) 管道系统(或管网)没有按规定进行阀门设计;

2) 设计人员对规范不熟悉或规范理解不深造成;

3) 图纸审查不严格。

3. 标准要求和防治措施

(1) 标准要求

《建筑给水设计规范》(GB 50015—2003)第 3.4.5 条:"给水管道的下列部位应设置阀门:

1) 居住小区给水管道从市政给水管道的引入管段上；

2) 居住小区室外环状管网的节点处，应按分隔要求设置。环状管道过长时，宜设置分段阀门；

3) 从居住小区给水干管上接出的支管起端或接户管起端；

4) 分户管、水表前和各分支立管；

5) 室内给水管道向住户、公用卫生间等接出的配水管起端；配水支管上配水点在3个及3个以上时应设置；

6) 水池、水箱、加压泵房加热器、减压阀、管道倒流防止器等应按安装要求配置"。

(2) 防治措施

1) 按规范进行设计；

2) 加强设计文件审查工作。

1.7.4　给水管道系统减压阀和泄压阀设计不合理

1. 现象

(1) 比例式减压阀的减压比大于3:1，可调式减压阀的阀前与阀后的最大压差大于0.4MPa；减压阀后的用水点出水压力过高或过低或忽高忽低；

(2) 阀后配水件处的最大压力按减压阀失效情况下进行校核，其压力大于配水件的产品标准规定的水压试验压力；

(3) 设有一用一备两个并联的减压阀，仍设置旁通管。

2. 危害及原因分析

(1) 危害

1) 限制比例式减压阀的减压比和可调式减压阀的减压差是为了防止阀内产生气蚀损坏减压阀和减少振动和噪声；

2) 阀后配水件处的最大压力应按减压阀失效情况下进行校核，是为了防止减压阀失效时，阀后卫生器具受损坏；

3) 减压阀若设置旁通管，因旁通管上的阀门渗漏会导致减压阀减压作用失效，故不得设置旁通管。

(2) 原因分析

1) 管道系统及减压阀设置、选型不合理；

2) 没有合理设计泄压装置。

3. 标准要求及防治措施

(1) 标准要求

1)《建筑给水排水设计规程》(GB 50015—2003)第3.4.9条："给水管网的压力高于配水点允许的最高使用压力时，应设置减压阀，减压阀的配置应符合下列要求：

a. 比例式减压阀的减压比例不宜大于3:1；可调式减压阀的阀前与阀后的最大压差不应大于0.4MPa，要求环境安静的场所不应大于0.3MPa；

b. 阀后配水件处的最大压力应按减压阀失效情况下进行校核，其压力不应大于配水件的产品标准规定的水压试验压力；

c. 减压阀前的水压宜保持稳定，阀前的管道不宜兼作配水管；

d. 阀后压力允许波动时,宜采用比例式减压阀;阀后压力要求稳定时,宜采用可调式减压阀;

e. 供水保证率要求高,停水会引起重大经济损失的给水管道上设置减压阀时,宜采用两个减压阀,并联设置,一用一备工作,但不得设置旁通管”。

2)《建筑给水排水设计规范》(GB 50015—2003)第 3.4.10 条:“减压阀设置应符合下列要求:

a. 减压阀的公称直径应与管道管径相一致;

b. 减压阀前后应设阀门和过滤器,需拆卸阀体才能检修的减压阀后,应设置管道伸缩器;检修时阀后水会倒流时,阀后应设阀门;

c. 减压阀节点处前后应装设压力表;

d. 比例式减压阀应垂直安装,可调式减压阀宜水平安装;

e. 设置减压阀的部位,应便于管道过滤器的排污和减压阀的检修,地面宜有排水设施”。

3)《建筑给水排水设计规范》(GB 50015—2003)第 3.4.11 条:“当给水管网存在短时超压工况,且短时超压会引起使用不安全时,应设置泄压阀”。

(2) 防治措施

1) 根据系统供水压力情况,按规范合理设计减压装置;

2) 运行中如发现系统压力不稳定,应及时补充设计。

1.7.5 防水套管不符合规范要求

1. 现象

(1) 穿越地下室等的防水套管周边渗水;

(2) 防水套管与穿管之间渗水;

(3) 防水套管与穿管直接焊接相连。

2. 危害及原因分析

(1) 危害

防水套管未设置或设置不当引起渗水,在不易清扫的部位容易产生藻类,使环境不洁,同时浪费水资源。

(2) 原因分析

1) 未设置防水套管或设置不当;

2) 防水套管与穿管之间或防水套管外壁处理不当。

3. 标准要求及防治措施

(1) 标准要求

《建筑给水排水设计规范》(GB 50015—2003)第 3.5.22 条:“给水管道穿越下列部位或接管时,应设置防水套管:

1) 穿越地下室或地下室的外墙处;

2) 穿越屋面时;

3) 穿越混凝土水池(箱)的壁板或底板连接管道时”。

(2) 防治措施

1）充分认识防水套管在给水管道中的作用；

2）正确理解规范，把强制性标准和强制条文同等对待执行；

3）按规范标准合理选用防水套管。

1.7.6 热水系统循环管道布置不合理

1．现象

(1) 热水供水不足；

(2) 管网末端水温不够。

2．危害及原因分析

(1) 危害

1）热水供水不足，严重影响供水效果；

2）管网末端或中端和供水起点水温偏差大。

(2) 原因分析

1）管网未布置成同程式供水，形成短路循环；

2）未采用机械循环。

3．标准要求和防治措施

(1) 标准要求

《建筑给水排水设计规范》(GB 50015—2003)第 5.2.11 条："循环管道应采用同程布置方式，并设循环泵，采取机械循环"。

(2) 防治措施

1）充分认识热水供应特点，在管网的选型上，注意应用同程式方法供水；

2）在自然循环应力状态下充分注意机械循环的作用；

3）发挥设计人员的自审作用和审图人员的他审作用。

1.7.7 高层热水供应系统冷、热水不平衡

1．现象

(1) 系统热水温度不均衡；

(2) 浴室内的淋浴器、浴盆及洗脸盆的混合龙头需不停地调节。

2．危害及原因分析

(1) 危害

1）系统热水供应始端水温高，末端水温低，达不到合理配置热水供能。

2）用水点热冷不一，有时可能烫伤人，造成不必要的安全隐患。

(2) 原因分析

热水与冷水系统竖向分区不一致，不能保证冷热水系统内的压力平衡，从而达不到节水、节能、用水舒适的目的。

3．标准要求及防治措施

(1) 标准要求

《建筑给水排水设计规范》(GB 50015—2003)第 5.2.13 条："高层建筑热水供应系统的分区，应遵循如下原则：

1）与给水系统的分区应一致，各区水加热器、贮水器、贮水罐的进水应由同区的给水

系统专管供水，当不能满足时，应采取保证系统冷热水压力平衡的措施；

2) 当采用减压阀分区时，除满足本规范 3.4.10 条的要求外，尚应保证各分区的热水的循环”。

(2) 防治措施

1) 了解高层热水供应特点，正确划分冷热水供应区间；

2) 了解标准规范，依技术标准进行设计。

1.7.8 室内排水横管设置不当

1. 现象

大型酒楼、食堂厨房设置排水横管，管外壁冷凝水滴落且无防护措施。

2. 危害及原因分析

(1) 危害

排水横管布置不当，引起排水管结露或安装不当排水管接口漏水，致使酒楼、食堂厨房备餐处污染，引起不必要意外事故。

(2) 原因分析

1) 对排水管的布置和可能造成的后果认识不足；

2) 初次设计或无基本设计知识。

3. 标准要求和防治措施

(1) 标准要求

1)《建筑给水排水设计规范》(GB 50015—2003) 第 4.3.5 条：“室内排水管道不得布置在遇水会引起燃烧、爆炸的原料、产品和设备的上面”；

2)《建筑给水排水设计规范》(GB 50015—2003) 第 4.3.6 条：“排水横管不得布置在食堂、饮食业、厨房的主副食操作烹调备餐的上方。当受条件限制不能避免时，应采取防护措施”；

3)《建筑给水排水设计规范》(GB 50015—2003) 第 4.3.3 条：“排水管道不得穿越生活饮用水池部位的上方”。

(2) 防治措施

1) 设计人员应有基本的设计知识；

2) 设计人员应了解室内排水管道布置的基本原则；

3) 如没有条件避免布置在上述部位，应采用基本防护措施，防止结露或漏水落在备餐处。

1.7.9 室内排水沟与室外排水管(井)道未设置水封

1. 现象

(1) 室内排水沟直接排入室外排水管或井中；

(2) 室内正常使用情况下始终有异味。

2. 危害及原因分析

(1) 危害

1) 室内管道直接排入室外管(井)道，当水排空时，致使室外有毒、有害气体进入室内；

2) 长期污染室内环境,影响人的居住环境。

(2) 原因分析

室内排水沟的排水管与室外排水检查井或室外排水管道连接处未设水封装置。

3. 标准要求和防治措施

(1) 标准要求

《建筑给水排水设计规范》(GB 50015—2003)第4.3.19条:“室内排水沟与室外排水管连接处,应设水封装置”。

(2) 防治措施

设计人员应按强制性条文进行设计。

1.7.10 建筑屋面未设置溢流设施

1. 现象

大雨时,雨水超设计重现期的雨水从女儿墙流出或从电梯井内、顶层楼梯间流入室内。

2. 危害及原因分析

(1) 危害

1) 雨水从女儿墙上排出,污染外墙面;

2) 雨水从电梯井排出,影响电梯的正常运转或造成事故;

3) 从顶层楼梯排入室内,可能流入居室内,影响居住环境。

(2) 原因分析

1) 排水立管设计过小;

2) 未设计雨水排水溢流设施。

3. 标准要求和防治措施

(1) 标准要求

《建筑给水排水设计规范》(GB 50015—2003)第4.9.8条:“建筑屋面雨水排水工程应设置溢流口、溢流堰、溢流管系等溢流设施,溢流排水设施不得危害建筑设施和行人安全”。

(2) 防治措施

1) 按设计规范设计及复核雨水立管管径;

2) 按标准要求设置溢流设施。

1.7.11 阳台排水与屋面排水混合设置

1. 现象

下雨时阳台返水。

2. 危害及原因分析

(1) 危害

1) 下雨时阳台返水,甚至进入居室,影响居室环境;

2) 危及室内装饰工程。

(2) 原因分析

1) 采用阳台排水与屋面排水管混合设置;

2) 为节约投资,建设单位要求混合设置。

3. 标准要求及防治措施

(1) 标准要求

《建筑给水排水设计规范》(GB 50015—2003)第4.9.12条:"阳台排水系统应单独设置,阳台雨水立管底部应间接排水"。

(2) 防治措施

设计应长远考虑,既考虑当前的经济条件,更应考虑经济发展人们对居住条件日益的高水平要求。

1.7.12 无吊顶的场所喷头未采用直立型

1. 现象

不做吊顶的场所,当配水支管布置在梁下时未采用直立型喷头。

2. 危害及原因分析

不同用途和型号的喷头,分别具有不同的使用条件和安装方式。喷头的选型、安装方式、方位合理与否,将直接影响喷头的动作时间和布水效果。当设置场所不做吊顶且配水支管沿梁下布置时,火灾热气流将在上升至顶板后水平蔓延。此时只有向上安装的直立型喷头,才能使火灾热气流尽早接触和加热喷头热敏元件,而其他型喷头则会延迟与热气流接触时间从而延迟灭火时间。

3. 标准要求及防治措施

《自动喷水灭火系统设计规范》(GB 50084—2001)第6.1.3条:"湿式系统的喷头选型应符合下列规定:

1) 不作吊顶的场所,当配水支管布置在梁下时,应采用直立型喷头;

2) 吊顶下布置的喷头,应采用下垂型喷头或吊顶型喷头;

3) 顶板为水平面的轻危险级、中危险级Ⅰ级居室和办公室,可采用边墙型喷头;

4) 自动喷水-泡沫联用系统应采用洒水喷头;

5) 易受碰撞的部位,应采用带保护罩的喷头或吊顶型喷头"。

1.7.13 雨淋阀组前未设过滤器或并联设置雨淋阀组前未设止回阀

1. 现象

雨淋阀组的电磁阀,其入口处未设过滤器。并联设置雨淋阀组的雨淋系统,其雨淋阀控制腔的入口前未设止回阀。

2. 危害及原因分析

雨淋阀配置的电磁阀,其流道的通径一般都很小。为了防止其流道被堵塞,保证电磁阀的可靠性,应在电磁阀的入口处设置过滤器。

并联设置雨淋阀组的雨淋系统启动时,将根据火情开启一部分雨淋阀。当开阀供水时,雨淋阀的入口水压将产生波动,有可能引起其他雨淋阀的误动作。为了稳定控制腔的压力,保证雨淋阀的可靠性,应在并联设置雨淋阀组的雨淋系统,雨淋阀控制腔的入口前设置止回阀。

3. 标准要求及防治措施

《自动喷水灭火系统设计规范》(GB 50084—2001)第6.2.5条:"雨淋阀组的电磁阀,其入口应设过滤器。并联设置雨淋阀组的雨淋系统，其雨淋阀控制腔的入口应设止回阀”。

1.7.14 同一楼层有多个防火分区仅设一个水流指示器

1. 现象

在同一楼层有多个防火分区但仅设置了一个水流指示器。

2. 危害及原因分析

水流指示器的功能，是及时报告发生火灾的部位。在同一楼层有多个防火分区时，若仅设置一个水流指示器，发生火灾时，在消防控制中心不能及时确定哪个防火分区发生了火灾，可能因延误扑灭火灾而造成重大损失。

3. 标准要求及防治措施

(1)《自动喷水灭火系统设计规范》(GB 50084—2001)第 6.3.1 条：“除报警阀组控制的喷头只保护不超过防火分区面积的同层场所外，每个防火分区、每个楼层均应设水流指示器”；

(2)《自动喷水灭火系统设计规范》(GB 50084—2001)第 6.3.2 条：“仓库内顶板下喷头与货架内喷头应分别设置水流指示器”。

1.7.15 喷头的溅水盘与顶板的距离不符合规范要求

1. 现象

直立、下垂型标准喷头或直立和下垂安装的快速响应早期抑制喷头的溅水盘与顶板的距离不符合规定。

2. 危害及原因分析

规定喷头的溅水盘与顶板的距离，目的是使喷头热敏元件处于“易于接触热气流”的最佳位置。溅水盘距离顶板太近不易安装维护，且洒水易受影响；距离太远则升温较慢，甚至不能接触到热烟气流，使喷头不能及时开放，从而影响灭火效果。

3. 标准要求及防治措施

(1)《自动喷水灭火系统设计规范》(GB 50084—2001)第 7.1.3 条：“除吊顶型喷头及吊顶下安装的喷头外，直立型、下垂型标准喷头，其溅水盘与顶板的距离，不应小于 75mm，且不应大于 150mm”；

(2)《自动喷水灭火系统设计规范》(GB 50084—2001)第 7.1.4 条：快速响应早期抑制喷头的溅水盘与顶板的距离，应符合表 1.7.15 的规定。

快速响应早期抑制喷头的溅水盘与顶板的距离(mm)　　表 1.7.15

喷头安装方式	直立型		下垂型	
	不应小于	不应大于	不应小于	不应大于
溅水盘与顶板的距离	100	150	150	360

1.7.16 闷顶和技术夹层有可燃物但未设置喷头

1. 现象

吊顶上方闷顶或技术夹层的净空高度超过 800mm，且其内部有可燃物，但未设置喷头。

2. 危害及原因分析

净空高度超过800mm的闷顶或技术夹层,其内部有可燃物,但又未设置喷头,可能会因吊顶内电线故障起火,因而造成重大损失。

3. 标准要求及防治措施

《自动喷水灭火系统设计规范》(GB 50084—2001)第7.1.8条:"净空高度大于800mm的闷顶和技术夹层内有可燃物时,应设置喷头"。

1.7.17 宽度大于1.2m的障碍物下方未增设喷头

1. 现象

梁、通风管道、排管、桥架等障碍物的宽度大于1.2m,但在其下方未增设喷头。

2. 危害及原因分析

当建筑物内的梁、通风管道、排管、桥架等障碍物的宽度大于1.2m时,将对喷头的洒水起到遮挡作用,影响灭火效果。

3. 标准要求及防治措施

《自动喷水灭火系统设计规范》(GB 50084—2001)第7.2.3条:"当梁、通风管道、排管、桥架等障碍物的宽度大于1.2m时,其下方应增设喷头"。

1.7.18 水泵接合器的供水能力不足但未采取增压措施

1. 现象

水泵接合器的供水能力不能满足最不利点处作用面积的流量和压力要求,但未采取增压措施。

2. 危害及原因分析

受消防车供水压力的限制,超过一定高度的建筑,通过水泵接合器由消防车向建筑物的较高部位供水,将难以实现一步到位。为了保证供水安全,应在当地消防车供水能力接近极限的部位,设置接力供水设施。接力供水设施一般由接力水箱和固定的电力泵或柴油机泵,以及水泵接合器或其他形式的接口组成。

3. 标准要求及防治措施

《自动喷水灭火系统设计规范》(GB 50084—2001)第10.4.2条:"当水泵接合器的供水能力不能满足最不利点处作用面积的流量和压力要求时,应采取增压措施"。

1.7.19 高层建筑室内消火栓系统管道设置不规范

1. 现象

(1) 高层建筑消火栓给水管道未布置成环状;

(2) 进水管或引入管少于两条。

2. 危害及原因分析

室内消火栓系统给水管道的布置直接与消防供水的安全可靠性密切相关,因此管网布置成供水安全可靠性高的环状管网,以便在管网某段维修或发生故障时,仍能保证火场用水。若管网布置不规范,将直接导致灭火时的用水得不到保证。

3. 标准要求及防治措施

(1) 标准要求

1)《高层民用建筑设计防火规范(2001年版)》(GB 50045—95)第7.4.1条:"室内消防

给水系统应与生活、生产给水系统分开独立设置。室内消防给水管道应布置成环状。室内消防给水环状管网的进水管和区域高压或临时高压给水系统的引入管不应小于两根，当其中一根发生故障时，其余的进水管或引入管应能保证消防用水量和水压的要求”；

2)《高层民用建筑设计防火规范(2001 年版)》(GB 50045—95)第 7.4.2 条:“消防竖管的布置，应保证同层相邻两个消火栓的水枪的充实水柱同时达到被保护范围内的任何部位。每根消防竖管的直径应按通过的流量经计算确定，但不应小于 100mm。

十八层及十八层以下，每层不超过 8 户、建筑面积不超过 650m² 的塔式住宅，当设两根消防竖管有困难时，可设一根竖管，但必须采用双阀双出口型消火栓”；

3)《高层民用建筑设计防火规范(2001 年版)》(GB 50045—95)第 7.4.3 条:“室内消火栓给水系统应与自动喷水灭火系统分开设置，有困难时，可合用消防泵，但在自动喷水灭火系统的报警阀前(沿水流方向)必须分开设置”；

4)《高层民用建筑设计防火规范(2001 年版)》(GB 50045—95)第 7.4.4 条:“室内消防给水管道应采用阀门分成若干独立段。阀门的布置，应保证检修管道时关闭停用的竖管不超过一根。当竖管超过 4 根时可关闭不相邻的两根”。

(2) 防治措施

室内环网有水平环网、垂直环网和立体环网，可根据建筑体型、消防给水管道和消火栓布置确定，但必须保证供水干管和每条消防竖管都能做到双向供水。进水管(或引入管)是压力水源接入室内消防环网的管段。为保证管道的可靠性，其数量不得少于两条。

第2章　通风与空调工程

2.1　风系统的质量通病

2.1.1　风管镀锌层锈蚀起斑

1. 现象

风管表面镀锌层粉化，起成片白色或淡黄色花斑，呈现腐蚀现象。

2. 危害及原因分析

(1) 危害

镀锌层腐蚀会缩短风管的使用寿命，对于洁净系统，还会影响系统的清洁度。

(2) 原因分析

1) 镀锌层质量差；

2) 在镀锌钢板存储、风管加工、堆放及安装等过程中，由于环境条件不佳或管理不善，使镀锌板或风管遭污水淋浸、泥浆沾染（尤其是含有水泥的污水或泥浆），造成镀锌层腐蚀。在密闭的地下室进行混凝土地面施工时，大量带有碱性的水汽凝结在风管表面，也会导致镀锌层腐蚀。

3. 标准要求及防治措施

(1) 标准要求

1)《通风与空调工程施工质量验收规范》(GB 50243—2002)第4.2.13.6条："镀锌钢板风管不得有镀锌层严重损坏的现象，如表层大面积白花、锌层粉化等"；

2)《通风管道技术规程》(JGJ 141—2004)第3.1.1条："镀锌钢板(带)宜选用机械咬合类，镀锌层为100号以上（双面三点试验平均值不应小于100g/m²）的材料，其材质应符合现行国家标准《连续热镀锌薄钢板和钢带》(GB 2518)的规定"。

(2) 防治措施

1) 采用热镀锌工艺生产的产品，镀锌层质量应达到《连续热镀锌薄钢板和钢带》(GB 2518)第3条的要求；

2) 加强现场管理，采取有效防护措施，保证在镀锌钢板存储、风管加工、堆放及安装等过程保持地面清洁干燥，防止污水、泥浆对钢板及风管的污染。安装好的风管应注意成品保护，防止后续工种施工或漏水浸泡对风管造成损害。在地下室等密闭空间施工时，应合理安排施工顺序，待浇筑完混凝土地面后再安装风管；

3) 对于已造成锌层腐蚀的风管，如腐蚀程度不严重，可将腐蚀处清洁并用砂纸打磨后刷锌黄类防锈漆防腐，对于严重腐蚀的应拆除返工。

2.1.2　无机玻璃钢风管翘曲、返卤泛霜等质量问题

1. 现象

无机玻璃钢风管翘曲变形，质脆易损，使用时间长后出现返卤、泛霜。

2．危害及原因分析

（1）危害

风管返卤、泛霜、翘曲变形、脆性大、强度低等质量缺陷的存在，不仅影响风管的表观质量，还会降低风管的使用寿命。

（2）原因分析

1）风管吸潮返卤的主要原因是硬化体中残留的 $MgCl_2$ 溶液因蒸发作用而在靠近表面的缝隙中析出 $MgCl_2 \cdot 6H_2O$ 晶体，而 $MgCl_2 \cdot 6H_2O$ 晶体是强吸潮剂。当空气相对湿度较大时，这些晶体会吸收空气中的水分，在制品表面凝结，造成表面挂满水珠，严重时水珠连成一片形成流淌现象。如果空气湿度变低，硬化体表面水分蒸发，留下了斑斑白迹，俗称"返卤"。

2）风管泛霜的主要原因是配料中 MgO 过剩，未与 $MgCl_2$ 反应的 MgO 又与空气中的水分发生反应生成白色的 $Mg(OH)_2$。此外，所用卤水中 KCl、NaCl 等可溶性的碱金属盐类含量过高也会产生泛霜。在水化过程中，可溶性碱金属盐沿着制品的微细孔扩散到表面，当水分蒸发后就留下白色的残余物。

3）风管翘曲变形的主要原因有：

a．菱镁矿在煅烧过程中不可避免地产生局部过烧，使一部分 MgO 呈死烧状态，过烧的 MgO 水化过程很慢，当已形成强度的制品中的 MgO 再遇水进行水化时，生成 $Mg(OH)_2$，体积膨胀，引起制品变形；

b．轻烧氧化镁中游离 CaO 含量及卤片中 SO_4^{2-} 含量过高。轻烧氧化镁中游离 CaO 水化时体积会膨胀，而卤片中存在着 SO_4^{2-}，当 $Ca(OH)_2$ 转化成石膏时，固体体积也会急剧膨胀，因而引起制品变形；

c．生产时环境温度较高，未采取有效养护措施，导致水化反应不充分，造成较大的结晶应力和热膨胀应力，使制品体积膨胀。

4）风管脆性大、强度低的主要原因有：

a．使用了不合格的玻璃纤维布，如高碱布及经纬稀疏或太薄的玻璃丝布；

b．铺放的玻璃丝布层数太少，达不到标准的要求。

3．标准要求及防治措施

（1）标准要求：

1）《通风与空调工程施工质量验收规范》（GB 50243—2002）第 4.2.2 条："无机玻璃钢风管……，其表面不得出现返卤或严重泛霜"；

2）《通风与空调工程施工质量验收规范》（GB 50243—2002）第 4.3.7.1 条："（无机玻璃钢）风管的表面应光洁、无裂纹、无明显泛霜和分层现象"。

（2）防治措施

1）严格控制主要原材料的质量指标。如采用活性 MgO 含量适中的优质轻烧氧化镁，采用 NaCl、KCl、$CaCl_2$、SO_4^{2-} 等有害杂质含量较低的优质工业氯化镁，采用中碱玻璃纤维网布做增强材料；

2）严格控制生产配方。建议风管配料的 $MgO/MgCl_2$ 为 7～9，$H_2O/MgCl_2$ 为 15～18，但也要根据温度、湿度以及填充材料的不同来进行调整；

3）严格控制生产工艺。玻纤布的厚度及铺放层数应满足《玻璃纤维氯氧镁水泥通风管道》(JC 646—1996)的要求。成型好的风管应采用有效措施进行养护。风管在温度20～35℃、相对湿度60%～70%的室内环境下，成型24h即可脱模，脱模后不要立即拆除表面的聚酯薄膜，应保温保湿养护3～5d；

4）使用菱镁胶凝材料改性剂、缓凝剂、增韧剂和消泡剂等添加剂以改善风管的表面质量，提高抗弯强度、韧性及耐水性，并改善拌合物的成型性能，从根本上克服氯氧镁材料的弊病，提高其质量和使用寿命。

2.1.3 金属风管表面不平整

1. 现象

矩形风管表面凹凸不平，安装好的风管发生变形，底部下沉(俗称“塌腰”)。

2. 危害及原因分析

(1) 危害

风管表面不平整影响风管的外观，有些情况下会导致风管颤动，产生噪声。

(2) 原因分析

1）风管制作时所用钢板厚度太薄，达不到规范要求；

2）风管制作时法兰尺寸与风管尺寸不配套，即法兰尺寸小于风管尺寸或比风管尺寸大得过多；

3）大口径风管未按规范要求加固，导致风管表面不平，安装后出现底部下沉；

4）采用共板式自承法兰连接的大口径风管，法兰强度低，导致风管变形；

5）采用插条连接的大口径风管，接口强度低，导致风管变形；

6）镀锌钢板采用卷材，加工前未将板材调平；

7）防排烟系统风管一般采用法兰连接并用石棉绳或石棉橡胶板等硬质材料作法兰垫料，由于法兰内侧在垫料的两边各有一层风管翻边，而外侧则没有，因此在螺栓紧固时，会出现法兰间距内宽外窄的情况，即两个法兰在连接面处互不平行，与风管铆接的那一面本应在一个平面上却成了外翻的“八”字形，与之相连的风管也随之外翻，因而造成风管外表鼓凸不平，如图2.1.3(*a*)所示；

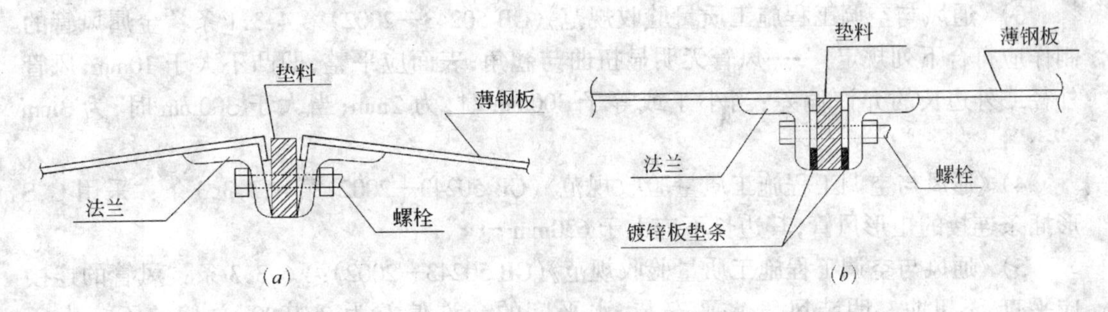

图2.1.3　防排烟风管法兰连接

(*a*)错；(*b*)对

8）风管支、吊架的强度不够，固定不牢，支吊架间距过大，无防晃吊架等，容易造成风管局部变形,表面不平整。

3. 标准要求及防治措施

(1) 标准要求

1)《通风与空调工程施工质量验收规范》(GB 50243—2002)第 4.2.1 条:“金属风管的材料品种、规格、性能与厚度等应符合设计和现行国家产品标准的规定。当设计无规定时,应按本规范执行。钢板或镀锌钢板的厚度不得小于表 2.1.3 的规定……”;

钢板风管板材厚度(mm) **表 2.1.3**

类别 风管直径 D 或长边尺寸 b	圆形风管	矩形风管		除尘系统风管
		中、低压系统	高压系统	
$D(b) \leqslant 320$	0.5	0.5	0.75	1.5
$320 < D(b) \leqslant 450$	0.6	0.6	0.75	1.5
$450 < D(b) \leqslant 630$	0.75	0.6	0.75	2.0
$630 < D(b) \leqslant 1000$	0.75	0.75	1.0	2.0
$1000 < D(b) \leqslant 1250$	1.0	1.0	1.0	2.0
$1250 < D(b) \leqslant 2000$	1.2	1.0	1.2	按设计
$2000 < D(b) \leqslant 4000$	按设计	1.2	按设计	

注:1 螺旋风管的钢板厚度可适当减小 10%~15%。

2 排烟系统风管钢板厚度可按高压系统。

3 特殊除尘系统风管钢板厚度应符合设计要求。

4 不适用于地下人防与防火隔墙的预埋管。

2)《通风与空调工程施工质量验收规范》(GB 50243—2002)第 4.2.10.2 条:“矩形风管边长大于 630mm、保温风管边长大于 800mm,管段长度大于 1250mm 或低压风管单边平面积大于 1.2m^2、中、高压风管大于 1.0m^2,均应采取加固措施”;

3)《通风与空调工程施工质量验收规范》(GB 50243—2002)第 4.3.1 条:“金属风管的制作应符合下列规定:……风管无明显扭曲与翘角;表面应平整,凹凸不大于 10mm;风管外径或外边长的允许偏差:当小于或等于 300mm 时,为 2mm;当大于 300mm 时,为 3mm……”;

4)《通风与空调工程施工质量验收规范》(GB 50243—2002)第 4.3.3.3 条:“采用 C、S 形插条连接的矩形风管,其边长不应大于 630mm……”;

5)《通风与空调工程施工质量验收规范》(GB 50243—2002)第 6.3.3 条:“风管的连接应平直、不扭曲。明装风管水平安装,水平度的允许偏差为 3/1000,总偏差不应大于 20mm。明装风管垂直安装,垂直度的允许偏差为 2/1000,总偏差不应大于 20mm……”。

(2) 防治措施

1) 选用风管的板材厚度要符合按设计或规范要求;

2) 风管制作时风管及法兰的尺寸误差应在控制规范要求的范围内;

3) 按规范要求对大口径风管进行加固；

4) 采用共板式自承法兰连接的风管，其使用条件应有一定的限制。根据工程应用经验，建议长边尺寸2000mm以下的矩形风管采用共板式自承法兰，大于2000mm的采用角钢法兰；

5) 插条连接的风管应满足规范要求，只能在长边尺寸≤630mm的条件下采用；

6) 镀锌钢板采用卷材时，在加工风管前应采用风管卷圆机等机械将卷材压平，消除圆弧；

7) 采用法兰连接并用石棉绳或石棉橡胶板等硬质材料作法兰垫料的防排烟系统风管，在法兰连接时可在螺栓外侧的垫料两边各垫一条与风管板材等厚、宽度约10mm的镀锌板条，这样可以消除因螺栓紧固而引起的风管外表面鼓凸变形，如图2.1.3(*b*)所示；

8) 风管支吊架安装质量问题的防治措施详见本手册第2.1.8条。

2.1.4 风管支、干管连接处的质量问题

1. 现象

(1) 风管的支管与干管连接处有缝隙，四个角有孔洞；

(2) 支、干管90°垂直连接，没有沿气流方向做弧形接口或斜边；

(3) 支管开口于干管法兰处，横跨法兰两边；

(4) 支、总管连接处无风量调节装置，或用导风板代替三通调节阀或支管调节阀。

2. 危害及原因分析

(1) 危害

1) 风管支、干管连接不严密，漏风；

2) 支管垂直接入干管或支管接总管开口处有法兰穿过，均造成局部阻力过大，气流不畅；

3) 导风板无法调节风量，支管风量调节措施不当，难达到阻力平衡。

(2) 原因分析

1) 为简单方便，风管支管与主干管常采用插管式三通(四通)连接，支管连接板与干管接触部分用拉钉固定，振动后容易脱落，且密封不严，容易出现缝隙；

2) 为了施工时省事，支管直接90°垂直接入干管；

3) 导风板施工简单，但只能对气流起简单的导流作用，无法进行风量调节。

3. 标准要求及防治措施

(1) 标准要求

1)《通风与空调工程施工质量验收规范》(GB 50243—2002)第6.3.1.4条："风管接口的连接应严密、牢固……"；

2)《通风与空调工程施工质量验收规范》(GB 50243—2002)第6.3.2.1条："无法兰连接风管的安装……风管的连接处应完整无缺损、表面应平整，无明显扭曲"。

(2) 防治措施

1) 风管支、干管连接宜采用整体式三通(四通)，如图2.1.4-1所示。当采用插管式三通(四通)时，如图2.1.4-2所示。若咬口连接，接口处需打胶密封，咬口缝处易产生孔洞的四个角也要用密封胶及时封堵；若用连接板式插入管板边连接，支管连接板与干管接

触部分,包括四个角,应用密封胶进行密封;

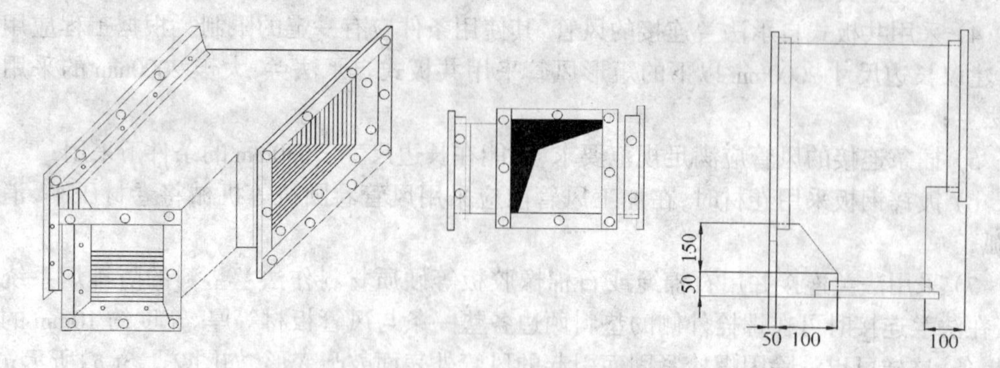

图 2.1.4-1　整体式正三通的构造

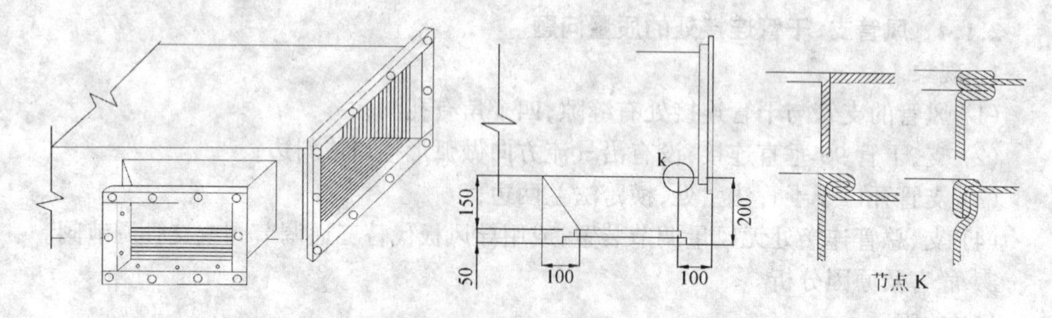

图 2.1.4-2　矩形插管式三通构造及节点图

2) 支管接总管处顺气流方向制作成弧形接口或斜边连接;

3) 根据需要在支、干管处设置三通调节阀,或在支管处设调节阀来调节风量,不宜用导风板代替。

2.1.5　吊顶风口与风管连接不合理

1. 现象

(1) 风口直接固定在吊顶顶棚上,颈部未与挂下管相接,或挂下管长度不够,未与风口相连;

(2) 风口无挂下管,颈部直接伸入风管内;

(3) 挂下管与风口颈部尺寸不配合,缝隙过大。

2. 危害及原因分析

(1) 危害

1) 风口直接固定在顶棚上,长时间使用后容易脱落;

2) 风口颈部直接伸入风管,减小了风管截面,增大局部阻力,影响气流流动;

3) 风口未与挂下管连接,或两者之间有缝隙,会增加风管漏风量。

(2) 原因分析

1) 为图省事,将风口直接固定在顶棚上;或将风口颈部伸入风管中,或伸入挂下管中不连接;

2) 风管与吊顶间的距离未准确确定,导致挂下管长度不够;

3) 风口与挂下短管连接时,螺栓或铆钉间距过大,有缝隙。

3. 标准要求及防治措施

(1) 标准要求

《通风与空调工程施工质量验收规范》(GB 50243—2002)第6.3.11条:"风口与风管的连接应严密、牢固,与装饰面相紧贴……"。

(2) 防治措施

1) 风口应与风管连接,不应漏装挂下管;

2) 应确定好顶棚的水平线,准确测量挂下短管的长度;

3) 应按风口颈部尺寸制作挂下管;

4) 风口与挂下短管连接的螺栓或铆钉间距不宜过大。

2.1.6 风管穿防火及防爆墙体或楼板处未按规范要求设置防护套管

1. 现象

(1) 风管穿过防火、防爆的墙体或楼板处,未设预埋管或防护套管;

(2) 制作防护套管的钢板厚度太薄,不满足规范要求;

(3) 防护套管与风管之间未用不燃柔性材料封堵。

2. 危害及原因分析

(1) 危害

在风管穿过防火、防爆的墙体或楼板处,未设预埋管或防护套管(或防护套管板材太薄),或风管与防护套管之间未用不燃柔性材料封堵,一旦发生火灾,可能造成烟气或火苗通过该处风管或风管与套管之间的间隙向其他防火分区蔓延并导致更大的损失。

(2) 原因分析

1) 施工单位对规范不熟悉或不重视;

2) 施工单位为节省成本,偷工减料。

3. 标准要求及防治措施

(1) 标准要求

《通风与空调工程施工质量验收规范》(GB 50243—2002)第6.2.1条:"在风管穿过需要封闭的防火、防爆的墙体或楼板时,应设预埋管或防护套管,其钢板厚度不应小于1.6mm。风管与防护套管之间,应用不燃且对人体无危害的柔性材料封堵"。

(2) 防治措施

1) 图纸会审时设计单位应向施工单位强调风管穿过防火、防爆的墙体或楼板处设置预埋管或防护套管是规范强制性条文所要求的,必须严格执行,并对具体做法进行技术交底。从节省成本和方便施工考虑,不需做绝热处理的风管建议设预埋管,需要绝热的风管建议设防护套管;

2) 施工过程中,监理单位应加强检查,发现风管穿过防火、防爆的墙体或楼板处未设预埋管或防护套管应要求施工单位补设,防护套管钢板厚度不足1.6mm的应拆除返工。

2.1.7 土建风道未妥善处理

1. 现象

(1) 砖或混凝土风道内部未抹灰;

(2) 架设脚手架时钢管穿越风道壁留下的洞口、浇筑混凝土时预留的穿墙螺杆套管等洞口未封堵；

(3) 风道内建筑垃圾、模板等未清理干净；

(4) 风道内部抹灰层起砂、扬尘；

(5) 地下风道内部渗水。

2. 危害及原因分析

(1) 危害

1) 砖或混凝土风道内部未抹灰，表面粗糙，将导致管道阻力增加，砖缝缝隙可引起系统漏风；

2) 风道壁上洞口未封堵将导致风道漏风，造成冷量或热量损失，并可能导致系统送风量不足。若为正压送风系统，可能导致正压不足，影响防烟效果；

3) 风道内建筑垃圾、模板等未清理干净，堵塞风道，将造成系统送风不畅，风量不足，甚至部分风口无风；

4) 风道内部抹灰层起砂、扬尘，将影响空气质量，并造成空调机组过滤网频繁脏堵；

5) 地下风道内部渗水，将可能孳生蚊虫及病菌，影响空气质量。

(2) 原因分析

1) 砖或混凝土风道内部未抹灰，通常是为了降低工程成本或因风道尺寸太小，施工困难而放弃抹灰；

2) 风道壁上洞口未封堵，风道内建筑垃圾、模板等未清理干净，通常是由于施工单位疏忽造成的；

3) 风道内部抹灰层起砂、扬尘有施工质量不佳的原因，更主要的是设计单位未考虑其作为通风管道(尤其是新风管或空调管)的洁净要求，在设计文件中未提出有针对性的技术要求；

4) 地下风道内部渗水一般是由于防水层施工质量不佳、风道壁上穿墙螺栓套管洞未封堵、通过变形缝及其他途径渗入等原因造成。

3. 标准要求及防治措施

(1) 标准要求

《通风与空调工程施工质量验收规范》(GB 50243—2002)第 4.3.8 条："砖、混凝土风道内表面水泥砂浆应抹平整、无裂缝，不渗水"。

(2) 防治措施

1) 设计时设计单位应在图纸中标明土建风道内部的抹灰要求，对于作为新风或空调管使用的，应明确风道内壁防尘处理的技术措施；

2) 施工时监理单位应认真检查土建风道的施工质量，应要求施工单位抹灰，洞口要封堵，建筑垃圾、模板等要清理干净。对于尺寸太小，施工困难的风道，可采用随砌随抹的方法进行抹灰；

3) 对于洁净要求较高的风道，可采取在抹灰层上涂刷环氧树脂等涂料进行防尘处理，在涂料施工前应认真检查抹灰质量，抹灰层不应有扬尘起砂的现象；

4) 对于地下风道，应认真检查防水情况，有渗水的，应仔细寻找水源，采用相应的措施进行防水处理。有洞口(如穿墙螺栓套管、水管套管、废弃的预留洞等)未封堵的应采用防水砂浆等材料封堵,属防水层施工质量问题的应返工处理。

2.1.8 金属风管支、吊架设置不符合要求

1. 现象

(1) 风管支、吊架的型钢规格偏小,与风管大小不匹配,吊架横担弯曲变形,吊杆弯曲不直;

(2) 支、吊架固定不牢;

(3) 支、吊架与风管接触不紧密,吊架扭曲歪斜;

(4) 风管支、吊架的位置设置不当,离风口或支管接口等距离太近,影响使用;

(5) 水平风管支、吊架间距过大,垂直风管固定点不够;

(6) 系统无防晃吊架,主、干管的防晃吊架间距超过 20m;

(7) 风管保温绝热层包于支、吊架外部。

2. 危害及原因分析

(1) 危害

1) 风管支、吊架的强度不够,固定不牢,支吊架间距过大,无防晃吊架等,容易造成风管局部变形,系统运行时产生振动;

2) 风口、阀门等处设置支、吊架,会影响其操作;若预埋件、膨胀螺栓已施工固定,施工人员往往将横担斜拉避开风口等,造成吊架歪斜;

3) 支吊架紧贴金属风管安装,两者之间无绝热层,会产生"冷桥",增加冷(热)量的损失。

(2) 原因分析

1) 因设计选型错误造成型钢规格尺寸偏小,宽度、厚度不够,或使用了不合格的产品,支、吊架与风管大小不匹配,故吊架横担弯曲,吊杆不直;

2) 固定支、吊架的膨胀螺栓规格偏小;大型风管的支、吊架未在结构层设置预埋件,而直接用膨胀螺栓固定;型钢焊接不牢等,都造成支吊架固定不牢;

3) 吊架横担弯曲,吊杆长度不合适,风管表面不平整,都易造成支、吊架与风管接触不紧密;

4) 支吊架设置时,未考虑到支管接口、风口、阀门等位置,故与之距离偏小;

5) 施工单位为了方便省料,加大了支吊架的间距,还常常不设防晃吊架。

3. 标准要求及防治措施

(1) 标准要求

《通风与空调工程施工质量验收规范》(GB 50243—2002)第 6.3.4 条:"风管支、吊架的安装应符合下列规定:1. 风管水平安装,直径或长边尺寸小于等于 400mm,间距不应大于 4m;大于 400mm,不应大于 3m。螺旋风管的支、吊架间距可分别延长至 5m 和 3.75m;对于薄钢板法兰的风管,其支、吊架间距不应大于 3m;2. 风管垂直安装,间距不应大于 4m,单根直管至少应有 2 个固定点;3. 风管支、吊架宜按国标图集与规范选用强度和刚度相适应的形式和规格。对于直径或边长大于 2500mm 的超宽、超重等特殊风管的支、吊架应按设计规定;4. 支、吊架不宜设置在风口、阀门、检查门及自控机构处,离风口或插接管的距离不宜小于200mm;5.当水平悬吊的主、干风管长度超过20m时,应设置防止摆动的固定点,每个系统不应少于1个;6.吊架的螺孔应采用机械加工。吊杆应平直,螺纹完整、光洁。安装后各副支、吊架的受力应均匀,无明显变形。风管或空调设备使用的可调隔振支、吊架的拉伸或压缩量应按设计的要求进行调整;7.抱箍支架,折角应平直,抱箍应紧贴并箍紧风管。安装在支架上的圆形风管应设托座和抱箍,其圆弧应均匀,且与风管外径相一致”。

(2) 防治措施

1) 要根据风管的形式、材质,按规范确定支、吊架的形式、材料规格及支吊架的间距等,确定材料规格时绝热保温层的重量要考虑在负荷内,并不得使用不合格产品;

2) 膨胀螺栓的大小应根据所承受的荷载确定,安装时应与建筑面垂直;大型风管的支吊架要在结构层内设置预埋件,预埋件与混凝土连接要牢固,为避免预留位置不准确,可采用可调型的预埋件,进行沿风管长度方向的水平调整;型钢焊接要牢固;

3) 安装时,吊杆长度要调节到位,完成后对吊架要进行调整,不得歪斜,以免各支吊架受力不均,造成风管局部变形;

4) 支吊架设置时,要避开支管接口、风口、阀门等位置,距离不宜小于200mm;

5) 根据风管的形式、材质等,按规范要求确定水平风管支吊架的间距、防晃吊架的位置,垂直风管安装至少应有2个固定点;

6) 需绝热的风管,支、吊架应设在保温层外,以防止产生“冷桥”。

2.1.9 系统运行时风管产生颤动及噪声

1. 现象

(1) 系统运行时风管产生颤动;

(2) 风管与设备连接处振动较大。

2. 危害及原因分析

(1) 危害

增加空调房间的噪声。

(2) 原因分析

1) 风管选用的镀锌薄钢板厚度不够;

2) 风管安装时未按规范要求设置防晃支吊架或对风管进行加固;

3) 风管与设备连接处未采取软连接,设备安装时未采取可靠的减振措施,设备的振动及噪声通过风管传播至系统末端。

3. 标准要求及防治措施

(1) 标准要求

1)《通风与空调工程施工质量验收规范》(GB 50243—2002)第4.2.1条:“金属风管的材料品种、规格、性能与厚度等应符合设计和现行国家产品标准的规定。当设计无规定时,应按本规范执行”。钢板或镀锌钢板的厚度不得小于本手册表2.1.3的规定……;

2)《通风与空调工程施工质量验收规范》(GB 50243—2002)第4.2.10.2条:“矩形风管边长大于630mm、保温风管边长大于800mm,管段长度大于1250mm或低压风管单边平面积大于1.2m^2、中、高压风管大于1.0m^2,均应采取加固措施”;

3)《通风与空调工程施工质量验收规范》(GB 50243—2002)第4.3.4条:"风管的加固应符合下列规定:1. 风管的加固可采用棱筋、立筋、角钢(内、外加固)、扁钢、加固筋和管内支撑等形式;2. 棱筋或棱线的加固,排列应规则,间隔应均匀,板面不应有明显的变形;3. 角钢、加固筋的加固,应排列整齐、均匀对称,其高度应小于或等于风管的法兰宽度。角钢、加固筋与风管的铆接应牢固、间隔应均匀,不应大于220mm;两相交处应连接成一体;4. 管道内支撑与风管的固定应牢固,各支撑点之间或与风管的边沿或法兰的间距应均匀,不应大于950mm;5. 中压和高压系统风管的管段,其长度大于1250mm时,还应有加固框补强。高压系统金属风管的单咬口缝,还应有防止咬口缝胀裂的加固或补强措施";

4)《通风与空调工程施工质量验收规范》(GB 50243—2002)第6.3.4.5条:"当水平悬吊的主、干风管长度超过20m时,应设置防止摆动的固定点,每个系统不应少于1个"。

(2) 防治措施

1) 不得选用厚度小于本手册表2.1.3的镀锌钢板;

2) 按《通风与空调工程施工质量验收规范》(GB 50243—2002)第4.3.4条规定的加固方法对风管进行必要的加固;

3) 按《通风与空调工程施工质量验收规范》(GB 50243—2002)第6.3.4.5条的规定,对每个系统的风管设置防晃支架;

4) 风管与设备连接处安装软接头;空调机组、风机等设备的减振措施防治措施详见本章的2.6.3条的防治措施。

2.1.10 通风空调系统漏风量大

1. 现象

通风空调系统风管及设备等漏风,系统风量损失大。

2. 危害及原因分析

(1) 危害

风管漏风,一方面造成空调系统冷量或热量损失,浪费能源,另一方面可能造成系统风量不足,空调或通风效果差,防排烟系统发挥不了应有的作用。

(2) 原因分析

1) 风管制作质量差,板材有十字型拼接缝,"T"型拼接缝处、三通、四通、变径等管件棱边折角处及风管与法兰连接处的四角等位置孔隙过大,且未作密封处理;

2) 风管角钢法兰制作质量差,连接面不平整,造成风管安装后法兰之间产生间隙;

3) 风管及法兰下料不准,二者尺寸不配套却强行连接,造成风管与法兰连接处的四角孔隙过大,且未作密封处理;

4) 风管法兰垫料设置不严密;

5) 法兰螺栓孔距过大,或螺栓松紧不均匀;

6) 设备进出口处所装柔性短管破损;

7) 金属风管与土建风道连接处未进行密封处理或处理不严密;

8) 土建风道上架设脚手架时钢管穿越风道壁留下的洞口、浇筑混凝土时预留的穿墙螺杆套管等洞口未封堵,或风道内部未进行抹灰处理;

9) 风管系统安装完毕后,未按规范要求进行严密性检验,或检验频次太少;

10）现场组装的组合式空调机组，因现场条件限制，未按规范要求进行漏风量检测，机组本身漏风量较大。

3. 标准要求及防治措施

（1）标准要求

1）《通风与空调工程施工质量验收规范》（GB 50243—2002）第4.2.6条："金属风管的连接应符合下列规定：1. 风管板材拼接的咬口缝应错开，不得有十字型拼接缝；2. ……中、低压系统风管法兰的螺栓及铆钉孔的孔距不得大于150mm；高压系统风管不得大于100mm。矩形风管法兰的四角部位应设有螺孔"；

2）《通风与空调工程施工质量验收规范》（GB 50243—2002）第6.2.8条："风管系统安装完毕后，应按系统类别进行严密性检验，漏风量应符合设计与本规范第4.2.5条的规定"；

3）《通风与空调工程施工质量验收规范》（GB 50243—2002）第7.2.3.2条："现场组装的组合式空气调节机组应做漏风量的检测，其漏风量必须符合现行国家标准《组合式空调机组》（GB/T 14294）的规定"。

（2）防治措施

1）风管制作时应提高下料的准确性，使板材"T"型拼接缝处，三通、四通、变径等管件棱边折角处及风管与法兰连接处的四角等位置孔隙尽量减小，对不可避免产生的孔隙应用锡焊或密封胶等进行密封；板材拼接时不得有十字型拼接缝；

2）法兰加工前如发现角钢不平直，应调直后方能使用。法兰焊接时应将角钢置于钢板制作的平台上，由有经验的焊工操作，保证法兰平整度达到规范要求；

3）严格将风管及法兰制作的尺寸误差控制在规范允许范围内，并保证风管与法兰之间的适度的配合间隙，如发现风管与法兰不配套，应作报废处理，不得强行连接；

4）法兰垫料应尽量选用弹性好、有一定强度的材料，厚度不能太薄，一般空调通风系统不得小于3mm，洁净系统以5~8mm为宜。垫料应尽量减少拼接，接头处一般空调通风系统可采用直缝对接，洁净系统必须采用梯形或榫形连接；

5）螺栓孔距应控制在规范允许的范围内。对于金属风管，中、低压系统螺栓孔距不得大于150mm，高压系统不得大于100mm；对于非金属风管，螺栓孔距不得大于120mm，且所有矩形风管的四角处应设螺孔。风管安装时应交叉拧紧螺栓，使每个螺栓基本保持相同的松紧度；

6）设备进出口处所装柔性短管应按本手册2.2.4条采取防治措施，避免破损漏风；

7）加强对土建风道的检查，发现风道壁上有洞口的应严密封堵。对于金属风管与土建风道连接处的密封处理应制定专门的处理方案。对下述几种特殊情况尤其要引起注意并采取特殊措施进行处理：一是金属风管与地面或墙面之间只有很小的间隙，该处封堵无法从风道外施工，应从风道内部进行封堵；二是金属风管从土建风道底部接入，风管周边洞口很难用浇混凝土、砌砖等方法进行密封处理，可采用钢板进行封堵；三是金属风管绝热层表面与其防护套管之间间隙的处理，可在风道内部先用钢板将风管与防护套管之间的间隙进行封堵，再用玻璃棉等不燃柔性材料将绝热层表面与防护套管之间的间隙填实；

8）严格按规范要求对安装完毕的风管系统进行严密性检验，对现场组装的组合式空调机组进行漏风量测试。空调机组的漏风量测试应在风管连接前进行,测试时用钢板将各风管接口进行临时封堵。

2.1.11 通风空调系统通风换气量不当

1. 现象

(1) 房间有异味,人员感觉憋闷等;

(2) 设备用房温、湿度过高不能满足设备正常运行的需要;

(3) 地下停车库等大空间的通风设备,当部分负荷时,经常人为停止运行。

2. 危害及原因分析

(1) 危害

1) 不能满足国家现行有关卫生标准规定的人员所需最小新风量,易引起细菌、病毒滋生,疾病蔓延,影响室内人员的身体健康;

2) 设备房(如变配电房等)温、湿度过高,影响设备的性能及使用寿命,甚至使设备无法正常运转,引发事故。

(2) 原因分析

1) 房间的实际静压值大于设计静压值,导致送入的新风量少于设计值,人员感觉憋闷;

2) 房间的通风换气次数不够,无法有效消除余热、余湿或有害物质等;

3) 设计时未考虑实际运行的节能需要,通风系统按最大风量设计(尤其与防排烟合用的通风系统),在系统的组成和调节上没有考虑通风负荷的变化,造成部分负荷时无法调节,通风系统经常开开停停。

3. 标准要求及防治措施

(1) 标准要求

1)《采暖通风与空气调节设计规范》(GB 50019—2003)第6.5.8条:空气调节区的换气次数,应符合下列规定:1. 舒适性空气调节每小时不宜小于5次,但高大空间的换气次数应按其冷负荷通过计算确定;2. 工艺性空气调节不宜小于表2.1.11-1所列的数值;

工艺性空气调节换气次数 **表2.1.11-1**

室温允许波动范围(℃)	每小时换气次数	附 注
±1.0	5	高大空间除外
±0.5	8	—
±0.1~0.21	2	工作时间不送风的除外

2)《采暖通风与空气调节设计规范》(GB 50019—2003)第5.1.13条:"同时放散有害物质、余热和余湿时,全面通风量应按其中所需最大的空气量确定。多种有害物质同时放散于建筑物内时,其全面通风量的确定应按国家现行标准《工业企业设计卫生标准》(GBZ 1)执行"。

(2) 防治措施

1) 对于非空调的民用建筑物机械通风换气量可按表2.1.11-2采用。

居住及公用建筑物通风换气量表　　表 2.1.11－2

序号	房间名称	每小时换气次数(次/h)		序号	房间名称	每小时换气次数(次/h)	
		进气	排气			进气	排气
	一、医疗建筑						
1	病房、疗养室	$25m^3/h\cdot$人		2	儿童病房、待产室	$20m^3/h\cdot$人	
3	治疗室、诊断室	4	5	4	X光透视室、摄片室、CT核磁共振室	2	3
5	体疗室	40～50 $m^3/h\cdot$人		6	电疗、光疗、水疗、蜡疗室	4	5
7	泥疗治疗室	3	5	8	配泥及调泥室	2	2
9	按摩、针灸室	1	2	10	西药房调剂室	2	2
11	中药房煎药室	2	2	12	蒸汽消毒室	2(洁部)	2(污部)
13	浴室	4	5	14	手术室、产房	6	5
15	手术、分娩准备室	1.5	2	16	日光浴室		2
17	病人厕所		$40m^3/h\cdot$大便器	18	消毒室、绷带保管室(脏)	1	3
			$20m^3/h\cdot$小便器	19	消毒室、绷带保管室(净)	3	1
20	病人食堂、休息室	1	2				
	二、托儿所、幼儿园						
1	儿童活动室、寝室		1.5	2	婴儿室、病儿室、医疗保健室、隔离室、喂奶室		1.5
3	办公室		1.5	4	儿童浴室、更衣室		1.5
	三、学校						
1	教室、实验室、门厅、走廊、楼梯间		3	2	人体写生的美术教室		3
3	化学、生物实验室		3	4	礼堂		2
5	体育馆		3	6	带围护结构的风雨操场		3
	四、影剧院						
1	观众厅	10～15 $m^3/h\cdot$人		2	休息厅		5
3	放映室		$700m^3/$台弧光灯				

续表

序号	房间名称	每小时换气次数(次/h)		序号	房间名称	每小时换气次数(次/h)	
		进气	排气			进气	排气
	五、体育建筑						
1	比赛厅(体操除外)	$40m^3/h$·运动员 $10m^3/h$·观众		2	休息厅		5
3	练习厅(体操除外)		2	4	游泳馆:游泳池大厅观众厅	$15m^3/h$·人 $10m^3/h$·人	按计算
5	壁球、保龄球、乒乓球室		2				
	六、图书资料馆建筑						
1	善本书、舆图、微缩阅览室		2	2	儿童阅览室		1~3
3	报告厅、视听室、装裱修整间、会议室		2	4	读者休息室		3~5
5	书库		1~3	6	特藏库		1~3
7	消毒室		5				
	七、档案库		0.5~1				
	八、公共饮食建筑						
1	餐厅、饮食厅	$18m^3/h$·人		2	洗碗间	4	6
3	厨房和饮食制作间(热加工间)		按计算	4	厨房和饮食制作间(冷加工间)		按计算
	九、洗衣房						
1	洗衣间	10	13	2	烫衣间	4	6
3	接收衣服间	3	4				
	十、浴室、理发馆						
1	更衣室	2.5	2	2	浴池	8	9
3	淋浴室	8	9	4	盆浴	6	7
5	理发室		1.5	6	消毒室:干净区 脏区	6 2	2 6
	十一、交通建筑						
1	火车站候车厅		3	2	长途汽车站		3

续表

序号	房间名称	每小时换气次数(次/h)		序号	房间名称	每小时换气次数(次/h)	
		进气	排气			进气	排气
3	机场候机厅		3				
	十二、高级办公室	$30m^3$/h·人					
	十三、生活服务建筑						
1	照相馆　摄影室 洗印室(黑白) 洗印室(彩色)	 2 8	2 3 10				
	十四、公共建筑共同部分						
1	厕所		6	2	汽车修理间		3
3	小型汽车库(一般修理)		3	4	汽车库、停车场(无修理间)		2
5	地下停车库	4~5	5~6				

注：进、排气栏未作规定者，可按实际需要确定。

2）对于设有舒适性空气调节的民用建筑，其空气调节区的换气次数不应小于5次/h，在设有全空气调节的大型公共建筑物中，对于其热、湿、油烟、气味等放散集中且量大的房间，一般情况下应通过热平衡计算确定其通风换气量。当计算有困难时，可按表2.1.11－3所列换气次数计算；

房间换气次数参考值　　　　**表2.1.11－3**

房间名称	换气次数(次/h)	房间名称	换气次数(次/h)
卫生间	5~10	厨房(中餐)	40~50
开水间	6~10	厨房(西餐)	30~40
制冷机房	4~6	职工餐厅	25~35
变电室	5~8	车库	5~6
配电室	3~4	浴室(无窗)	5~10
油罐室	4~6	洗衣房	10~15
蓄电池室	10~15(全封闭时为3~5)	锅炉房、换热站	10~15
电梯机房	8~15		

3）对于末端采用空调风柜形式（新风与回风在空调机房内混合，经空调风柜处理后送入空气调节区）的全空气调节区应设置机械排风系统，排风量应适应新风量的变化，其

排风系统应具有一定的调节能力,以保证空调机房内有足够的负压值,从而保证空气调节区内的新风量。对于房门常闭的房间(如酒店客房、餐饮包房等),当空气调节系统末端采用风机盘管加新风系统时,宜设机械排风系统,其排风量按客房新风量的80%~90%确定;

4) 对于汽车库等大空间的通风系统,应考虑汽车出入频率或散热、散湿设备的满负荷度的变化,其进、排风机采用多台并联或采用变频风机,以适应通风负荷的变化。

2.1.12 通风空调系统划分不合理

1. 现象

(1) 不同性质和要求的房间,合用一个通风空调系统,造成系统调节困难,甚至无法调节,并留有隐患;

(2) 通风空调系统过大,造成设备、管路噪声大。

2. 危害及原因分析

(1) 危害

1) 通风空调系统无法按设计工况运行,通风或空调效果达不到设计要求;

2) 含有有害物质、腐蚀性物质等的空气流入其他房间,可能引起事故,造成不必要的财产和人员伤亡;

3) 含有大量热、蒸汽或有害物质的空气流入别的区域,使其空气品质下降。

(2) 原因分析

1) 没有将性质相近、设计参数要求相同或相近、使用时间相同的房间划为同一个通风空调系统;

2) 受机房数量、位置等条件限制,一个通风空调系统负担范围过大。

3. 标准要求及防治措施

(1) 标准要求

1)《采暖通风与空气调节设计规范》(GB 50019—2003)第5.1.11条:"组织室内送、排风气流时,不应使含有大量热、蒸汽或有害物质的空气流入没有或仅有少量热、蒸汽或有害物质的人员活动区,且不应破坏局部排风系统的正常工作";

2)《采暖通风与空气调节设计规范》(GB 50019—2003)第5.1.12条:"凡属下列情况之一时,应单独设置排风系统:1. 两种或两种以上的有害物质混合后能引起燃烧或爆炸时;2. 混合后能形成毒害更大的或腐蚀性的混合物、化合物时;3. 混合后易使蒸汽凝结并聚积粉尘时;4. 散发有毒物质的房间和设备;5. 建筑物内设有储存易燃易爆物质的单独房间或有防火防爆要求的单独房间";

3)《采暖通风与空气调节设计规范》(GB 50019—2003)第6.3.2条:"属下列情况之一的空气调节区,宜分别或独立设置空气调节风系统:1. 使用时间不同的空气调节区;2. 温湿度基数和允许波动范围不同的空气调节区;3. 对空气的洁净要求不同的空气调节区;4. 有消声要求和产生噪声的空气调节区;5. 空气中含有易燃易爆物质的空气调节区;6. 在同一时间内须分别进行供热和供冷的空气调节区";

4)《高层民用建筑设计防火规范》(GB 50045—95)(2001年版)第8.5.2条:"通风、空气调节系统,横向应按每个防火分区设置,竖向不宜超过五层,当排风管道设有防止回流设施且各层设有自动喷水灭火系统时，其进风和排风管道可不受此限制。垂直风管应设在管井内”。

(2) 防治措施

1) 通风、空气调节系统的划分必须满足《采暖通风与空气调节设计规范》(GB 50019—2003)第5.1.12条和《高层民用建筑设计防火规范》(GB 50045—95)(2001年版)第8.5.2条的规定。

2) 对于通风系统，应按设备房间的性质不同分别设置，如：储油间必须单独设置通风系统并采用防爆型通风机；厨房排风系统宜专用，整个厨房不宜只设一个排风系统，宜按操作区域性质不同，分别设置通风空调系统。对于民用建筑，建议每个通风系统的半径不宜大于80m，风机压头不宜大于700Pa(余压)。

3) 空调系统可按下列条件划分：

a. 空气调节房间的设计参数(主要是温湿度等)接近，使用时间接近时，宜划分为同一系统。同一系统的各空气调节房间应尽可能靠近；

b. 空调房间的瞬时负荷变化差异较大时，应分设系统。可根据房间的朝向划分系统。同一区域内分别需要供冷和供热的房间，宜分别划分系统；

c. 不同空调房间所需新风量占送风量的比例相差大时，可按比例相近者分设系统；

d. 有消声要求的房间不宜与无消声要求的房间划分为同一系统，如必须划为同一系统时，应作局部消声处理；

e. 有空气洁净度要求的房间不应与空气污染严重的房间划分为同一系统，也不宜与无空气洁净度要求的房间划分为同一系统，如与后者划为同一系统时，应作局部处理；

f. 空调房间的面积很大时，应按内区和外区分别设置系统，一般距外围护结构4~6m范围内的面积为外区，其余面积为内区；

g. 划分系统时，应使同一系统的风管长度尽量缩短，减少风管重叠，便于施工、管理、调试和维护。

4) 空调系统不宜过大，当风柜设于空调机房内时，建议空调系统半径宜小于60m，风柜压头(机外余压)宜小于500Pa，以利于气流组织和降低噪声。当末端为吊顶风柜时，建议单台风量宜小于5000m^3/h，以减少噪声值。

2.1.13 排烟系统与通风空调风系统合用时切换措施不当

1. 现象

(1) 通风或空调风系统兼作排烟系统时，系统切换和控制不到位，发生火灾时非排烟管道不能迅速自动与排烟系统断开；

(2) 兼作排烟系统的通风或空调风系统漏风。

2. 危害及原因分析

(1) 危害

1) 火灾时不能及时排除系统所担负区域的火灾烟气，烟气四处蔓延，导致不必要的人员伤亡；

2) 系统漏风将造成风量和冷量损失，室内通风换气量也达不到要求。

(2) 原因分析

1）未选用可即时切断的电动型控制阀，或选用的电动型控制阀类型不正确，故系统不能正常切换；

2）平时关闭火灾时打开的系统切换阀门密封性差，引起漏风。

3. 标准要求及防治措施

（1）标准要求

1）《高层民用建筑设计防火规范》（GB 50045—95）（2001 年版）第 5.1.1 条：高层建筑内应采用防火墙等划分防火分区，每个防火分区允许最大建筑面积不应超过表 2.1.13－1 的规定。

每个防火分区的允许最大建筑面积 **表 2.1.13－1**

建筑类别	每个防火分区建筑面积（m^2）
一类建筑	1000
二类建筑	1500
地下室	500

注：1. 设有自动灭火系统的防火分区，其允许最大建筑面积可按本表增加 1 倍；当局部设置自动灭火系统时，增加面积可按该局部面积的 1 倍计算。

2. 一类建筑的电信楼，其防火分区允许最大建筑面积可按本表增加 50%。

2）《高层民用建筑设计防火规范》（GB 50045—95）（2001 年版）第 8.1.5 条："机械排烟的风速，应符合下列规定：1. 采用金属风道时，不应大于 20m/s。2. 采用内表面光滑的混凝土等非金属材料风道时，不应大于 15m/s。3. 排烟口的风速不宜大于 10m/s"；

3）《高层民用建筑设计防火规范》（GB 50045—95）（2001 年版）第 8.4.10 条："机械排烟系统与通风、空气调节系统宜分开设置。若合用时，必须采取可靠的防火安全措施，并应符合排烟系统要求"。

（2）防治措施

1）当通风或空调风系统兼作排烟系统时，该系统不应跨防火分区设置，应明确该系统所担负的防烟分区，并针对所担负的防烟分区分别设置排烟口。系统中各防烟分区内专用排烟口平时关闭，并应设置有手动和电动开启装置。其开启应与系统排烟风机连锁，并在消防控制中心有显示信号。排烟口面积、各排烟管断面、兼用排烟系统的排烟量均应满足《高层民用建筑设计防火规范》（GB 50045—95）（2001 年版）的相关规定；

2）各防烟分区的排烟口应为电动型（也可在与排烟口相连的排烟支管上设置电动阀，280℃熔断）。为减少系统冷量损失及漏风量，与空调系统合用的排烟系统，其切换阀应为密闭型。当某防烟分区发生火灾时，烟感报警，联动排烟口开启，也可就地手动开启排烟口，进而连锁排烟风机开启，其他防烟分区电动排烟阀和作切换用的电动防火阀均关闭。当流经此处的烟气温度达到 280℃时，熔断关闭排烟口。

2.2 风管配件及部件的质量通病

2.2.1 金属风管法兰制作、安装不规范

1. 现象

(1) 风管安装完毕后，出现法兰塌腰、变形；

(2) 法兰的四个角不方正、对角线不相等，法兰螺栓孔距(铆钉间距)不均匀或间距过大，矩形法兰四角无螺栓孔，同规格的法兰不能互换使用；

(3) 法兰表面不平整、甚至变形；

(4) 圆形风管法兰的圆度差；

(5) 风管与法兰连接处四角开裂、有孔洞，风管凸起；风管与法兰铆接后向一侧偏斜；

(6) 法兰与风管铆接不牢固，有脱铆或漏铆现象；连接法兰的螺栓松动、未拧紧；

(7) 风管不平整，与法兰不贴实，法兰翻边不平整，翻边宽度不一致，或翻边量不足(小于6mm)；

(8) 法兰垫料不平整，在四角处重叠或断开，法兰垫片厚度不够，垫片凸入风管内或突出法兰外。

2. 危害及原因分析

(1) 危害

1) 风管法兰制作不规范，法兰强度不够，引起塌腰、变形，影响连接后风管的强度；

2) 法兰螺栓(铆钉)孔距的大小、均匀性差，法兰翻边不规范，法兰垫料的完整性、平整度不佳等，引起风管安装不平整、有孔洞或缝隙，不但影响美观，更增加了系统的漏风量，并使系统运行时风管颤动，产生噪声。

(2) 原因分析

1) 没有根据风管的尺寸大小选用相应规格的法兰型钢，一般型钢规格偏小，强度不够，造成风管安装后法兰塌腰、变形等；

2) 同一规格的法兰在制作时未先做样板法兰；或样板法兰未严格找方，未先定位四个角的螺栓孔位，再等距离分螺栓孔；或制作的法兰与样板法兰的四边未用夹具紧密固定，造成移位，导致同一批量、同一规格的法兰互换性差，不能互换使用；

3) 下料后的型钢未先调直，制作法兰时未在平直的钢板上操作，焊接时受热不均，完成后未调平、调正，可造成法兰表面不平整或变形；

4) 法兰机械加工时，机械未调整，型钢受力不均，弧度不够；或热煨弯时加热不均，造成圆形法兰圆度差；

5) 法兰内框尺寸小于风管外边尺寸时，强行将风管套上，造成风管连接四角处开裂、有孔洞，风管凸起；法兰内框尺寸远大于风管外边尺寸，风管与法兰连接不能紧贴，铆接后风管向一侧偏斜。

3. 标准要求及防治措施

(1) 标准要求

1)《通风与空调工程施工质量验收规范》(GB 50243—2002)第4.2.6.2条：金属风管

法兰材料规格不应小于表 2.2.1－1 或表 2.2.1－2 的规定。中、低压系统风管法兰的螺栓及铆钉孔的孔距不得大于 150mm；高压系统风管不得大于 100mm。矩形风管法兰的四角部位应设有螺孔。当采用加固方法提高了法兰部位的强度时，其法兰材料规格相应的使用条件可适当放宽；

金属圆形风管法兰及螺栓规格（mm）　　表 2.2.1－1

<table>
<tr><th rowspan="2">风管直径 D</th><th colspan="2">法兰材料规格</th><th rowspan="2">螺栓规格</th></tr>
<tr><th>扁　钢</th><th>角　钢</th></tr>
<tr><td>D≤140</td><td>20×4</td><td>—</td><td rowspan="3">M6</td></tr>
<tr><td>140<D≤280</td><td>25×4</td><td>—</td></tr>
<tr><td>280<D≤630</td><td>—</td><td>25×3</td></tr>
<tr><td>630<D≤1250</td><td>—</td><td>30×4</td><td rowspan="2">M8</td></tr>
<tr><td>1250<D≤2000</td><td>—</td><td>40×4</td></tr>
</table>

金属矩形风管法兰及螺栓规格（mm）　　表 2.2.1－2

<table>
<tr><th>风管长边尺寸 b</th><th>风管材料规格（角钢）</th><th>螺栓规格</th></tr>
<tr><td>b≤630</td><td>25×3</td><td>M6</td></tr>
<tr><td>630<b≤1500</td><td>30×3</td><td rowspan="2">M8</td></tr>
<tr><td>1500<b≤2500</td><td>40×4</td></tr>
<tr><td>2500<b≤4000</td><td>50×5</td><td>M10</td></tr>
</table>

2）《通风与空调工程施工质量验收规范》（GB 50243—2002）第 4.3.2 条："金属法兰连接风管的制作还应符合下列规定：1. 风管法兰的焊缝应熔合良好、饱满，无假焊和孔洞；法兰平面度的允许偏差为 2mm，同一批量加工的相同规格法兰的螺孔排列应一致，并具有互换性；2. 风管与法兰采用铆接连接时，铆接应牢固、不应有脱铆和漏铆现象；翻边应平整、紧贴法兰，其宽度应一致，且不应小于 6mm；咬缝与四角处不应有开裂与孔洞；3. 风管与法兰采用焊接连接时，风管端面不得高于法兰接口平面。……当风管与法兰采用点焊固定连接时，焊点应融合良好，间距不应大于 100mm；法兰与风管应紧贴，不应有穿透的缝隙或孔洞"；

3）《通风与空调工程施工质量验收规范》（GB 50243—2002）第 6.3.1 条："风管的安装应符合下列规定：……连接法兰的螺栓应均匀拧紧，其螺母宜在同一侧；风管接口的连接应严密、牢固。风管法兰的垫片材质应符合系统功能的要求，厚度不应小于 3mm。垫片不应凸入管内，亦不宜突出法兰外"。

（2）防治措施

1）按规范要求根据不同规格的风管尺寸选用相应规格的型钢。下料时要考虑法兰四边搭接型钢的宽度以及风管的尺寸，一般法兰的内框尺寸比风管的外边尺寸大1～2mm，以保证法兰与风管配套使用；先在四角设置螺栓孔，然后再等分孔距，并保证孔距不大于150mm；

2）同一批量、同一规格的法兰，在加工之前一定要先做样板法兰，以保证法兰的互换性。矩形样板法兰四边的垂直度、收缩量应相等，对角线偏差不得大于1mm。利用样板法兰进行钻孔时，先用点冲进行各孔定位，并将法兰四边与样板法兰用大力钳等夹具夹紧，防止位移。法兰螺栓孔分孔后，将样板按孔的位置依次旋转一周，检查是否对称。螺孔中心线定位时，一定要扣减角钢的厚度；

3）圆形法兰制作时应用相应的圆形胎具校对法兰的圆度，且胎具直径偏差不得大于0.5mm；

4）角钢法兰四角焊接时，一定要在水平的钢板上进行，以保证其平整度；为防止焊接变形，先点焊，后满焊，焊接完成后检查是否有漏焊、假焊或孔洞等现象，并对矩形法兰用角尺找方；

5）风管板材在剪切、下料时切口要整齐；风管异径管下料时，板材两边要预留5cm左右的直边，以保证法兰与异径管连接平直；风管与法兰在翻边连接时，翻边要平整、贴实，翻边量要均匀一致，一般控制在6～9mm，且不应小于6mm；

6）制作共板法兰时，在钢板上机前，倒角应掌握好统一尺寸；现场安装前，根据规范要求的允许偏差检查法兰口的水平度与垂直度及对角线的偏差，确保法兰接口连接紧密；

7）法兰风管连接时，一般将螺栓顺着风管内的气流方向安装，螺母设在法兰的同一侧；螺栓紧固时，矩形风管法兰先紧固四个角的螺栓，圆形风管法兰先紧固相互垂直的四个螺栓，其他位置的螺栓对称进行；螺栓紧固时一定要拧紧，螺母不得松动；

8）风管与法兰铆接时铆钉的孔距也要均分，不得大于150mm；铆钉孔与选用铆钉要配套使用；为保证铆接强度，不得采用铝质铆钉或拉钉；铆钉与风管要铆实，且保证风管与法兰贴实、平整；铆完后，检查是否有漏铆、脱铆、铆接不牢的现象；

9）风管法兰连接时，一定要根据设计及施工规范要求选用法兰垫料；垫料安装时，要与法兰边垫平，尤其在四角转弯处，不得重叠、漏垫；螺栓穿过法兰垫料时，不能任意挖孔，一定要冲出与螺栓直径配套的孔径；法兰垫片不得凸入风管内或突出法兰外。

2.2.2 矩形风管弯头等配件制作不规范

1. 现象

(1) 风管弯头、三通等表面不平；

(2) 风管弯头、三通角度偏移，弧度不均匀，管口截面对角线不相等；

(3) 弯头、三通等法兰处咬口不严。

2. 危害及原因分析

(1) 危害

1）影响与弯头连接的支管和风口的位置，并增加系统的漏风量；

2）影响风管系统的观感质量。

(2) 原因分析

1）内外弧形的矩形弯头及片料见图2.2.2，弯头里、弯头背下料时四个直角未找方，片料歪斜，造成连接处有小孔洞；

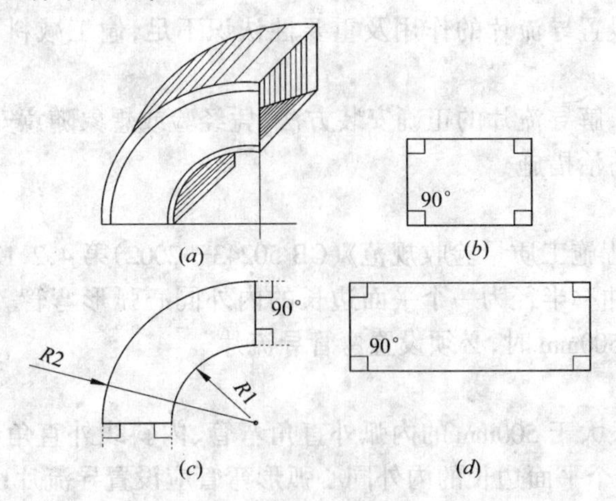

图 2.2.2 内外弧形矩形弯头的展开

(a)弯头；(b)弯头里；(c)侧壁；(d)弯头背

2) 侧壁板放线时内外弧形不同心，圆弧不均匀，造成弯头两端面尺寸不准，与法兰尺寸不匹配，咬口处受力不均，与风管连接后出现偏移、不平整，且造成咬口处不严密。

3. 标准要求及防治措施

(1) 标准要求

《通风与空调工程施工质量验收规范》(GB 50243—2002)第 4.3.1.2 条："风管与配件的咬口缝应紧密、宽度应一致；折角应平直，圆弧应均匀；两端面平行。风管无明显扭曲与翘角；表面应平整。凹凸不大于 10mm"。

(2) 防治措施

1) 风管划线、下料时要严格掌握好尺寸，弯头背和弯头里要用经过校正的角尺找方下料，弯头背和弯头里制作时要用圆规划弧线，圆弧一定要同心，且弧度要均匀；

2) 若三通外弧相交折角处出现小孔洞，应采用锡焊或密封胶处理；

3) 以手工进行联合角咬口时，咬口的宽度要做到均匀。

2.2.3 弯管导流叶片设置不规范

1. 现象

(1) 直角弯管、曲率半径较小(小于其平面边长)的弧形弯管等阻力较大的弯管未设导流片；

(2) 在弯管处虽设置有导流片，但不规范，如：导流片制作不规范(如板材厚度不足，两侧未卷边等)、片数少(常见的情况是只设一片)、片距不合理、高度较大的风管导流片未分层设置等。

2. 危害及原因分析

(1) 危害

在直角弯管、曲率半径较小的弧形弯管等阻力较大的弯管处未设导流片或设置不规范，将增加管道阻力，可能导致系统送(回)风量不足，同时可能引起噪声增大。

(2) 原因分析

1) 施工人员对设置导流片的作用及重要性认识不足,偷工减料,不安装或不按要求施工;

2) 施工人员不了解导流片的正确安装方法,凭经验或想象随意安装。

3. 标准要求及防治措施

(1) 标准要求

《通风与空调工程施工质量验收规范》(GB 50243—2002)第4.2.12条:"矩形风管弯管的制作,一般应采用曲率半径为一个平面边长的内外同心弧形弯管。当采用其他形式的弯管,平面边长大于500mm时,必须设置弯管导流片"。

(2) 防治措施

1) 对于平面边长大于500mm的内弧外直角弯管、内斜线外直角弯管、内外直角弯管以及曲率半径小于一个平面边长的内外同心弧形弯管应设置导流片;

2) 导流片的片数、片距及位置应按《通风管道技术规程》(JGJ 141—2004)第3.10.2条的要求设置,具体制作及安装方法应按《全国通用通风管道配件图表》的要求执行。必要时设计单位应向施工单位进行技术交底。

2.2.4 柔性短管制作及安装不符合要求

1. 现象

(1) 柔性短管不严密或破损;

(2) 柔性短管绷得过紧,无松弛余量;

(3) 柔性短管两端法兰错位或不平行;

(4) 柔性短管作异径管使用;

(5) 柔性短管过短,以致两端法兰相互碰触;

(6) 柔性短管与设备及管道连接未采用法兰,而是用铁皮压边后用拉铆钉固定;

(7) 空调系统上的柔性短管未采取防止结露的措施。

2. 危害及原因分析

(1) 危害

1) 柔性短管不严密或破损,绷得过紧,两端法兰错位或不平行,或作异径管使用,均易造成柔性短管破损漏风,并导致系统风量不足;

2) 柔性短管过短,以致两端法兰相互碰触,将造成柔性短管作用失效,导致噪声、振动传递;

3) 柔性短管未采用法兰连接,将造成柔性短管易破损,更换困难;

4) 空调系统的柔性短管未作绝热处理,会造成冷量或热量的损失;对于输送冷风的空调系统,当周围空气温、湿度较高时,还会引起柔性短管外表凝露、生霉腐烂,产生漏风;漏风时,因风压的作用导致其邻近的风管绝热层脱落。

(2) 原因分析

1) 造成柔性短管不严密或破损的原因主要有以下几点:

a. 柔性短管制作不规范。如:制作短管的材料(如帆布等)在搭接缝处密封处理不好,接缝处漏风;制作矩形柔性短管时,置于法兰内侧用于将柔性短管压紧并固定在法兰上的钢板压条在法兰四角处留有尖角，系统运行时，柔性短管在风压作用下往复鼓荡，与压条尖角不停撕刮，最终从尖角处破损；

b. 柔性短管安装不规范。如：短管长度太短，安装后绷得过紧；风管与设备接口错位，依靠柔性短管强行错口连接，两端法兰错位或不平行；柔性短管做成异径管使用等。这些都容易导致柔性短管破损；

c. 通风、空调系统未调试好，风机运行时出口风压过大，有时也会导致柔性短管破损。

2) 柔性短管绷得过紧，或柔性短管过短导致两端法兰相互碰触等，主要是由于安装与设备接驳的风管时放线或下料不准所致，或柔性短管下料时未留伸缩余量。

3) 柔性短管做成异径管使用，或不用法兰连接，主要是由于施工单位随意性大，不按规范施工所致。

4) 空调系统柔性短管未作绝热处理，一般是由于施工单位认识不足或者是遗漏。

3. 标准要求及防治措施

(1) 标准要求

1)《通风与空调工程施工质量验收规范》(GB 50243—2002)第 5.3.9 条："柔性短管应符合下列规定：1. 应选用防腐、防潮、不透气、不易霉变的柔性材料。用于空调系统的应采取防止结露的措施；用于净化空调系统的还应是内壁光滑、不易产生尘埃的材料；2. 柔性短管的长度，一般宜为 150～300mm，其连接处应严密、牢固可靠；3. 柔性短管不宜作为找平找正的异径连接管"；

2)《通风与空调工程施工质量验收规范》(GB 50243—2002)第 6.3.1.5 条："柔性短管的安装，应松紧适度，无明显扭曲"。

(2) 防治措施

1) 柔性短管制作时搭接缝处应保证严密和牢固，最好是用胶水粘接后再用缝纫机轧制 2 道以上线缝，手工缝制一定要保证针脚细密，单纯用胶水粘接是不牢靠的；

2) 置于法兰内侧用于将柔性短管压紧固定在法兰上的钢板压条在法兰四角处不得留有尖角，如有尖角应倒成圆弧，以防尖角刺破短管；

3) 柔性短管应长短适宜(一般以 150～300mm 为宜)，安装后应有一定的松驰余量，不能绷得太紧，不能错口强接，也不能作为异径管使用；

4) 在排除上述原因后柔性短管仍频繁破损，一般是由于风机风压太大所致，可采取开大风阀、更换风机皮带轮等措施降低风机风压来解决；

5) 与设备进行管道接驳时，现场应仔细放线后确定接驳管的加工尺寸，加工时下料要准确，如发现风管安装后其法兰与设备所带法兰间距过小或过大，或者错位、不平行，应将风管拆除返工；

6) 安装在空调系统上的柔性短管应采取绝热处理的方式防止结露，由于在柔性短管上安装绝热材料固定比较困难，可考虑在其表面用玻璃丝布包裹等方式加固。

2.2.5 防排烟系统风管法兰垫料及柔性短管未采用不燃材料

1. 现象

(1) 防排烟系统，尤其是正压送风系统及为排烟系统所设的补风系统，其法兰垫料采用闭孔海绵、橡胶板等易燃或难燃材料；

(2) 柔性短管采用普通帆布、人造革等易燃或难燃材料，或在其表面刷防火漆或防火涂料，个别工程采用普通帆布外加一层石棉布的做法。

2. 危害及原因分析

(1) 危害

防排烟系统风管法兰垫料及柔性短管未采用不燃材料，火灾时可能造成系统功能失效，无法正常工作，防排烟风管更可能成为火灾蔓延的通道。

(2) 原因分析

1) 施工单位对新的施工验收规范不熟悉，仍按旧规范施工；

2) 施工单位为节省成本，采用价格便宜得多的易燃或难燃材料。

3. 标准要求及防治措施

(1) 标准要求

1)《通风与空调工程施工质量验收规范》(GB 50243—2002)第 4.2.3 条："防火风管的本体、框架与固定材料、密封材料必须为不燃材料，其耐火等级应符合设计的规定"；

2)《通风与空调工程施工质量验收规范》(GB 50243—2002)第 5.2.7 条："防排烟系统柔性短管的制作材料必须为不燃材料"。

(2) 防治措施

1) 防排烟系统风管法兰垫料必须采用 A 级不燃材料，排烟系统可使用石棉板等；

2) 防排烟系统柔性短管必须采用不燃材料制作，如硅胶玻纤复合布等，最好采用带有法兰的成品防火软接；

3) 上述法兰垫料和柔性短管在使用前，供货商应提供其材质达到 A 级不燃材料的合格检验报告，安装前做点燃试验，合格后方可使用。

2.2.6 空调风管系统调节阀设置不当

1. 现象

风管调节阀选型、设置位置等不当。

2. 危害及原因分析

(1) 危害

1) 在不必要的地方也设置风量调节阀，增加成本，造成浪费；

2) 应该设置调节阀的地方未设，因此无法对风系统进行必要的调整，送风不均匀；

3) 调节装置处出现异常噪声，振动较大。

(2) 原因分析

1) 风量调节阀设置位置不当；

2) 以风口上的人字闸代替风管中的调节阀；

3) 风量调节阀选型不当或本身质量不过关。

3. 标准要求及防治措施

(1) 标准要求

《采暖通风与空气调节设计规范》(GB 50019—2003)第 5.8.3 条规定："通风、除尘、空气调节系统各环路的压力损失应进行压力平衡计算。各并联环路压力损失的相对差额，不宜超过下列数值：一般送、排风系统 15%；除尘系统 10%。当通过调整管径或改变风量仍无法达到上述数值时，宜装设调节装置”。

(2) 防治措施

1) 应尽量通过风管的合理布置使得各支管阻力平衡，经压力平衡计算后仅在必要处设置风量调节装置；

2) 人字闸的调节能力有限，不能代替支管上应设的调节阀。当需要对同一支管上每个送风口的送风量都进行调整时，才考虑在送风口上加人字闸；

3) 风管系统中使用最普遍的风量调节阀，根据结构不同可分单叶调节阀和对开多叶调节阀，一般管径较小的采用单叶调节阀，管径较大(尤其较宽)时多采用对开多叶调节阀。若有密闭要求，可通过增加侧档边及密封垫来减少漏风量；

4) 在风管三通和四通处，当支管上需安装阀门但位置偏小时，可用三通、四通拉杆调节阀代替支管上的调节阀；

5) 风量调节阀应选用正规厂家的合格产品。若在施工现场所制作，应选用合格的材料，并严格按相关工艺制作，安装前应经质检部门检验合格后方可使用。

2.2.7 三通(四通)调节阀制作、安装不规范

1. 现象

(1) 拉杆或手柄的转轴与风管的结合处漏风，手柄固定不牢；

(2) 手柄开关未标明调节的角度，不便于调节；

(3) 阀板与风管相碰擦，调节不方便；

(4) 系统运行时三通调节阀阀板颤动，造成风管振动，产生局部噪声。

2. 危害及原因分析

(1) 危害

1) 增加系统的漏风量；

2) 影响系统干管、支管的风量调节；

3) 风管产生振动、噪声。

(2) 原因分析

1) 拉杆或手柄的转轴与风管的结合处未封堵严密；

2) 调节片的调节杆长度及连接点的位置不准确，阀叶与拉杆或手柄固定时，固定点不够或没有固定牢靠；

3) 阀板制作时下料尺寸偏大，阀板与风管碰擦；

4) 阀板材料厚度偏小，强度不够，运行时颤动。

3. 标准要求及防治措施

(1) 标准要求

《通风与空调工程施工质量验收规范》(GB 50243—2002)第 5.3.4 条：“三通调节风阀应符合下列规定：1. 拉杆或手柄的转轴与风管的结合处应严密；2. 拉杆可在任何位置上固定，手柄开关应标明调节的角度；3. 阀板调节方便，并不与风管相碰擦”。

(2) 防治措施

1) 风量调整完毕后，应用密封材料(如密封胶等)将拉杆或手柄的转轴与风管的结合处填堵封严；

2）阀板制作要选用足够强度的材料，阀板与拉杆或手柄固定时，要保证足够多的固定点，且固定牢靠，以免运行颤动，产生噪声；

3）阀板在下料过程中，应注意阀板的高度与风管留有一定的间隙，防止安装时产生碰擦现象；

4）三通（四通）调节阀安装完成后，应标出全开、全关和开启角度的标志。

2.2.8　防火、防排烟阀门设置及选型不合理

1. 现象

(1) 风管穿过通风空调机房及重要的或火灾危险性大的房间时未设防火阀；

(2) 风管穿越变形缝时，只在一侧设防火阀；

(3) 各种防火、防排烟阀门选型不当，使用混乱。

2. 危害及原因分析

(1) 危害

1）防火阀类产品未按规范要求设置或选型不正确，一旦发生火灾则无法阻挡烟火通过通风空调管道蔓延，造成火势扩大，灾情加重的严重后果；

2）部分防排烟阀门功能过多，人为造成浪费。

(2) 原因分析

1）设计人员对各种防火阀、防排烟阀的控制功能及适用场所了解不够，对规范不熟悉；

2）图纸中标注不明确，施工单位理解有偏差或为省钱采购功能不全的防火阀、防排烟阀。

3. 标准要求及防治措施

(1) 标准要求

1)《建筑防火设计规范》(GBJ 16—87)（2001 版）第 9.3.10 条："下列情况之一的通风、空气调节系统的送、回风管，应设防火阀：一、送、回风总管穿过机房的隔墙和楼板处；二、通过贵重设备或火灾危险性大的房间隔墙和楼板处的送、回风管道；三、多层建筑和高层工业建筑的每层送、回风水平风管与垂直总管的交接处的水平管段上"；

2)《高层民用建筑设计防火规范》(GB 50045—95)第 8.5.3 条："下列情况之一的通风、空气调节系统的风管道应设防火阀：8.5.3.1　管道穿越防火分区处。8.5.3.2　穿越通风、空气调节机房及重要的或火灾危险性大的房间隔墙和楼板处。8.5.3.3　垂直风管与每层水平风管交接处的水平管段上。8.5.3.4　穿越变形缝处的两侧"；

3)《高层民用建筑设计防火规范》(GB 50045—95)第 8.4.7 条："排烟风机……，并应在其机房入口处设有当烟气温度超过 280℃时能自动关闭的排烟防火阀"；

4)《高层民用建筑设计防火规范》(GB 50045—95)第 8.4.5 条："防烟分区内的排烟口距最远点的水平距离不应超过 30m。在排烟支管上应设有当烟气温度超过 280℃时自行关闭的排烟防火阀"；

5)《高层民用建筑设计防火规范》(GB 50045—95)(2001 年版)第 8.5.4 条："防火阀的动作温度宜为 70℃"；

6)《高层民用建筑设计防火规范》(GB 50045—95)第 8.4.4 条:"……排烟口平时关闭,并应设置有手动和自动开启装置"。

(2) 防治措施

1) 要严格按规范和使用要求设置防火阀。风管穿过通风空调机房及重要的或火灾危险性大的房间时,应在穿过的隔墙或楼板旁设置防火阀;

2) 风管穿越变形缝时,应在变形缝处墙体两侧各设一个防火阀。如变形缝处未砌墙体,可考虑不设防火阀;

3) 防火阀、防排烟阀系列产品按其形状、功能及控制方式等可分为很多种类,大体可分为防火类、防烟类和排烟类三大类,防火类产品包括防火阀、防烟防火阀等,防烟类产品包括多叶送风口(加压送风口)等,排烟类包括排烟阀、排烟防火阀、板式排烟口、多叶排烟口等。通常情况下防火类阀门是常开的,防、排烟类阀门是常闭的。而根据阀门使用场合按控制方式等可分为热敏元件控制、感烟、感温器控制及复合控制等,其中热敏元件有两种,一种为 70℃熔断,一种为 280℃熔断,后者用于排烟系统,前者用于其他通风和空气调节系统。若仅需在火灾时易熔片熔断关闭,则选 70℃重力式防火阀即可。设于空调系统、通风系统(含防排烟系统)干管及其需进行风量调节的支管上的防火阀,应结合调试及运行时对风量调节的需要,采用调节型防火阀即防火调节阀。除此之外,需与设备联锁或与消防系统相关的防火阀、排烟阀,均需有输出信号功能(阀体上设触点,输出阀门开启、关闭或联锁信号)。若需远距离用电信号开启或关闭防火阀、排烟阀,则需设电磁式弹簧驱动装置。防火阀通过电信号关闭后,若还需实现远距离电动复位,则需采用电机或气动驱动装置,即采用自动复位防火阀或全自动防火阀;

4) 由于功能及实现方法不同,不同种类的防火、排烟阀门价格差别很大,因此应根据使用场合及功能要求来选择防火、排烟阀门的种类和控制要求,并在图纸中明确标注,且确保相关专业(如电气等)条件到位,信号及其控制准确;

5) 施工单位应严格按照设计要求的种类和控制要求采购防火、排烟阀门。若图纸标注不够明确时,应向相关设计人员咨询,不应仅按防火、排烟阀门名称的字面理解采购。

2.2.9 防火阀类产品设置及安装不符合规范要求

1. 现象

(1) 防火阀离防火墙距离太远;

(2) 防火阀未设独立支吊架,或吊架安装不平衡;

(3) 防火阀安装后,其下方吊顶未设检修口,或虽有检修口,但阀门被下方的其他管线阻挡;

(4) 多叶送风口、多叶排烟口预留洞尺寸太小,无法安装。

2. 危害及原因分析

(1) 危害

1) 防火阀离防火墙太远,则无法起到防火隔断的作用;

2) 防火阀未设独立支吊架,或吊架不平衡,时间长后会因重力作用而变形,无法关闭;

3) 若只在变形缝一侧设置防火阀,当风管被拉断时,另一端风管就不能保持密闭,会成为火灾蔓延的通道；

4）防火阀下方吊顶无检修口，或阀门被其他管线遮挡，无法对其进行手动操作及检修。

（2）原因分析

1）防火阀安装离墙距离太远，有的是施工人员对规范不熟随意施工，有的是防火墙两侧无防火阀安装的位置；

2）未设独立支吊架，主要是由于施工单位对规范不熟或偷工减料；有的虽然设置了吊架，但为了避开防火阀的操作手柄而偏在阀体某一边，未达平衡；

3）防火阀未考虑检修，主要是施工时各施工单位之间未进行良好的协调配合所致；

4）多叶送风口、多叶排烟口预留洞尺寸太小一般是由于设计单位未考虑执行机构的尺寸所致。

3．标准要求及防治措施

（1）标准要求

1）《通风与空调工程施工质量验收规范》（GB 50243—2002）第 6.2.5 条："防火阀、排烟阀（口）的安装方向、位置应正确。防火分区隔墙两侧的防火阀，距墙表面不应大于 200mm"；

2）《通风与空调工程施工质量验收规范》（GB 50243—2002）第 6.3.8 条："各类风阀应安装在便于操作及检修的部位，安装后的手动或电动操作装置应灵活、可靠，阀板关闭应保持严密。防火阀直径或长边尺寸大于等于 630mm 时，宜设独立支、吊架"；

3）《建筑防火设计规范》（GBJ 16—87）（2001 年版）第 9.3.11 条："防火阀……应设有单独支吊架等防止风管变形而影响关闭的措施"。

（2）防治措施

1）装设于防火分区隔墙两侧的防火阀距离墙表面不应大于 200mm；安装时还应注意阀的方向性，使易熔片始终处于迎风侧方向，执行机构要置于方便操作的位置，拉索应朝下。若因未安装空间离墙太远时，风管要采取措施加强其防火性能；

2）防火阀直径或长边尺寸大于等于 630mm 时，宜设独立支吊架。支吊架应有适当的强度和刚度。吊架要设置在防火阀体的中心，最好吊在防火阀顶部的四个角上，以保持受力均匀，不易变形；

3）设于吊顶内或其他隐蔽位置的防火阀，应在吊顶上或其他合适位置设检修口，以方便防火阀的手动操作及检修。对于因下方被其他管线阻挡等特殊情况导致无法对防火阀进行操作及检修的，可考虑设远距离钢缆操作机构；

4）在确定多叶送风口及多叶排烟口的预留洞尺寸时，应考虑执行机构所占的尺寸，该尺寸一般为 250mm 左右。

2.2.10 几种常见风口选择不当的情况

1．现象

（1）高度较低的空调区域内，顶送风口选用百叶风口，回风口选用散流器；

（2）风口尺寸偏小；

（3）条缝形风口送风不均匀，甚至有吸风现象；

(4) 风速较大的排风口采用活动百叶。

2. 危害及原因分析

(1) 危害

1) 回风口选用散流器,造成气流阻力增大;

2) 风口尺寸偏小,造成新风及冷量不足,舒适感降低;

3) 条缝形风口送风不均匀,造成空气调节区域冷热不均匀,不利于节能;

4) 风速较大的排风口,采用活动百叶,会导致噪声大,百叶易损坏。

(2) 原因分析

1) 对风口的动力特性不了解,选型太随意或为装修要求而忽视风口本身的适用性;

2) 没有进行气流组织的计算和校核,风口尺寸偏小;

3) 新风口按系统最小新风量选型,没有考虑过渡季节新风量增大的可行性,新风口尺寸偏小;

4) 条缝形送风口送风速度不均匀或条缝口宽度过大,且不能调节;

5) 百叶风口选型不当,叶片制作不规范。

3. 标准要求及防治措施

(1) 标准要求

1)《采暖通风与空气调节设计规范》(GB 50019—2003)第 6.5.2.2 条:"当有吊顶可利用时,应根据空气调节区高度与使用场所对气流的要求,分别采用圆形、方形、条缝形散流器或孔板送风……";

2)《采暖通风与空气调节设计规范》(GB 50019—2003)第 6.5.9 条:"送风口的出口风速应根据送风方式、送风口类型、安装高度、室内允许风速和噪声标准等因素确定。消声要求较高时,宜采用 2~5m/s,喷口送风可采用 4~10m/s";

3)《采暖通风与空气调节设计规范》(GB 50019—2003)第 6.5.11 条:回风口的吸风速度宜按表 2.2.10 选用;

回风口吸风速度 **表 2.2.10**

回风口的位置		最大吸风速度(m/s)
房间上部		≤4.0
房间下部	不靠近人经常停留的地点时	≤3.0
	靠近人经常停留的地点时	≤1.5

4)《采暖通风与空气调节设计规范》(GB 50019—2003)第 6.3.16 条:"新风进风口的面积应适应最大新风量需要。进风口处应装设能严密关闭的阀门……"。

(2) 防治措施

1) 在风柜性能参数确定后,应认真进行气流组织校核计算,确保风口风速满足《采暖通风与空气调节设计规范》(GB 50019—2003)第 6.5.9 条和 6.5.11 条的要求,并结合各类风口的特点进行正确的选型;

2) 新风进风口尽可能按全新风设置，确有困难时，应按总送风量的50%设置，并在新风管(或风口)处设调节装置；

3) 在采用条缝型风口送风时，可将送风管做成楔形，使条缝口宽度保持在30～80mm，并安装不同形式的调节装置，确保条缝口各段等风量送风；

4) 为确保百叶送风口叶片平行不变形，应将中心偏移、不同心的轴孔焊死后重新钻孔；叶片铆接过紧时，可扳动叶片使其松动，铆接过松时，继续铆接，其松紧程度应以出风口风速为6m/s时叶片不动不颤为宜；

5) 出口风速较大的排风口，不应采用活动百叶，宜采用固定百叶风口。

2.2.11 空调机房新(回)风口调节措施不当

1. 现象

(1) 新风口处未设风量调节阀，回风管或回风口处未设防火调节阀或采用无调节装置的防火阀(如采用百叶门直接回风等)；

(2) 用调节新(回)风口叶片的方式代替风量调节阀；

(3) 风量调节阀调节困难。

2. 危害及原因分析

(1) 危害

1) 新风量无法调节，可能导致新风量过大或过小两种后果。当新风量过大时，将造成新风负荷增加，不利于节能，并且可能因空调末端设备供冷能力不足而导致室内空调参数达不到设计要求；当新风量过小时，无法保证室内卫生要求；

2) 回风管或回风口上未设风量调节装置时，因无法切断回风，导致在过渡季节需要采用全新风时无法实现。

(2) 原因分析

1) 设计单位未考虑新风量调节的需要；

2) 风量调节阀安装位置不合适，导致调节阀操作困难。

3. 标准要求及防治措施

(1) 标准要求

1)《采暖通风与空气调节设计规范》(GB 50019—2003)第6.3.15条："舒适性空气调节和条件允许的工艺性空气调节可利用新风作冷源时，全空气调节系统应最大限度地使用新风"；

2)《采暖通风与空气调节设计规范》(GB 50019—2003)第6.3.16条："新风进风口的面积应适应最大新风量的需要。进风口处应装设能严密关闭的阀门……"。

(2) 防治措施

1) 在进行全空气系统空调机房设计时，应在新风入口处设风量调节阀，在北方寒冷地区宜设与空调机组连锁启闭的电动风阀，以防盘管冻坏；在回风干管或回风口处应设70℃防火调节阀，不得采用不设防火调节阀、通过百叶门或百叶风口等直接回风的回风方式。风阀安装时，应严格按设计要求选型和采购；

2) 新(回)风口风量调节阀应安装在便于操作、维修的位置，施工时安装单位应加强与土建单位的协调配合，保证新、回风口预留孔洞的准确性，防止位置偏移造成风量调节阀难以操作；

3) 在设计图纸中应标明每个空调系统的新风量，调试时应认真测试，通过调整新(回)风口风量调节阀，使新风量达到设计要求。

2.2.12 风口制作及安装不规范

1. 现象

(1) 风口百叶表面不平整，运行时叶片颤动；长期运行后风口易损坏，叶片易脱落；

(2) 成排安装的风口排列不整齐，间距不均匀，不成直线；

(3) 风口与风管连接不严密，散流器、门铰式百叶风口、单层百叶风口等与装饰面不紧贴。

2. 危害及原因分析

(1) 危害

1) 风口与建筑装饰面不协调，使空调房间的美观受到影响；

2) 风口与风管连接不严密，增大系统的漏风量，并产生噪声；风口周边、风口与装饰面的四周有污渍。

(2) 原因分析

1) 风口制作不规范，材料强度不够，叶片表面不平整，气体流稍大则产生颤动；

2) 制作粗糙，风口叶片固定不牢固，长时间运行后脱落；

3) 成排安装的风口未拉线找直、找平；布置时未与装饰配合，比较零乱；连接风口的支管安装时偏斜未调正，都会造成风口歪斜，不成直线；

4) 散流器、门铰式百叶风口、单层百叶风口等装于吊顶上时，未垫密封垫，风口歪斜，与装饰面之间有缝隙；

5) 风口与风管连接不牢，或直接套进风管内无连接短管或任何固定措施，造成风口与风管连接不严密，增大漏风量；漏风将吊顶的灰尘从风口与顶棚之间的缝隙吹出，在风口周边的吊顶产生污渍。

3. 标准要求及防治措施

(1) 标准要求

1)《通风与空调工程施工质量验收规范》(GB 50243—2002)第 5.3.12 条："……风口的外表装饰面应平整、叶片或扩散环的分布应匀称、颜色应一致、无明显的划伤和压痕……"；

2)《通风与空调工程施工质量验收规范》(GB 50243—2002)第 6.3.11 条："风口与风管的连接应严密、牢固，与装饰面应紧贴；表面平整、不变形，调节灵活、可靠。条形风口的安装，接缝处应衔接自然，无明显缝隙。同一厅室、房间内的相同风口的安装高度应一致，排列应整齐"。

(2) 防治措施

1) 重点检查风口的外观及材质厚度，尤其是叶片厚度；用尺测量其颈部尺寸、外边长及对角线尺寸等，检查其平整度、垂直度；

2) 连接风口的支管必须调正，避免偏斜；风口与风管连接必须牢固、可靠，不得直接套入风管内而不采取任何紧固措施；直接安装在顶棚上的风口，必须要单独固定牢固。为保证风口与吊顶顶棚紧密相贴，防止吊顶内的灰尘落入室内，散流器等风口与顶棚吊顶接触处须垫上闭孔泡沫橡胶密封垫；

3）各类风口的安装应注意美观、牢固、位置正确、转动灵活，在同一厅室、房间安装成排同类型风口，必须拉线找直、找平；送风口必须标高一致，横平竖直，表面平整，与墙面平齐，间距匀称；散流器、门铰式百叶风口、单层百叶风口等与吊顶连接时，应与装饰面平齐、紧密，位置对称，多风口成行、成一直线。

2.2.13 空调系统运行时送风口结露

1. 现象

空调区域内送风口结露滴水。

2. 危害及原因分析

(1) 危害

凝结水会造成顶棚水渍及地面潮湿。

(2) 原因分析

1）当送风干球温度低过室内空气露点温度太多时，冷热气流相交，室内空气会在送风口表面结露，开启外窗、电梯口、楼梯口、大门等处靠近室外的风口，因其周边空气温、湿度较高，更宜出现结露，南方沿海地区尤其明显；

2）室外新风温、湿度较高，未经处理直接送入室内时，也易导致离新风口较近的送风口结露；

3）当过渡季节使用全新风，室外空气温度较低，而新风系统未设置温控装置时，会造成处理后的送风温度过低。

3. 标准要求及防治措施

(1) 标准要求

《采暖通风与空气调节设计规范》(GB 50019—2003)第6.5.2.5条："选择低温风口时，应使送风口表面温度高于室内露点温度1～2℃"。

(2) 防治措施

1）提高送风温度，使送风干球温度高于室内空气露点温度2～3℃为宜。据试验，不同风口有下列最小温差：

百叶风口　　$t=4.5℃$

喷口　　$t=3.6℃$

方形散流器　　$t=2.0℃$

2）提高送风口表面温度，在送风口内贴绝热材料；将金属风口改为传热系数较低的材料，如木质风口等；选用低温送风散流器；或采用条缝形风口等诱导型风口使送出的低温气流与室内空气进行充分的混合，提高送风参数；

3）保持合适的室内正压，防止室外高温、湿度空气从门窗渗入；

4）新风尽量处理后再送入室内，风柜出口风管上要设温控装置，以对送风温度进行调整，以免过低。

2.3 水系统的质量通病

2.3.1 管道焊接的质量通病

1. 现象

(1) 管道焊口成型差,存在咬肉、烧穿、凸瘤、未焊透、气孔、裂纹、夹渣焊缝过宽、歪斜等缺陷;

(2) 焊缝焊渣未清除,生锈,运行后漏水;

(3) 在焊缝及其边缘上开孔,开孔处未采取加强措施;两相邻焊缝、焊缝与支吊架之间的距离过近;

(4) 焊缝两端对接管道不同心。

2. 危害及原因分析

(1) 危害

1) 管道焊口质量差,一方面影响美观,另一方面若有孔洞、缝隙,焊缝处会返潮、滴漏,影响系统的严密性;

2) 内部焊渣未清除干净时,焊口缺陷不易发现,随水流动易造成阀门、末端设备等堵塞,影响换热效果。焊缝未做防腐处理,造成焊缝处渗漏,缩短管道的使用寿命;

3) 开孔离焊缝太近、焊缝与焊缝太近,会降低焊口附近管道强度,破坏其严密性;

4) 焊缝两端对接管道不同心时,焊缝受局部应力易破坏,且影响管道坡度。

(2) 原因分析

1) 对口管道无间隙、间隙宽度不正确或未打坡口,则管道不易焊透。焊接电流过小时,存在浮焊、假焊现象。而焊接电流过大时,焊条熔化太快,不易控制焊缝成型,容易出现焊口高低不平、宽窄不均、歪斜等现象,而焊口内咬肉、裂纹、气孔、烧穿等缺陷,易引起焊缝处渗漏;

2) 管道焊接完成后未清除焊缝表面的焊渣,直接刷防锈漆,被焊渣、防锈漆堵住的小孔、缝隙在管道试压时暂时未发现,正常使用后漆、渣被水冲走,就出现渗漏。焊缝未进行防腐处理,造成焊缝处生锈、渗漏;

3) 管道切割断面与管道中心线不垂直,造成焊缝两端管道不同心。

3. 标准要求及防治措施

(1) 标准要求

1)《通风与空调工程施工质量验收规范》(GB 50243—2002)第 9.3.2 条:金属管道的焊接应符合下列规定:1. 管道焊接材料的品种、规格、性能应符合设计要求。管道对接焊口的组对和坡口形式应符合表 2.3.1 - 1 的规定;对口的平直度为 1/100,全长不大于 10mm。管道的固定焊口应远离设备,且不宜与设备接口中心线相重合。管道对接焊缝与支、吊架的距离应大于 50mm;2. 管道焊缝表面应清理干净,并进行外观质量的检查。焊缝外观质量不得低于现行国家标准《现场设备、工业管道焊接工程施工及验收规范》(GB 50236) 中第 11.3.3 条的Ⅳ级规定(氨管为Ⅲ级);

2)《现场设备、工业管道焊接工程施工及验收规范》(GB 50236—98)第 11.3.3.3 条:

不要求进行无损检验的焊缝，其外观质量不得低于表 2.3.1－2 中的Ⅳ级；

管道焊接坡口形式和尺寸 **表 2.3.1－1**

项次	厚度 T(mm)	坡口名称	坡口形式	坡口尺寸 间隙 C(mm)	钝边 P(mm)	坡口角度 α(°)	备注
1	1～3	Ⅰ型坡口	C, T	0～1.5	—	—	
	3～6			1～2.5			
2	6～9	Ⅴ型坡口	α, T, C, P	0～2.0	0～2	65～75	内壁错边量≤0.1T，且≤2mm；外壁≤3mm
	9～26			0～3.0	0～3	55～65	
3	2～30	T型坡口	T_1, C, T_2	0～2.0	—	—	

焊缝外观质量Ⅳ级标准 **表 2.3.1－2**

缺陷名称	判断标准	缺陷名称	判断标准
裂纹	不允许	表面气孔	每 50mm 焊缝长度内允许直径≤0.4δ，且≤3mm 气孔 2 个，孔间距≥6 倍孔径
表面夹渣	深≤0.2δ；长≤0.5δ，且≤20mm	咬边	≤0.1δ，且≤1mm，长度不限
未焊透	≤0.2δ，且≤2.0mm；每 100mm 焊缝内缺陷总长≤25mm	根部收缩	≤0.2＋0.04δ，且≤2mm；长度不限
角焊缝厚度不足	≤0.3＋0.05δ，且≤2mm；每 100mm 焊缝长度内缺陷总长≤25mm	角焊缝焊脚不对称	≤2＋0.2a
余高	≤1＋0.2b，且最大为 5mm		

a—设计焊缝厚度；b—焊缝宽度；δ—母材厚度。

3）《现场设备、工业管道焊接工程施工及验收规范》(GB 50236—98）第 6.1.2.3 条："除焊接及成型管件外的其他管子对接焊缝的中心到管子弯曲起点的距离不应小于管子外径，且不应小于 100mm；管子对接焊缝与支、吊架边缘之间的距离不应小于 50mm。同一直线管段上两对接焊缝中心面间的距离：当公称直径大于或等于 150mm 时不应小于 150mm；公称直径小于 150mm 时不应小于管子外径"；

4）《现场设备、工业管道焊接工程施工及验收规范》(GB 50236—98）第 6.1.2.4 条："不宜在焊缝及其边缘上开孔，当不可避免时，应符合本规范第 11.3.9 条的规定"；

5)《现场设备、工业管道焊接工程施工及验收规范》(GB 50236—98)第11.3.9条:“当必须在焊缝上开孔或开孔补强时,应对开孔直径1.5倍或开孔补强板直径范围内的焊缝进行无损检验,确认焊缝合格后,方可进行开孔。补强板覆盖的焊缝应磨平”。

(2) 防治措施

1) 为防止焊缝尺寸产生过大偏差,除按焊接规范正确地进行操作外,管道的坡口形式、尺寸及对接焊口的组对等应按《通风与空调工程施工质量验收规范》(GB 50243—2002)第9.3.2条选用;焊缝的高度、宽度必须符合规范及设计要求,且均匀、一致;焊缝的切割、坡口的加工宜采用机械方法,在采用热加工方法加工坡口后,必须除去坡口表面的氧化皮、熔渣及影响焊接接头质量的表面层,并将凹凸不平处打磨平整,保证焊缝平直,不歪斜;管道或管件对接焊缝组对时,内壁应齐平,内壁错边量不宜超过管壁厚度的10%,且不应大于2mm。大管径的管道焊接时,为保证焊透,同一道焊缝分二次或三次完成;

2) 预防咬肉缺陷的措施:根据管壁厚度正确选择焊条、焊接电流和速度,掌握正确的运条方法,选择合适的焊条角度和电弧长度,并沿焊缝中心线对称和均匀地摆动;

3) 预防烧穿和凸瘤的措施:在焊接薄壁管时要选择较小的中性火焰或较小电流,根据焊条性质选择适当的电弧长度进行焊接,对口间隙要符合规范要求,较大时就容易产生结瘤;

4) 预防未焊透的措施:正确选择对口规范,注意坡口两侧污物的清理;随时注意调整焊条角度;正确选择焊接电流;

5) 预防产生气孔的措施:操作前清除坡口内外的水、油锈等杂物;碱性焊条在使用前应进行干燥;选择适宜的电流值,运条速度不应太快,焊接时不允许受到风吹雨打,焊接场所应有防风雨措施;

6) 预防焊口裂纹的措施:确定焊缝位置时要合理,减少交错接头;对于含碳量较高的碳钢焊前要预热,必要时在焊接中加热,焊后进行退火处理;点焊时,焊点应具有一定尺寸和强度;不要突然熄弧,熄弧时要填满熔池;

7) 预防夹渣的措施:注意坡口及焊层间的清理,将凸凹不平处铲平,然后才能施焊;操作时运条要正确,弧长适当,使熔渣能上浮到铁水表面;避免焊缝金属冷却过速,选择电流要适当;

8) 管道焊接完成后,用小尖锤敲除焊缝表面的焊渣,待管道试压合格后,方能进行防腐处理,通常刷二道防锈漆。在管道强度试验时,可用小木锤在焊缝附近轻敲,检查焊缝的强度;在管道严密性试验时,检查焊缝表面有无渗漏;

9) 在布置管道支吊架时,要保证管道对接焊缝与支、吊架的距离应大于50mm。管道焊缝距管弯头中心线的距离、直线管段上两对接焊缝之间的距离,应符合《现场设备、工业管道焊接工程施工及验收规范》(GB 50236—98)第6.1.2.3条要求。不宜在焊缝及其边缘上开孔,应尽量避开。当必须开孔或开孔补强时,应对开孔直径1.5倍或开孔补强板直径范围内的焊缝进行无损检验合格后,方可进行。补强板覆盖的焊缝应磨平;

10) 管道切割时,管口断面与管道中心线要垂直,防止焊缝两端管道不同心。

2.3.2 管道螺纹连接的质量问题

1. 现象

(1) 管道接口螺纹断丝、缺丝、爆丝、管端变形；

(2) 螺纹接口不严密，严重时出现渗漏；

(3) 螺纹接口内部多余的铅油麻丝或生料带未清除干净。

2. 危害及原因分析

(1) 危害

1) 螺纹加工不规范，连接处返潮、滴漏，影响系统正常使用，并造成吊顶受潮损坏；

2) 多余填料未清除，造成空调水管路系统不畅通，影响空调末端设备的制冷效果。

(2) 原因分析

1) 手工套丝用力不均匀，或使用套丝机不规范等，可能出现断丝、缺丝等现象，造成螺纹处渗漏；

2) 螺纹连接选用的管钳不合适时，加套管增长手柄来拧紧管子，容易拧多螺纹；为了调整管配件或调直管道，又将拧紧的螺纹倒回，造成接口松动不实；螺纹连接使用的填料不符合规定，老化、脱落，以及螺纹拆卸后重新安装时，未更换新填料，均造成螺纹连接不紧密，出现渗漏的现象；

3) 管螺纹连接使用的填料挤入管内未清除干净，造成空调水管路不畅通，影响空调末端设备的换热效果，直接影响末端设备的制冷效果。

3. 标准要求及防治措施

(1) 标准要求

《通风与空调工程施工质量验收规范》(GB 50243—2002)第 9.3.3 条："螺纹连接的管道，螺纹应清洁、规整，断丝或缺丝不大于螺纹全扣数的 10%；连接牢固；接口处根部外露螺纹为 2~3 扣，无外露填料；镀锌管道的镀锌层应注意保护，对局部的破损处，应做防腐处理"。

(2) 防治措施

1) 螺纹加工时，应严格按规范要求进行。手工用力要均匀，机械加工要规范，加工后的管螺纹应端正、清楚、完整、光滑、无毛刺、不断丝、不乱丝等。断丝或缺丝不大于全螺纹长度的 10%，管螺纹的长度应符合规定要求；

2) 螺纹连接时，应在管端螺纹外面敷上填料，用手先拧入 2~3 扣，再用管钳继续上紧，最后根部外露螺纹留出 2~3 扣。选用的管钳要合适，不得加套管增长手柄来拧紧管子。连接配件时，不得因拧过头而采用倒扣的方法进行找正；

3) 管螺纹和连接件要根据输送的介质采用相应的填料，以达到连接严密。空调水工程一般选用的填料有铅油麻丝、聚四氟乙烯生料带和一氧化铅甘油调合剂等几种。管道连接后，应把挤到螺纹外面的填料清除干净，填料不得挤入管内，以免堵塞管路；每连接一段管螺纹，均要检查是否有填料挤入管内，如有，可用细铁丝将填料铰出。一氧化铅与甘油混合后，需在 10min 内完成，否则会硬化，不得再用。各种填料在螺纹里只能使用一次，若螺纹拆卸后重新装紧时，应更换填料；

4) 管道安装完毕后，要严格按照规范及设计要求进行强度和严密性试验，严密性试验时认真检查管道及接头有无裂纹、砂眼等缺陷，丝头是否完好、接头处有无渗漏等。发现滴漏现象，必须及时处理。

2.3.3 管道穿楼板或墙体处未按规范要求设置套管

1. 现象

(1) 空调水管尤其是冷却水管穿过楼板或砖墙处未设套管；

(2) 套管尺寸过小，影响管道绝热；

(3) 穿楼板的套管高度不够，其顶端与地面平齐；

(4) 绝热管道与套管四周间隙未用不燃绝热材料封堵，如：采用橡塑材料绝热的管道套管处仍用橡塑材料进行封堵。

2. 危害及原因分析

(1) 危害

1) 管道穿过楼板或墙体处未设套管将妨碍管道温度变化时产生线性位移，引起楼板或墙面开裂。对于冷冻水及冷凝水管道，由于在楼板或墙体处未设套管，往往绝热保温也易遗漏，时间一长，管道周围的墙面或楼板底会出现一圈水渍，并生霉、变色或长苔；

2) 套管尺寸过小，则管道在套管处的绝热层厚度将小于设计厚度，若为冷冻水管道，将可能在该处结露，污染环境；

3) 设于楼板上的套管，若其顶部与楼板面平齐，清洗地面或地面漫水时，水会通过套管与管道之间的间隙流入下一层，对下一层造成损害；

4) 绝热管道与套管四周间隙未用不燃绝热材料封堵，发生火灾时烟火会通过该处扩散至相邻楼层，导致灾情扩大。

(2) 原因分析

1) 空调施工单位与土建施工单位配合不佳，在土建单位砌墙、浇筑管道井楼板及封堵洞口时未及时跟进配合，加设套管，造成套管遗漏；

2) 施工单位在设置套管时忽略了管道绝热、防止水流入下层及烟火扩散至上层等技术要求，因而导致套管尺寸过小、长度过短或套管周边间隙未堵。

3. 标准要求及防治措施

(1) 标准要求

《通风与空调工程施工质量验收规范》(GB 50243—2002)第9.2.2.5条："……管道穿越墙体或楼板处应设钢制套管，管道接口不得置于套管内，钢制套管应与墙体饰面或楼板底部平齐，上部应高出楼层地面20~50mm，并不得将套管作为管道支撑。保温管道与套管四周间隙应使用不燃绝热材料填塞紧密"。

(2) 防治措施

1) 管道穿过混凝土墙、梁和楼板等处时，应在封模板前安装钢套管。一根立管同时穿过多层楼板时，由于很难保证将所有预留套管安装至同一铅垂线上，因此也可以先在楼板上预留洞口，待管道安装时再补设套管。管道井后封板的，立管套管可在封板时补设。管道穿过砖墙处，应及时配合砌砖进度安装套管；

2) 套管的长度应考虑墙面及楼板面装饰层的厚度，保证在墙上安装的套管其两端与墙体饰面平齐，穿楼板的套管其下端与板底平齐，顶端高出楼板饰面20~50mm。套管的尺寸一般应比管道尺寸大两个规格，如管道需绝热，应保证绝热层与套管间有10~30mm左右的间隙；

3) 需绝热管道在套管处必须作绝热处理，绝热层接缝不得设于套管内，不论管道是采用橡塑、PEF 等难燃材料还是玻璃棉、岩棉等不燃材料绝热，在套管处均应采用玻璃棉等不燃绝热材料将管道与套管之间的所有空隙填塞密实。

2.3.4 阀门型号、水管材质及规格选择不明确

1．现象

施工图纸中未对阀门型号、水管材质及规格等进行明确选择或说明。

2．危害及原因分析

(1) 危害

1) 无法保证系统的安全运行和使用寿命；

2) 造成施工及调试不便。

(2) 原因分析

管道阀门的种类、水管的规格系列较多，对其性能及适用范围了解不够。

3．标准要求及防治措施

(1) 标准要求

1)《采暖通风与空气调节设计规范》(GB 50019—2003)第 4.8.1 条：“采暖管道的材质，应根据采暖热媒的性质、管道敷设方式选用，并应符合国家现行有关产品标准的规定”；

2)《采暖通风与空气调节设计规范》(GB 50019—2003)第 6.4.18.4 条：“冷凝水管道宜采用排水塑料管或热镀锌钢管，管道应采取防凝露措施”；

3)《通风与空调工程施工质量验收规范》(GB 50243—2002)第 9.2.1 条：“空调工程水系统的设备、管道、管配件及阀门的型号、规格、材质及连接形式应符合设计规定”。

(2) 防治措施

1) 应根据阀门的用途选择合适的型号和工作压力，并在设计图纸中详细说明。空调水管常用的阀门种类有闸阀、截止阀和蝶阀等。闸阀调节性能差，但其阻力小，价格低，一般仅用于关断的场合；截止阀与闸阀相反，通常用于需经常调节的场合；蝶阀调节性能较强，阻力也低，蝶阀通常用于 $DN \geqslant 100$ 的管道上；

2) 应在设计图纸中明确各水系统的管材及连接方式。空调冷冻水和冷却水系统一般应采用钢管，当 $DN \leqslant 100$ 时，系统工作压力 $PN \leqslant 1.0\text{MPa}$，宜采用热镀锌管，$1.0\text{MPa} < PN \leqslant 1.6\text{MPa}$，宜采用加厚热镀锌管，$PN > 1.6\text{MPa}$ 宜采用无缝钢管；$DN > 100$ 时，宜采用无缝钢管或螺旋焊管等焊接型钢管。空调冷凝水管宜采用排水 PVC 管或热镀锌管。选用无缝钢管或螺旋焊管等焊接型钢管时，应标明管道外径和壁厚。

2.3.5 管道系统未按要求设置自动排气阀或泄水阀

1．现象

(1) 管路系统最低点或局部低点以及水泵、冷水机组、风柜等设备的空调水接管上未设泄水阀；

(2) 管路最高点及局部高点未设自动排气阀。

2．危害及原因分析

(1) 危害

1) 管路系统最低点或局部低点以及水泵、冷水机组、风柜等设备的空调水接管上未设泄水阀,在管道清洗时无法排净管路内的污水及杂物,设备发生故障需维修时,无法排除管路及设备内的积水;

2) 空调水系统管路最高点或局部高点处未设自动排气阀,将产生管路气堵,造成设备工作不稳定,空调末端设备供冷量不足,冷却塔散热能力不足,甚至造成管路完全被空气堵住,冷冻水、冷却水无法循环,系统无法工作等严重后果。

(2) 原因分析

1) 设计单位未在设计图纸中明确表示,施工单位对泄水阀和自动排气阀的重要性认识不足,也未加装;

2) 施工单位为节省成本未安装;

3) 管道敷设时根据现场情况做了调整,出现局部高处,却没有加装自动排气阀。

3. 标准要求及防治措施

(1) 标准要求

《通风与空调工程施工质量验收规范》(GB 50243—2002)第9.3.10.4条:"闭式系统管路应在系统最高处及所有可能集聚空气的高点设置排气阀,在管路最低点应设置排水管及排水阀"。

(2) 防治措施

1) 应在管路系统最低点以及水泵、冷水机组、风柜等设备的空调水接管位置较低的管道上设泄水阀,设备泄水阀一般设于供水管底端,阀门以采用 $DN \geqslant 25$mm 的闸阀为宜,泄水阀后宜接管至地漏、排水沟及集水井等处;

2) 应在空调水管路的立管、管路局部抬高的"蹦弯"(即"Ω"形管)、中间高两端低的管路等所有可能集聚空气的高点设自动排气阀。为方便检修,排气阀前应设等径的检修阀;

3) 图纸会审时,设计单位应就上述阀门的设置位置及其他要求向施工单位进行技术交底。

2.3.6 电动调节阀及平衡阀选型或设置不合理

1. 现象

(1) 比例积分调节阀未经计算选型,直接按末端设备冷水供回水管径确定阀门规格;

(2) 空调冷水系统中平衡阀设置太多或作用不明确;

(3) 空调冷水系统中平衡阀的选型不当,造成调节困难或根本起不到应有作用。

2. 危害及原因分析

(1) 危害

1) 比例积分调节阀未经计算选型,直接按末端设备冷水供回水管径确定阀门规格,造成阀门规格偏大,一方面导致无谓的投资浪费,另一方面导致阀门的调节性能差(主要表现在低负荷情况下),空气调节区温度波动大,影响舒适度;

2) 空气调节冷水系统中平衡阀设置太随意,选型不当,一方面造成浪费,另一方面使冷水系统运行工况不稳定。

(2) 原因分析

1) 设计人员对电动调节阀、平衡阀的特性及选型方法不了解,认识上存在偏差;

2）电动调节阀和平衡阀安装后未进行认真调试即投入使用。

3．标准要求及防治措施

（1）标准要求

1）《采暖通风与空气调节设计规范》(GB 50019—2003)第 6.4.9 条："空气调节水系统布置和选择管径时，应减少并联环路之间的压力损失的相对差额，当超过 15%时，应设置调节装置"；

2）《采暖通风与空气调节设计规范》(GB 50019—2003)第 8.2.6 条："自动调节阀的选择，宜按下列规定确定：1．水两通阀，宜采用等百分比特性的；2．水三通阀，宜采用抛物线特性或线性特性的；3．蒸汽两通阀，当压力损失比大于或等于 0.6 时，宜采用线性特性的；当压力损失比小于 0.6 时，宜采用等百分比特性的……。4．调节阀的口径应根据使用对象要求的流通能力，通过计算选择确定"。

（2）防治措施

1）在空调水系统布置和选择管径时，应认真计算各管段的阻力损失，减少并联环路之间的压力损失的相对差额，当通过调节管径难以达到规范要求时，再设置调节装置。

2）空调水系统调节装置有调节阀、平衡阀等，对于小系统的分支环路或大系统中的小、支环路应优先选用调节阀调节，其他情况下，利用设置平衡阀调节。

3）对于民用建筑舒适性空气调节的末端设备，其冷水管上的电动阀，可按下列条件选取：对于风机盘管选用电动二通阀，口径与其接管管径相同；对于风柜选用比例积分电动调节阀，口径应根据使用对象要求的流通能力通过计算选择确定，通常情况下，其口径比风柜接管管径小一号。

4）选择空调水系统干管上的电动调节阀时，一般可按以下程序及方法选型：

a．确定阀门流量 Q 及其所服务的末端设备的水阻 ΔP_{coil}（可由厂家提供）；

b．确定阀门的阀权度 P_v（一般可按 0.5～0.7 选用），并据阀权度计算公式推算出阀门两端压差 $\Delta P_{v100}\left(P_v \approx \frac{\Delta P_{v100}}{\Delta P_{v100}+\Delta P_{coil}}, \Delta P_{v100} \approx \frac{P_v \cdot \Delta P_{coil}}{1-\Delta P_v}\right)$；

c．计算阀门的 K_v 值，$K_v=\frac{Q}{\sqrt{\Delta P_{v100}}}$（式中，$Q$：$m^3/h$，$\Delta P_{v100}$：100kPa）；

d．根据 K_v 值对阀门进行选型，所选阀门的 K_v 值不得小于计算值。

5）一般来讲用于水力平衡的产品主要有三类，即：平衡阀（静态平衡阀），自动流量限制阀（动态平衡阀）和压差控制阀，也有产品将其中两种的功能结合在一起。静态平衡阀是目前采用较多的一种平衡产品，该种平衡阀具有很好的调节、测量等性能，被越来越多地应用在水系统中，从严格的意义上说，平衡阀指的就是这种静态平衡阀。动态平衡阀可以理解为最大流量限制阀，其独特的阀胆结构，使其具有良好的限流功能，广泛地应用在冷水机组、水泵和末端空调设备上。变水量系统中，末端控制阀（电动调节阀等）在不同工况下可能会产生大的压差变化，有可能使控制阀失去稳定的控制，为了稳定控制阀的控制效果或者在某些控制要求比较高的地方可以考虑使用压差控制阀来恒定或减小压差的变化。

选择平衡阀时首先应明确具体形式及功能，因其工作原理不同设置位置也不同。若准备选用静态平衡阀则应按照设计流量和设计压差来选型，且必须通过系统水力平衡调试后才能实现全面水力平衡的效果。而选用动态平衡阀则需提供准确的管径及设计流量，生产厂家将据此加工阀胆并预先调整好，货到工地后直接安装即可。此外在计算水泵扬程时，也需要考虑平衡阀的扬程损失。

6) 在空调冷冻水支管上设置静态平衡阀进行水力平衡时，应在其所在主回路干管上设置主平衡阀(合作阀)，否则无法进行平衡测试和调校。

7) 变流量空气调节水系统当采用动态平衡阀时，可按下列原则选用阀门：

a. 冷源侧定流量，并联冷水机组的冷水和冷却水出口宜设定流量型动态平衡阀；

b. 水源热泵机组冷水出口宜设动态平衡电动二通阀；

c. 空气调节机组(风柜、新风柜)冷水出口宜设动态平衡电动调节阀。

8) 电动调节阀和平衡阀在安装完毕后应认真进行调试。电动调节阀一般采用模拟试验进行调试，重点检查其控制逻辑和阀杆行程(必要时应对限位装置进行调整)；静态平衡阀的调试应在水泵单机试运转及水系统联合试运转合格后进行，一般由供应商通过专用的电脑平衡调试仪器进行调试，调试前应提供水系统图纸和每个平衡阀的设计流量，调试合格后将平衡阀的调校装置锁定，不得随意变动；动态平衡阀一般不需调试，但应检测其压差是否在允许范围内，否则将影响其正常工作。

2.3.7 水系统阀门安装位置不当或安装方法错误

1. 现象

(1) 阀安装于固定顶棚等位置，不便操作、维修；

(2) 阀门的进出口方向装反；

(3) 阀门端头的法兰连接处漏水。

2. 危害及原因分析

(1) 危害

1) 阀门位置不当，不便操作、检修，如果阀门渗漏滴水，还会在吊顶产生水渍；

2) 阀门进出口方向错误，影响系统功能正常使用。

(2) 原因分析

1) 管井、机房有安装阀门的空间及位置，却安装到吊顶内；而安装在吊顶内的阀门没有预留检修口，或检修口的位置、大小不当，或吊顶拥挤，阀门位置被其他管线遮挡，仍无法操作；

2) 阀门安装时，未注意到阀体上的水流箭头方向，将阀门装反；

3) 阀门端头两片法兰缝隙过大或不平行时，使用了两块橡胶垫片来垫平，橡胶垫之间容易产生缝隙而漏水。

3. 标准要求及防治措施

(1) 标准要求

1)《通风与空调工程施工质量验收规范》(GB 50243—2002)第 9.2.4 条："阀门的安装应符合下列规定：1. 阀门的安装位置、高度、进出口方向必须符合设计要求，连接应牢固紧密；2. 安装在保温管道上的各类手动阀门，手柄均不得向下……"；

2)《通风与空调工程施工质量验收规范》(GB 50243—2002)第 9.3.10.1 条："阀门安

装的位置、进出口方向应正确,并便于操作;连接应牢固紧密,启闭灵活……”。

(2) 防治措施

1) 阀门的位置要尽可能便于操作和维修,同时还要兼顾到美观。管井或机房内有阀门安装的空间时,要尽量布置,必须安装在吊顶内时,应在吊顶上预留足够的检修孔位置并能满足在吊顶内有足够的检修空间。空调水管道与其他专业有空间交叉的地方,安装之前先画出管线综合布置图,综合考虑管线的立体交叉、布局,尤其要考虑阀门的检修空间;

2) 阀门安装时,注意阀体上印有的水流箭头,箭头所指即为水流方向,不能装反,尤其是电动调节阀、水流指示器、缓闭式止回阀及截止阀等;

3) 阀门法兰连接时,法兰间的端面要平行,不得使用双橡胶垫,紧螺栓时要对称进行,用力要均匀;

4) 阀门手轮不得向下安装。

2.3.8 阀门渗漏滴水或关闭不严

1. 现象

(1) 阀门渗漏、滴水或关闭不严;

(2) 主干管上起切断作用的阀门无法关闭;

(3) 用于流量调节的阀门起不到作用。

2. 危害及原因分析

(1) 危害

1) 阀门渗漏滴水,使地面积水,吊顶水渍,破坏系统的严密性;绝热管道阀门渗水更会破坏绝热结构,尤其以玻璃纤维棉最明显;

2) 阀门关闭不严,起不到切断或调节的作用。主干管上起切断作用的阀门失灵,则系统无法维护、检修。

(2) 原因分析

1) 阀门密封填料的装法不对或压盖不紧,密封不好,或填料老化,造成渗漏、滴水;

2) 阀杆弯曲变形或腐蚀生锈,造成填料与阀杆接触不严密;

3) 阀门操作不当(如用力过猛)造成阀门失灵,阀杆与密封处渗漏;

4) 阀门安装前,未按规范要求进行强度和严密性试验,或抽查的百分比达不到规定的数量要求、试验压力达不到规范要求;

5) 空调水系统未冲洗干净,管道内的杂渣被水流带入阀叶与阀体的密封处,造成阀门(如泄水阀、主干管上的切断阀门、单向止回阀等)关闭不严密、滴水,无法起到关断、止回等作用。

3. 标准要求及防治措施

(1) 标准要求

《通风与空调工程施工质量验收规范》(GB 50243—2002)第 9.2.4.3 条:阀门安装前必须进行外观检查,……对于工作压力大于 1.0MPa 及在主干管上起到切断作用的阀门,应进行强度和严密性试验,合格后方准使用。其他阀门可不单独进行试验,待在系统试压中检验。强度试验时,试验压力为公称压力的 1.5 倍,持续时间不少于 5min,阀门的壳体、填料应无渗漏。严密性试验时，试验压力为公称压力的1.1倍；试验压力在试验持续的时间内应保持不变，时间应符合表2.3.8的规定，以阀瓣密封面无渗漏为合格。

(2) 防治措施

1) 正确装入填料。小型阀门将绳装填料按顺时针方向绕阀杆填装，然后拧紧压盖螺母即可；大型阀门填料可采用方形或圆形断面，压入前先切成填料圈，将圈分层压入，各层接缝相互错开180°。填料老化失去弹性时，应更换填料；

2) 阀杆弯曲变形或生锈时，应将阀杆调直、除锈或更换；

3) 阀门开启或关闭时，注意操作平稳，缓开缓闭，避免阀门失灵；

4) 对于工作压力大于1.0MPa及在主干管上起切断作用的阀门应按规范要求进行强度和严密性试验。对于安装在主干管上起切断作用的阀门，要全数检查；

阀门压力持续时间 **表2.3.8**

公称直径 *DN* (mm)	最短试验持续时间(s)	
	严密性试验	
	金属密封	非金属密封
≤50	15	15
65～200	30	15
250～450	60	30
≥500	120	60

5) 空调水系统在使用之前一定要冲洗干净。对于系统管路上的阀门，在冲洗完成后，要单独开、关数次进行检查，利用管网内水的压力，冲洗掉阀叶与阀体密封处之间小的杂渣，确保阀门的正常使用。

2.3.9 补偿器安装不符合规范要求

1. 现象

(1) 管道在变形缝处未设补偿器；

(2) 轴向型波纹补偿器(工程中常用的补偿器)在安装前未进行预拉伸或预压缩，安装完毕后未及时拆除用作运输保护或预拉伸(压缩)的拉杆；

(3) 补偿器支吊架的型式及安装位置不正确，如：不设固定支吊架，补偿器两侧的支吊架离补偿器太远，导向支吊架设置不当(采用圆钢或扁钢作抱箍，将管道固定在支吊架上)等。

2. 危害及原因分析

(1) 危害

1) 管道在变形缝处未设补偿器，在建筑物发生伸缩或沉降时将造成管道变形、断裂；

2) 补偿器在安装前未进行预拉伸或预压缩，可能导致系统投入使用后管道因受力过大而损坏，安装完毕后未及时拆除拉杆，将使补偿器失去作用；

3) 补偿器及管道支吊架安装不正确，在管道温度变化发生线性变形时将引起管道、支吊架或补偿器等发生变形或损坏。

(2) 原因分析

1) 设计单位对补偿器的安装位置、预变形量及支吊架的设置等未提出详细的技术要求；

2) 施工单位擅自变更设计,不按设计要求施工。

3. 标准要求及防治措施

(1) 标准要求

《通风与空调工程施工质量验收规范》(GB 50243—2002)第 9.2.5 条:"补偿器的补偿量和安装位置必须符合设计及产品技术文件的要求,并应根据设计计算的补偿量进行预拉伸或预压缩。设有补偿器(膨胀节)的管道应设置固定支架,其结构形式和固定位置应符合设计要求,并应在补偿器的预拉伸(或预压缩)前固定;导向支架的设置应符合所安装产品技术文件的要求"。

(2) 防治措施

1) 管道通过建筑物的伸缩缝或沉降缝时,应设置补偿器。在伸缩缝处,宜设轴向型波纹补偿器或金属软管;在沉降缝处,宜设金属软管或横向位移补偿器；

2) 设计单位应通过计算提供每个补偿器的预变形量,施工单位在补偿器安装前可利用补偿器上所带的运输保护用拉杆进行预拉伸或预压缩,也可将预变形数据提供给生产厂家,由其在工厂内进行预拉伸或预压缩。波纹补偿器的预变形量可按下式计算:

$$\Delta X = X[0.5-(t_0-t_{\min})/(t_{\max}-t_{\min})]$$

式中 X——轴向补偿量;

t_0——安装温度;

$t_{\max}$——最大使用温度;

$t_{\min}$——最小使用温度。

3) 管路试压前应将所有固定支吊架及导向支吊架安装好并采取必要的加固措施,以防补偿器变形损坏,试压完毕,应拆除补偿器上用作运输保护或预拉伸(压缩)的拉杆;

4) 安装轴向型补偿器的管段,在管段的盲端、弯头、变截面处、装有截止阀或减压阀的部位及侧支管接入主管入口处,都要设置主固定管架,主固定管架要考虑波纹管静压推力及变形弹性力的作用。除上述部位外,可设置中间固定管架(次固定管架),中间固定管架可不考虑静压推力的作用。在管段的两个固定管架之间,仅能设置一个轴向型补偿器。对于水平直线管段,管架宜按以下要求设置:应在管段的两端各设一个固定管架,在中间的适当位置设置若干导向架。第一导向架与补偿器的距离不得超过 $4D$(D 为管道直径),第二导向架与第一导向架的距离不得超过 $14D$。补偿器一端应靠近固定管架,若过长则要按第一导向架的设置要求设置导向架。对于立管段,补偿器建议设于管段的中间位置安装,其两端应各设一个导向支吊架,并紧靠补偿器安装;

5) 固定支吊架和导向支吊架应按国家有关热力管道标准图集制作,固定支吊架应牢固可靠,导向支吊架不得妨碍管道热变形时进行轴向偏移。大型立管的支吊架应经设计计算后确定安装位置,该处建筑结构应考虑管道的承重。在立管上设置补偿器时,其导向支架的设置应保证既能承受管道的负荷又能在管道热变形时使之可以伸缩自如，建议在每个导向支架上设弹性支座。

2.3.10 空调末端设备冷凝水无法顺利排出

1. 现象

空调末端设备（风机盘管、风柜等）凝水盘溢水，冷凝水无法通过管道排走。

2. 危害及原因分析

(1) 危害

1) 安装于吊顶内的风机盘管、吊顶风柜或新风柜凝水盘溢水，将造成吊顶损坏；

2) 柜式空调机组或组合式空调机组凝水盘溢水，将导致冷凝水在机组底板漫流，使柜体及柜内部件腐蚀，缩短机组寿命，并可能导致电机烧毁；当末端设备凝水盘积水较多时，还可能造成送风带水。

(2) 原因分析

1) 柜式空调机组及组合式空调机组未设存水弯或存水弯水封高度不足，导致冷凝水无法克服机组内的负压，因而无法排出；

2) 设备安装时掉入机组内及凝水盘内的垃圾及杂物未清理，或长时间运行后冷凝水管道内生藻长苔，导致冷凝水管堵塞；

3) 冷凝水管与设备连接处的软管瘪管，导致水流受阻；

4) 冷凝水管无顺流坡度或倒坡；

5) 冷凝水管水平管太长，弯头太多；

6) 冷凝水排放管接入雨水管，导致下雨时冷凝水无法排出；

7) 冷凝水管安装完毕未作充水试验。

3. 标准要求及防治措施

(1) 标准要求：

1)《通风与空调工程施工质量验收规范》(GB 50243—2002)第 7.3.2 条："组合式空调机组及柜式空调机组的安装应符合下列规定：……2. 机组与供回水管的连接应正确，机组下部冷凝水排放管的水封高度应符合设计要求；3. 机组应清扫干净，箱体内应无杂物、垃圾和积尘"；

2)《通风与空调工程施工质量验收规范》(GB 50243—2002)第 9.2.3.4 条："凝结水系统采用充水试验，应以不渗漏为合格"；

3)《通风与空调工程施工质量验收规范》(GB 50243—2002)第 9.3.5.3 条："冷凝水排水管坡度，应符合设计文件的规定。当设计无规定时，其坡度宜大于或等于 8‰；软管连接的长度，不宜大于 150mm"；

4)《采暖通风与空气调节设计规范》(GB 50019—2003)第 6.4.18 条："空气处理设备冷凝水管道，应按下列规定设置：1. 当空气调节设备的冷凝水盘位于机组的正压段时，冷凝水盘的出水口宜设置水封；位于负压段时，应设置水封，水封高度应大于冷凝水盘处正压或负压值。2. 冷凝水盘的泄水支管沿水流方向坡度不宜小于 0.01，冷凝水水平干管不宜过长，其坡度不应小于 0.003，且不允许有积水部位。3. 冷凝水水平干管始端应设置扫除口……"。

(2) 防治措施

1) 冷凝水管与柜式空调机组及组合式空调机组相接处,应设置存水弯,存水弯水封高度必须满足设计要求。如设计未提供详细的技术要求,可按冷凝水排出口处机组内的最大负压值来确定水封的高度,但实际上该负压值既难以测试又难以计算,因此一般按机组的机外余压值来确定,存水弯具体做法可参见图 2.3.10,其中 $H1 \geqslant$ 机外余压(mmH_2O) + 20mm, $H2 \geqslant$ 80m;

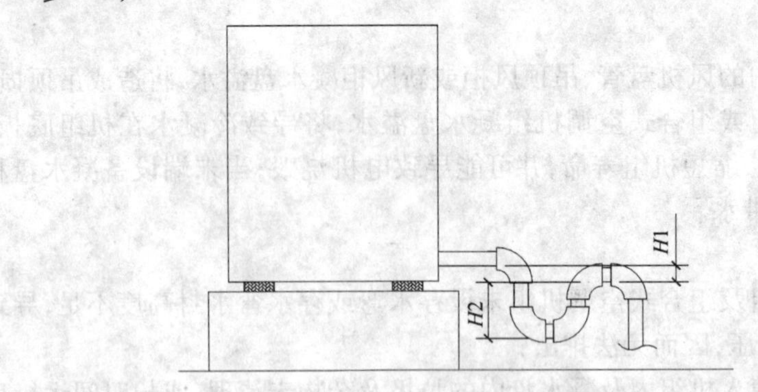

图 2.3.10 柜式空调机组凝结水排出

2) 柜式空调机组及组合式空调机组安装时应将机组内部清扫干净,风机盘管安装时应将凝水盘清扫干净,以免垃圾及杂物流入冷凝水管,堵塞管道;

3) 冷凝水管与设备连接处的软管长度应合适(一般不得超过 150mm),不得利用其来调整冷凝水管与设备冷凝水接口的位置偏差,不得利用软管作弯头使用,在软管附近应设支吊架,以避免软管扭曲变形及瘪管;

4) 冷凝水管应按设计要求的排水坡度施工,如设计无规定时,其坡度宜大于或等于 8‰,与设备连接处的管道宜大于或等于 1%。在管道施工前,应对管井、走廊等管道密集的地方,重新核对管道标高及走向,合理排布,以保证冷凝水管能以合适的坡度进行安装,避免出现坡度不足或倒坡;

5) 冷凝水干管应接入就近的卫生间、地漏、水沟等处排放,避免水平管道过长、弯头过多。对于水平管过长的管路,建议在立管顶端设置直通大气的透气管,以利冷凝水顺利排放,并在水平干管始端设置扫除口,以便于管道清扫。对于冷凝水排放管接入排水管的,应在接入处设存水弯;

6) 冷凝水排放管不得接入雨水管及其他有压管道;

7) 冷凝水管安装完毕必须逐台设备、逐个系统进行充水试验,应保证所有管道排水顺畅、不渗漏。对于卡式风机盘管,由于其冷凝水接口位置较低,与吊顶间的高差很小,很容易发生排水不畅的问题,因此尤其应重点检查;

8) 空调系统投入使用后,应定期检查冷凝水管排水情况,如排水不畅,应检查管道是否生藻长苔,如有应清除。

2.3.11 空调主要设备前未设过滤器或过滤器安装不当

1. 现象

(1) 空调风柜等设备的冷冻水管道入口未设置过滤器;

(2) 制冷机房仅在水泵入口设过滤器,而冷水机组入口前未装;

(3) 过滤器滤网平装,甚至向上反装。

2. 危害及原因分析

(1) 危害

1) 运行一段时间后,水中杂质引起水系统管道流量减小,甚至堵塞,设备制冷(热)或换热能力大幅下降,运行参数不能达到设计、使用要求;

2) 水中坚硬锋利的杂质会刮伤其设备热交换盘管的管壁,空气调节设备的使用寿命大大缩短;

3) 过滤器平装或向上反装,则不能起到滤除杂质的作用。

(2) 原因分析

1) 冷水机组、空调风柜、换热器等设备均通过盘管完成冷热交换,盘管的管径极小,水系统中安装过程进入未彻底冲洗干净的杂质,管道长时间浸泡后脱落的焊渣、锈渣等,若无过滤器滤掉,进入盘管后就造成管道截面减小,甚至堵塞;

2) 一般认为冷冻、冷却水泵与冷水机组之间的管道较短,水泵前已装设有过滤器,之后的冷水机组就可省了,其实冷水机组的盘管需要特别保护,中间管道运行后仍会产生焊、锈渣,检修等过程也有可能进入杂质,故应设置专门的过滤器;

3) 当过滤器离地面太近,安装空间不够时,容易平装、反装。

3. 标准要求及防治措施

(1) 标准要求

1)《采暖通风与空气调节设计规范》(GB 50019—2003)第 6.4.17 条:"冷水机组或换热器、循环水泵、补水泵等设备的入口管道上,应根据需要设置过滤器或除污器";

2)《通风与空调工程施工质量验收规范》(GB 50243—2002)第 9.3.10.3 条:"冷冻水和冷却水的除污器(水过滤器)应安装在进机组前的管道上,方向正确且便于清污;与管道连接牢固、严密,其安装位置应便于滤网的拆装和清洗。过滤器滤网的材质、规格和包扎方法应符合设计要求"。

(2) 防治措施

1) 在冷水机组、板式换热器、空气调节风柜、循环水泵(冷水泵、冷却水泵、热水泵等)、补水泵等设备的入口管道上均应设置过滤器或除污器;

2) 过滤器应顺水流方向安装,滤网向下,且要有拆卸的空间;

3) 水系统冲洗过程中,应及时清除滤网内的杂物,滤网损坏的要及时更换,冲洗完毕应全面检查清扫所有过滤器;

4) 过滤器要定期清扫。空调系统运行过程中,发现过滤器处有异响、过滤器前后压力表压差增大、风柜及冷水机组的制冷能力减弱等现象时,应及时检查清扫过滤器。

2.3.12 管道井及冷冻机房内管道支吊架设置不合理

1. 现象

(1) 管道井及冷冻机房等处的大管道支吊架选型(包括减振等)不合理,管道井内立管承重支架设在砖墙上,未采取防"冷桥"(或"热桥")措施等;

(2) 冷冻机房管道吊架受力点选择不当、该采用支架的地方采用吊架等。

2. 危害及原因分析

(1) 危害

1) 管道井及冷冻机房等处的大管道支吊架设置不合理,将可能导致管道塌落,是严重的安全隐患;

2) 机房内冷水机组、水泵的振动可由管道吊架至建筑结构而传播。

(2) 原因分析

设计未进行严格的支吊架选型计算,尤其是支吊架的减振设计,而施工单位凭经验施工。

3. 标准要求及防治措施

(1) 标准要求

《通风与空调工程施工质量验收规范》(GB 50243—2002)第9.3.8条:"金属管道的支、吊架的型式、位置、间距、标高应符合设计或有关技术标准的要求。设计无规定时,应符合下列规定:…… 2. 冷(热)媒水、冷却水系统管道机房内总、干管的支、吊架,应采用承重防晃管架;与设备连接的管道管架宜有减振措施。……5. 竖井内的立管,每隔2~3层应设导向支架……"。

(2) 防治措施

1) 对于管道井及冷冻机房等处的大管道的支吊架,应由设计单位通过计算后进行选型,设于冷冻机房的管道还应对建筑结构强度进行复核;

2) 管道井内的立管应采用承重支架与导向支架相结合的方式设置支架。承重支架的受力点应设在梁或楼板上,不得设在砖墙上,承重支架宜采用在管道上焊接"肋板"并通过"肋板"支撑到型钢支架上的方式制作,如为冷热水管,应在"肋板"与型钢支架之间垫设橡胶板,以防"冷桥"或"热桥"产生。导向支架可采用圆钢或扁钢抱箍将管道稳定在型钢支架上的方式制作,每2~3层设一个;

3) 冷冻机房条件许可时,尽量设置支架代替吊架,让一部分负荷由地面承担,并减少振动通过结构板的传播。吊架选型时要考虑减振措施,采用承重防晃吊架。吊架应尽量安装在梁上,以减少楼板受力。设计时建议采用双线图绘制,以便准确确定管道的排布位置及标高。管道定位后,建议在浇筑机房顶板混凝土时在板底或梁侧预埋钢板,以便大口径管道安装时吊架固定牢固。如采用膨胀螺栓固定吊架,应对采用的膨胀螺栓的受力情况进行仔细核算,同一吊架上的膨胀螺栓的间距应适当,间距过小将影响其受力。

2.3.13 管道系统未冲洗干净

1. 现象

空调水系统管道未冲洗干净,水质混浊,管内有杂质。

2. 危害及原因分析

(1) 危害

1) 空调水系统管道未清洗干净,将造成末端设备及冷水机组铜管结垢或堵塞,导致设备换热效率降低,能耗增加,并可能造成空调系统冷量不足;

2) 水中的杂质还可能导致水泵叶轮及机械密封损坏。

(2) 原因分析

1）使用的钢管锈蚀比较严重，或系统安装后闲置时间较长，造成管内锈渣较多，不易清洗；

2）管道安装过程中对于敞开的管口（尤其是大口径管道）未采取临时遮盖、封堵措施，并注意随时清除管内杂物，造成管内杂物较多，不易清洗；

3）由于施工程序错误或疏忽遗漏，在设备安装完毕并进行管道接驳后，才在管道上开孔焊接压力表、温度计、温度传感器、压差传感器等仪表接头，造成铁块及焊渣等掉入管内；

4）冷却水系统清洗前及清洗过程中未清洗冷却塔，水盘内的垃圾及杂物未清除；

5）系统清洗过程中未及时清除水质过滤器内的杂物，未排尽流入设备及部分不易排除的管道内残存的污水及杂物；

6）管道冲洗时换水遍数不够或冲洗次数不够；

7）冲洗时未采用水泵循环，或采用的水泵流量太小，水流速度不足。

3．标准要求及防治措施

（1）标准要求

1）《通风与空调工程施工质量验收规范》（GB 50243—2002）第9.2.2.4条："冷热水及冷却水系统应在系统冲洗、排污合格（目测：以排出口的水色和透明度与入水口对比相近，无可见杂物），再循环试运行2h以上，且水质正常后才能与制冷机组、空调设备相贯通"；

2）《通风与空调工程施工质量验收规范》（GB 50243—2002）第11.3.3.1条："空调工程水系统应冲洗干净、不含杂物……"。

（2）防治措施

1）严格控制材料质量，中度以上锈蚀的钢管不得用于空调水系统。钢管运至工地后，应采取防水防潮等防护措施，妥善保管。钢管在安装使用前应用钢丝球等工具除去管内浮锈及污物；

2）在管道安装过程中，对于敞开的管口（尤其是大口径管道）应采取临时遮盖、封堵措施，并注意随时清除掉入管内的铁块、焊渣及其他杂物；

3）压力表、温度计、温度传感器、压差传感器等仪表接头应在管道与设备连接前安装完，在管道与设备连接后不得再在管道上开口施焊，如特殊情况必须开口，在气割时应采取措施防止割下的铁块掉入管内，若采用电钻开口能满足要求，尽量采用电钻开孔；

4）系统冲洗前应关闭或断开空调末端设备及冷水机组的进出口管道阀门，并设置必要的旁通管以利水流循环（如上述设备进口管上均设有水质过滤器，可连通设备一起冲洗）。冲洗应采用专门的冲洗泵，使水流循环冲刷管道。为保证冲洗效果，水流速度不得低于1.0m/s。不应利用空调系统上安装的冷冻水泵和冷却水泵作为冲洗泵用，因未冲洗干净的管网内的杂质会渗入水泵机械密封圈内，造成密封圈磨损漏水；

5）在冷却水系统冲洗时，应事先将冷却塔内的垃圾及杂物清除干净，并将存水盘清洗干净，在每次系统冲洗放水后，应清除冷却塔存水盘内的淤泥及杂物；

6）在冲洗过程中应及时清除设备进水口处的水质过滤器内的杂物，每次放水后应打开空调末端设备、冷水机组、水泵、集水器、分水器及其他易积水的部位所设的排污阀，排尽残存的污水及杂物；

7）冲洗时应勤换水，往复多次，直至冲洗干净，即达到排水中的全固形物含量等于或接近清洗水中的全固形物含量，入口水与排出水透明度相同为止；

8）必要时在冲洗的同时加入清洗剂、除锈剂、缓蚀剂、预膜剂等化学药剂，即结合管道冲洗进行化学水处理，这样既可以使管道冲洗的更加干净彻底，又能加快冲洗速度，缩短工期。

2.4 制冷系统的质量通病

2.4.1 制冷剂管道接口渗漏

1．现象

制冷剂管道（铜管）接口处渗漏、有油迹。

2．危害及原因分析

（1）危害

1）空调制冷系统总体制冷效果降低，甚至不制冷，增大能耗比；

2）导致制冷压缩机工作温度过高，减少压缩机寿命；

3）长期渗漏会导致系统无冷媒、压缩机损坏。

（2）原因分析

1）制冷剂管道采用扩口连接时，接口处的喇叭口制作不标准，管端和螺纹接头连接不紧密，造成泄漏；连接过程中，铜帽接口处使用力矩不标准；

2）制冷剂管道的安装过程中，用力过猛导致管道接口拧裂；

3）制冷剂管道焊接不规范；

4）系统安装完毕，未按规范要求进行强度、气密性试验及真空试验，或试验未达到标准要求，未合格就投入使用。

3．标准要求及防治措施

（1）标准要求

1）《通风与空调工程施工质量验收规范》（GB 50243—2002）第 8.3.4 条："制冷剂管道、管件的安装应符合下列规定：1．管道、管件的内外壁应清洁、干燥；……4．铜管切口应平整、不得有毛刺、凹凸等缺陷，切口允许倾斜偏差为管径的 1%，管口翻边后应保持同心，不得有开裂及皱褶，并应有良好的密封面；5．采用承插钎焊焊接连接的铜管，其插接深度应符合表 2.4.1 的规定，承插的扩口方向应迎介质流向。当采用套接钎焊焊接连接时，其插接深度应不小于承插连接的规定。采用对接焊缝组对管道的内壁应齐平，错边量不大于 0.1 倍壁厚，且不大于 1mm"；

承插式焊接的铜管承口的扩口深度表（mm）　　表 2.4.1

铜管规格	≤DN15	DN20	DN25	DN32	DN40	DN50	DN65
承插口的扩口深度	9～12	12～15	15～18	17～20	21～24	24～26	26～30

2）《通风与空调工程施工质量验收规范》（GB 50243—2002）第 8.2.10 条："制冷管道

系统应进行强度、气密性试验及真空试验,且必须合格”。

(2) 防治措施

1) 铜管进行扩口连接时,管端的喇叭口与螺纹接头的锥度要一致,接触面要光洁干净,喇叭口不得有裂纹、皱褶、毛刺等,两者要保持同心;铜帽接口处,连接时使用力矩要规范;管道的连接过程中,注意不要用力过猛;

2) 制冷剂管道焊接时一般采用钎焊连接。要正确选择焊料及焊剂,对于紫铜管的焊接,焊料以选用银铜焊条(料 303 或料 304) 为宜,焊剂一般采用银钎焊熔剂(如剂 102);

3) 正确选择钎焊接头的间隙。预留的接头间隙大小合适才能保证良好的焊接质量,一般预留间隙以 0.03 ~ 0.3mm 为宜;

4) 做好钎焊前工件表面的清理工作。钎焊前必须清除工件表面的脏物、铁锈、油污、氧化皮等,清理后的工件表面不得用手摸待焊处;

5) 严格控制焊接温度。一般采用中性焰加热工件,加热温度为 800℃左右,当铜管呈暗红色时,在焊接部位加一点焊剂,焊条靠近焊接部位,使之熔化流入焊缝。注意被焊部位的周围和插入的长度都要均匀加热,焊口要加热到足以将焊条熔化,但不能把火焰直接对准焊条;

6) 适当掌握钎焊加热持续时间。对于薄壁紫铜管,加热时间不宜过长,焊接速度要快,以避免在管道内产生过量的氧化物;

7) 注意做好焊后处理工作。焊后应除去残留的熔剂和熔渣;

8) 系统安装完毕,制冷剂管路,包括气管、液管及配件,要按规范和设计要求进行强度、气密性试验及真空试验,合格后方可投入使用。

2.4.2 制冷剂管道存气或积液

1. 现象

制冷管路中,气体管道局部向下装成“Ʊ”形形成“液囊”,液体管道局部向上装成“Ω”形形成“气囊”。

2. 危害及原因分析

(1) 危害

制冷剂管道产生“气囊”或“液囊”,制冷剂气体或液体不能正常流动,使系统不能正常运行,影响制冷效果,甚至导致压缩机损坏。

(2) 原因分析

1) 制冷管路系统设计或安装过程中,管路布置、走向不合理,气体管道局部向下凹陷形成“液囊”,液体管道局部向上凸起形成“气囊”;

2) 施工过程中,未按管路技术要求施工,擅自改变管径后,遇“Ʊ”处易产生积液,导致制冷效果差。

3. 标准要求及防治措施

(1) 标准要求

《通风与空调工程施工质量验收规范》(GB 50243—2002)第 8.2.5.3 条:“制冷剂液体管不得向上装成“Ω”形。气体管道不得向下装成“Ʊ”形(特殊回油管除外);液体支管引出时,必须从干管底部或侧面接出;气体支管引出时,必须从干管顶部或侧面接出……”。

(2) 防治措施

1) 合理敷设管道，当管道交叉时注意避免“Ω”、“Ʊ”安装，防止制冷剂管道存气或积液。按照规范规定要求从干管引出气体及液体支管；

2) 严格按相关设备技术要求配管，不得擅自更改制冷剂管径。

2.4.3 制冷机选型不当

1. 现象

(1) 所选制冷机容量偏大；

(2) 设置多台或仅设一台大容量制冷机，未设置小容量机组搭配使用。

2. 危害及原因分析

(1) 危害

1) 制冷机容量偏大将造成无谓的投资浪费；

2) 未按大小机搭配设置，无法满足空调系统部分负荷运行的调节要求。在部分负荷时主机不能在高效点工作，能耗高，甚至在低负荷时系统不能正常工作。

(2) 原因分析

1) 未进行详尽的逐时负荷计算和负荷分析，未考虑部分负荷时的使用要求；

2) 主机选型不当。

3. 标准要求及防治措施

(1) 标准要求

1)《采暖通风与空气调节设计规范》(GB 50019—2003)第7.1.6条：“电动压缩式机组台数及单机制冷量的选择，应满足空气调节负荷变化规律及部分负荷运行的调节要求，一般不宜少于两台；当小型工程仅设一台时，应选用调节性能优良的机型”；

2)《采暖通风与空气调节设计规范》(GB 50019—2003)第7.2.1条：水冷电动压缩式冷水机组的机型，宜按表2.4.3内的制冷量范围，经过性能价格比进行选择；

水冷式冷水机组选型范围　　表2.4.3

单机名义工况制冷量(kW)	冷水机组机型
≤116	往复式、涡旋式
116～700	往复式
	螺杆式
700～1054	螺杆式
1054～1758	螺杆式
	离心式
≥1758	离心式

3)《采暖通风与空气调节设计规范》(GB 50019—2003)第7.4.4条：“选用直燃型溴化锂吸收式冷(温)水机组时，应符合以下规定：1. 按冷负荷选型，并考虑冷、热负荷与机组

供冷、供热量的匹配。2. 当热负荷大于机组供热量时，不应用加大机型的方式增加供热量……”。

(2) 防治措施

1) 按规范要求，对空调区各房间逐项进行逐时负荷计算，绘制负荷 24h 分布图，通过负荷分析，找出空调系统 24h 最大冷负荷和最小冷负荷值及其出现的时间；

2) 在确定空调系统的 24h 最大和最小负荷后，根据其负荷特性及同时使用情况，确定总装机容量及单台最小制冷量。单台最小制冷量取 24h 最小冷负荷的 1.1～1.2 倍。总装机容量减去单台最小冷水机组容量后，根据差值大小选取适当的机型和台数；

3) 对于电压缩式机组，通常情况下，单台制冷量小于 300RT 时，选用螺杆机，大于 400RT 时，选取离心机。为了增强冷水机组的调节性能，可将单台制冷量最小的冷水机组选为多机头型式。

2.4.4 冷水机组及空调末端设备承压能力不明确或选型不当

1. 现象

设计时没有注明冷水机组及空调末端设备的承压能力，或要求不当。

2. 危害及原因分析

(1) 危害

1) 空调设备承压能力不够，会引发设备损伤事故；

2) 若其承压能力过高，将增加不必要的投资。

(2) 原因分析

1) 未做空调水系统压力分布线分析，无法准确获知最大工作压力值；

2) 对空调设备的标准设计工作压力了解不够。

3. 标准要求及防治措施

(1) 标准要求

《采暖通风与空气调节设计规范》(GB 50019—2003)第 6.4.6 条：“水系统的竖向分区应根据设备、管道及附件的承压能力确定……”。

(2) 防治措施

1) 根据空调水系统的最大工作压力值来确定设备的承压能力；

2) 在空调水系统管路水力计算的基础上先选取水系统定压点的位置。通常情况下，优先选取水泵吸入端为其定压点，绘制出空调水系统总水头线及静压水头线，找出水系统最大工作压力值。

有个简便确定系统最大承压的方法：系统最大承压点一般在系统的最低点或水泵出口处，设计时应对这些位置在系统停止运行、正常运行及水泵开机瞬间的压力值分别进行计算，取上述三种情况下最大承压点的压力，并适当考虑一定的安全系数作为系统的最大承压；

3) 当最大工作压力值低于空调设备的标准设计工作压力时，将设备承压能力定为标准设计工作压力值；

4) 当该值大于空调设备的标准设计工作压力时，可考虑下列措施适当降低空气调节设备的工作压力，尽可能使其在设备标准设计工作压力以下：

a. 空气调节水系统的定压点设在水泵的压出端；

b. 改变冷水机组与循环泵的进出水顺序，通常情况下，优先设置冷水机组于循环泵的压出端，在冷水机组承压能力不足时，可将其置于循环泵吸入端；

c. 将空气调节冷水系统竖向分为高低两个区；

d. 将冷却塔放在较低的位置。

2.4.5 冷却塔飘水量过大

1. 现象

冷却塔出风口雾气弥漫，雾气中夹带大量水珠。

2. 危害及原因分析

(1) 危害

冷却塔飘水量太大，一方面造成水的浪费，增加运行成本，另一方面又对周边环境造成影响，引发投诉及纠纷。

(2) 原因分析

1) 所选冷却水泵扬程过高，冷却塔出水水头过大，导致水花飞溅；

2) 冷却塔布水管安装角度不合适，洒水方向与水平方向夹角太小，水珠易被上升气流夹带；

3) 风机风量过大，造成塔体内气流速度过高，容易夹带水珠；

4) 冷却塔出风口处未设置收水器或安装不正确。

3. 标准要求及防治措施

(1) 标准要求

《通风与空调工程施工质量验收规范》(GB 50243—2002)第 9.3.11.3 条："冷却塔的出水口及喷嘴的方向和位置应正确，集水盘应严密无渗漏；分水器布水均匀。带转动布水器的冷却塔，其转动部分应灵活，喷水出口按设计或产品要求，方向应一致"。

(2) 防治措施

1) 冷却水泵选型计算时，应在计算管道水力损失并适当考虑冷却塔所需水头的基础上确定水泵扬程。冷却塔所需水头主要包括出水口处的静压水头和出口余压两个部分，出水口处的静压水头(即出水管高度)一般根据冷却塔大小不同按 2~5m 考虑，出口余压按 $1mH_2O$ 考虑，也可以直接参考生产厂家在其产品样本中登载的数据(该水头值一般包括了冷却塔所需的全部水头，不需另外附加)；

2) 如在冷却塔调试时发现水泵扬程过大，可通过关小冷却泵出水管或冷却塔进水管上的阀门来调节，如通过阀门调节仍无法解决，可考虑更换扬程小一些的水泵；

3) 冷却塔安装完毕应检查布水管的出水情况，应保证出水方向一致，角度适宜，一般出水角度应调整为与水平方向成 75°~85°角；

4) 冷却塔设计选型时，应仔细计算确定冷却塔风机风量。如实际调试时发现由于风量过大而导致飘水过大，应将风机叶片角度调小，或更换风机皮带轮，减小风机转速；

5) 应根据产品特点设置必要的收水装置(于填料上方设收水器)，以阻挡水珠随风飘散。

2.4.6 冷却塔运行时噪声大

1. 现象

冷却塔运行时噪声较大,超过环保要求的噪声标准。

2. 危害及原因分析

(1) 危害

对环境造成噪声污染,对周围人员的工作、生活造成干扰,危害人体健康。

(2) 原因分析

1) 风机叶片角度不一致、叶片上有异物附着或叶片定位码松动等,导致风机运转不平衡,产生较大噪声;

2) 圆形冷却塔因填料与集水盘之间的高差,产生较大的落水噪声;

3) 塔体未设消声装置;

4) 冷却塔安装环境不佳,如在较封闭的小空间内安装的冷却塔由于噪声反射,造成噪声叠加。

3. 标准要求及防治措施

(1) 标准要求

1)《通风与空调工程施工质量验收规范》(GB 50243—2002)第 9.3.11.4 条:"冷却塔风机叶片端部与塔体四周的径向间隙应均匀。对于可调整角度的叶片,角度应一致";

2)《建筑给水排水设计规范》(GB 50015—2003)第 3.10.7 条:"环境对噪声要求较高时,可采用下列措施:1. 冷却塔的位置远离对噪声敏感的区域。2. 采用低噪声型或超低噪声型冷却塔。3. 进水管、出水管、补充水管上设置隔振防噪装置。4. 冷却塔基础设置隔振装置。5. 建筑上采取隔声吸声屏障"。

(2) 防治措施

1) 冷却塔安装完毕,应进行全面检查,发现风机叶片角度不一致的要调成一致,附着在叶片上的杂物应清除干净,叶片定位码应紧固;

2) 圆形冷却塔应在存水盘上覆盖尼龙网、海绵等吸声材料,以减小落水噪声;

3) 对噪声要求较高的场所,应采用低噪声或超低噪声冷却塔,或对冷却塔进行专门的降噪处理,冷却塔进水管、出水管、补充水管上设置隔振防噪装置,冷却塔基础设置隔振装置;

4) 冷却塔应安装于宽敞的、通风条件好的位置,既利于散热,又可以减少噪声叠加;

5) 冷却塔验收时,应进行噪声测试,其噪声指标应达到设计和环保部门的要求。

2.4.7 多台冷却塔并联运行时水量分配不均衡

1. 现象

两台或两台以上冷却塔通过同一冷却水供回水管路并联在一个系统中,同时使用时各塔之间水位高低不一,水量分配不均衡。

2. 危害及原因分析

(1) 危害

1) 多台冷却塔并联运行时水量分配不均衡,会造成有的塔水位高涨,从集水盘顶部溢流,有的塔水位降低直至集水盘内的水被全部吸空,最终导致系统无法正常工作;

2) 因水量分配不均导致其中某些系统冷却水流量不足时,会造成冷却水回水温度过高,冷水机组冷凝压力过高,制冷效率降低。

(2) 原因分析

1) 各台冷却塔供回水支路之间水力不平衡所致,各支管路水力损失大小不同;

2) 冷却塔安装高度不一致,各台冷却塔之间水位存在高差;

3) 不同容量的冷却塔合用一套供回水干管,并联安装。

3. 标准要求及防治措施

(1) 标准要求

1)《通风与空调工程施工质量验收规范》(GB 50243—2002)第 9.3.11.2 条:“……同一冷却水系统的多台冷却塔安装时,各台冷却塔的水面高度应一致,高差不应大于 30mm”;

2)《通风与空调工程施工质量验收规范》(GB 50243—2002)第 7.7.7 条:“当多台开式冷却塔并联运行,且不设集水箱时,应使各台冷却塔和水泵之间管段的压力损失大致相同,在冷却塔之间宜设平衡管或各台冷却塔底部设置公用连通水槽”;

3)《建筑给水排水设计规范》(GB 50015—2003)第 3.10.10.3 条:“不设集水池的多台冷却塔并联使用时,各塔的集水盘应设连通管,连通管的管径宜比总回水管的管径放大一号;连通管与各塔出水管的连接应为管顶平接……”。

(2) 防治措施

1) 冷却水回水管属重力流管道,安装时其水平管应保持一定的顺流坡度。各台冷却塔回水支管与回水干管连接处应以顺流三通形式相接,不得做成“T”形三通。建议冷却水供回水管在与各台冷却塔相连时保持管径不变,即在末端处管径不缩小;

2) 在每台冷却塔供水管上设调节阀,用于调节每台塔的供水量,一旦达到水量平衡,即将阀门的开关位置锁定,防止无关人员随意调动;

3) 在并联的每两台冷却塔之间设置平衡管,使所有冷却塔回水连通。平衡管应接至冷却塔集水盘的底端,其接口应在冷却塔出厂时预留,不要将平衡管接至各台冷却塔的回水管上。平衡管管径宜比总回水管的管径放大一号,在平衡管上应设置阀门,作检修之用;

4) 多台小的单元式方形冷却塔组合成一台大的方形冷却塔时,每台单元塔水盘应连通,供水管上应设调节阀,并调至水量均等;

5) 冷却塔安装前,应对基础标高进行复核,应保证同一系统上的冷却塔基础标高及水位一致;

6) 不同容量的冷却塔宜单独设冷却水回路,不要并联在同一系统中。

2.4.8 冷却塔选型及安装位置不当

1. 现象

(1) 冷却塔的冷却能力不够;

(2) 冷却塔的噪声、振动及飘逸水对周围环境造成影响。

2. 危害及原因分析

(1) 危害

1) 冷却塔的冷却能力不够时，冷却水温持续偏高，无法降至设计工况，造成冷水机组运行效率下降，甚至无法运行；

2) 噪声超标，振动及飘逸水对周围环境产生影响；

3) 噪声及振动使其邻近的房间无法满足使用功能的要求。

(2) 原因分析

1) 冷却塔选型偏小，本身冷却能力不够；

2) 冷却塔设计容量不够，或设计选型时未考虑当地夏季空调室外计算湿球温度与产品样本上标准工况的差异；

3) 受建筑立面遮挡等各种因素限制，冷却塔周边通风条件受限，进风量不足或大量热风回流，降低了冷却塔的冷却能力；

4) 多台冷水机组联合运行多采用并联方式，导致与冷水机组相匹配的不同规格的冷却塔并联运行，因其特性参数不同，使各冷却塔的实际冷却量与其额定值有差异；

5) 冷却塔位置不当，周边及其下方有居民或敏感主体，噪声、振动及飘逸水对其产生影响。

3. 标准要求及防治措施

(1) 标准要求

1)《采暖通风与空气调节设计规范》(GB 50019—2003)第7.7.6条："冷却塔的选用和设置，应符合下列要求：1. 冷却塔的出口水温、进出口水温差和循环水量，在夏季空气调节室外计算湿球温度条件下，应满足冷水机组的要求；……4. 冷却塔设置位置应通风良好，远离高温或有害气体，并应避免飘逸水对周围环境的影响；5. 冷却塔的噪声标准和噪声控制，应符合本规范第9章的有关要求"；

2)《采暖通风与空气调节设计规范》(GB 50019—2003)第7.7.7条："当多台开式冷却塔并联运行，且不设集水箱时，应使各台冷却塔和水泵之间管段的压力损失大致相同，在冷却塔之间宜设平衡管或各台冷却塔底部设置公用连通水槽"。

(2) 防治措施

1) 目前常用的冷却塔主要分为逆流式和横流式，前者多为圆形，后者多为方形，对于大型冷却塔，多采用方形拼接。选型时，要根据实际的室外空气参数、冷却水进出口温差等，对名义工况下的冷却水量进行修正，以防冷却塔选型过小；

2) 在冷却塔设计选型时，应考虑当地夏季空调室外计算湿球温度与冷却塔标准工况的差异，充分考虑冷却塔的安装条件，并对各不利因素分析论证，选择适当类型和冷却能力的冷却塔。对于安装位置通风良好的冷却塔，其冷却能力应按冷水机组冷却水量的1.25倍选取，对于安装位置通风条件不利的冷却塔，应根据其散热不利的程度在此基础上加大冷却塔的冷却能力，并在气流组织上采取有效措施，如：a. 出风口加导风筒，b. 提高塔体周边进风能力等，c. 抬高冷却塔安装高度等；

3) 在设计并联运行的冷却塔时，应充分考虑各种不同组合运行工况下，冷却塔并联运行时的水量分配关系，并确保各台冷却塔的特性参数满足所有运行工况的要求；多台开式冷却塔并联运行，且不设集水箱时，应使各台冷却塔和水泵之间管段的压力损失大致相同，并在各台冷却塔进水管上设置电动阀(圆形横流式冷却塔还应在各冷却塔出水管上设

置电动阀),在冷却塔间设平衡管或各台冷却塔底部设置公用连通水槽,平衡管的管径宜比总回水管的管径放大一号;

4) 对于裙房为商业、塔楼为住宅的商住型建筑,冷却塔应放置在塔楼项部;对于公共建筑,冷却塔应远离对噪声、振动敏感的房间。条件有限时,应采用低噪声或超低噪声冷却塔,或采取以下措施处理:基础作减振处理,周边做隔声屏,上方做消声导风筒,冷却塔进水管、出水管、补充水管上设置隔振防噪装置。

2.4.9 风冷式空调器室外机安装位置不当

1. 现象

(1) 风冷式空调器室外机安装空间不够,热风回流;

(2) 风冷式空调器室外机安装位置的周边或下方有居民或敏感主体。

2. 危害及原因分析

(1) 危害

1) 热风回流导致风冷式空调器制冷效率低,无法满足设计要求;

2) 噪声、振动及热气流对周围环境和人员造成不良影响。

(2) 原因分析

1) 受建筑条件等方面的限制,风冷式空调器室外机周边拥挤、出风口处有遮挡等,导致大量热风回流;

2) 风冷式空调器室外机安装时未考虑到噪声、振动及热气流对周围环境和人员的影响。

3. 标准要求及防治措施

(1) 标准要求

《城市区域环境噪声标准》(GB 3096—93)第3条:城市5类环境噪声标准值列于表2.4.9。

城市环境噪声标准值(等效声级 LAeq:dB) **表 2.4.9**

类别	昼间	夜间
0	50	40
1	55	45
2	60	50
3	65	55
4	70	55

第4条:各类标准的适用区域:4.1:0类标准适用于疗养区、高级别墅区、高级宾馆区等特别需要安静的区域。位于城郊和乡村的这一类区域分别按严于0类标准5dB执行。4.2:1类标准适用于以居住、文教机关为主的区域。乡村居住环境可参照执行该类标准。4.3:2类标准适用于居住、商业、工业混杂区。4.4:3类标准适用于工业区。4.5:4类标准适用于城市中的道路交通干线道路两侧区域,穿越城区的内河航道两侧区域。穿越城

区的铁路主、次干线两侧区域的背景噪声(指不通过列车时的噪声水平)限值也执行该类标准。

(2) 防治措施

1) 选择气流畅通的地点设置风冷式空调器室外机,对于受安装地点条件限制,无法满足该要求时,应在气流组织上采取防止热气流回流的有效措施,如:

a. 出风口加导风筒;

b. 提高风冷式空调器室外机周边进风能力;

c. 抬高风冷式空调器室外机的安装高度等。

2) 风冷式空调器室外机应尽可能设置在楼顶,并应远离对噪声、振动敏感的房间。若无法满足居民及敏感主体的要求,其基础应做减振处理,周边设隔声屏,上方做消声导风筒。

2.4.10 制冷(热)机房设置及布置不当

1. 现象

(1) 制冷(热)机房距离空调负荷的中心太远;

(2) 制冷(热)机房无安装孔洞和运输通道;

(3) 制冷(热)机房设备布置不满足规范要求。

2. 危害及原因分析

(1) 危害

1) 机房太远,冷(热)媒输送距离长,冷(热)损失大,增加运行费用;

2) 机房无安装孔洞和运输通道,制冷(热)设备无法顺利安装;

3) 机房设备布置不当造成制冷(热)设备维修困难。

(2) 原因分析

1) 对本专业规范要求不熟悉或重视不够、技术经济分析不够充分;

2) 与相关专业配合时,未考虑到本专业的制冷(热)设备必须整体性吊装或拆卸;

3) 一般设计时参照某类设备进行机房布置,所预留的机房与实际购置的设备所需的机房尺寸差异大。

3. 标准要求及防治措施

(1) 标准要求

1)《采暖通风与空气调节设计规范》(GB 50019—2003)第7.8.1条:"制冷和供热机房宜设置在空气调节负荷的中心,并应符合下列要求:……机房应考虑预留安装孔、洞及运输通道";

2)《采暖通风与空气调节设计规范》(GB 50019—2003)第7.8.2条:"机房内设备布置,应符合以下要求:1. 机组与墙之间的净距不小于1m,与配电柜的距离不小于1.5m;2. 机组与机组或其他设备之间净距不小于1.2m;3. 留有不小于蒸发器、冷凝器或低温发生器长度的维修距离;4. 机组与其上方管道、烟道或电缆桥架的净距不小于1m;5. 机房主要通道的宽度不小于1.5m"。

(2) 防治措施

1) 制冷(热)机房应设置在靠近空气调节负荷中心,一般应充分利用建筑物地下室。

对于超高层建筑,也可设在设备层或屋顶上。由于条件所限制,不宜设在地下室时,也可设在裙房中或与主建筑分开独立设置。

2) 制冷(热)机房设计时应留有对应于整体安装设备的吊装孔洞;其运输路线必经的楼板(或地面)以及安装位置处的楼板(或地面),必须有足够的承载力。

3) 制冷机房的净高(梁底到地面)应根据制冷机的型号规格而定:

a. 对于活塞式制冷机、小型螺杆式制冷机,其机房净高控制在 3~4.5m;

b. 对于离心式制冷机,大、中型螺杆式制冷机,其机房净高控制在 4.5~5m,有电动起吊设备时,还应考虑起吊设备的安装和工作高度;

c. 对于吸收式制冷机,原则上同离心式制冷机,设备最高点到梁下不小于 1.5m;

d. 设备间的净高不应小于 3m。

4) 布置制冷机房时,温度表、压力表及其他测量仪表应设在便于观察的地方。阀门高度一般离地 1.2~1.5m,高于此高度时,应设工作平台。机房主要通道及制冷机突出部分到配电盘的通道宽度不小于 1.5m;两台压缩机突出部分之间的距离不小于 1.2m;制冷机与墙壁之间的距离及非主要通道不小于 1m。大、中型冷水机组(离心式、螺杆式和吸收式制冷机)其间距可设为 1.5~2.0m(控制盘在端部可以小些,控制盘在侧面可以大些),其换热器(蒸发器的冷凝器)一端应留有检修(清洗或更换管簇)的空间,其长度按各厂家的要求确定。为避免安装空间太挤,设计者的机房布置大样图应以双线表达,各构件、设备和管道以其实际尺寸冷冻水定位。

5) 业主在购置空气调节设备前,应与设计方充分沟通,避免所购设备安装困难,甚至无法安装。

6) 冷水机组定购时,应明确冷凝器、蒸发器内水流的回程数,使实际机组的冷冻水、冷却水接管方向与设计保持一致,否则机房内设备及管道布置将作较大调整。

2.5 防腐与绝热的质量通病

2.5.1 钢管去污除锈不干净

1. 现象

(1) 钢管面漆返锈,油漆脱落,有皱纹、气泡现象;

(2) 钢管表面有油污、污物,土建垃圾没有清理;

(3) 管道内壁生锈。

2. 危害及原因分析

(1) 危害

1) 钢管除锈不干净、有污物,防锈漆的附着力差,缩短钢管寿命,锈渣、漆膜脱落影响环境清洁;

2) 钢管内壁生锈,锈渣随水流进入主机和末端设备,影响设备的换热,若沉积在阀门处,可引起阀门关断不严、失灵。

(2) 原因分析

1) 钢管库存时间过长,锈蚀严重,钢管除锈后未及时刷防锈漆;

2) 钢管铁锈、灰尘、水泥等未清除干净,刷油漆时钢管的表面潮湿;

3) 因内壁较难施工,除锈不彻底,或未除锈。

3. 标准要求及防治措施

(1) 标准要求

《通风与空调工程施工质量验收规范》(GB 50243—2002)第 10.3.1 条:"喷、涂油漆的漆膜,应均匀、无堆积、皱纹、气泡、掺杂、混色与漏涂等缺陷"。

(2) 防治措施

1) 油污一般用碱性溶剂溶解;

2) 钢管进场后立即除锈防腐,以防加重。除锈时应在较为干燥的环境中施工。应用砂纸、钢丝刷去除表面铁锈及灰尘,锈蚀严重时应用磨光机进行打磨;

3) 管道安装完成后要进行保护,若不清洁,刷漆前对相应部位要重新除锈、去污;

4) 管道内壁锈迹可用钢丝球除去,生锈严重时可以用电化学方法处理。

2.5.2 绝热材料种类及其密度和厚度等选用不当

1. 现象

(1) 绝热材料没有按不同的安装部位使用相应防火等级的材料;

(2) 绝热材料选型不当、厚度不够,造成管道(尤其冷冻水管)表面结露。

2. 危害及原因分析

(1) 危害

1) 发生火灾时,绝热材料燃烧,助长火势蔓延,或产生大量有毒、有害气体,直接威胁人员的生命安全;

2) 结露会滋生细菌,同时造成冷、热量损失加大,造成绝热结构破坏,使其失效。

(2) 原因分析

1) 施工单位对规范不清楚、不理解其重要性,在穿过防火墙和变形缝两侧各 2.0m 范围内、电加热器前后各 800mm 范围等处的风管,没有采用 A 级不燃绝热材料;

2) 对绝热材料的导热系数、容重、阻湿因子、化学成分等理化性能了解不够,选型不合理,有的材料随使用时间的推移热导率会增加,更易出现结露现象;

3) 设计者没有经过严格计算选型,仅凭经验确定绝热层的厚度等;

4) 实际使用的绝热材料与设计的不一致,又没有经过设计者校核和确认。

3. 标准要求及防治措施

(1) 标准要求

1)《采暖通风与空气调节设计规范》(GB 50019—2003)第 7.9.3 条:"设备和管道的保冷、保温材料,应按下列要求选择:1. 保冷、保温材料的主要技术性能应按国家现行标准《设备及管道保冷设计导则》(GB/T 15586)及《设备及管道保温设计导则》(GB 8175)的要求确定;2. 优先采用导热系数小、阻湿因子大、吸水率低、密度小、综合经济效益高的材料;3. 用于冰蓄冷系统的保冷材料,除满足上述要求外,应采用闭孔型材料和对异形部位保冷简便的材料;4. 保冷、保温材料为不燃或难燃材料";

2)《采暖通风与空气调节设计规范》(GB 50019—2003)第 7.9.4 条:"设备和管道的保冷及保温层厚度,应按以下原则计算确定:1. 供冷或冷热共用时,按《设备及管道保冷设计导则》(GB/T 15586)中经济厚度或防止表面凝露保冷厚度方法计算确定,也可参照本规范附录J选用;2.供热时,按《设备及管道保温设计导则》(GB 8175)中经济厚度方法计算确定;3.凝结水管按《设备及管道保冷设计导则》(GB/T 15586)中防止表面凝露保冷厚度方法计算确定,可参照本规范附录J选用";

3)《高层民用建筑设计防火规范》(GB 50045—95)(2001年版)第8.5.7条:"管道和设备的保温材料、消声材料和粘结剂应为不燃烧材料或难燃烧材料。穿过防火墙和变形缝的风管两侧各2.00m范围内应采用不燃烧材料及其粘结剂";

4)《高层民用建筑设计防火规范》(GB 50045—95)(2001年版)第8.5.8条:"风管内设有电加热器时,风机应与电加热器联锁。电加热器前后各800mm范围内的风管和穿过设有火源等容易起火部位的管道,均必须采用不燃保温材料"。

(2) 防治措施

1) 绝热材料的选择宜采用成型制品,应具备导热系数小、阻湿因子大、吸水率小、水蒸汽渗透率小、密度小、强度高、允许使用温度高于管道内热质的最高运行温度、不燃或难燃、无毒等性能。对于内绝热的材料,除上述要求外,还应具有灭菌性能,并且价格合理、施工方便。对于需要经常维护、操作的设备和管道附件,应采用便于拆装的成型绝热结构;

2) 目前,空调常用的保温材料有超细玻璃棉、酚醛发泡、闭孔橡塑和聚乙烯泡沫塑料等。其主要性能参数可参考表2.5.2。

常用绝热材料主要性能参数 **表2.5.2**

项目 \ 材料名称	玻璃纤维棉	聚乙烯	阿乐斯(橡塑类)	酚醛	防水型CTF(复合硅酸盐)
形态	柔软、半硬外加增强铝箔贴面	柔软、有弹性	软、硬质	硬质、无回弹外加复合加筋铝箔贴面	液态涂料、板材
内部结构	开孔结构	闭泡结构	闭泡结构	半闭孔结构	开孔结构(干后)
温度范围(℃)	-4~121	-40~80	-40~105	-180~130	-40~180
密度(kg/m³)	40~64	26~30	65~85	35~40	180~300(干密度)
导热系数λ(w/m·k)	0.032~0.037	0.034~0.038	0.034	0.018~0.025	0.034~0.035
吸湿率		<0.002g/cm	1.7%		≤7.24%
阻湿因子μ	200	1000	3500	150	
水蒸气渗透率		1.12	0.14μgm/Nh	10μgm/Nh	
耐腐蚀性	耐酸,抗腐,不烂,不蛀	好	耐酸、碱、盐,耐油、溶剂	好,耐浓酸碱	耐酸、碱,耐油

续表

材料名称 / 项目	玻璃纤维棉	聚乙烯	阿乐斯（橡塑类）	酚醛	防水型 CTF（复合硅酸盐）
防火性	不燃 A 级	难燃 B1 级，燃烧不释放有毒物质	难燃 B1 级	难燃 B1 级	不燃
老化程度		耐老化	耐老化		
经济性能及使用寿命	价格低，但易损坏失效，使用寿命短	价格适中，不易老化	价格较高，但使用 寿命较长，轻微刮损无影响	价格中等，若保护好，则使用时间较长	价格低，投资少

其中导热系数 λ 是最关键的一个指标，它并非为一固定数值，而会随着材料使用时间的推移而加大。吸水率、水蒸气渗透率越大（或 μ 越小），相对湿度、温度越高，使用时间越长，材料的 λ 值越大，材料选型时要综合考虑各个参数的影响。保冷材料厚度也将随 λ 的增大而增大。因此，在选用保冷层初始厚度时，一定要考虑材料的使用寿命，适当加大厚度值。一般用于空气调节风管的超细玻璃棉密度应大于 $32kg/m^3$，用于空气调节水管上的超细玻璃棉密度应大于 $64kg/m^3$。设计文件上应当明确所采用的绝热材料的种类和相关性能（密度、导热系数、可燃性，吸湿因子、强度等），以及各管道对应的保温层厚度；

3）根据工程类别选择不燃 A 级或难燃 B1 级材料，且必须对其燃烧性能进行检验，合格后方可使用。电加热器前后各 800mm 范围内的风管，穿过防火墙和变形缝两侧各 2.0m 范围内的风管和水管的绝热材料必须使用不燃材料；

4）绝热材料的选型应严格按设计的技术参数要求，当改变其种类、参数时，应经设计者校核和认可。

2.5.3 空调水管及制冷剂管道绝热效果不佳

1．现象

（1）所用绝热材料规格与管道管径不配套，即绝热材料内径偏大或偏小；

（2）绝热材料接缝处开裂，封闭不严密。

2．危害及原因分析

（1）危害

绝热材料规格与管道管径不配套，绝热材料接缝开裂，都将造成绝热结构不严密，对于冷介质管道，将在管道外壁或绝热材料接缝处产生结露，冷凝水渗入绝热材料将降低其绝热性能，造成更严重的结露，并对整个绝热结构产生破坏，缩短其使用寿命。

（2）原因分析

1）造成绝热材料规格与管道管径不配套的原因主要有：

a．施工单位在绝热材料采购时对其规格表述不准确，如简单地以管道的公称直径“*DN*”表示，但公称直径相同而类型不同的管道其外径是不一定相同的，因此，如材料供应商未进行认真核实就可能造成到货的绝热材料规格与管道直径不配套；

b. 施工人员责任心差，未认真核对绝热材料规格，随手取用，造成绝热材料规格与管道直径不配套，即“大材小用”或“小材大用”。

2) 造成绝热材料接缝开裂的原因主要有：

a. 采用的绝热材料规格偏小，强行将接缝合拢，时间长后开裂；

b. 采用的粘接剂(胶水)或胶带质量差，粘接力不强；

c. 采用粘接剂(胶水)粘接绝热材料接缝时，粘接剂(胶水)涂刷后干化时间不足或过长，粘接效果差；

d. 绝热材料接缝处有灰尘或杂物未清除干净，导致粘接不牢；

e. 采用的粘接剂(胶水)与所粘接的材料不匹配。

3. 标准要求及防治措施

(1) 标准要求

1)《通风与空调工程施工质量验收规范》(GB 50243—2002)第 10.3.4 条：“绝热材料层应密实，无裂缝、空隙等缺陷”；

2)《通风与空调工程施工质量验收规范》(GB 50243—2002)第 10.3.10.1 条：“绝热产品的材质和规格，应符合设计要求，管壳的粘贴应牢固、铺设应平整；绑扎应紧密，无滑动、松弛与断裂现象”。

(2) 防治措施

1) 施工单位在绝热材料采购时，应根据设计所用的管材以管道外径作为绝热材料的内径准确表述绝热材料规格，以防采购失误；

2) 在管道绝热施工时应按管道实际尺寸采用与之相匹配的绝热材料；

3) 在管道绝热施工过程中应加强检查，如发现绝热材料接缝处开裂或摇晃时有松动现象，说明绝热材料规格偏小或偏大，应予更换；

4) 施工时，绝热材料的接缝应置于管道的侧面；

5) 采用橡塑等柔软材料绝热时，应采用与绝热材料相匹配的专用粘接剂(胶水)或胶带，最好在大面积施工前先施工一小段管道作为样板，以检验粘接剂(胶水)或胶带的粘接质量；

6) 采用橡塑等柔软材料绝热时，用粘接剂(胶水)粘接绝热材料接缝前，应先除净接缝处的灰尘和杂物，并在粘接剂(胶水)涂刷后自然干化 3 ~ 10min(或按粘接剂使用说明上规定的干化时间)后方可合缝粘接。粘接剂(胶水)具体干化时间的长短取决于其本身的质量等级和大气的温、湿度，可采取“手指触摸法”来检测干化状况，即用手指接触涂胶面，如手指不会粘在材料表面且材料表面无粘手的感觉，即可进行粘接；

7) 粘接剂(胶水)在使用过程中应防止挥发干化，以免影响粘接效果；

8) 采用橡塑等柔软材料绝热时，每条绝热管材的两端均应涂刷粘接剂(胶水)与管道粘接，粘接宽度不得小于绝热材料厚度。相邻绝热管材之间应用粘接剂(胶水)粘接，应使用推压的方法使其粘接，而不得拉伸管材使其粘接(时间长后会开裂)。绝热管材与木垫接触处应刷胶，以使二者紧密相贴；

9) 其他常用绝热材料的接缝如下处理：

a. 玻璃纤维棉的接缝用耐压防潮带或防水粘接剂粘接；

b. 聚乙烯的接缝用溶剂型胶水粘接,但需注意防开裂;

c. 酚醛接缝处铝箔用 CP－85 粘接剂密封或用自粘性铝箔胶带密封。

2.5.4 空调水管及制冷剂管道穿楼板或墙体处未绝热或绝热不当

1. 现象

1) 空调水管或制冷剂管道在穿过楼板或墙体处未进行绝热处理;

2) 绝热层接缝置于楼板或墙体处套管内,且未密封。

2. 危害及原因分析

(1) 危害

1) 空调水管及制冷剂管道局部无绝热层或绝热结构不严密,管道外表会结露,时间一长,穿过楼板或墙体处套管周围的墙面或楼板底会出现一圈水渍,并生霉、变色或长苔;

2) 冷凝水还会渗入邻近的绝热材料,将降低其绝热性能,造成更严重的结露,破坏绝热结构,尤其是对玻璃棉的破坏更快更严重,甚至其造成大面积脱落。

(2) 原因分析

1) 空调水管及制冷剂管道在穿过楼板或墙体处因管道未装套管,容易未绝热处理而直接封堵;或者是由于套管内施工不方便、偷工减料等原因而未施工绝热层;

2) 绝热层接缝设在套管内,不方便密封处理,故接缝不严密。

3. 标准要求及防治措施

(1) 标准要求

1)《通风与空调工程施工质量验收规范》(GB 50243—2002)第 9.2.2.5 条:"……管道穿越墙体或楼板处应设钢制套管,……保温管道与套管四周间隙应使用不燃绝热材料填塞紧密";

2)《通风与空调工程施工质量验收规范》(GB 50243—2002)第 10.3.4 条:"绝热材料层应密实,无裂缝、空隙等缺陷……"。

(2) 防治措施

1) 管道穿墙、楼板等处应安装钢套管,应保证绝热层与套管间有 10～30mm 左右的间隙;套管处必须做绝热处理;

2) 绝热层接缝不要设于套管内,若在套管边缘,一定要用粘接材料等填满封严;

3) 用玻璃棉等不燃绝热材料将管道绝热层与套管之间的所有空隙填塞密实。

2.5.5 空调水管及制冷剂管道阀门等附件绝热不合理

1. 现象

空调水管及制冷剂管道的阀门、水质过滤器等管道附件及法兰处绝热结构不合理,如绝热结构内部不密实,外部绑扎不牢固,维修时无法单独拆卸等,尤其是采用玻璃棉管壳、酚醛等质地较硬、脆性较大的材料时上述现象更加突出。

2. 危害及原因分析

(1) 危害

空调水管及制冷剂管道在阀门、水质过滤器等管道附件及法兰处绝热施工不合理,时间一长会出现绝热层破损脱落,产生冷凝水,对周围其他管线、吊顶、地面等造成不良影响。

(2) 原因分析

1) 阀门、过滤器等管道附件形状不规则,绝热层较难施工;

2) 施工人员技术不熟练或不认真。

3. 标准要求及防治措施

(1) 标准要求

《通风与空调工程施工质量验收规范》(GB 50243—2002)第 10.3.9 条:"管道阀门、过滤器及法兰部位的绝热结构应能单独拆卸"。

(2) 防治措施

1) 空调水管及制冷剂管道的阀门、水质过滤器等管道附件,其形状不规则,用玻璃棉管壳、酚醛等质地较硬、脆性较大的绝热材料,绝热结果内部很难填实,施工难度大,为施工方便并保证较好的绝热效果,建议在阀门、水质过滤器等管道附件处局部采用橡塑等较柔软的材料进行绝热;

2) 管道附件处的绝热结构应采用可拆卸的形式,以方便操作、检修。施工时,应先用玻璃棉等松软材料将管道附件包裹填实使其外表呈较规则的圆柱状,然后再用绝热材料将其包裹,内部的松软材料及外部的绝热材料均应用金属丝、难腐织带等材料牢固绑扎,两者之间的空隙用绝热碎料填实。必要时可在管道附件绝热结构外部用镀锌钢板制作可拆卸的保护壳。具体做法可参考标准图集《管道及设备保温》(98R418)及《管道及设备保冷》(98R419);

3) 阀门的绝热应注意避免绝热材料紧贴阀杆造成阀杆运动困难或卡住,尤其是电动比例积分调节阀,因其执行器的驱动力有限,一旦阀杆被绝热材料卡住,将无法正常工作。另外,为保证阀门操作方便,安装在机房内的阀门,其手柄、手轮、执行器等操作机构可不进行绝热,阀门开关状态指示标志应暴露在外。

2.5.6 空调水管立管绝热未设托环

1. 现象

空调水管立管采用玻璃棉等密度较大的材料绝热时,未在管道上设托环。

2. 危害及原因分析

(1) 危害

空调水管立管采用玻璃棉等密度较大的材料绝热时未设托环,时间一长将导致绝热材料受重力作用而脱落,冷水管道将结露产生冷凝水。对于设在管道井内的立管,一般管道较多,空间较小,一旦绝热材料脱落将很难更换。

(2) 原因分析

立管绝热未设托环主要是由于施工单位认识不足,贪方便,图省事所致。

3. 标准要求及防治措施

(1) 标准要求

标准图集《管道及设备保温》(98R418)及《管道及设备保冷》(98R419)中有明确要求。

(2) 防治措施

空调水管立管采用玻璃棉等密度较大的材料绝热时,应每隔一定的间距在管道上焊接环形钢板或设抱箍作为绝热材料的托板,其宽度为绝热层厚度的 2/3。对于轻质绝热材料(如橡塑、PEF 等),如支架间距很大,也应适当设置一些托环。

2.5.7 管道支吊架处绝热处理不合理

1. 现象

(1) 采用木衬垫时,未进行防腐处理或处理效果不佳;

(2) 木衬垫安装时上下两半未对正,两侧端面不在一个平面上;木衬垫上下两半的接合面之间的空隙未封堵;

(3) 与管道直接接触的固定支架(如集分水器支架、立管支架等),未作绝热处理;

(4) 木衬垫与管道绝热材料之间的缝隙未封堵。

2. 危害及原因分析

(1) 危害

1) 木衬垫未进行沥青浸泡等防腐处理或处理效果不佳,将导致衬垫易被虫蛀,过早朽烂;

2) 木衬垫的空隙处、木衬垫与绝热材料的缝隙处结露,冷凝水的浸润导致衬垫过早朽烂,管道发生沉降变形,同时吊顶等也出现水渍;

3) 与管道直接接触的固定支架未作绝热处理,会在支架上产生凝露,影响环境。

3. 标准要求及防治措施

(1) 标准要求

《通风与空调工程施工质量验收规范》(GB 50243—2002)第 9.3.5.4 条:"冷热水管道与支、吊架之间,应有绝热衬垫(承压强度能满足管道重量的不燃、难燃硬质绝缘材料或经防腐处理的木衬垫),其厚度不应小于绝缘层厚度,宽度应大于支、吊架支承面的宽度。衬垫的表面应平整、衬垫接合面的空隙应填实"。

(2) 防治措施

1) 尽量采用与管道绝热材料材质相同或相似的成品保温支撑(阿乐斯、酚醛等都有);

2) 为延长木衬垫的使用寿命,其防腐处理应采用在沥青液中浸泡的方式进行,不宜采用刷沥青漆的方式,也可用专用胶水进行强化处理;

3) 应保证木衬垫的加工精度。其两侧端面及上下两半的接合面应平整,中间的圆孔直径应与其管道外径相匹配(一般比管道外径大 1~2mm,订货时木衬垫的规格一定要以管道外径来标注,不要以公称直径标注),圆弧应顺滑;

4) 木衬垫安装时上下两半应对正,上下两半接合面之间及与管道之间如有空隙,应用油膏、腻子等严密塞实;

5) 绝热施工时,木衬垫两侧的绝热材料应与木衬垫紧密接触,不应留有空隙,最好在接触面处用粘接剂粘接后用密封胶带进行封裹;

6) 与管道直接接触的固定支架应用绝热材料包裹,以免凝露。

2.5.8 空调风管绝热玻璃棉的保温胶钉不够

1. 现象

空调风管玻璃棉绝热胶钉脱落,绝热材料未与风管紧密相贴。

2. 危害及原因分析

(1) 危害

玻璃棉与风管结合不紧密，有空气层，空气湿度较大时风管表面易结露。

(2) 原因分析

1) 风管不清洁，灰尘较多，保温胶钉与风管粘结不牢固；

2) 保温钉长度不够，玻璃棉被压产生反作用力，将压板顶开；

3) 玻璃棉施工前，保温胶干化时间太短，胶钉与风管未完全粘结牢固；

4) 保温钉的分布不均匀或数量不够，尤其是侧面和顶部因难观察，最易少装；

5) 风管漏风，保温棉内部形成气体推力，导致保温胶钉脱落。

3. 标准要求及防治措施

(1) 标准要求

《通风与空调工程施工质量验收规范》(GB 50243—2002)第 10.3.6 条："风管绝热层采用保温钉连接固定时，应符合下列规定：1. 保温钉与风管、部件及设备表面的连接，可采用粘接或焊接，结合应牢固，不得脱落……；2. 矩形风管或设备保温钉的分布应均匀，其数量底面每平方米不应少于 16 个，侧面不应少于 10 个，顶面不应少于 8 个。首行保温钉至风管或保温材料边沿的距离应小于 120mm"。

(2) 防治措施

1) 风管粘胶钉前应对风管表面进行全面清理，去除表面污垢；

2) 保温钉的长度应保证不压缩玻璃棉；

3) 保温胶要同时涂在保温钉及风管的粘接面上，待干透固定牢固后方可安装玻璃棉；

4) 保温钉应按规范规定的数量均匀分布，重点要检查风管顶部等不易看见的部位；

5) 保温前应对风管进行漏光或漏风量检测，保证系统的严密性。

2.6 通风空调设备设计与安装的质量通病

2.6.1 风机盘管与风管连接方式及安装不合理

1. 现象

(1) 暗装的风机盘管回风方式不合理。不设回风箱，而通过设在吊顶上的回风口回风。在风机盘管加新风系统中，当新风管在吊顶中留口时，回风在吊顶内与新风混合后才进入风机盘管；

(2) 新风管接口位置不合理，接至回风段。不设回风箱时新风管在风机盘管回风口上方甩口，设置回风箱时直接与之相连，如图 2.6.1(*b*)；

(3) 新风管接至风机盘管出风段的方式不合理。新风管接入角度为直角，如图 2.6.1(*c*)，或新风气流方向与风机盘管送风气流方向相对，如图 2.6.1(*d*)。

2. 危害及原因分析

(1) 危害

1) 风机盘管不设回风箱，将导致吊顶内未经过滤器过滤的空气直接进入风机盘管，长期运行将导致盘管脏堵，造成风机盘管风量及冷量下降，且回风进入吊顶会增大盘管的冷负荷；

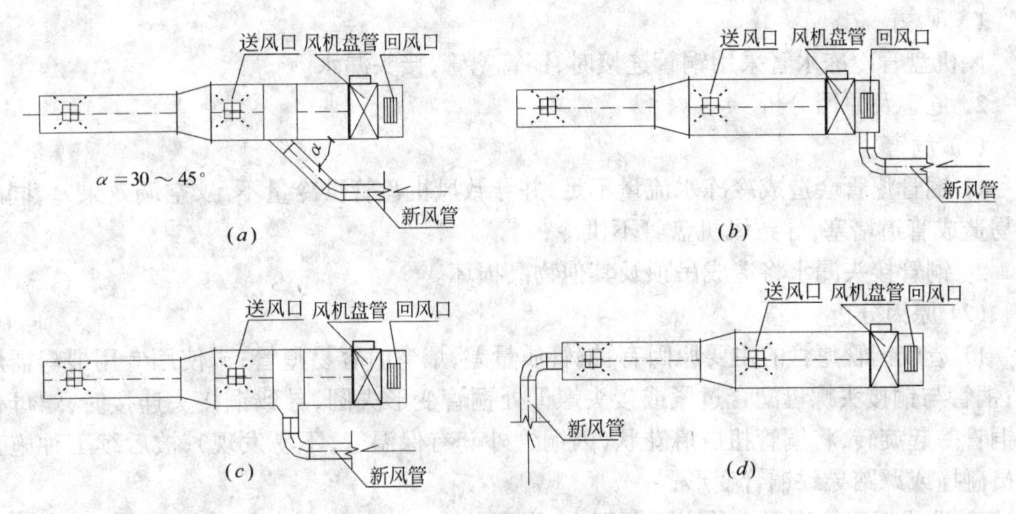

图 2.6.1 风机盘管与新风管连接图
(a)对；(b)、(c)、(d)错

2) 由于过渡季节一般不开空调但需送新风，当新风管在风机盘管回风口上方甩口时，大部分新风将送入吊顶内，送风效果会很差；当新风管与回风箱相连时，新风将通过回风口送入室内，造成吸附在回风口过滤器上的灰尘因气流反吹而掉落，污染环境；

3) 新风管接至风机盘管出风段，接入角度及方式不对时，会造成风机盘管送风量或新风量不够，噪声增大。

(2) 原因分析

1) 风机盘管不设回风箱，主要是为了节省成本，安装省事；

2) 新风管连接方式不当，主要是对风机盘管的实际使用状况及效果考虑不周所致。

3. 标准要求及防治措施

(1) 标准要求

《采暖通风与空气调节设计规范》GB 50019—2003 第 6.3.14.1 条："空气调节系统的新风量，应不小于人员所需的新风量，以及补偿排风和保持室内正压所需的新风量等项中较大的值"。

(2) 防治措施

1) 采用暗装风机盘管时，应设回风箱。回风箱最好现场制作，出厂时带在盘管上的回风箱，往往因吊顶上回风口的位置、尺寸不同而需另加变径管。回风箱应设独立吊架，其重量不应由风机盘管承担。有些厂家风机盘管的电线管及接线端子固定在紧靠回风箱接口的位置，影响回风箱的安装，在设备订货时应向厂家提出要求，以避免出现这种情况。在安装回风箱时，应采用自攻螺丝固定，以便风机盘管发生故障时，易于拆下回风箱进行维修；

2) 新风管宜接至风机盘管的送风管上，以与送风管呈 30°～45°左右的夹角接入，见图 2.6.1(a)，或单独设风口，直接送入室内。

2.6.2 风机盘管铜管连接时瘪管及接头漏水

1. 现象

风机盘管冷冻水管采用铜管连接时，铜管瘪管，接头漏水。

2. 危害及原因分析

(1) 危害

1) 铜管瘪管会造成冷冻水流量不足，并导致风机盘管供冷量不足，空调效果差，同时容易造成管道堵塞，导致风机盘管不供冷；

2) 铜管接头漏水将造成吊顶及其他物品损坏。

(2) 原因分析

1) 造成铜管瘪管的主要原因有：铜管质量差，煨弯时容易瘪管；未使用专用煨弯器煨管；铜管与铜接头螺母配合过紧或接头螺母处铜管变形失圆，导致铜接头连接时，螺母带动铜管一起旋转，将铜管扭成麻花状（因铜管外套有保温管，不易发现）；被后续工种施工人员碰撞或踩踏导致铜管变形；

2) 造成铜管接头漏水的主要原因有：胀喇叭口时，喇叭口开裂；喇叭口翻边尺寸过大或过小；连接铜接头时，用力过小时连接不严密，用力过大时喇叭口损坏；

3) 铜管安装完毕未进行水压试验，未能即时发现漏水点。

3. 标准要求及防治措施

(1) 标准要求

《通风与空调工程施工质量验收规范》(GB 50243—2002) 第 9.3.7 条："风机盘管机组及其他空调设备与管道的连接，宜采用弹性接管或软接管（金属或非金属软管），其耐压值应大于等于 1.5 倍的工作压力。软管的连接应牢固、不应有强扭和瘪管"。

(2) 防治措施

1) 风机盘管管道连接所用铜管应采用壁厚足、韧性好、外径标准的优质紫铜管。壁厚太薄或韧性差的铜管易导致喇叭口开裂和瘪管，外径不标准（主要指偏大）的铜管易导致管道扭成麻花状；

2) 铜管切断应采用专用割刀，断口的毛刺应用刮刀刮去。胀口前应检查管口处是否圆整，如失圆，应用工具调圆。胀口时喇叭口的翻边长度以 2～3mm 为宜，应缓慢操作，均匀用力，如造成叠边或裂口应割除并重新胀口。喇叭口胀好后，应检查一下其配套螺母是否可以灵活转动，如转动困难，应用细砂纸打磨铜管外壁，直到螺母可以灵活转动为止；

3) 铜管煨弯应采用专用煨弯器，如不慎造成弯头处失圆过大，应用木锤修整；

4) 通过铜接头将铜管与设备及管道相连时，用力要适当，如经验不足，可采用力矩扳手。拧紧螺母时应仔细观察铜管是否一同旋转；

5) 铜管的长度不宜过长，一般不应超过 500mm，过长容易造成管道变形损坏；

6) 风机盘管进出水管道接驳完毕应进行水压试验；

7) 鉴于采用铜管连接工序较繁琐，质量难以控制，建议最好采用金属软管连接。

2.6.3 空调机组运行时振动及噪声大

1. 现象

空调机组运行时振动、噪声大。

2. 危害及原因分析

(1) 危害

空调机组振动及噪声过大,可通过风管传至室内,或通过建筑结构传至其他区域,对环境造成不良影响,并可能加速设备的损坏。

(2) 原因分析

1) 空调机组振动过大的主要原因有:皮带轮传动的风机的两个轴承不同心;风机轴上的皮带轮与电机轴上的皮带轮不在同一平面上;机组安装未采取减振措施,或风机减振台架不平稳;

2) 空调机组噪声过大的主要原因有:风机叶轮不平衡或叶轮与蜗壳碰擦;风机轴承过松、缺油、有杂质或损坏;风机内零部件连接螺钉松动;机组安装未采取减振措施;风机内有杂物;系统未经调试,风量过大。

3. 标准要求及防治措施

(1) 标准要求

1) 柜式空调机组的噪声应符合《柜式风机盘管机组》(JB/T 9066—1999)第4.4.2条的要求;

2)《组合式空调机组》(GB/T 14294—93)第5.3.12条:"机组噪声:当机组额定风量2000~5000m^3/h时,机组噪声声压级不超过65dB(A)。当机组额定风量6000~10000m^3/h时,机组噪声声压级不超过70dB(A)。当机组额定风量15000~25000m^3/h时,机组噪声声压级不超过80dB(A)。当机组额定风量30000~60000m^3/h时,机组噪声声压级不超过85dB(A)。当额定风量80000~16000m^3/h时,机组噪声声压级不超过90dB(A)";

3)《组合式空调机组》(GB/T 14294—93)第5.3.13条:"机组的振动:风机转速大于800r/min时,机组的振动速度不大于4mm/s。风机转速小于等于800r/min时,机组的振动速度不大于3mm/s"。

(2) 防治措施

1) 在空调机组运抵工地前,宜在工厂抽取样机进行检测,检测项目中应包括振动及噪声这两个指标,检测结果应满足标准要求;

2) 吊装的柜式空调机组,应采用减振吊架,坐地安装的柜式空调机组及组合式空调机组,应设橡胶减振垫或金属减振器进行减振,并应将机组找平找正;

3) 空调机组在开机调试前,应仔细检查柜体内尤其是风机蜗壳内是否有杂物,还要通过手动盘车检查叶轮与蜗壳之间是否有碰擦。首次开机应采用点动,即启动后立刻停机,以观察转向是否正确及是否有其他异常;

4) 空调系统安装完毕,应按规范要求进行系统调试,调试时如发现机组风量过大,应采取调小风阀开度或更换皮带轮降低风机转速等措施,使机组风量接近设计风量;

5) 在机组运行过程中,如发现振动过大,应检查风机减振台架是否平稳,减振器位置是否合理,压缩量是否一致,风机轴承是否同心,风机轴上的皮带轮与电机轴上的皮带轮是否在同一平面上;

6) 在机组运行过程中,如发现噪声过大,应检查风机内是否有杂物,风机叶轮是否不平衡或与蜗壳碰擦,风机轴承是否过松、缺油、有杂质或损坏,风机内零部件连接螺钉是否松动，如有上述问题应进行相应调整和处理。

2.6.4 组合式空调机组安装后漏风量大

1. 现象

组合式空调机组，尤其是现场组装的组合式空调机组漏风量较大。

2. 危害及原因分析

(1) 危害

组合式空调机组漏风量大将可能导致空调系统送风量不足，并在机组外表面漏风点周围产生结露。

(2) 原因分析

1) 机组组装时，面板之间及面板与框架之间的接缝密封处理不佳；

2) 机组安装或现场组装时，机座未找平，导致机组箱体变行，面板间缝隙增大，漏风量增大；

3) 未根据机组各功能段的风压情况设置合适的检修门，导致从检修门处漏风。如机组统一采用负压门，则在有正压的功能段可能从检修门处漏风；

4) 机组未按规范要求进行漏风量检测。

3. 标准要求及防治措施

(1) 标准要求

1)《通风与空调工程施工质量验收规范》(GB 50243—2002)第 7.2.3.2 条："现场组装的组合式空气调节机组应做漏风量的检测，其漏风量必须符合现行国家标准《组合式空调机组》GB/T 14294 的规定"；

2)《组合式空调机组》GB/T 14294 第 5.3.5 条："机组内静压保持 700Pa 时，机组漏风率不大于 3%。用于净化空调系统的机组，机组内静压应保持 1000Pa，洁净度低于 1000 级时，机组漏风率不大于 2%；洁净度高于等于 1000 级时，机组漏风率不大于 1%"。

(2) 防治措施

1) 组合式空调机组应采用密封性好、漏风量小的箱体结构，其面板之间及面板与框架之间应采用橡胶、PE 等密封材料进行可靠的密封处理；

2) 不管是整体安装还是现场组装的空调机组，在安装时均应用水平尺校核机座的水平度，并用垫铁找平。尤其是尺寸较大的现场组装的空调机组，一定要在整个机座完全调节水平后方可进行面板、框架等的安装，为防止机座变形，应适当将垫铁加密；

3) 应根据机组各功能段的风压情况设置合适的检修门，即正压段用正压门(即检修门设于机组内)，负压段用负压门(即检修门设于机组外)，以减少从检修门处漏风；

4) 组合式空调机组在现场组装完毕后应进行漏风量检测，漏风率高于规范要求的应进行返工。漏风量检测应在风管接驳前进行，以避免造成风管重复拆装，增加不必要的工作量。

2.6.5 全热式转轮换热器安装不规范

1. 现象

设置在组合式空调机组内用于空调系统能量回收的全热式转轮换热器(以下简称转轮)安装不规范，主要存在以下问题：

(1) 新风侧和排风侧之间未采用有效措施进行密封隔断；

(2) 空调机组上未设置供转轮检修和清洗用的检修门；

(3) 设有清洁扇面的转轮安装方向或转向错误等。

2. 危害及原因分析

(1) 危害

1) 新风侧和排风侧之间未采用有效措施进行密封隔断,将导致排风与新风混流,空调送风洁净度降低,转轮效率也降低；

2) 空调机组上未设置供转轮检修和清洗用的检修门,将导致转轮发生皮带松脱、断裂等故障时无法进行维修,转轮蓄热体脏污时无法进行清洗,转轮效率降低,风阻增大,风机风量减小；

3) 设有清洁扇面的转轮安装方向或转向错误,将导致清洁扇面设置失效,并造成排风与新风混流,空调送风洁净度将降低。

(2) 原因分析

出现上述安装错误,主要是由于安装单位对转轮的构造及工作原理不了解所造成。

3. 标准要求及防治措施

(1) 标准要求

《通风与空调工程施工质量验收规范》(GB 50243—2002)第 7.3.16 条:"转轮式换热器安装的位置、转轮旋转方向及接管应正确,运转应平稳"。

(2) 防治措施

1) 在安装转轮时应在新风侧和排风侧之间设置隔板,并用胶条、玻璃胶等密封材料将隔板与转轮中部横梁之间的间隙完全密封,使新风和排风气流完全隔离,以防相互串流；

2) 应在空调机组柜体上对应转轮新风进出口及排风排风进出口的位置、电机的位置设置检修门,以方便转轮脏污时进入机组内进行清洗、转轮电机检修及皮带更换。建议有条件时为转轮设置压差传感器,以监视其脏污程度,报警压差建议按转轮初阻力的 2 倍设定；

3) 在空调洁净度要求较高的场合一般选用带有清洁扇面的转轮,此时应注意转轮的安装方向和旋转方向。安装时应保证在清洁扇面处的气流是从新风入口侧吹向清洁扇面并返回至排风出口侧,转轮的转向应保证转轮是从排风侧转向清洁扇面。带有清洁扇面的转轮,为保证清洁扇面的正常运行,在设计和调试时应注意使新风与排风之间至少保持 200Pa 的压力差。对于洁净度要求不高的常规空调系统,可不设清洁扇面,在考虑转轮的安装方向时,只需注意将其装有电机的那一侧朝空调机组易于检修的那一面安装,对于旋转方向则没有特别要求。

2.6.6 通风机传动装置的外露部位以及直通大气的进(出)口无防护罩(网)

1. 现象

(1) 通风机传动装置的外露部位或通风机直通大气的进(出)口无防护罩(网)或其他安全防护措施；

(2) 通风机直通大气的进(出)口堵塞、有塑料薄膜、纸屑等杂物,有老鼠等小动物窜入。

2. 危害及原因分析

(1) 危害

1) 通风机传动装置的外露部位或通风机直通大气的进(出)口,若未设置防护罩(网)或其他安全设施,通风机运行时人员靠近易造成意外伤害;

2) 通风机直通大气的进(出)口如果有塑料薄膜、纸屑等杂物或有老鼠窜入,风机不能正常运转,若是防排烟风机则会影响到防排烟系统的功能正常使用,危及到人员生命及财产安全。

(2) 原因分析

1) 设备出厂时,通风机外露的传动装置未自带防护罩(网),现场为了节约成本或图省事又未制作安装,同样风机进出口的防护罩(网)也未现场安装;

2) 通风机进(出)口的防护罩(网)不可靠、固定不牢固,防护罩(网)的间隙偏大,不能满足使用要求;

3) 现场加工制作的防护罩(网)经雨淋日晒,已锈蚀脱落,使得鼠虫等容易进入。

3. 标准要求及防治措施

(1) 标准要求

《通风与空调工程施工质量验收规范》(GB 50243—2002)第 7.2.2 条:"通风机传动装置的外露部位以及直通大气的进、出口,必须装设防护罩(网)或采取其他安全设施"。

(2) 防治措施

1) 通风机传动装置的外露部位(尤其是现场组装的离心风机的皮带轮)以及直通大气的进(出)口按规范设置防护罩(网)或其他安全防护措施,制作的防护罩(网)必须符合标准图集要求;

2) 制作防护罩(网)间隙不宜过大,以能防止塑料薄膜、纸屑等杂物进入以及老鼠等窜入的间隙大小为宜;

3) 防护罩(网)为防止生锈必须经防腐处理,安装时固定必须牢固、可靠。

2.6.7 通风机运行时振动及噪声大

1. 现象

通风机运行时振动、噪声过大。

2. 危害及原因分析

(1) 危害

1) 风机运行不平稳,宜损坏;

2) 振动及噪声通过风管或建筑结构传递,对环境造成影响。

(2) 原因分析

1) 风机安装歪斜,不水平,特别是离心风机传动轴不水平;

2) 无隔振支吊架,或支吊架处的减振器选型不合理;减振器安装位置不当,减振器受力不均,每组压缩量相差太大,失去了减振作用;

3) 风机支架固定不牢固,大风机无防晃吊架;

4) 风机进、出口处的柔性短管过短,两端法兰相碰,尤其出口端短管过紧,无伸缩余量；

5）风机吸入段风管尺寸过小，风速过大，且风管布置不当，气流在拐弯处产生涡流，造成风机摇动。

3．标准要求及防治措施

（1）标准要求

1）《通风与空调工程施工质量验收规范》(GB 50243—2002)第7.2.1.3条："固定通风机的地角螺栓应拧紧，并有防松动措施"；

2）《通风与空调工程施工质量验收规范》(GB 50243—2002)第7.3.1条：通风机的安装应符合下列规定：1．通风机的安装，应符合表2.6.7的规定……；3．安装隔振器的地面应平整，各组隔振器承受荷载的压缩量应均匀，高度误差应小于2mm；4．安装风机的隔振钢支、吊架，其结构形式和外形尺寸应符合设计或设备技术文件的规定；焊接应牢固，焊缝应饱满、均匀。

通风机安装的允许偏差 **表 2.6.7**

<table>
<tr><th>项次</th><th colspan="2">项　　目</th><th>允许偏差</th><th>检验方法</th></tr>
<tr><td>1</td><td colspan="2">中心线的平面位移</td><td>10mm</td><td>经纬仪或拉线和尺量检查</td></tr>
<tr><td>2</td><td colspan="2">标　　高</td><td>±10mm</td><td>水准仪或水平仪、直尺、拉线和尺量检查</td></tr>
<tr><td>3</td><td colspan="2">皮带轮轮宽中心平面偏移</td><td>1mm</td><td>在主、从动皮带轮端面拉线和尺量检查</td></tr>
<tr><td>4</td><td colspan="2">传动轴水平度</td><td>纵向 0.2/1000
横向 0.3/1000</td><td>在轴或皮带轮0°和180°的两个位置上，用水平仪检查</td></tr>
<tr><td rowspan="2">5</td><td rowspan="2">联轴器</td><td>两轴芯径向位移</td><td>0.05mm</td><td rowspan="2">在联轴器互相垂直的四个位置上，用百分表检查</td></tr>
<tr><td>两轴线倾斜</td><td>0.2/1000</td></tr>
</table>

（2）防治措施

1）风机安装要水平，离心风机的叶轮与机壳和进气短管不得相碰。在混凝土基础上安装时，风机要水平，小型直联式风机底座要用垫铁垫平。大型风机要控制风机传动轴的水平度在规范的允许偏差范围内，以轴承箱的找平找正为标准，进行机壳、电动机的找平找正。风机采用联轴器传动时，通风机和电动机的两轴要同心，否则会引起风机的振动；当采用皮带传动时，要保证通风机和电动机两轴的中心线平行，两个皮带轮中心线重合并拉紧皮带；

2）轴流风机一般装于角钢支（吊）架上，支（吊）架要用水平尺找平找正，无减振器时，可垫4～5mm厚的橡胶板减振，风管中心应与风机中心对正；

3）设计应根据荷载和使用场合进行风机减振器的计算选型。减振器安装时地面要平整，防止减振器位移，要按设计要求的位置准确布置，以保证各组减振器的压缩量均匀，高度误差小于2mm；

4）大型风机要设置防晃吊架，支吊架要固定牢固，以防风机运行时产生晃动；

5）风机进、出口处的柔性短管的长度宜为150～300mm，松紧应适度，过短过紧都起不到隔振作用；

6）风机吸入段风管的风速不得过大，尽量避免气流急转弯，防止产生涡流。

2.6.8 消声弯管及消声静压箱制作不规范

1．现象

（1）平面边长大于800mm的消声弯管未设吸声导流片；

（2）消声静压箱内充填的消声材料铺设不均匀，立面材料出现下沉现象。

2．危害及原因分析

（1）危害

1）平面边长大于800mm的消声弯管未设吸声导流片，将导致消声效果下降，风管阻力增大；

2）消声静压箱内充填的消声材料铺设不均匀及下沉，将导致消声效果下降，系统阻力增加。

（2）原因分析

1）大尺寸的消声弯管未设吸声导流片，主要是生产单位不熟悉规范要求或出于降低成本考虑所致；

2）消声静压箱内充填的消声材料铺设不均匀及下沉，主要是由于使用的消声材料质量欠佳及制作工艺不良所造成。

3．标准要求及防治措施

（1）标准要求

1）《通风与空调工程施工质量验收规范》（GB 50243—2002）第5.2.8条："消声弯管的平面边长大于800mm时，应加设吸声导流片……"；

2）《通风与空调工程施工质量验收规范》（GB 50243—2002）第5.3.10.3条："充填的消声材料，应按规定的密度均匀铺设，并应有防止下沉的措施。消声材料的覆面层不得破损，搭接应顺气流，且应拉紧，界面无毛边"。

（2）防治措施

1）对于平面边长大于800mm的消声弯管，应加设吸声导流片。导流片的片数、片距及位置可参照标准图集《ZP型消声器、ZW型消声弯管》（97K130-1）及《通风管道技术规程》（JGJ 141—2004）设置；

2）消声静压箱内充填的消声材料宜采用$\rho = 24 \sim 32\text{kg/m}^3$，$\delta = 50\text{mm}$离心玻璃棉板或棉毡。不宜采用散装玻璃纤维，因采用该种材料难以保证厚度均匀、密度满足规定要求，而且在用于立面高度较大的静压箱时，容易因自重产生下沉。覆面层拉紧后加密钉距进行装订，并按100×100（mm）的间距用尼龙绳将两个层面拉紧，防止填料下坠。

2.6.9 循环水泵扬程富余量大

1．现象

空调循环水泵扬程远大于系统实际的管路阻力，富余量过大。

2．危害及原因分析

（1）危害

1）设备初投资增加，浪费资源；

2) 水泵运行效率低，能耗大，且易造成电机烧毁，导致系统工作不正常，运行费用高。

(2) 原因分析

1) 空气调节水系统(冷冻水、冷却水系统)环路水力计算不准确；

2) 设计者思想过于保守，人为加大水泵扬程；

3) 当空气调节负荷变化，多台并联运行的循环泵仅部分运行时，系统阻力大幅降低，水泵运行状态点右移，电机过载；

4) 冬夏季冷、热水系统运行工况不同，一般按夏季工况选泵，而冬季流速小、压头低，但使用同一台循环水泵，造成扬程富余量大。

3. 标准要求及防治措施

(1) 标准要求

1)《采暖通风与空气调节设计规范》(GB 50019—2003)第6.4.5条："设置2台或2台以上冷水机组和循环泵的空气调节水系统，应能适应负荷变化改变系统流量，并宜按照本规范第8.5.6条的要求，设置相应的自控设施"；

2)《采暖通风与空气调节设计规范》(GB 50019—2003)第6.4.7条："空气调节水循环泵，应按下列原则选用：……2. 一次泵系统的冷水泵及二次泵系统中一次冷水泵的台数和流量，应与冷水机组的台数和蒸发器的额定流量相对应。3. 二次泵系统的二次冷水泵台数应按系统的分区和每个分区的流量调节方式确定，每个分区不宜少于两台。4. 空气调节热水泵台数应根据供热系统规模和运行调节方式确定，不宜少于两台；严寒及寒冷地区，当热水泵不超过3台时，其中一台宜设置备用泵"。

(2) 防治措施

1) 空气调节水系统应进行水力计算，各并联环路压力损失差额不应大于15%，冷水管路比摩阻宜控制在100~300Pa/m。

2) 冷(热)水泵和冷却水泵的扬程，应按下列方法计算确定：

a. 对于闭式循环一次泵系统，冷水泵扬程为管路沿程阻力、管件及管道附件局部阻力、冷水机组蒸发器的阻力和末端设备的表冷器阻力之和；

b. 对于闭式循环二次泵系统，一次冷水泵扬程为一次管路沿程阻力、管件及管道附件局部阻力、冷水机组蒸发器的阻力之和；二次冷水泵扬程为二次管路沿程阻力、管件及管道附件局部阻力和末端设备的表冷器阻力之和；

c. 当采用开式一次泵冷水系统时，冷水泵扬程除上述a款的计算外，还应加上从蓄冷水池最低水位到末端设备的表冷器之间的高差；

d. 当采用闭式循环系统时，热水泵的扬程为管路沿程阻力、管件及管道附件局部阻力、热交换器(或热源内部)阻力和末端设备的空气加热器阻力之和；

e. 冷却水泵的扬程为冷却水管路沿程阻力、管件及管道附件局部阻力、冷水机组冷凝器阻力、冷却塔积水盘水位(设置冷却塔水箱时，为冷却水箱最低水位)至冷却塔布水器的高差和冷却塔布水器所需压力之和，一般不宜高于30m；

f. 所有系统的水泵扬程，均应对计算值附加5%~10%的余量。

3) 对于大型系统多台并联运行的空气调节循环泵，当空气调节负荷变化，仅部分循环泵运行时，则应通过水系统中的调节阀调节系统的阻力，使循环泵运行于高效率区，避免电机过载，烧毁电机。

4）冬夏季不宜使用同一台循环水泵，若需共用时，设计一定要对冬季工况进行复核。

2.6.10　水泵运行时振动及噪声大

1．现象

水泵运行时振动、噪声大。

2．危害及原因分析

（1）危害

水泵振动及噪声过大，可通过管道或建筑结构传至其他区域，对环境造成影响，并可能加速设备的损坏，对管道系统的安全使用造成损害。

（2）原因分析

1）水泵选型时未经详细的水力计算，所选水泵扬程过大，造成水泵实际运行时工况点偏移，甚至实际水量远大于设计水量，由此引起噪声增大；水泵电机转速过高，引起噪声及振动增加；

2）水泵安装时未找平找正，导致水泵运行时同轴度改变；安装后，未进行同轴度调整，或调整不到位；

3）水泵减振装置不合理或失效。如：减振台座及减振器未经计算选型随意采用，减振器数量不足，安装位置错误；采用普通减振（在水泵机座与基础之间设橡胶减振垫）时地脚螺栓与水泵机座间未作隔振处理，通过地脚螺栓传递振动；橡胶减振垫安装完毕后，因水泵基础、减振台座表面抹光或作其他装饰处理时，水泥砂浆等异物堵塞水泵机座与基础之间或减振台座与基础之间的空隙，导致减振失效；减振台座四周未设限位装置，造成水泵长期运行后位置漂移，因管道应力作用导致同轴度改变；

4）采用波纹补偿器作柔性接头时，因选型及安装不当，造成减振降噪作用失效，引起噪声及振动传递；

5）水泵进水管道局部抬高，顶部形成积气点，空气随水流进入水泵，引起水泵气蚀，产生振动及噪声；

6）管道安装不规范，导致管道应力作用于水泵，引起水泵同轴度改变。如：管段上的法兰与水泵进出口法兰不平行或错位，强行对接；

7）管道支吊架设置不合理。如：水泵进、出水管道及阀门、水质过滤器等管道附件未设独立支吊架；支吊架设在水泵与柔性短管之间，而未采取任何减振措施；支吊架不牢固，造成水泵运行时管道移位。

3．标准要求及防治措施

（1）标准要求

《通风与空调工程施工质量验收规范》（GB 50243—2002）第 9.3.12 条："水泵及附属设备的安装应符合下列规定：1．水泵的平面位置和标高允许偏差为 ±10mm，安装的地脚螺栓应垂直、拧紧，且与设备底座接触紧密；2．垫铁组放置位置正确、平稳，接触紧密，每组不超过 3 块；3．整体安装的泵，纵向水平偏差不应大于 0.1/1000，横向水平偏差不应大于 0.20/1000；解体安装的泵纵、横向安装水平偏差均不应大于 0.05/1000；水泵与电机采用联轴器连接时，联轴器两轴芯的允许偏差，轴向倾斜不应大于 0.2/1000，径向位移不应大于 0.05mm；小型整体安装的管道水泵不应有明显偏斜。4. 减震器与水泵及水泵基础连接牢固、平稳、接触紧密”。

(2) 防治措施

1) 水泵选型时应经过详细的水力计算，确保水泵扬程选择合理，应避免扬程选择过大，造成水泵噪声、振动增大，甚至烧毁；在保证流量、扬程满足设计要求的前提下，水泵电机应尽量选择 1450rpm 以下的中、低转速电机；

2) 水泵安装时，应找正找平至规范允许偏差范围内。找平时应将水平尺置于水泵的暴露部件上，如泵轴、轴套或者泵壳上刨平的表面上；

3) 由于水泵在运输、安装及管道连接等过程中均有可能造成同轴度改变，因此，即使是整体到货的水泵在安装后也要进行同轴度调整。同轴度调整应分阶段多次进行，在水泵安装固定后应调至对中，在管道连接后应检查是否有管道应力改变轴的对中，并在水泵初次启动后进行最终找正对中；

4) 应合理选型和设置水泵减振装置。水泵电机功率较小及对振动、噪声要求较低的场合，一般可选用橡胶减振垫减振。尽量采用积极减振法，即在地脚螺栓与水泵机座相接触的地方设置橡胶护套和橡胶垫，以免振动通过地脚螺栓传递。对于电机功率较大及对振动、噪声要求较高的场合，应采用减振台座减振，由于采用减振台座后，水泵安装高度升高，管道上阀门的安装高度也相应升高，给操作维护带来不便。因此，在有条件时建议设置地坑，将减振台座安装至地面下，以降低水泵的安装高度。卧式水泵的减振装置可按标准图集《卧式水泵隔振及其安装》(98S102)进行选型。在进行水泵基础、减振台座表面抹光或作其他装饰处理时，应注意防止水泥砂浆等异物堵塞水泵机座与基础之间或减振台座与基础之间的空隙，导致减振器无伸缩空间，并造成减振失效。减振台座四周应用钢板或型钢固定于地面作为限位装置，以防水泵运行时减振台座发生漂移，限位装置与减振台座之间应垫以橡胶板，以防振动通过限位装置传递；

5) 尽量避免采用波纹补偿器作柔性接头，若采用波纹补偿器作柔性接头，宜选用约束型波纹补偿器。管道安装时，应保证管段上的法兰与水泵进出口法兰平行对正，不得错口强接；

6) 水泵进水管道安装时，应注意避免管道局部抬高，顶部形成积气点，以免产生气蚀。当开式系统水泵由低处提升水时，水泵吸水管道要连续倾斜向水泵入口，保证水泵入口为最高点；

7) 水泵进、出水管道上的支吊架设置应牢固可靠，进、出水管道及阀门、水质过滤器等管道附件应设独立支吊架，且进水管支吊架应设在柔性短管前，出水管支吊架应设在柔性短管后，如由于位置所限或其他特殊情况，导致支吊架不得不装于水泵与柔性短管之间，应在支吊架上采取减振措施(图 2.6.10)。对于转速较高、功率较大、噪声及振动也相应较大的水泵，其进出水管道支吊架宜按标准图集《卧式水泵隔振及其安装》(98S102)的要求采取减振措施。管道与支吊架之间还可设置 2～5mm 的橡胶等柔性衬垫材料以增强降噪减振效果。

2.6.11 水泵及冷水机组进出口柔性接头安装不当

1. 现象

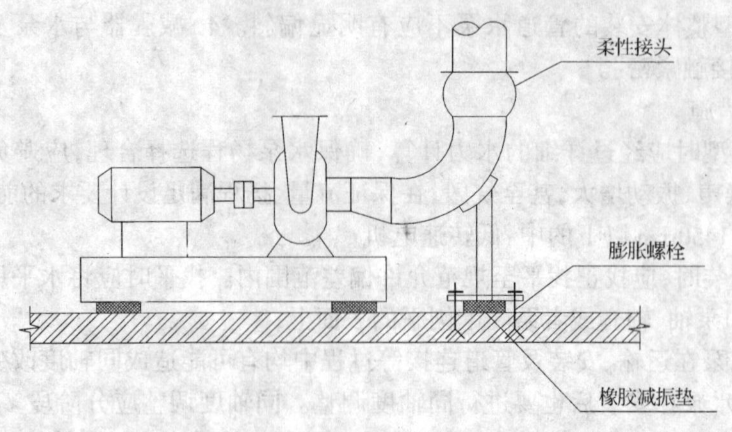

图 2.6.10　水泵出口管道支架安装

水泵及冷水机组进出口柔性接头两侧法兰不平行或错位，或者柔性接头处于被压缩或拉伸状态。

2. 危害及原因分析

(1) 危害

水泵及冷水机组进出口柔性接头安装不当，频繁使用后，接头等受应力处容易爆裂破损，造成水患事故。

(2) 原因分析

柔性接头安装不正确一般是由于施工单位安装经验不足所致。

3. 标准要求及防治措施

(1) 标准要求

《通风与空调工程施工质量验收规范》(GB 50243—2002)第 9.2.2.3 条："管道与设备的连接，应在设备安装完毕后进行，与水泵、制冷机组的接管必须为柔性接口。柔性短管不得强行对口连接，与其连接的管道应设置独立支架"。

(2) 防治措施

1) 选择柔性接头时，应采用工作压力与管路的工作压力相匹配的质量合格产品，不得使用工作压力低于管路工作压力或质量低劣的产品。常用的有可曲绕橡胶接头和金属波纹管；

2) 在工作压力不超过 1.5MPa，管径不超过 *DN*300 的管路中，应优先选用可曲绕橡胶接头。需注意，由于在水泵启停的瞬间管道有较大的压力，橡胶接头会产生较大的变形，为了避免变形过大导致破坏，可考虑在橡胶接头上设置限位螺杆，限制其最大伸长及压缩量不得超过其最大位移补偿量；

3) 若管道管径较大，工作压力过高时，可以考虑采用泵用金属软管或带受力拉杆的减振型波纹补偿器，但选用后者时，一定要考虑在工作压力下由内压引起的轴向推力，避免系统运行时成为刚性连接，失去原有的减振性能；

4) 在进行水泵及冷水机组配管时，应待设备安装并固定后对进出水管进行仔细的放线，以确定管道的准确安装位置及长度。在安装柔性接头时，与其相连的两片法兰在与管道焊接前必须通过水平尺找平找正,禁止用柔性接头来补偿管道的错位或管道长短的下料失误。连接时应与管道同心。建议在柔性接头安装时先用角钢点焊将其两片法兰固定,以保持其自然长度并使法兰平行,带安装完毕后再去掉角钢。

2.6.12 水泵进、出水管支吊架设置不合理

1. 现象

1) 端吸式离心泵进水管未设独立支架;

2) 出水管支吊架未固定或不牢固;

3) 柔性接头装于立管上时设在水平进水管上的独立支架未考虑减振。

2. 危害及原因分析

(1) 危害

1) 水泵进出水管未设独立支架或支吊架不牢固,管道重力作用于进出水管的柔性接头上,可造成其扭曲变形,甚至损坏;

2) 柔性接头装于立管上,而在水平进水管上设置无减振措施的独立支架,将导致水泵振动通过支架传到地面,并产生噪声。

(2) 原因分析

出现上述现象,主要是由于施工单位对水泵安装缺乏经验所致。

3. 标准要求及防治措施

(1) 标准要求

1)《通风与空调工程施工质量验收规范》(GB 50243—2002)第 9.3.8.1 条:"……管道与设备连接处,应设独立支、吊架";

2)《通风与空调工程施工质量验收规范》(GB 50243—2002)第 9.3.8.1 条:"……柔性短管不得强行对口连接,与其连接的管道应设置独立支架"。

(2) 防治措施

1) 端吸式离心泵进水管上必须设独立支架。出水管上的支吊架应有足够的强度和刚度,并与管道牢固固定。进水管水平管段较短,可在立管中心线正下方设置以钢管或工字钢等材料制作的支架,支撑在弯头底部;如进水管水平管段较长,则既要在立管下方设支架,也要在水平管上靠近柔性接头处设支架;

2) 进水管上的柔性接头原则上应安装到水泵入口处的水平管上,当现场安装位置有限,水平管上无法安装,必须安装到立管上时,设于立管下方的支架应采取减振措施,以防水泵振动及噪声通过支架向地面传递。支架的设置方法可参见图 2.6.10。

2.6.13 膨胀水箱及膨胀管设计及安装不当

1. 现象

(1) 膨胀水箱有效容积偏小;

(2) 膨胀水箱无法正常补水;

(3) 膨胀管上错设阀门。

2. 危害及原因分析

(1) 危害

1) 膨胀水箱容积偏小,水量膨胀时易引起溢水,造成水的浪费,甚至引发事故;

2) 膨胀水箱补水不正常，将造成空调冷(热)水系统运行不稳定，甚至引发事故；

3) 膨胀水管上设有截断阀，当误操作关闭阀门时，若水温降低或系统漏水时无法补水，将因水量不足造成系统工作不稳定，若水温升高，将因水量膨胀而造成系统损坏。

(2) 原因分析

1) 膨胀水箱容积设计计算不准确；

2) 空调系统通过接于膨胀水箱的自来水补水，若补水系统的补水压力不够，或者浮球阀损坏，都无法补水；

3) 设计单位未按规范设计或施工单位未按图施工，在膨胀管上错设了阀门。

3. 标准要求及防治措施

(1) 标准要求

《采暖通风与空气调节设计规范》(GB 50019—2003)第 6.4.13 条："闭式空气调节水系统的定压和膨胀，应按下列要求设计：1. 定压点宜设在循环水泵的吸入口处，定压点最低压力应使系统最高点压力高于大气压力 5kPa 以上；2. 宜采用高位水箱定压；3. 膨胀管上不应设置阀门；4. 系统的膨胀水量应能够回收"。

(2) 防治措施

1) 空气调节水系统的膨胀水箱的设计选型常常定压和补水一起设计。膨胀水箱分为开式和闭式两种。

2) 一般采用开式膨胀水箱定压。开式膨胀水箱定压的补水系统见图 2.6.13－1。膨胀水箱有效容积为膨胀水量 V_p 与调节水量 V_t 之和。

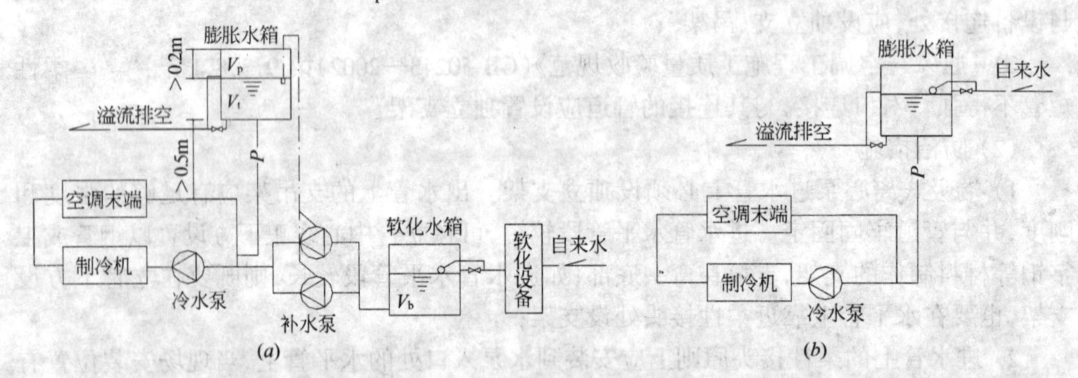

图 2.6.13－1 开式膨胀水箱定压补水系统

(a)补水泵补水；(b)自来水直接补水

a. 膨胀水量 $V_p = \alpha \times V_c \times \Delta t$

式中 α——水的膨胀系数，取 0.0006；

V_c——系统容量(L)；

Δt——水的平均温差，冷水取 15℃，热水取 45℃。

估算时膨胀量 V_p：冷水约 0.1L/kW；热水约 0.3L/kW；

b. 调节水量 V_t 为补水泵 3min 的流量，且保持水箱调节水位不小于 200mm；

c. 最低水位应高于系统最高点 0.5m 以上；

d. 膨胀管应接在循环泵吸入侧总管上，膨胀管上不应有任何截断装置，膨胀管按表 2.6.13 确定。

膨胀管管径选用 表 2.6.13

系统冷负荷(kW)	<350	250~1800	1801~3500	3501~7000	>7000
膨胀管(*DN*)	20	25	40	50	70

3) 当采用开式水箱有困难时，可采用闭式隔膜膨胀水罐或补水泵变频定压方式。闭式膨胀水罐的补水系统见图 2.6.13-2。

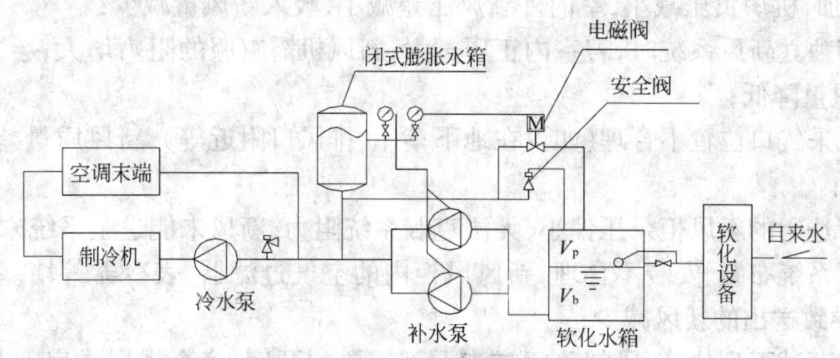

注：给水硬度低时，可不设化水系统

图 2.6.13-2 闭式膨胀水罐定压补水系统

a. 总容积：$V = V_t/(1-\beta)\,m^3$

式中 V_t——调节水量，同开式膨胀水箱(m^3)；

β——系数，一般 $\beta = 0.65 \sim 0.85$，当 P_2 允许时，尽可能取小值。

b. 工作压力：

① 补水泵启动压力 P_1(mH_2O)，大于系统最高点 0.5mH_2O；

② 补水停泵压力 $P_2 = (P_1 + 10)/\beta - 10mH_2O$；

③ 电磁阀开启压力 $P_3 = P_2 + (2 \sim 4)\ mH_2O$；

④ 安全阀开启压力即膨胀罐最大工作压力 $P_4 = P_3 + (1 \sim 2)\ mH_2O$，且不应超过系统中允许工作压力。

4) 小型一体式风冷冷水机组自带循环泵时，应抬高膨胀水箱的安装高度，以满足安装于屋顶的风冷冷水(热泵)机组的定压要求。

5) 系统运行后，应定期对膨胀水箱的水位、浮球阀工作状况等进行检查，发现补水不正常应及时采取措施进行处理。

2.7 系统调试的质量通病

2.7.1 室内新风不足

1. 现象

室内空气不清新、不卫生，人员有憋闷等不舒适感觉。

2. 危害及原因分析

(1) 危害

不符合卫生要求，对人体健康不利。

(2) 原因分析

1) 设计的新风量偏小，不能满足规范要求；

2) 设计时未考虑到过渡季节及冬季应采用全新风进行自然降温，造成设备选型及新风采气口、新风道尺寸太小，导致新风供应量不足；

3) 全空气系统中，因排风量不够或未设机械排风系统等原因，造成室内正压过大时，回风压头增加，机房负压减小，室内外新风压差减小，吸入新风量减少；

4) 采用独立新风系统时，若室内正压过大，新风机需克服的阻力增大，会造成工况点左移，风机风量降低；

5) 新风采气口位置不合理（如设在地下车库、排风口附近等），新风质量差，变相造成新风量不足；

6) 设计选用的新风柜余压偏小，无法克服系统阻力，新风未能送至系统末端；

7) 风管系统布置、安装不合理，新风风柜内的空气过滤器、表冷器等堵塞，都增大了局部阻力，导致送出的新风减少；

8) 系统调试不到位，新风阀关闭或未调到需要的开度，多个楼层或房间共用一个新风系统时，新风量分配不均，部分楼层或房间出现新风量不足。

3. 标准要求及防治措施

(1) 标准要求

1)《采暖通风与空气调节设计规范》(GB 50019—2003)第3.1.9条："建筑物室内人员所需最小新风量，应符合以下规定：1. 民用建筑人员所需最小新风量按国家现行有关卫生标准确定；2. 工业建筑应保证每人不小于30m^3/h的新风量"；

2)《采暖通风与空气调节设计规范》(GB 50019—2003)第6.3.14.1条："空气调节系统的新风量，应不小于人员所需的新风量，以及补偿排风和保持室内正压所需风量两项中的较大值"；

3)《采暖通风与空气调节设计规范》(GB 50019—2003)第5.3.4条："机械送风系统进风口的位置，应符合下列要求：1. 应直接设在室外空气较清洁的地点；2. 应低于排风口；3. 进风口的下缘距室外地坪不宜小于2m，当设在绿化地带时，不宜小于1m；4. 应避免进风、排风短路"。

(2) 防治措施

1) 新风量的设计计算，应满足《采暖通风与空气调节设计规范》(GB 50019—2003)第3.1.9条及其条文说明、第6.3.14条的规定；

2) 独立新风系统送风时，需经详细的风管系统阻力计算，以此来确定新风风柜的余压，选用合适的新风柜；同时要考虑到过渡季节及冬季采用全新风进行自然降温的情况，据此进行设备选型及确定新风采气口、新风道尺寸；必要时应设机械排风系统；

3) 室外新风口应设于空气清洁的地方，避免吸入灰尘、汽车废气、室内排气等不洁气体；

4）风管布置、制作应尽量减少局部阻力。管线走向要合理；弯头的曲率半径应满足规范要求，现场条件允许下尽量取大值；宜采用较平直的来回弯；弯头内加设导流叶片等；

5）新风柜运转之前必须清理干净，将表面冷却器、加热器表面上的污物清除掉，对初效过滤器进行清洗，以减少空气流动的阻力；

6）安装完成后，新风系统要进行调试，对系统总风量、支管风量、风口风量、室内正压进行测定，以确保满足设计要求。

2.7.2 室内噪声大

1. 现象

集中空调系统中，风机、系统的噪声通过风管、送、回风口传到房间，导致室内噪声超标。

2. 危害及原因分析

(1) 危害

影响空调房间的舒适性，甚至影响人员正常办公，宾馆客房太吵无法休息。

(2) 原因分析

1）没有进行详细的噪声控制设计；

2）空调风机选型不合理，本身的噪声过大，或风机的正常工作点偏离其最高效率点；或运转时叶轮与叶壳相碰产生噪声，通过风管系统传至室内；

3）空调风柜总送风、总回风管、集中回风百叶门等处未采取消声措施；或消声措施达不到效果；

4）空调设备未考虑减振措施，空调风机的进、出风口处与风管连接未按规范要求安装软接头，振动引起的噪声通过建筑结构和风管传入室内；

5）风管内风速过大，引起风管振动，并产生噪声；消声器的风速过大也会影响其消声效果；风管阀门、风口等部件，三通、变径管、导流叶片等配件，甚至消声器本身的设置、制作、安装不当，都可能产生二次噪声；

6）系统调试时，各支风管的风量，未按设计要求的风量进行调整，送风口风速过大，气流引起风口叶片振动而产生噪声；空调房间内的噪声数据未按设计要求测试。

3. 标准要求及防治措施

(1) 标准要求

《通风与空调工程施工质量验收规范》(GB 50243—2002)第 11.3.3.4 条："空调室内噪声应符合设计规定要求"。

(2) 防治措施

1）要认真进行系统的消声计算，采用有效的消声措施；空调设备在设计选型时就应考虑到风机的声学特性(若生产厂不能提供，则对选用风机尽量进行实测，或估算其声功率级)，不要留太高的余压，并使风机正常工作点在最高效率点附近，以降低噪声。设备到场后风机进行试运行，要对其噪声进行校核；并注意观察其运转是否平稳，有无异动、异响；

2）设计时要考虑回风百叶门的传声问题，可根据需要选用消声百叶或采取其他消声措施。在空调风柜总送风、总回风口处，按设计要求安装消声器或静压箱；对于风机盘管，在回风管的位置安装回风静压箱。现场制作的静压箱，内贴设计要求的消声材料，厚度及覆面材料必须达到设计要求；

3) 风机的基础要采取隔振措施，落地式安装的空调风柜，需加装橡胶减震垫或弹簧减震器；吊顶式风柜安装弹簧减震器减振；风机盘管安装时，可在吊架与设备连接处加橡胶减震胶圈减振；风机进、出风口装设柔性软接头，避免设备在运行过程中因振动而引起噪声的传递；

4) 舒适空调系统，一般风管内风速不宜 > 8m/s，需注意不得因安装空间不够而减小消声器有效截面积，加大其中风速；风管应按照规范要求进行加固，风管阀门、风口等部件，三通、变径管、导流叶片等配件，其设置、制作、安装应正确合理；

5) 在风量测试过程中，对各支风管的风量应根据设计要求进行调整，调整完后，将各支管处的调节阀手柄固定，使送风口的风速控制在设计、规范要求的范围内；

6) 对各空调房间的噪声进行测试，对于不符合设计规定要求的，要找出原因，并及时解决。

2.7.3 空调房间达不到设计温度

1. 现象

空调房间或局部区域的温度达不到设计要求。

2. 危害及原因分析

(1) 危害

空调房间的温度达不到设计要求的参数，影响空调房间人员的舒适性。

(2) 原因分析

1) 系统设计时，冷(热)负荷计算有误。或施工时改变了原设计的房间分隔、外墙材料等，造成冷(热)负荷变化，而设计又未进行复核或做调整；

2) 室内气流组织不合理，送风不能到达指定区域；

3) 空调风管系统的漏风量过大，总风量达不到设计值；风管水力计算不仔细，系统布置不合理，未进行阻力平衡调整，或风管上调节措施不够，各支管、风口风量不均匀，末端风口甚至不出风；

4) 冷冻(热)水管道系统内的空气未排净；管道系统冲洗不彻底有杂质，造成水流不畅，甚至堵塞，使换热器无法进行正常热交换，造成空调房间室内温度达不到设计要求；

5) 冷冻水自动调节系统失调或给定温度的整定值有误；

6) 管道系统的二通(或三通)电动调节阀方向装反。

3. 标准要求及防治措施

(1) 标准要求

1)《通风与空调工程施工质量验收规范》(GB 50243—2002)第 11.2.3 条："系统无生产负荷的联合试运转及调试应符合下列规定：1. 系统总风量调试结果与设计风量的偏差不应大于 10%；……3. 舒适空调的温度、相对湿度应符合设计的要求。恒温、恒湿房间的空气温度、相对湿度及波动范围应符合设计规定"；

2)《通风与空调工程施工质量验收规范》(GB 50243—2002)第 11.3.2.2 条："系统经

过平衡调整，各风口或吸风罩的风量与设计风量的允许偏差不应大于15%”；

3)《通风与空调工程施工质量验收规范》(GB 50243—2002)第11.3.3.1条："空调工程水系统应冲洗干净、不含杂物，并排除管道系统中的空气……"；

4)《采暖通风与空气调节设计规范》(GB 50019—2003)第6.2.1条："除方案设计或初步设计阶段可使用冷负荷指标进行必要的估算之外，应对空气调节区进行逐项逐时的冷负荷计算"。

(2) 防治措施

1) 设计单位应进行逐项逐时冷负荷计算，当建筑结构发生改变时，要及时进行复核并修正；

2) 室内送回风气流组织要合理，使送风到达指定空调区域；

3) 风管安装时，可分段做严密性检验(漏光或漏风量检测)，对风管的咬缝、法兰连接处四角等进行重点检查，发现不严密处要立即整改。系统连接完成后要按规范进行联动调试，系统的漏风量与设计偏差不得超过10%；

4) 风管系统要进行详细的水力平衡计算，合理布局，各种风阀使用要正确，安装要规范，系统联动调试时要进行阻力平衡调整，以保证各支管、风口风量均匀，各风口的风量与设计值的偏差不大于15%；

5) 水系统管道中所有可能存气的局部高处，都应设置自动放气阀，以利于排净管道系统内的空气。水系统冲洗要干净彻底，阀门等容易存渣的部位要重点清洗；冲洗时，制冷主机及末端空调设备均要断开，防止杂物进入；试运转时，检查制冷主机或热交换设备及末端设备的换热器，是否正常，有无堵塞，防止堵塞影响热交换的效果；

6) 电动调节阀、截止阀安装时，应按照阀体上标出的介质流入的箭头方向安装，不能装反；

7) 自动调节装置在未联动运转前，必须对敏感元件、调节器、执行机构进行单体设备性能试验，使各部件的模拟动作符合空调系统自动调节原理的要求。空调冷冻水系统安装的压差旁通调节阀应根据系统供、回水的实际压差值进行调整，调整成功后，方可将该阀设为自动状态。

2.7.4 空调房间未维持合适的压差

1. 现象

(1) 房间内静压过大，新风量不足；

(2) 房间内产生负压，室外或走廊的空气大量渗入室内；

(3) 房间门难以开启或关闭。

2. 危害及原因分析

(1) 危害

1) 空调房间内静压过大，既增加系统能耗，也造成新风风量不足(参见本手册2.7.1条)，甚至无法送入；

2) 空调房间出现负压，室外空气渗进室内过多，使室内(尤其是恒温、恒湿房间)的空气温度、湿度及波动范围允许值达不到设计要求。

(2) 原因分析

1）造成房间静压过大的原因主要有：

a. 因现代建筑采用玻璃幕墙时，可开启外窗少等原因，门窗实际漏风量小于设计计算值；

b. 排风量不够，或未设排风系统；

c. 系统的回风调节阀开度较小或排风阀关闭，空调房间风量未能按设计值调整，系统送风量远大于回风量和排风量之和。

2）造成房间负压原因主要有：

a. 送风调节阀的开度不够；

b. 空调房间的风量未按设计给定的参数调整，送风量小于回风量和排风量之和；

c. 同一排风系统中某些房间的排风调节阀（口）关闭，会使其他房间的排风量增加，房间变成负压。

3. 标准要求及防治措施

（1）标准要求

1）《通风与空调工程施工质量验收规范》（GB 50243—2002）第 11.3.3.5 条："有压差要求的房间、厅堂与其他相邻房间之间的压差，舒适性空调正压为 0～25Pa；工艺性的空调应符合设计的规定"；

2）《采暖通风与空气调节设计规范》（GB 50019—2003）第 6.1.3 条："空气调节区内的空气压力应满足下列要求：1. 工艺性空气调节，按工艺要求确定；2. 舒适性空气调节，空气调节区与室外的压力差或空气调节区相互之间有压差要求时，其压差值宜取 5～10Pa，但不应大于 50Pa"。

（2）防治措施

1）设计中要正确考虑门窗的渗漏问题，有必要时应设置专门的排风系统；

2）送风、新风、回风及排风系统要联合调试，各风量必须按设计给定的参数进行测定和调整。当系统总风量、风口风量平衡后，对于静压要求严格的空调房间或洁净室，仍需测量静压，并逐个调整回风口调节阀的开度，使静压达到设计要求；对于一般空调房间，可通过验证开门用力大小或门缝处的气流方向，调整调节阀的开度，使空调房间处于正静压状态。系统运行时，回风调节阀或排风调节阀不得随意关闭；

3）系统风量调整和静压调整符合设计要求后，正常运转过程中，共用排风系统中布置于各房间的排风调节阀不得随意关闭，否则会使其他房间的排风量增加，导致各空调房间风量不平衡而引起静压波动，甚至产生过大静压或负压。

2.7.5 机械防排烟系统未按规范进行调试或达不到要求

1. 现象

防排烟系统在调试过程中，偏重于火灾自动报警系统的联动调试，而忽视了排烟系统、正压送风系统的风量及余压的测试、调整。

2. 危害及原因分析

（1）危害

排烟系统、正压送风系统未经调试，或调试后风量、正压未达设计或消防规范要求，则火灾时烟气不能顺利排出，而易侵入楼梯间、前室等疏散通道，将会严重影响到人员的逃生问题。

(2) 原因分析

1) 有关单位、人员不重视,没进行防排烟系统调试;对防排烟系统的运行工况不够了解,测试内容、结果不符合设计和规范要求;

2) 正压送风系统采用砖、混凝土风道时,风道内壁未抹灰,表面粗糙阻力大,未清除的垃圾堵塞,都会引起送风不畅,甚至部分末端风口不出风;风道内孔洞未封堵,也会造成系统漏风;

3) 疏散楼梯间送风口无调节装置,系统阻力难调平衡,造成末端风口风量不够,达不到规定正压值;前室、楼梯间防火门密闭性差,很难保持正压;或无余压调节装置,正压过大时无法泄压。

3. 标准要求及防治措施

(1) 标准要求

1)《通风与空调工程施工质量验收规范》(GB 50243—2002)第 11.2.4 条:"防排烟系统联合试运行与调试的结果(风量及正压),必须符合设计与消防的规定";

2)《高层民用建筑设计防火规范》(GB 50045—95,2001 年版)第 8.3.7 条:"机械加压送风机的全压,除计算最不利环管道压头损失外,尚应有余压。其余压值应符合下列要求:8.3.7.1　防烟楼梯间为 40Pa 至 50Pa。8.3.7.2　前室、合用前室、消防电梯间前室、封闭避难层(间)为 25 Pa 至 30Pa"。

(2) 防治措施

1) 防排烟工程的施工单位、人员必须重视防排烟系统的联动调试,要清楚了解机械防排烟系统的火灾控制程序和运行工况;

2) 按照设计要求及消防规范要求,测试并调整系统的总风量、风压,测试并调整各排烟风口、正压送风口的风量,测试楼梯间、楼梯前室/合用前室、消防电梯前室等的正压值;

3) 避免风管系统的漏风和堵塞现象,砖、混凝土风道的内壁要抹灰,风道壁所有孔洞必须封堵严密,垃圾要及时清除;

4) 楼梯间、前室的防火门要保证严密不漏风,楼梯间送风口最好有调节装置,要设置余压调节装置(余压阀)来泄压。

第3章 建筑电气工程

3.1 电线、电缆导管敷设的质量通病

3.1.1 电线、电缆金属导管的管口处理不良

1. 现象

(1) 锯管管口不齐，管口有毛刺，套丝乱扣；

(2) 管口插入箱、盒内长度不一致，缺管口配件；

(3) 管接口不严密，有漏、渗水现象。

2. 危害及原因分析

(1) 危害

1) 电线、电缆金属导管的管口不齐，管口有毛刺，无管口配件等，使穿线困难，会破坏导线的绝缘层，造成导线的绝缘强度达不到要求；套丝乱扣，使线管在丝扣连接时，螺丝拧不上、拧不到位；

2) 管口插入箱、盒内长度不一致，影响穿、结线及美观，甚至影响箱、盒内元、部件的安全距离；

3) 管接口不严密，会使管内落灰进水，腐蚀管内导线，加速导线老化，缩短使用寿命，甚至造成短路、断路。

(2) 原因分析

1) 锯管管口不齐是因为手工操作时，手持钢锯不垂直和不正所致；管口有毛刺是由于锯管后未用锉刀铣口；穿电线、电缆时易损伤绝缘保护层，造成短路或漏电；套丝乱扣原因是未按规格、标准调整刻度盘，使板牙不符合需要的距离，板牙掉齿或者缺乏润滑油；

2) 管口入箱、盒长短不一致，是由于箱、盒外边未用锁紧螺母或护圈帽固定，箱、盒内又没有设挡板而造成；

3) 导管接口处导管两端未拧到位，接头不在连接套管的中点；连接套管与导管不配套，大小不一，使连接不紧密。

3. 标准要求及防治措施

(1) 标准要求

《住宅装饰装修工程施工规范》(GB 50327—2001)第16.2.4条："金属电线保护管及接线盒外观不应有折扁和裂缝，管内应无毛刺，管口应平整"。

(2) 防治措施

1) 锯管时人要站直，持钢锯的手臂和身体成90°角，手腕不颤动，这样锯出的管口就平整，出现马蹄口可用板锉锉平，然后再用圆锉将管口锉出喇叭口，或使用锉刀铣口，做到切口垂直、不破裂，管口无毛刺且平整光滑；

2) 现场制作管接头连接螺纹。套丝时先将钢管固定在台虎钳上钳紧，根据钢管的外

径选择好相应的板牙，套丝时应注意用力均匀，以免发生偏丝、啃丝的现象，边套丝边加润滑油，做到丝扣整齐，不许出现乱丝现象；

3）管口入箱、盒时，可在外部加锁母；吊顶、木结构内配管时，必须在箱、盒内外用锁紧螺母锁住；配电箱引入管较多时，可在箱内设置一块平挡板，将入箱管口顶在板上，待管路用锁母固定后拆去此板，管口入箱就能一致；

4）连接管箍与导管要配套，丝接时两根管应分别拧进管箍长度的1/2，并在管箍内吻合好，连接好的钢管外露丝扣应为2～3扣，不应过长，连接处两端导管的碰口应在连接套管的中点，导管接口应严密，不能脱扣，防止灰、水进管。

3.1.2　线管的弯制质量差

1. 现象

（1）明敷设线管的弯曲半径小于6*D*（*D*为管外径），埋于地下或混凝土楼板内时，弯曲半径小于10*D*；

（2）线管的弯扁度超过管外径的10%，弯曲部位有折皱、凹陷、扁、裂现象。

2. 危害及原因分析

（1）危害

1）电线管的弯曲半径太小，将造成穿线困难，对镀锌钢管将破坏镀锌导管的镀锌层；

2）线管的弯扁度大，线管变形，导致弯曲处管内截面积变小，使穿线困难；弯曲部位有折皱、凹陷，会使镀锌线管的镀层受到破坏，影响镀锌线管的寿命；线管有扁、裂现象，一方面影响穿线，另一方面易进水，加快金属线管的腐蚀、降低金属线管的使用寿命，破坏导线的绝缘强度。

（2）原因分析

1）导管揻弯时，未根据导管的大小选用合适弯管器，如管径在*DN*25及其以上的线管应使用液压弯管器；使用手板弯管器操作时用力过猛，不仔细、不认真，造成电线管的弯曲半径太小；

2）使用液压弯管器时，未能根据管线需弯成的弧度选择相应的模具，弯管前线管放入模具内时，线管的起弯点未对准弯管器的起弯点，弯管时管外径与弯管模具不紧贴，出现弯瘪现象；

3）硬塑料电线管弯制时未使用配套的弯管弹簧，或弹簧已严重松散、变形。

3. 标准要求及防治措施

（1）标准要求

1）《建筑电气工程施工质量验收规范》（GB 50303—2002）第14.2.3条："电缆导管的弯曲半径不应小于电缆最小允许弯曲半径"。

标准图集《硬塑料管配线安装》（D 301－1～2）说明第1.3.2条："管材暗配时，弯曲半径不应小于管外径的6倍，埋设于地下或混凝土内时，其弯曲半径不应小于管外径的10倍"；

2）《住宅装饰装修工程施工规范》（GB 50327—2001）第16.2.3条："塑料电线保护管及接线盒必须是阻燃型产品，外观不应有破损及变形"。

第16.2.4条："金属电线保护管及接线盒外观不应有折扁和裂缝"。

(2) 防治措施

1) 导管敷设时,应注意电线导管的弯曲半径不小于管外径的6倍,埋设于地下或混凝土楼板内时,其弯曲半径不应小于管外径的10倍。电缆导管的弯曲半径不应小于电缆最小允许弯曲半径。

在摵弯时必须使用专用的弯管器,用力应均匀,对不符合要求的导管应重新进行敷设;

2) 在管路敷设前,应预先根据图纸将线管弯出所需的弧度。钢管以冷弯法弯制,例如管径在 *DN*25 及其以上的线管应使用液压弯管器,根据管线需弯成的弧度,选择相应的模具,将管子放在模具内,使管子的起弯点对准弯管器的起弯点,然后拧紧夹具,使导管外径与弯管模具紧贴,以免出现凹、扁现象,弯出所需的弧度。

管径 < *DN*25 的导管,可以使用手扳弯管器弯制。手扳弯管器的大小应根据管径的大小选择,比管径大或小的弯管器都是不可取的。弯管时把弯管器套在导管需要弯曲的部位,用脚踩住导管,扳动弯管器的手柄,稍用力,使导管从该点处弯曲,然后逐点后移弯管器,并重复前述的各个环节,直至弯出所需的弧度。在弯管过程中,用力不能太猛,各点的用力尽量均匀一致,且移动弯管器的距离不能太大,这样才能使弯出的管弯流畅,不出现弯扁度超出规范要求的情况。

摵弯时还要注意导管弯曲方向与钢管焊缝间的关系,一般焊缝应放在导管弯曲方向的正、侧面交角的45°线上;

3) PVC 管的弯曲工艺也采用冷弯法,应采用配套的专用弯管器、弯管弹簧等,敷设管路时,应尽量减少弯曲,严禁死弯或小于90°的U形弯;

4) 管路弯曲时应注意,弯扁度应不大于管外径的10%,弯曲处不可出现折皱、凹陷和裂缝现象。

3.1.3 电线、电缆导管与其他管道的间距小

1. 现象

电线、电缆导管与其他管道的间距太近。

2. 危害及原因分析

(1) 危害

电线、电缆导管与其他管道的间距太近,影响供电线路的散热效果,且当其他管道有故障时,会影响电气线路,使电气设备、器具的运行出现不正常的波动,甚至造成电气事故。

(2) 原因分析

1) 施工人员不清楚线管与其他管道之间应有的最小间距;贪图方便,随意施工;

2) 工作马虎,放线定位不准确;

3) 吊顶内管道太多,没有管线综合图,各个专业各自为政,未进行沟通、协调。

3. 标准要求及防治措施

(1) 标准要求

《低压配电设计规范》(GB 50054—95)第5.2.9条:"电线管与热水管、蒸汽管同侧敷设时,应敷设在热水管、蒸汽管的下面。当有困难时,可敷设在其上面。其相互间的净距不

宜小于下列数值：

一、当电线管敷设在热水管下面时为0.2m，在上面时为0.3m。

二、当电线管敷设在蒸汽管下面时为0.5m，在上面时为1m。

当不能符合上述要求时，应采取隔热措施。对有保温措施的蒸汽管，上下净距均可减至0.2m。

电线管与其他管道（不包括可燃气体及易燃、可燃液体管道）的平行净距不应小于0.1m。当与水管同侧敷设时，宜敷设在水管的上面"。

(2) 防治措施

1) 电线、电缆导管与其他管道间的最小距离应符合表3.1.3的规定；

电气线路与管道间最小距离（mm）　　表3.1.3

管道名称	配线方式		穿管配线	绝缘导线明配管	裸导线配线
蒸汽管	平行	管道上	1000	1000	1500
		管道下	500	500	1500
	交叉		300	300	1500
暖气管、热水管	平行	管道上	300	300	1500
		管道下	200	200	1500
	交叉		100	100	1500
通风、给排水及压缩空气管	平行		100	200	1500
	交叉		50	100	1500

注：1. 对蒸汽管道，当在管外包隔热层后，上下平行距离可减至200mm；
2. 暖气管、热水管应设隔热层；
3. 对裸导线，应在裸导线处加装保护网。

2) 施工人员应仔细审图，及时发现问题，应与其他专业协调好；

3) 严格按规范要求施工，不符合要求的部分要重新敷设；

4) 当线管与煤气管在同一平面内，配电盘、箱与煤气管道间距要大于300mm；当管线有电气开关盒（即有接头）时，与煤气管间距，可参考配电盘、箱与煤气管道的间距，要大于300mm。

3.1.4 管路过长或经过变形缝处敷设未采取相应的措施

1. 现象

(1) 管路直线段超出允许长度时，无过渡接线盒或拉线盒；

(2) 管道经过变形缝处无补偿措施；

(3) 垂直敷设的管路未按规定设置导线固定盒。

2. 危害及原因分析

(1) 危害

1) 管路直线段超出允许长度时无过渡接线盒或拉线盒，管路太长无拉线盒，电线穿管的长度太长，阻力增大，会造成穿线困难，甚至无法穿线；强拉线时容易损伤导线的绝缘层，降低绝缘性能，缩短线路的使用寿命；

2）在管道经过变形缝处，未采取补偿措施或补偿措施不合理，当建筑物、构筑物不均匀沉降或伸缩变形时，在变形缝处管道的变形和建筑物的变形程度不一致，线管会受到拉力、剪力和扭力，会造成导管变形甚至断裂；

3）垂直敷设的管路未设置导线固定盒，造成导线无法分段固定，甚至因自重造成垂直受力过大而损坏导线。

（2）原因分析

1）施工人员审图不仔细。设计上一般有考虑补偿，未有补偿措施或措施不合理是因为施工人员未审清图纸；

2）施工中遗漏或不清楚正确做法；

3）在敷设导管时发现管路超长，未及时增加拉线盒，质检人员检查不到位；

4）对垂直敷设的管路未严格按规范要求设置导线固定盒。

3．标准要求及防治措施

（1）标准要求

1）《低压配电设计规范》(GB 50054—95)第5.2.14条："金属管布线和硬塑料管布线的管道较长或转弯较多时，宜适当加装拉线盒或加大管径；两个拉线点之间的距离应符合下列规定：一、对无弯管路时，不超过30m；二、两个拉线点之间有一个转弯时，不超过20m；三、两个拉线点之间有两个转弯时，不超过15m；四、两个拉线点之间有三个转弯时，不超过8m"。

第5.7.8条："管路垂直敷设时，为保证管内导线不因自重而折断，应按下列规定装设导线固定盒，在盒内用线夹将导线固定。一、导线截面在50mm^{2}及以下，长度大于30m时；二、导线截面在50mm^{2}以上，长度大于20m时"；

2）《硬塑料管配线安装》(D301-1~2)说明5及《钢导管配线安装》(03D301-3)说明5.10也有相关的规定，如表3.1.4-1、表3.1.4-2所示；

水平敷设管线加接接线盒要求　　表3.1.4-1

管路弯曲个数	管线长度（m）
无弯曲	<30
1	<20
2	<15
3	<8

3）《建筑电气工程施工质量验收规范》(GB 50303—2002)第14.2.11条："导管和线槽，在建筑物变形缝处，应设补偿装置"。

（2）防治措施

1）施工人员在施工前做好准备，应清楚管线的走向，下料合适。

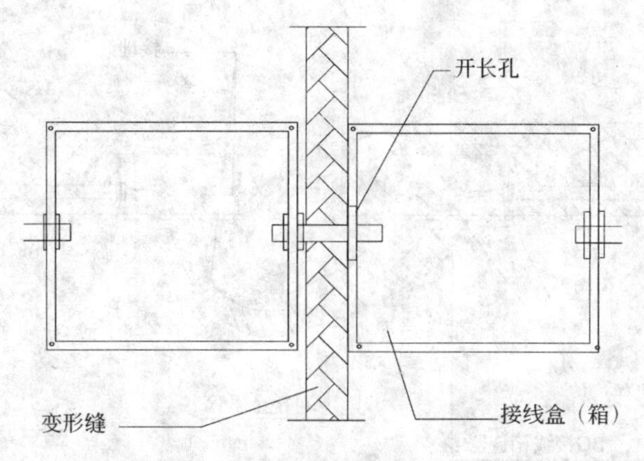

图 3.1.4－1　过变形缝接线盒做法

管路在敷设过程中不应只按施工图中的盒、箱位置进行预埋，还应在过长或弯曲较多的线路中，适当增加接线盒或拉线盒（亦称过渡盒），以便于穿线。一般情况下，管路的弯曲角度在 90°～105°之间，如果管弯的角度大于 120°则可将两个弯按照一个弯来计算，适当地加接线盒。接线盒并非多多益善，过多的接线盒也会带来不必要的麻烦和增加成本。因此要按规定加接线盒，如表 3.1.4－1。

加强质量检查，在施工现场如果发现线管超过规定长度，应及时增加接线盒；

2）对垂直敷设的管路，应按表 3.1.4－2 要求设置固定盒；

垂直敷设管线加接接线盒要求　　　　**表 3.1.4－2**

管内导线截面 S(mm²)	管线长度(m)
$50 < S$	< 30
$70 < S < 95$	< 20
$120 < S < 240$	< 18

3）施工人员应事先阅读图纸，注意施工的部分是否有变形缝，电线、电缆导管经过变形缝处应有补偿措施，并应熟悉导管经过变形缝处的具体做法。

电线、电缆导管经过变形缝处的补偿装置，可参考下面做法：管路补偿装置可在变形缝的两侧对称预埋一个接线盒，用一根短管将两接线盒相邻面连接起来，短管的一端与一个增线盒固定牢固，另一端伸入另一盒内，且此盒上的相应位置的孔要开长孔，长孔的长度不小于管径的 2 倍，这样当建筑物发生变形时，此短管端可有些活动的余量，参考图 3.1.4－1。

图 3.1.4－2、图 3.1.4－3 是管路补偿装置的其他做法。

3.1.5　明敷或吊顶内的线管敷设不到位，缺支、吊架及配件

1. 现象

(1) 明敷或吊顶内的线管未采用专用的支、吊架，或支、吊架间距大；

(2) 吊顶内的线管敷设不到位，线管未敷设到箱、盒内，有导线裸露的现象；

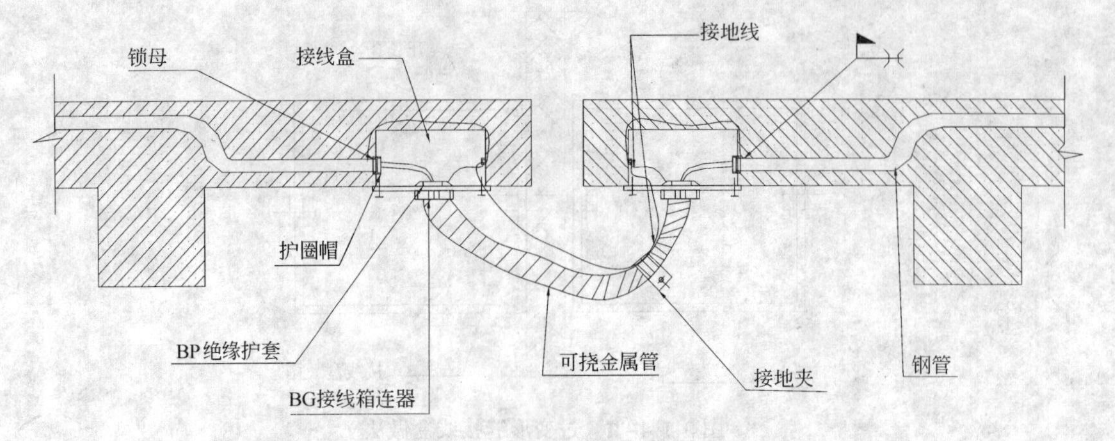

图 3.1.4－2　过伸缩缝沉降缝配管敷设做法

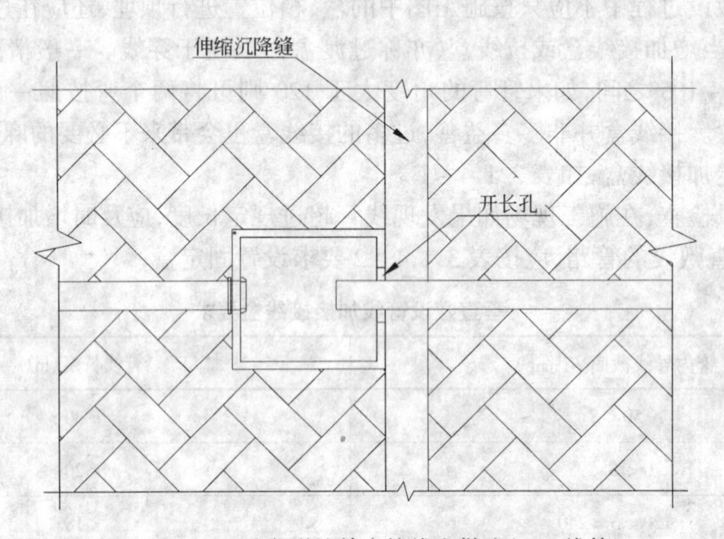

图 3.1.4－3　过变形缝单个接线盒做法(PVC 线管)

(3) 并列敷设的导管排列不整齐。

2. 危害及原因分析

(1) 危害

1) 明敷设的线管支、吊架间距大,会使线管的固定点不够,线管易晃动、变形、脱落,穿电线、电缆时容易使线管发生位移、脱落,难以保证电气线路有足够的机械强度;利用其他的支、吊架作线管支架,可能受其他设备运行时震动的影响,当其他管线检修时会影响到电气线路的运行;

2) 在吊顶内线管敷设不到位,有导线裸露现象,电线未能得到有效的保护,容易受到损坏,存在漏电、短路等安全隐患,甚至会引发火灾。

根据有关统计资料,装饰工程发生的火灾事故,很多是由于吊顶内导线发热引起的;电气线路的配管、布线操作不当,操作人员重视不够,责任心不强,从而造成失误和留下安全隐患；

3）并列安装的线管排列不整齐，当吊顶内的管线较多时，容易造成交叉、混乱。

（2）原因分析

1）导管支、吊架不符合要求，产生原因是施工人员不熟悉规范要求，随意施工；或明知规范要求，但故意把线管的支、吊架间距做大一些，以节省材料和工时；或者在施工时不认真，弹线定位马虎，出现较大的偏差；

2）在有吊顶的场所，以为反正有吊顶，吊顶顶板一旦封闭，就见不到敷设的线管，由于隐蔽性强，存在侥幸心里，不按规范要求操作；

3）导管排列不整齐，产生的原因是施工过程弹线定位不准确，施工中对线管的固定卡、码未定位准确，固定不牢靠，吊杆的本身不顺直，没有认真调整到位，或借助其他专业的管线支、吊架随意布管。

3．标准要求及防治措施

（1）标准要求

《建筑电气工程施工质量验收规范》（GB 50303—2002）第14.2.6条："……明配的导管应排列整齐，固定点间距均匀，安装牢固；在终端、弯头中点或柜、台、箱、盘等边缘的距离150～500mm范围内设有管卡"，中间直线段管卡间的最大距离应符合表3.1.5的规定。

管卡间最大距离 **表3.1.5**

敷设方式	导管种类	导管直径（mm）				
		15～20	25～32	32～40	50～65	65以上
		管卡间最大距离（m）				
支架或沿墙明敷	壁厚＞2mm刚性钢导管	1.5	2.0	2.5	2.5	3.5
	壁厚≤2mm刚性钢导管	1.0	1.5	2.0	—	—
	刚性绝缘导管	1.0	1.5	1.5	2.0	2.0

（2）防治措施

1）加强质量管理，按规定进行放线定位，找好间距，划好定位尺寸，再施工，对不符合要求的要坚决纠正；配管应做到横平竖直，不要斜走或交叉。

导管必须有单独、专用的支、吊架，不得利用吊顶龙骨的吊架作支、吊架，不得利用其他管道、设备的支、吊架，也不得将导线直接放在吊顶的龙骨上。

同时明敷设的导管端头也应固定好，符合规范规定；

2）吊顶内的导管应排列整齐、敷设到位；不论是强电还是弱电，导线都应穿入线管内加以保护，吊顶内不应有裸露的导线，同时导管内导线不得有接头，其接头应设置在接线盒（箱）内或灯具等器具内，接线盒（箱）的位置应便于检修并加盖板，金属接线盒本身应可靠接地；

3）弹线定位应准确，对线管的固定卡、码应定位准确，固定牢靠；有吊杆的弹线定位准确，吊杆应调直，管线调整好后拧紧螺栓，使并排的管线排列整齐、美观；在管线拐弯处的支架、吊架等，其安装方向应同两侧管线相一致，而不应斜向安装。

3.1.6 柔性导管的长度超长，无专用接头，有退股、脱节现象或者使用不当

1. 现象

(1) 照明用柔性导管的长度大于 1.2m，动力用柔性导管的长度大于 0.8m；在管路转弯处、在应当设置接线箱(盒)处，用柔性导管接驳代替；多个回路的导线直接在柔性导管上分叉，未用接线盒；

(2) 连接处未采用专用接头、接头未固定或使用胶布包缠连接；金属柔性导管有退股、脱节现象；

(3) 金属柔性导管未跨接接地，或将金属柔性导管作接地的接续导体。

2. 危害及原因分析

(1) 危害

1) 柔性导管太长，在管路的转弯处用柔性导管代替接线箱(盒)，多个回路的导线直接在柔性导管上分叉，未用接线盒等，均会使穿线困难、固定困难，不便于线路检查、维修、更换；

2) 连接处无使用专用接头，柔性导管固定不牢固；软管退脱节，导线失去保护；

3) 金属柔性导管未接地或将金属柔性导管作接地的接续导体，存在安全隐患。

(2) 原因分析

1) 柔性导管的长度太长，导管中间用柔性导管过渡，直接在柔性导管上分叉等，造成原因是不熟悉规范要求，贪图省事，随意施工。

预埋线盒距灯具、器具、设备的距离过大，导致柔性导管长度超过规范要求，尤其是吊顶上安装的灯具电源线导管；施工人员图省事不作弯管操作，在管路的转弯处省掉应当设置的接线箱(盒)，随便用柔性导管代替。

直接在柔性导管上分叉接线，省掉接线盒，然后用胶布包缠，柔性导管壁厚很薄，其强度比同种材料的刚性导管低很多，连接处无法固定好，从而降低了对导线的保护能力；

2) 柔性导管连接处未采用专用接头，产生原因是难购买到配套的接头，价格较贵，图方便用胶布代替。

施工过程由于工种多、人员多，难免伤到柔性导管，金属柔性导管有退、脱节现象，但施工人员责任心不强，无修复损伤的导管，使导线外露、失去保护；

3) 施工人员认为金属柔性导管的两端都是金属物，金属柔性导管不用跨接接地，使金属管路失去电气连续性。

为了节省材料，贪图方便将金属柔性导管作接地的接续导体，将会出现严重问题，因为金属柔性导管太薄，在出现接地故障时，短路稳定性大大下降，将使需接地的设备接地不可靠。

3. 标准要求及防治措施

(1) 标准要求

《建筑电气工程施工质量验收规范》(GB 50303—2002)第 14.2.10 条："金属、非金属柔性导管敷设应符合下列规定：1　刚性导管经柔性导管与电气设备、器具连接，柔性导管的长度在动力工程中不大于0.8m，在照明工程中不大于1.2m；2　可挠金属导管或其他柔性

导管与刚性导管或电气设备、器具间的连接采用专用接头；复合型可挠金属管或其他柔性导管的连接处密封良好，防液覆盖层完整无损；3　可挠性金属导管和金属柔性导管不能做接地(PE)或接零(PEN)的接续导体”。

第15.1.2条：“……同一交流回路的电线应穿于同一金属导管内，且管内电线不得有接头”。

(2) 防治措施

1) 照明用软管的长度不大于1.2m，动力用软管的长度不大于0.8m，敷设的工程质量应符合规范要求；在管路的转弯处，根据需要设置接线箱(盒)，不能用软管代替；导线中间、分叉连接应在接线盒(箱)内进行，不应直接在软管上分叉；

2) 可挠金属导管或其他柔性导管与刚性导管或电气设备、器具间的连接应采用专用接头；金属柔性导管出现脱节现象，应及时修正或更换；

3) 施工前应做好技术交底，施工中应加强平行检查、巡视检查力度，确保金属柔性导管接地可靠。

不能将金属柔性导管作接地的接续导体，金属柔性导管只是自身接地；而设备、器具的金属外壳应有专用接地保护线，并与接地干线连接。

3.1.7　金属导管的管材不符合要求

1. 现象

(1) 镀锌电线导管的壁厚小于1.5mm；

(2) 使用冷镀锌钢管；

(3) 镀锌钢导管内壁不光滑、焊缝处凸起过高，甚至有严重的硬棱毛刺和锋利的尖状物。

2. 危害及原因分析

(1) 危害

1) 镀锌电线管的厚度不够，导管的机械强度不够，容易变形，如起皱、凹陷、劈裂等，都会造成管内导线划伤，破坏所穿导线的绝缘层，导致电气短路，甚至引起火灾；

2) 冷镀锌钢管的锌层薄、容易脱落、耐腐蚀强度低，会降低导管的使用寿命；

3) 镀锌钢导管内壁凸起、有硬棱毛刺，在穿线(电缆)时会损坏绝缘层，导致电气线路短路或漏电。

(2) 原因分析

1) 镀锌电线导管的壁厚小于1.5mm，往往是因为施工人员偷工减料所致；

2) 热浸镀锌锌层厚，抗腐蚀，有较长的使用寿命，工程中使用热镀锌导管，主要是为了提高工程的使用寿命。

市场上热浸镀锌导管价格较高，冷镀锌导管的价格较低，购买和使用人员较清楚；而检查人员在现场有时难以辨别冷镀锌和热镀锌工艺；

3) 未做导管的进场验收工作或材料进场把关不严，很容易让市场上的劣质材料进入工地。

3. 标准要求及防治措施

(1) 标准要求

1)《低压配电设计规范》(GB 50054—95)第5.2.8条:“明敷或暗敷于干燥场所的金属管布线应采用管壁厚度不小于1.5mm的电线管。直接埋于素土内的金属管布线,应采用水煤气钢管”。

《电气安装用导管:特殊要求—金属导管》(GB/T 14823.1—1993)的规定:“镀锌电线导管(俗称薄壁电线套管)最小管径的导管壁厚为1.5±0.15mm”。薄壁电线套管的规格见表3.1.7所示;

薄壁电线套管的规格 **表3.1.7**

<table>
<tr><th>导管外径尺寸 d</th><th>16</th><th>20</th><th>25</th><th>32</th><th>40</th><th>50</th><th>63</th></tr>
<tr><td>外径公差</td><td colspan="2">0
-0.3</td><td colspan="3">0
-0.4</td><td>0
-0.5</td><td>0
-0.6</td></tr>
<tr><td>最小壁厚 s</td><td>1.5±0.15</td><td colspan="4">1.6±0.15</td><td colspan="2">1.9±0.18</td></tr>
</table>

2)《普通碳素钢电线套管》(GB/T 3640—1988)第3.3条:“镀锌钢管的镀锌层均匀性试验和镀锌层重量测定试验应符合《低压流体输送用镀锌焊接钢管》(GB/T 3091—2001)附录A和附录B的规定”。

《低压流体输送用镀锌焊接钢管》(GB/T 3091—2001)第5.8.1条:“镀锌钢管采用热浸镀锌法镀锌”;

3)《建筑电气工程施工质量验收规范》(GB 50303—2002)第3.2.13条:“导管应符合下列规定:1 按批查验合格证;2 外观检查:钢导管无压扁、内壁光滑。……镀锌钢导管镀层覆盖完整、表面无锈斑;……3 按制造标准现场抽样检测导管的管径、壁厚及均匀度”。

(2) 防治措施

1) 镀锌电线管的厚度应符合设计要求,且不应小于1.5mm;可用游标卡尺对实物进行测量;钢管的壁厚应均匀、一致,不应有折扁、裂缝、砂眼、塌陷等现象。对不符合要求的管材,应封存、清场、退货;

2) 应使用热浸镀锌钢管来提高工程的使用寿命,达到设计上使用镀锌钢管的要求;对管材的镀锌工艺是否为热浸镀锌,有疑问时,可送有相应资质等级的实验室进行检验。

镀锌钢管的镀锌工艺有热镀锌和冷镀锌两种,现场实物检查时应注意:热镀锌的钢管其镀锌层厚度比冷镀锌导管厚,镀锌层沾接金属表面的强度大,耐腐蚀性强,但镀锌层表面有锌镏,表面较粗糙。冷镀锌金属导管表面镀锌层光泽眩目,金属表面光滑,但耐腐蚀性差;

3) 应加强管材的进场验收工作,现场检查时应注意:

资料方面:检验产品的合格证和检验报告,证明文件是有效的、与产品是相符的。

实物方面:管材表面应有完整的产品标识,同时要注意:钢管内壁应光滑,不应有折皱、裂缝、分层、搭焊、缺焊、毛刺等现象;焊缝应整齐,无缺陷;对内壁不光滑,焊缝处凸起过高,甚至有严重的硬棱毛刺和锋利的尖状物的管材,应列为不合格产品,作退场处理。

镀锌钢管的镀锌层完好无损,锌层厚度均匀一致,没有剥落、气泡等现象。

3.1.8 金属导管连接的缺陷

1. 现象

金属导管对口熔焊连接;镀锌和壁厚小于等于2mm的钢导管采用套管熔焊连接。

2. 危害及原因分析

(1) 危害

金属导管对口熔焊连接,镀锌和壁厚小于2mm的钢导管采用套管熔焊连接,焊接处将会产生烧穿、结瘤、毛刺等现象,穿线时会损坏导线的绝缘层。

埋入混凝土中的导管,如果有烧穿现象会造成水泥浆渗入,导致导管堵塞,这种现象是不容许发生的。

镀锌钢管采用熔焊连接,会造成内、外壁镀锌层破坏,小管径的镀锌钢管无法补做防腐,使镀锌钢管失去抗腐蚀能力强,使用寿命长的特点。

(2) 原因分析

1) 未认真进行图纸会审或技术交底;

2) 对金属导管的施工工艺及规范不熟悉,不知道熔焊焊接法对金属导管的危害。

设计上选用镀锌钢管,理由是抗锈蚀性好,使用寿命长,施工中不应破坏镀锌保护层。若采用套管熔焊焊接法连接,或用圆钢焊接跨接地线,则必然破坏导管内、外表面的保护层;

3) 以旧习惯做法代替规范、规程。

3. 标准要求及防治措施

(1) 标准要求

《建筑电气工程施工质量验收规范》(GB 50303—2002)第14.1.2条:"金属导管严禁对口熔焊连接;镀锌和壁厚小于等于2mm的钢导管不得套管熔焊连接"。

(2) 防治措施

1) 在图纸会审或技术交底时应明确,如果设计上选用镀锌钢管,施工工艺上就不能采用熔焊连接;

2) 在施工组织方案的编写及审查阶段,应清楚所选用的施工工艺,并备好相应的施工工具,有相应的主材、配套的附件及辅料;

3) 镀锌钢管的连接方法,可采用螺纹连接、套接紧定式连接等连接方式;在施工初始阶段,做施工工艺样板,用样板指路;

4) 壁厚小于等于2mm的钢导管可采用上述连接方法。管口处理及套丝工艺可参考本章第3.1.1条。

采用套接紧定式连接,参考本章第3.1.10条。

3.1.9 金属导管的跨接地线截面积偏小

1. 现象

(1) 采用小于4mm^{2}的单芯铜导线作跨接地线;

(2) 镀锌电线管采用丝扣连接时,使用镀锌圆钢熔焊焊接作跨接地线,未采用专用接地卡固定跨接接地线。

2. 危害及原因分析

(1) 危害

1) 采用小于 $4mm^2$ 的导线(未穿管保护)作跨接接地线,导线截面积偏小,当事故短路时,接地线载流能力不足,且使用单芯导线,防机械损伤的性能差,容易断;

2) 在镀锌钢管上使用圆钢熔焊焊接作跨接接地线,将破坏镀锌钢管的镀锌层;未采用专用接地卡卡紧跨接地线,接地线固定不牢固、不可靠。

(2) 原因分析

1) 对规范、标准不了解;

2) 缺乏施工基本常识,未进行技术交底;

3) 没有认真阅读图纸。

3. 标准要求及防治措施

(1) 标准要求

1)《建筑电气工程施工质量验收规范》(GB 50303—2002)第 14.1.1 条:"金属的导管和线槽必须接地(PE)或接零(PEN)可靠,并符合下列规定:1 镀锌的钢导管、可挠性导管和金属线槽不得熔焊跨接接地线,以专用接地卡跨接的两卡间连线为铜芯软导线,截面积不小于 $4mm^2$;2 ……当镀锌钢导管采用螺纹连接时,连接处的两端用专用接地卡固定跨接接地线";

2)《低压配电设计规范》(GB 50054—95)第 2.2.10 条:"PE 线采用单芯绝缘导线时,按机械强度要求,截面不应小于下列数值:有机械性的保护时为 $2.5mm^2$;无机械性的保护时为 $4mm^2$"。

(2) 防治措施

1) 金属导管的跨接地线均应采用铜芯软导线,而且截面积不应小于 $4mm^2$。

2) 当镀锌电线管采用丝扣连接时,应使用专用跨接地卡。接地卡如图 3.1.9-1 所示。

用专用接地卡卡紧跨接地线,做法如图 3.1.9-2 所示。

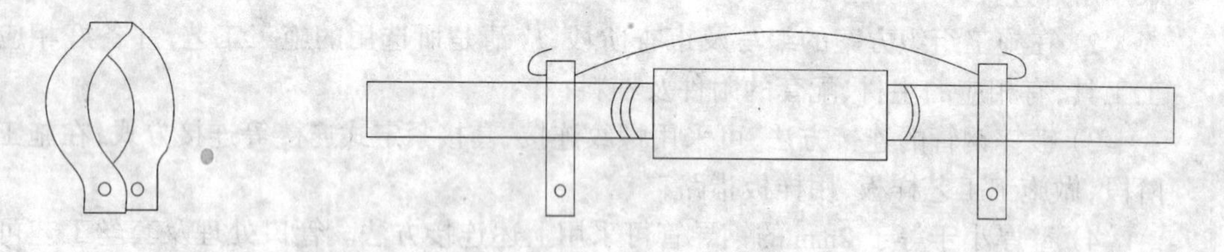

图 3.1.9-1 接地卡示意图

图 3.1.9-2 管线跨接地线做法示意图

用接地卡将跨接地线卡固在线管上时,把跨接地线穿入线卡的中点,并打一个回弯,导线的绝缘外皮剥离部分应长短适度,拧紧管卡,使其把导线压接紧密。跨接地线为多股导线,线头应事先经浸锡处理。

注意所使用接地卡规格与管材管径相匹配,接地卡与相应的跨接地线截面积应适配,压接后无松动现象,导线与管材要接触良好,接地卡的折弯处不得有明显的机械损伤。

在线盒的跨接处要留有余量,线盒与导管的连接要有防松措施。

3.1.10　套接紧定式钢导管(JDG)管材、配件不合格

1. 现象

(1) JDG 管壁厚小于 1.6mm,使用冷镀锌导管;

(2) JDG 管与管之间,管与盒、箱的连接未采用配套的连接套管及专用紧定螺钉等附件;

(3) JDG 管的紧定螺钉压接不紧,紧定螺钉未拧至“脖颈”脱落;采用非专用紧定螺钉,且无跨接地保护;

(4) 当管径为 ϕ32mm 及以上时,连接套管两端只有一个紧定螺钉。

2. 危害及原因分析

(1) 危害

1) JDG 管壁厚小于 1.6mm,管容易变形,导管强度低,弯制容易起皱折,使用冷镀锌钢导管的危害见本章第 3.1.7 条;

2) JDG 管缺少连接件或附件时,导致连接不牢固,容易脱落,接地连续性不可靠;

3) JDG 管的紧定螺钉未拧至“脖颈”脱落,螺钉压接不紧,未达到生产厂原设计的扭矩,JDG 管的连接不可靠,达不到工艺要求;接地不可靠,会存在安全隐患。

JDG 管在施工过程中与薄壁电线管相比,省去了套丝、跨接地线、管线防腐三个工序,提高了效率。按照 JDG 管的技术要求,钢管连接后不用作跨接地线,管路间能够确保良好的电气连续性。

如果紧定螺钉未拧断“脖颈”,螺钉压接不紧,达不到 JDG 管的工艺要求,无法确定达到规程规定的导电连续性要求,在这种情况下,要使接地可靠,需再跨接接地,则失去使用 JDG 管是连接速度快,不用跨接接地等优点,这将违反使用 JDG 管的目的;

4) 当管径大于等于 ϕ32mm 时只用一个螺钉,紧固不可靠,连接点的机械强度、电气连续性不能满足要求。

(2) 原因分析

1) 购买不合格的产品;

2) 安装前没有认真校对产品说明书;

3) 没有配套的附件、工具;

4) 安装时马虎应付,未达工艺要求。

3. 标准要求及防治措施

(1) 标准要求

1)《套接紧定式钢导管电线管路施工及验收规程》(CECS 120:2000),JDG 管管材、管接件、紧定螺钉、螺纹接头、爪形螺母等规格如表 3.1.10－1～表 3.1.10－4,图 3.1.10－1～图 3.1.10－4 所示。

JDG 钢导管管材规格表(单位:mm)　　**表 3.1.10－1**

规　格	ϕ16	ϕ20	ϕ25	ϕ32	ϕ40
外　径 D	16	20	25	32	40

续表

规　格	$\phi16$	$\phi20$	$\phi25$	$\phi32$	$\phi40$
外径允许偏差	0 −0.30	0 −0.30	0 −0.30	0 −0.40	0 −0.40
壁　厚 S	1.60	1.60	1.60	1.60	1.60
壁厚允许偏差	±0.15	±0.15	±0.15	±0.15	±0.15

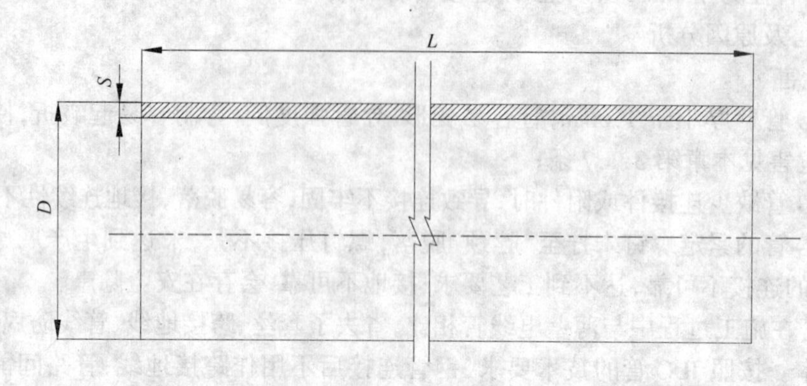

图 3.1.10－1　JDG 管材图

JDG 直管接头规格表(单位:mm)　　　　表 3.1.10－2

规　格	$\phi16$	$\phi20$	$\phi25$	$\phi32$	$\phi40$
内　径 d	16	20	25	32	40
内径允许偏差	+0.30 0	+0.30 0	+0.30 0	+0.40 0	+0.40 0
外　径 D	19.20	23.20	28.20	35.20	43.20
壁　厚 S	1.60	1.60	1.60	1.60	1.60
总　长 L	55	55	55	75	90
凹槽内径 P	12.80	16.80	21.80	28.80	36.80
凹槽内径允许偏差	+0.40 0	+0.40 0	+0.40 0	+0.80 0	+0.80 0
螺纹孔直径 M	5	5	5	5	5
螺纹孔长度	3	3	3	3	3
两个螺纹孔中心距 L_1	41	41	41	61	76
两个螺纹孔中心距允许偏差	0 −0.30	0 −0.30	0 −0.30	0 −0.30	0 −0.30

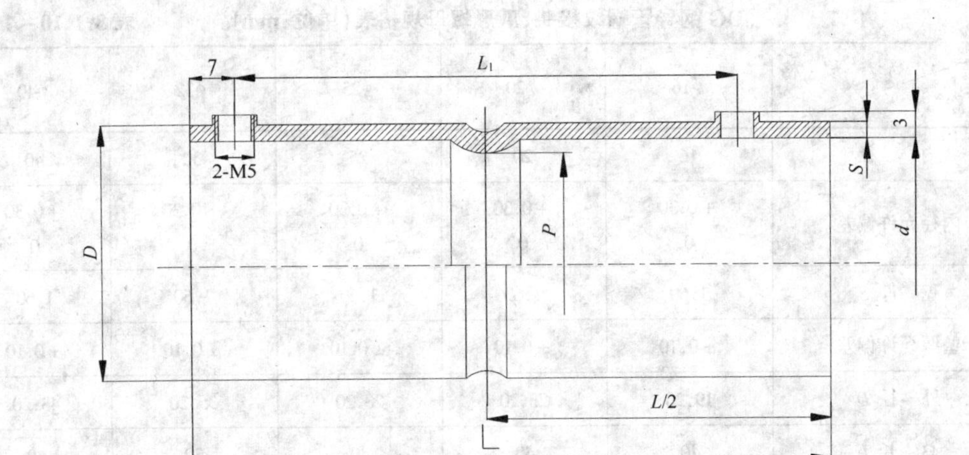

图 3.1.10－2　直管接头图

JDG 紧定螺钉规格表(单位:mm)　　　　表 3.1.10－3

名称 ＼ 规格		φ16	φ20	φ25	φ32	φ40
长度	Ⅰ型	13.50	13.50	13.50	13.50	13.50
	Ⅱ型	13.50	13.50	13.50	13.50	13.50
直径 M		5	5	5	5	5
脖颈直径		2.00	2.00	2.00	2.00	2.00
	Ⅰ型	4.00	4.00	4.00	4.00	4.00
	Ⅱ型	5.00	5.00	5.00	5.00	5.00
尖状长度(Ⅰ型)		1.50	1.50	1.50	1.50	1.50
六角螺帽宽度		8	8	8	8	8
六角螺母厚度		5	5	5	5	5

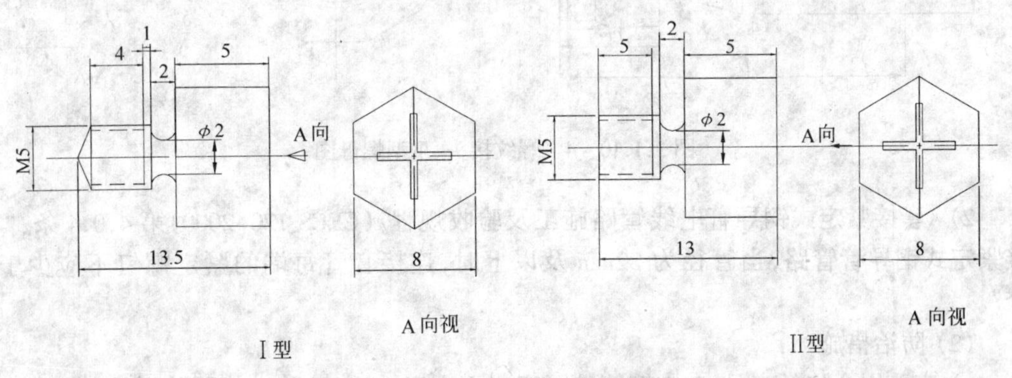

图 3.1.10－3　紧定螺钉图

JDG 钢导管螺纹接头、爪形螺母规格表(单位:mm)　　表 3.1.10-4

名称 \ 规格	φ16	φ20	φ25	φ32	φ40
内　径	16	20	25	32	40
内径允许偏差	+0.30 0	+0.30 0	+0.30 0	+0.30 0	+0.30 0
壁　厚 S	1.60	1.60	1.60	1.60	1.60
壁厚允许偏差	±0.10	±0.10	±0.10	±0.10	±0.10
外　径 D	19.20	23.20	28.20	35.20	43.20
总　长 L	40	40	40	50	60
缩口处螺纹长度 L_1	10	10	10	10	10
缩口处螺纹直径 M	16	20	25	32	40
爪形螺母和六角螺母厚度(标准件)	3.00	3.00	3.00	4.00	4.00
爪形螺母爪子高度	1.00	1.00	1.00	1.00	1.00
螺纹孔中心至大直径端面的距离	7	7	7	7	7
螺纹孔直径 M_1	5	5	5	5	5

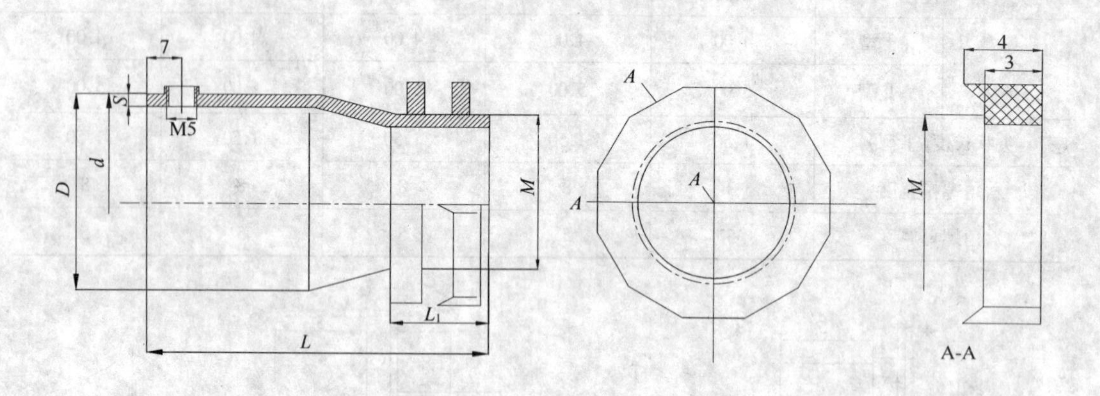

图 3.1.10-4　螺纹接头、爪型螺母图

2)《套接紧定式钢导管电线管路施工及验收规程》(CECS 120:2000)第 4.0.4 条:"套接紧定式钢导管管路,当管径为 32mm 及以上时,连接套管每端的紧定螺钉不应少于 2 个"。

(2) 防治措施

1) 应采用合格的产品,JDG 管管壁厚度应不小于 1.6mm,并应使用热浸镀锌钢管,保证导管的防腐性能，延长使用寿命。

参考本章第3.1.7条；

2) JDG管的连接应采用配套的附件，即JDG管与管之间，管与盒、箱的连接应采用配套的直管接头、螺纹接头、紧定螺钉、爪形螺母、六角形螺母；

3) JDG管的连接应配备相应的工具，管与管连接采用直管接头，安装时把钢管插入直管接头，直到其凹槽处，使钢管与管接头插紧定位，然后用专用紧定扳手拧紧紧定螺钉，直至拧断螺钉"脖颈"，使钢管与直管接头形成一体。

JDG管与盒连接采用螺纹接头，螺纹接头与管连接的一端连接方式同直管接头。螺纹接头与接线箱（盒）连接时，必须采用爪形螺母扣在接线箱（盒）内侧露出的螺纹接头的丝扣上、六角形螺母在接线盒外侧，用紧定扳手使爪形螺母和六角形螺母夹紧接线箱（盒）壁，使螺纹接头与接线箱（盒）紧密结合。

通过以上措施可以保证JDG管连接的牢固和接地的可靠，无需再做跨接地线；

4) 当管径为32mm及以上时，连接套管每端的紧定螺钉不应少于2个，把不符合要求的全部更换至合格。

3.1.11 PVC线管性能、规格和配件不符合要求

1. 现象

(1) PVC导管用明火燃烧移开火源30s后仍延燃，且火焰有浓烟，表面标识的内容不全；

(2) 所选用的PVC导管尺寸偏小；

(3) 采用中型PVC导管（即现市场上供应为壁厚小于等于1.6mm的PVC导管）作暗埋管，采用明装线盒作暗埋线盒；

(4) 导管、接头、入盒接头等连接件不配套；使用非专用、不配套胶合剂。

2. 危害及原因分析

(1) 危害

1) 塑料管选用易燃管或再生塑料管，防火等级未达设计要求，一旦燃烧，存在烟雾毒性隐患，危及生命安全和造成财产损失。

线管标识不全，会给不合格产品钻空子，易造成以次充好，甚至混入伪劣产品；

2) 选用线管的规格太小，可能造成穿线困难，散热不良；

3) 线管的管壁较薄，如中型及以下的PVC线管作暗埋管，由于机械强度达不到要求，抗压、抗折、抗冲击性能差，易破碎，造成暗埋管路堵塞；采用明装线盒作暗埋线盒，造成最后盖板及盒周边水泥砂浆收口不好配合，同样因为机械强度达不到要求，易破碎；

4) 接线盒等配件选用金属或木制品等，导管、接头、入盒接头等连接件不配套，胶合剂不专用、不配套，使连接不牢固，导致连接的管道不紧密，都会漏进水泥砂浆，造成管路堵塞；中间夹入金属盒，难以实现接地保护；木制品不符合阻燃要求。

(2) 原因分析

1) 施工单位购买劣质的产品，以降低成本；劣质的产品不按比例配料，偷工减料，阻燃剂比例不当等；

2) 设计图纸所选的PVC导管规格小；施工时未按设计要求选用线管，管径偏小；

3) 为了降低成本,暗埋管选择中型及以下的 PVC 导管、线盒使用明敷设线盒;

4) 为了降低成本,随意选用不配套、劣质的配件和胶合剂。

3. 标准要求及防治措施

(1) 标准要求

1)《建筑电气工程施工质量验收规范》(GB 50303--2002)第 3.2.13 条:"导管应符合下列规定:……2……绝缘导管及配件不碎裂、表面有阻燃标记和制造厂标;3……对绝缘导管及配件的阻燃性能有异议时,按批抽样送有资质的试验室检测"。

《住宅装饰装修工程施工规范》(GB 50327—2001)第 16.2.3 条:"塑料电线保护管及接线盒必须是阻燃产品,外观不应有破损及变形";

2)《低压配电设计规范》(GB 50054—95)第 5.2.13 条:"穿管的绝缘导线(两根除外)总截面面积(包括外护层)不应超过管内截面面积的 40%"。

《硬塑料管配线安装》(D301-1~2)说明 4:"管内穿线的绝缘导管其导线的总截面积(包括外护层)不应超过管内截面积的 40%";

3)《建筑电气工程施工质量验收规范》(GB 50303—2002)第 14.2.9 条:"绝缘导管敷设应符合下列规定:……3 当设计无要求时,埋设在墙内或混凝土内的绝缘导管,采用中型以上的导管"。

(2) 防治措施

1) 选用的 PVC 管阻燃性能必须达到规范要求,管外壁应有阻燃标记和制造厂标。要求生产厂家提供氧指数指标合格测试报告,提供产品合格证和材质证明文件;仍有异议,应送有资质等级的试验室检验。

阻燃型 PVC 管,管壁应厚薄均匀,无气泡,色泽一致,无扭曲变形现象,管材和专用附件,接口部位应吻合严密,不能出现缝隙,应接触密实牢固,管材和附件材质一致;

2) 应按设计要求选用合适的规格,保证管内导线的总截面面积不大于管内截面面积的 40%。

当发现设计上所选用的导管规格偏小,应及时反馈给设计院,由设计人员及时做设计变更,增大导管的尺寸,满足规范要求;

3) PVC 线管的抗压荷载值(厚度)应符合要求;应根据线管敷设的场合,选用壁厚符合要求的产品;埋设在墙内或混凝土楼板内的绝缘导管,采用中型以上的导管;

4) 阻燃型 PVC 管配套使用的开关盒、插座盒、接线盒等均应外观整齐,敲落孔齐全,无劈裂、变形、损伤等现象,必须使用配套的 PVC 制品,严禁使用木制品。

应选用配套、专用的胶合剂,产品有出厂日期和合格证并在有效期内,不应出现固化、化学成分不稳定、粘接不牢等现象。

3.1.12 PVC 线管的敷设工艺不符合要求

1. 现象

(1) 管口未处理好,未用配套的附件和胶合剂;

(2) PVC 线管的弯曲半径小于管外径的 6 倍、敷设在混凝土楼板内小于管外径的 10 倍、弯扁度大于管外径的 10%;

(3) PVC 线管的支、吊架间距大,或未采用专用支、吊架;

(4) 直埋于地下或楼板内的刚性绝缘导管,穿出地面或楼板易受机械损伤的地方,无保护措施;

(5) 沿建筑物、构筑物表面和支架上敷设的刚性绝缘导管,未装设温度补偿装置。

2. 危害及原因分析

(1) 危害

1) 管口未处理好,使接口不严密;造成接口处渗、漏水或灰浆;

2) PVC 线管的揻弯不符合要求,弯曲半径小,弯扁度大,造成穿线困难。

参考本章第 3.1.2 条;

3) PVC 线管的强度较差,缺少支、吊架,固定不牢。线管的支、吊架间距大,会使线管的固定点不够,线管易晃动、变形、脱落,穿电线、电缆时容易使线管发生位移、脱落,难以保证电气线路有足够的机械强度;利用其他的支、吊架作线管支架,可能受其他设备震动的影响,当其他管线检修时会影响到电气线路的运行。

参考本章第 3.1.5 条;

4) PVC 线管穿出地面或楼板易受机械损伤处,不加套管保护,线管易损坏,电气线路安全无保证;

5) 沿建筑物、构筑物表面和支架上敷设的刚性绝缘导管,未装设温度补偿装置,线管可能变形、脱落,造成线管损坏。

(2) 原因分析

1) 未采用专用的胶合剂,不能保证在规定时间内连接牢靠。

接口处未外加套管,或承插口做得太短,又未涂胶合剂,只用黑胶布或塑料带包缠一下,未按工艺规程操作;

2) 导管弯曲半径小,弯扁度大造成原因是揻弯时未采用专用的弹簧,或弹簧大小不配套;用力太大,弯扁度太大;现场受其他外力碰压等;

3) PVC 导管支、吊架不符合要求,产生原因是施工人员不熟悉规范要求,随意施工,或明知规范要求,但故意把线管的支、吊架间距做大一些,以节省材料和工时;或者在施工时不认真,弹线定位马虎,出现较大的偏差。

参考本章第 3.1.5 条;

4) 设计上未提出,且施工单位未引起注意而漏加保护;

5) 未按设计要求装设补偿装置或施工时遗漏。

3. 标准要求及防治措施

(1) 标准要求

1)《建筑电气工程施工质量验收规范》(GB 50303—2002)第 14.2.9 条:"绝缘导管敷设应符合下列规定:1 管口平整光滑;管与管、管与盒(箱)等器件采用插入法连接时,连接处结合面涂专用胶合剂,接口牢固密封;2 直埋于地下或楼板内的刚性绝缘导管,在穿出地面或楼板易受机械损伤的一段,采取保护措施;……4 沿建筑物、构筑物表面和支架上敷设的刚性绝缘导管,按设计要求装设温度补偿装置";

2) 标准图集《硬塑料管配线安装》(D301－1～2)说明第 1.3.2 条:"管材暗配时,弯曲半径不应小于管外径的 6 倍,埋设于地下或混凝土内时,其弯曲半径不应小于管外径的

10倍”；

3)《低压配电设计规范》(GB 50054—95)第5.2.11条:“塑料管暗敷或埋地敷设时,引出地(楼)面的一段管路,应采取防止机械损伤的措施”。

(2) 防治措施

1) PVC管接口要处理好,连接处只是采用胶布或塑料带包缠的,一定要整改,要保证连接牢固、接口紧密。

采用专用配套管接头,连接管两端连接处涂专用胶合剂进行粘接,见图3.1.12。涂胶合剂前应将连接套管内壁和连接管两端外壁清理干净,以保证连接的牢固。在连接处使用配套、专用的胶合剂,保证连接处不渗、漏水等；

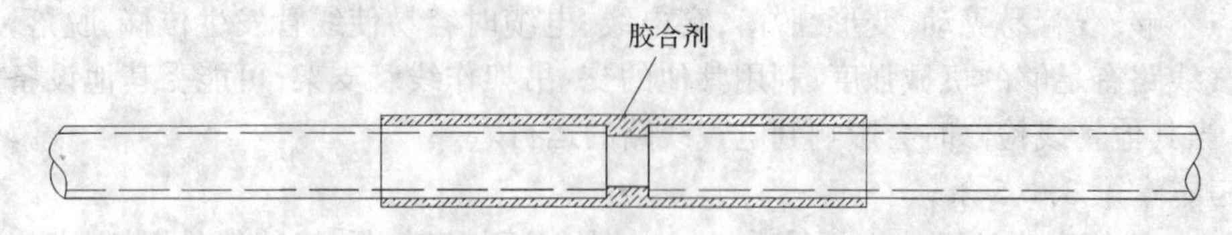

图3.1.12 PVC管专用套管连接

2) 参考本章第3.1.2条；

3) 参考本章第3.1.5条；

4) 直埋于地下或楼板内的刚性绝缘导管穿出地面或楼板易受机械损伤的地方,应加上金属套管作保护；

5) 沿建筑物、构筑物表面和支架上敷设的刚性绝缘导管,应按设计要求增设温度补偿装置,保证线路的安全可靠。

3.1.13 吊顶内或明敷设的消防线管使用PVC线管

1. 现象

吊顶内或明敷设的消防线管使用PVC线管。

2. 危害及原因分析

(1) 危害

吊顶内或明敷设的消防线管使用PVC线管,对线路的保护不够,特别是对消防控制、通信和警报线路的保护,如果线路中断,使灭火工作无法进行,造成更大的经济损失。

(2) 原因分析

1) 吊顶内或明敷设的消防线管使用PVC线管,是不熟悉国家标准、消防要求,对线路的保护不够重视；

2) 原来设计单位按规范要求设计的导管为金属导管,施工单位在施工吊顶内或明敷设的消防线管时,为了施工方便,不按设计和规范要求而使用PVC线管,造成防火等级不能达到规范及设计的要求。

3. 标准要求及防治措施

(1) 标准要求

1)《火灾自动报警系统设计规范》(GB 50116—98)第10.2.2条:“消防控制、通信和警报线路采用暗敷设时，宜采用金属管或经阻燃处理的硬质塑料管保护，并应敷设在不燃烧体的结构层内，且保护层厚度不宜小于30mm。当采用明敷设时，应采用金属管或金属线槽保护，并应在金属管或金属线槽上采取防火保护措施。

采用经阻燃处理的电缆时，可不穿金属管保护，但应敷设在电缆竖井或吊顶内有防火措施的封闭式线槽内"。

第5.3.1条："当消防联动控制设备的控制信号和火灾探测器的报警信号在同一总线回路上传输时，其传输总线的敷设应符合本规范第10.2.2条规定"；

2）《高层民用建筑设计防火规范》(GB 50545—95)第9.1.4条："消防用电设备的配电线路应符合下列规定：9.1.4.1　当采用暗敷设时，应敷设在不燃烧体内，且保护层厚度不宜小于30mm。9.1.4.2　当采用明敷设时，应采用金属管或金属线槽上涂防火涂料保护。9.1.4.3　当采用绝缘和护套为不延燃材料的电缆时，可不穿金属管保护，但应敷设在电缆井内"。

(2) 防治措施

1) 加强学习，熟悉规范规定和消防要求；

2) 按设计和规范要求使用线管，采用金属管或金属线槽，并应在金属管、金属线槽上采取防火措施。把已敷设的不符合要求的PVC线管，更换为金属线管或金属线槽。

3.1.14　室外导管敷设不到位、不防水

1. 现象

(1) 室外导管敷设不到位，接头脱落，无防水弯；

(2) 室外箱、盒进水；

(3) 室外柔性导管不防水、易老化。

2. 危害及原因分析

(1) 危害

1) 室外导管的管口未敷设到位，接头脱落，使导线、电缆外露，箱内的电气器件易受潮，降低设备使用寿命，存在安全隐患。

垂直安装的外露导管无防水弯，当接头破损时，水容易顺着导管流进设备、箱、盒内；

2) 室外箱、盒不防水，设备易进水，甚至沿着管线流到其他部位的箱、盒内，降低线路绝缘性能、损坏元器件及设备；

3) 室外采用普通柔性导管，易造成管内进水，降低线路的绝缘性能。使用PVC柔性导管，容易折断和老化，接头、箱、盒进水，造成设备受潮。

(2) 原因分析

1) 室外导管的管口未敷设到箱、盒内，线管连接不牢、接头脱落，柔性导管接头未使用专用接头；

2) 室外箱、盒未使用防水型产品，未采取防水措施；

3) 室外敷设的柔性导管未采用防液复合型柔性导管。

3. 标准要求及防治措施

(1) 标准要求

《建筑电气工程施工质量验收规范》(GB 50303—2002)第14.2.2条："室外导管的管口

应设置在盒、箱内”。

(2) 防治措施

1) 室外导线应敷设到位，对敷设不到位的管段应重新敷设到位，保证管与管之间、管与箱、盒之间连接牢固、不脱落；管口敷设到箱、盒内；柔性导管使用专用接头连接；室外的金属导管应设防水弯；

2) 采用户外防水型线盒、配电箱及相应密封防水措施；

3) 室外敷设的柔性导管应采用防液复合型柔性导管。

3.2 线槽敷设及其敷线的质量通病

3.2.1 金属线槽敷设扭曲、挠度偏大

1. 现象

(1) 金属线槽的板材厚度太薄，金属线槽变形；

(2) 金属线槽的支、吊架(固定点)间距大；金属线槽扭曲、挠度偏大；

(3) 金属线槽的紧固螺母安装在线槽的内侧；

(4) 线槽过变形缝处无补偿措施。

2. 危害及原因分析

(1) 危害

1) 线槽应有一定的厚度，如果壁厚不够，难以保证金属线槽有足够的机械强度，线槽容易变形，影响线槽内所敷设导线的绝缘与安全性；

2) 金属线槽的支、吊架(固定点)间距大，线槽容易变形。线槽的支、吊架未调整好，受力不均匀，也会使线槽扭曲、变形；

3) 线槽的紧固螺母安装在线槽的内侧，露出的螺栓容易割伤导线；

4) 变形缝处无补偿措施，易造成线槽变形、拉断。

(2) 原因分析

1) 金属线槽尚无统一的国家或行业标准，一般可参照槽式电缆桥架(无孔托盘)的技术标准要求。金属线槽厚度不够，往往是因为对此标准不熟悉或贪图降低成本所致；

2) 施工人员为了减少支、吊架，节省材料和工时。一般制造商生产的金属线槽标准长度为2m，若安装支、吊架间距大于2m将使部分线槽段无支、吊架，导致线槽连接处受力，造成机械破坏；

3) 施工人员操作不仔细，或是技术交底不清楚造成；操作人员自认为美观而把螺栓的平头安装在线槽的外侧；

4) 未认直审阅图纸，不清楚工程有变形缝，不知道变形缝处需增加补偿装置。

3. 标准要求及防治措施

(1) 标准要求

1)《电控配电用电缆桥架》(JB/T 10216—2000)对桥架的板厚有明确规定。金属线槽的厚度参见表3.2.1；

2)《建筑电气工程施工质量验收规范》(GB 50303—2002)第14.2.7条：“线槽应安装

牢固,无扭曲变形,紧固件的螺母应在线槽外侧”。

第14.2.11条:“导管和线槽,在建筑物变形缝处,应设补偿装置”。

(2) 防治措施

1) 线槽的厚度要求等于或大于1.0mm,以保证线槽有一定的强度;线槽的尺寸越大,对厚度要求越厚,如表3.2.1所示。

钢制托盘、桥架允许最小板厚(单位:mm) 表3.2.1

托盘、桥架宽度 B	允许最小板厚
$B<100$	1
$100\leqslant B<150$	1.2
$150\leqslant B<400$	1.5
$400\leqslant B<800$	2
$800\leqslant B$	2.5

注:1. 连接板的厚度至少按托盘、桥架同等板厚选用,也可以选厚一个等级;
2. 盖板的板厚可以按托盘、梯架的厚度选低一个等级。

对厚度不满足要求的线槽,都必须更换为合格的产品;

2) 加强质量管理,有详细的技术交底;严格要求施工人员,应在放线定位后,做出标记再施工,使线槽的固定点间距满足要求,使线槽紧固牢靠、不变形,对支、吊架间距不等或有问题的重新进行调整,直至符合规范要求;

3) 金属线槽的支、吊架固定点间距宜为1.5~2m,并结合厂家提供的产品特性数据选用。在进出接线盒、箱、柜及转角、转弯、变形缝两端、丁字接头三端处,在500mm以内应设置固定点;

4) 安装支、吊架时应注意:调顺直吊架或支架,再分段将线槽放在吊架或支架上;调整直线段支、吊架端正,再调整接口和拐弯处的固定架。调整后支、吊架的受力点受力应均匀,固定牢固、平整美观,无扭曲、变形等现象。

线槽敷设应横平竖直,线槽进行交叉转弯、丁字连接或变径时,应采用配套专用单通、弯通、三通、四通或变径等进行变通连接。

线槽与箱、盘、柜等分支连接,应采用配套专用定型产品,进行固定连接;

5) 严格管理,加强施工人员的责任心,对缺螺栓的应补齐,螺母应在线槽外侧,以防止割线;同时要注意:安全问题应放在第一位,实用第二位,美观是第三位的,不能为了美观而忽略安全问题;

6) 在变形缝处,线槽本身应断开,槽内用内连接板搭接,一端可自由活动,但此处应跨接接地。缺补偿装置的地方应加补偿装置。

3.2.2 线槽内敷设导线过多且乱

1. 现象

(1) 线槽内导线有接头,线槽内的导线放置杂乱;

(2) 线槽内导线未固定好；

(3) 线槽内导线敷设太多，盖不上盖板；

(4) 强电和弱电的导线或同一电源不同回路有抗干扰要求的导线，敷设在同一线槽内。

2. 危害及原因分析

(1) 危害

1) 线槽内有接头，降低可靠性，存在安全隐患；

2) 线槽内导线未固定好，导线固定不可靠，垂直敷设时可能造成导线受力过大；也给使用后的检修造成麻烦；

3) 线槽内导线截面积超出规范允许值，导线的总截面积大，不易散热，难固定；

4) 强电和弱电的导线或同一电源不同回路有抗干扰要求的导线敷设在同一线槽内，由于线槽内电线有相互交叉和平行紧挨现象，导线间的距离太小，未采取屏蔽、隔离措施，会互相干扰。

(2) 原因分析

1) 线槽内导线乱产生的原因是施工图纸中考虑不周到，或施工中线路随意增加造成；线槽内布线完毕，未及时进行整理，造成布线混乱；

2) 线槽内导线绑扎点间距大或未固定可靠；

3) 设计上选用的规格、型号偏小；或设计是符合要求的，但施工时未按设计要求选用，使用的线槽截面积偏小；设计符合要求但余量不多、后增加的线路较多，而未另增加线槽；

4) 施工人员忽略不同电压等级的电路不允许放置在同一线槽内。

3. 标准要求及防治措施

(1) 标准要求

1)《建筑电气工程施工质量验收规范》(GB 50303—2002)第 15.2.3 条："线槽敷线应符合下列规定：1　电线在线槽内有一定余量，不得有接头。电线按回路编号分段绑扎，绑扎点间距不应大于 2m；2　同一回路的相线和零线，敷设于同一金属线槽内；3　同一电源的不同回路无抗干扰要求的线路可敷设于同一线槽内；敷设于同一线槽内有抗干扰要求的线路用隔板隔离，或采用屏蔽电线且屏蔽护套一端接地"；

2)《民用建筑电气设计规范》(JGJ/T 16—92)第 9.7.3 条："同一路径无防干扰要求的线路，可敷设于同一金属线槽内。线槽内电线或电缆的总截面(包括外护层)不应超过线槽内截面积的 20%，载流导线不宜超过 30 根"。

控制、信号或与其相类似的线路，电线或电缆的总截面不应超过线槽内截面的 50%，电线或电缆根数不限。

(2) 防治措施

1) 线槽内的导线不应有接头，应把导线的接头放在接线盒、箱内。

金属线槽内敷线时，应先将导线拉直、理顺，盘成大圈或放在放线架上，从始端到终端、先干线后支线、边放边整理，不应出现挤压背扣、扭结、损伤导线等现象。导线按回路编号，分段绑扎成束，整理顺直再放在线槽内，绑扎时应采用尼龙绑扎带，不允许使用铁丝或导线进行绑扎；

2）把线槽内的导线绑扎固定好，固定间距不大于 2m；

3）线槽内电线或电缆的总截面面积（包括外护层）不应超过线槽内截面面积的 20%；控制、信号或与其相类似的线路，电线或电缆的总截面不应超过线槽内截面的 50%。导线不得阻碍盖板和裸露出线槽。

在线槽安装前应认真核对，根据设计要求，核算线槽内导线的总截面面积与线槽截面面积的比例，若不满足标准要求，应修改设计、满足要求后再施工。

在施工过程中若有修改、变更设计图或增加回路数；增加了导线截面面积，要注意当线槽内导线总截面面积超过标准要求时，应另穿管保护或增加线槽进行敷线；

4）将不同电压等级的导线、强电和弱电导线分开敷设，同一电压等级的导线才可放在同一线槽内。敷设于同一线槽内有抗干扰要求的线路，用隔板隔离或采用屏蔽电线，且屏蔽护套一端应可靠接地。

同一电源的不同回路无抗干扰要求的线路可敷设于同一线槽内，同一回路的相线和零线，应敷设于同一金属线槽内。

3.2.3 金属线槽未可靠接地

1. 现象

(1) 镀锌线槽间的连接板两端无防松垫圈，且连接板两端未跨接接地；

(2) 金属线槽全长少于 2 处与接地（PE）干线连接；

(3) 金属线槽接地跨接导线截面积偏小。

2. 危害及原因分析

(1) 危害

1）金属线槽不接地或接地不符合规范要求，无法保证电气连续性，存在安全隐患，当线路发生接地故障时，会造成保护电器不动作，发生触电事故或造成财产损失。

镀锌线槽间的连接板两端无防松垫圈，且连接板两端无跨接地线，线槽的接地不可靠；

2）金属线槽的接地不紧固，只有 1 处与接地干线相连接，降低安全度且故障电流向接地装置流散时只有一个流向，不利于快速疏散故障电流。接地不可靠，会留下安全隐患；

3）跨接地线截面积小，机械强度达不到要求，容易折断。

(2) 原因分析

1）施工人员对规范及工艺要求不熟悉，镀锌线槽未在连接板两端加上防松垫圈；

2）认为金属线槽都是金属物连接，有 1 处与接地干线连接就行。不知道构成环网状电路有利于故障电流的流散畅通；

3）施工人员未按规定选择保护地线截面积，偷工减料。

3. 标准要求及防治措施

(1) 标准要求

1）《建筑电气工程施工质量验收规范》（GB 50303—2002）第 14.1.1 条："金属的导管和线槽必须接地（PE）或接零（PEN），并符合下列规定：1　镀锌的钢导管、可挠性导管不得熔焊跨接接地线，以专用接地卡跨接的两卡间连线为铜芯软导线，截面积不小于 4mm^2，……3　金属线槽不作设备的接地导体，当设计无要求时，金属线槽全长不少于 2 处与接地(PE)或接零(PEN)干线连接；4　非镀锌金属线槽间连接板的两端跨接铜芯接地线，镀锌线槽间连接板的两端不跨接接地线，但连接板两端不少于 2 个有防松螺帽或防松垫圈的连接固定螺栓”。

2)《低压配电设计规范》(GB 50054—95)第 2.2.10 条：“PE 线采用单芯绝缘导线时，按机械强度要求，截面积不应小于下列数值：

有机械性的保护时为 2.5mm^2；

无机械性的保护时为 4mm^2”。

(2) 防治措施

1) 镀锌线槽的连接件和附件应齐全，防松垫圈应齐全并拧紧固；

2) 金属线槽必须接地良好，应确保每段线槽和支、吊架接地良好，可采用铜导线或裸编织铜带作跨接地线，应将金属线槽的始端、终端等处与接地干线连接；

3) 保护接地的跨接地线截面积应使用不小于 4mm^2 的铜芯软导线，金属线槽的截面积较大时，使用的跨接接地线截面积应相应增大。

3.2.4　PVC 塑料线槽质量差、附件不齐、敷设质量差

1. 现象

(1) PVC 线槽及配套使用的开关盒、灯头盒、插座盒、接线盒等材料，现场检查时发现延燃且有浓烟；

(2) PVC 线槽的厚度不够，PVC 线槽配件不齐；

(3) 线槽安装不牢，连接处缝隙大，盖板脱落。

2. 危害及原因分析

(1) 危害

1) 线槽及配套使用的附件，现场检查时发现延燃且有浓烟，不符合阻燃的防火等级，且有毒性；

2) PVC 线槽的厚度不够，不能保证其强度和硬度，容易变形；PVC 线槽配件不齐，难以保证线槽安装质量，外观较差；

3) 线槽安装不牢，如底板松动，连接处缝隙大，盖板脱落等，线槽不能承载所设计的导线。

(2) 原因分析

1) PVC 材料延燃且有浓烟，PVC 材料的氧指数指标达不到要求，是假冒伪劣线槽混入施工现场；

2) PVC 线槽的厚度不够，PVC 线槽配件不齐；是施工人员采购不合格产品；进场未检查验收；不熟悉产品标准、工艺标准或施工管理不善造成的；

3) 线槽本身质量有问题，胀管固定不牢，螺丝未拧紧，造成底板松动；操作人员施工粗糙造成盖板接口不严、缝隙过大；线槽在墙体阴角、阳角施工时未采用专用配套的产品，导致线槽连接处、转角处接缝缝隙大，影响线槽的安装质量，同时外观较差，影响美观。

3. 标准要求及防治措施

(1) 标准要求

《建筑电气工程施工质量验收规范》(GB 50303—2002)第3.2.13条:"导管应符合下列规定:1 按批查验合格证;2 外观检查:绝缘导管及配件不破裂、表面有阻燃标记和制造厂标;3 对绝缘导管及配件的阻燃性能有异议时,按批抽样送有资质的试验室检测"。

第16.2.1条:"木槽板无劈裂,塑料槽板无扭曲变形。槽板底板固定点间距应小于500mm;槽板盖板固定点间距应小于300mm;底板距终端50mm和盖板距终端30mm处应固定"。

(2) 防治措施

1) 阻燃型PVC线槽及其附件,如槽底、槽盖、各种盒、各种三通等配件,应是由难燃型硬聚氯乙烯工程塑料挤压成型,严禁使用非难燃型塑料加工。

选用阻燃型PVC线槽时,应根据设计要求选择合适的规格、型号及配套使用的附件,要求生产厂家提供氧指数指标合格测试报告,提供出厂合格证等材质证明文件;仍有异议,送有资质的试验室检验。

绝缘导管及配件不破裂、表面有阻燃标记和制造厂标。

配套使用的开关盒、灯头盒、插座盒、接线盒等材质应与线槽的材质相同,外观整齐、色泽一致、敲落孔齐全、无劈裂等损伤,同样要求有材质证明文件、产品出厂合格证、检验报告等。

应加强材料的进场验收工作,不合格产品不允许进入施工现场,坚决清退假冒伪劣的不合格线槽、附件和配件;

2) PVC线槽的厚度应达要求,才能保证线槽的硬度、强度,不易变形;

3) 胀管、螺丝固定不牢的必须重新紧固。槽体固定点最大间距尺寸见表3.2.4;

线槽槽体固定点最大间距尺寸(mm) 表3.2.4

底板直段	盖板直段	底板距终端	盖板距终端
500	300	50	30

4) 严格加强管理,施工人员应有责任心,工作认真、细致,应将不符合要求的接口重新进行整改,保证线槽的盖板接口严密;

5) 线槽在墙体阴角、阳角接口处应采用专用的配套附件,接口处对齐后再固定牢固。

3.3 电线、电缆敷设的质量通病

3.3.1 管内敷线存在缺陷

1. 现象

(1) 三相或单相的交流单芯电缆单独穿于钢导管内;

(2) 同一交流回路的电线、电缆穿于不同金属导管内,不同电压等级的电线穿于同一导管内,导管内电线有接头;

(3) 导管内电线的总截面积大于导管截面积的40%;

(4) 电线、电缆导管管内进灰、积水；

(5) 爆炸危险环境照明线路使用额定电压低于750V的电线、电缆，把电线穿于PVC导管内。

2. 危害及原因分析

(1) 危害

1) 三相或单相的交流单芯电缆单独穿于钢导管内，会形成闭合铁磁回路，出现涡流损耗，同时线路发热使绝缘层加速老化，危及使用安全；

2) 同一交流回路的电线、电缆穿于不同金属导管内，因其电流矢量和不为零，会产生涡流损耗；不同电压等级的电线穿于同一导管内，可能造成互相干扰，给运行、检修造成难以识别和无法维护等困难。

导管内有接头，不但影响线路的绝缘强度，而且排查故障、更换电线困难，不便于线路维护；

3) 导管内的电线总截面积大，将使穿(拉)线困难，导线散热效果差，降低载流量；

4) 电线、电缆导管内进灰、积水，管内有凝露，加速钢管内壁锈蚀，或有异物进入，不能防止小动物等的侵入；

5) 爆炸危险场所所使用的电线、电缆的额定电压偏低，可能影响线路的绝缘强度和电线、电缆的使用寿命，安全度下降；使用PVC导管，不符合设计和规范的要求。

(2) 原因分析

1) 施工人员不熟悉规范要求和电工理论；

2) 无考虑涡流损耗和互相干扰的问题；

3) 设计上所选用的导管规格、型号偏小；施工时未按设计要求选用，使规格偏小；

4) 电线、电缆敷设完未及时把管口封堵好；

5) 未按设计和规范要求选用电缆和导管。

3. 标准要求及防治措施

(1) 标准要求

1)《建筑电气工程施工质量验收规范》(GB 50303—2002)第15.1.1条："三相或单相的交流单芯电缆，不得单独穿于钢导管内"；

2)《建筑电气工程施工质量验收规范》(GB 50303—2002)第15.1.2条："不同回路、不同电压等级和交流与直流的电线，不应穿于同一导管内；同一交流回路的电线应穿于同一金属导管内，且管内电线不得有接头"；

3)《低压配电设计规范》(GB 50054—95)第5.2.13条："穿管的绝缘导线(两根除外)总截面面积(包括外护层)不应超过管内截面面积的40%"；

4)《建筑电气工程施工质量验收规范》(GB 50303—2002)第14.2.2条："……所有管口在穿入电线、电缆后应做密封处理"；

5)《建筑电气工程施工质量验收规范》(GB 50303—2002)第15.1.3条："爆炸危险环境照明线路的电线和电缆额定电压不得低于750V，且电线必须穿于钢导管内"。

(2) 防治措施

1) 三相或单相的交流单芯电缆采用钢导管保护时，应穿于同一钢导管内；

2) 同一交流回路的电线、电缆应穿于同一金属导管内；不同电压等级的电线不应穿于同一导管内。

导管内不应有接头，应把电线接头放在接线盒、箱内；把不符合要求的导线更换至符合要求；

3) 发现设计上选用的导管规格偏小，应及时反馈给设计院，先由设计人员核对并变更设计，再施工。

导管内的电线、电缆总截面积超出导管截面积的40%时，应更换较大的线管，或按回路分管敷设；

4) 穿完电线、电缆后，管口应及时做好封堵；

5) 爆炸危险环境照明线路，电线、电缆的额定电压应符合规范规定，大于或等于750V，并应使用钢导管。

3.3.2　电线、电缆的外皮颜色不符合要求

1．现象

保护接地线、零线采用黑色电线；同一建筑物内，交流三相（A、B、C）电线的外皮颜色混乱。

2．危害及原因分析

(1) 危害

相线、保护接地线与零线颜色混乱，难以区别其功能，不方便维护。

(2) 原因分析

1) 保护接地线和零线的导线颜色用错，是施工人员不熟悉标准、规范规定；

2) 施工前未做技术交底，施工管理不善；

3) 同一建筑物内，交流三相（A、B、C）电线的线色不一致，未严格按规范要求选用导线颜色。

3．标准要求及防治措施

(1) 标准要求

《建筑电气工程施工质量验收规范》(GB 50303—2002)第15.2.2条："当采用多相供电时，同一建筑物、构筑物的电线绝缘层颜色选择应一致，即保护地线（PE线）应是黄绿相间色，零线用淡蓝色；相线用：A相——黄色、B相——绿色、C相——红色"。

(2) 防治措施

1) 详细做好技术交底，严格按规范要求选择导线的颜色；

2) 在定货时就应选购符合要求的导线，施工时应按规范要求选用符合规定的导线；即交流三相电中，A相导线的颜色为黄色，B相为绿色，C相为红色，地线应使用黄绿相间导线，零线应使用淡蓝色的导线；

3) 在同一建筑物内，不同使用功能的电线绝缘层的颜色应有区别，交流三相（A、B、C）电线的颜色应一致，以方便识别、维护和检修等。

3.3.3　直埋电缆未可靠保护

1．现象

(1) 室外直埋电缆的埋设深度小于700mm，沟底土层松动；

(2) 直埋电缆沟底铺砂或细土时，铺设不均匀，厚薄不一；

(3) 直埋电缆沟内有杂物；

(4) 直埋电缆穿过人行道、车道、设备基础处未加保护；

(5) 电缆敷设后未保护；

(6) 电缆位置标识不明。

2. 危害及原因分析

(1) 危害

1) 电缆的埋设深度不够，底土层不实，容易造成电缆损坏；

2) 直埋电缆沟底铺砂或细土时，铺设不均匀，厚薄不一，使电缆的承托不均匀，可能损伤电缆；

3) 电缆沟内有杂物，影响沟底的密实度及电缆敷设质量；

4) 穿越设备基础不加套管，当设备基础下沉或设备运转时振动会影响线路的正常进行，在穿越车道处当车辆较重可能会压坏电缆；

5) 电缆敷设后未保护，当有挖土施工项目时会破坏电缆保护层，降低电缆的绝缘强度，甚至搞断电缆，出现危险，造成损失；

6) 直埋电缆标积不明，当电缆维护、检修或更换时不能方便地找到其准确位置，且其他项目施工时容易造成对直埋电缆的破坏。

(2) 原因分析

1) 开挖电缆沟的深度不够，电缆沟底土层松软呈胶泥状，不易夯实，密实度不符合要求；

2) 电缆沟底铺砂或细土时，为了节省细砂和细土，未均匀分布，铺设工作马虎应付；

3) 电缆沟内建筑垃圾未及时清除或清除干净后未及时回填；

4) 未做技术交底，考虑不周；

5) 电缆敷设后不按规定加保护盖板或盖保护砖；

6) 电缆敷设后在拐弯、接头、交叉、进出建筑物及直线段未按规定埋设标桩，标识不明确。

3. 标准要求及防治措施

(1) 标准要求

1)《电力工程电缆设计规范》(GB 50217—1994)第 5.3.2 条："直埋敷设电缆方式，应满足下列要求：①电缆应敷设在壕沟里，沿电缆全长的上、下紧邻侧铺以厚度不少于 100mm 的软土或砂层。②沿电缆全长应覆盖宽度不小于电缆两侧各 50mm 的保护板，保护板宜用混凝土制作。③位于城镇道路等开挖较频繁的地方，可在保护板上层铺以醒目的标志带。④位于城郊或空旷地带，沿电缆路径的直线间隔约 100m、转弯处或接头部位，应竖立明显的方位标志或标桩"；

2)《低压配电设计规范》(GB 50054—95)第 5.6.30 条："电缆在屋外直接埋地敷设的深度不应小于 700mm；当直埋在农田时，不应小于 1m。应在电缆上下各均匀铺设细砂层，其厚度宜为 100mm，在细砂层应覆盖混凝土保护板等保护层，保护层宽度应超出电缆两侧各 50mm"。

(2) 防治措施

1) 电缆沟底土质不符合要求时,应及时换土并夯实,保证沟底土层的密实度符合要求;

2) 电缆沟底铺砂或细土时,须放线铺设,沟底应找平,砂垫层厚度为100mm,沟两边应预留坡度防倒坡;确认符合要求后再进行下一道工序;

3) 直埋式电缆敷设前应清除沟内杂物,电缆沟内的杂物清理需有专人检查,并加强成品保护,及时回填,做好预检与隐蔽验收记录;

4) 电缆经过人行道、车道、设备基础处应增加厚壁金属保护套管,或其他坚固的保护措施;

5) 电缆就位后及时调整,找正位置,在电缆上面铺填一层不小于100mm厚的软土或细砂,并盖上预制混凝土保护板,覆盖宽度应超过电缆两侧各50mm,也可用砖代替混凝土盖板。盖板应指向受电方向;

6) 埋设标桩:电缆在拐弯、接头、交叉、进出建筑物等位置应设方位标桩,直线段应适当加设标桩。标桩露出地面以150mm为宜。

3.3.4 电缆头制作工艺差

1. 现象

(1) 热缩电缆终端头、中间头及其附件的电压等级与原电缆额定电压不相符,热缩管出现气泡、开裂、烧糊现象;电缆干包头未包出干包橄榄头,芯线绝缘层破损;

(2) 电缆的连接金具规格与芯线不适配,使用开口的端子,多股导线剪芯,焊接端子时焊料不饱满,接头不牢固,接线处缺平垫圈和防松垫圈,端子压接不牢;

(3) 电缆头屏蔽护套、铠装电力电缆的金属护层未接地。

2. 危害及原因分析

(1) 危害

1) 电缆头的绝缘包扎制作工艺不符合要求,可能造成芯线受潮,线路的绝缘电阻达不到要求,导致电缆保护层失去保护功能;

2) 电缆的连接金具不配套,多股导线剪芯,造成连接导线的截面积不够,焊接端子未处理好,缺防松垫圈等,会使电缆连接不可靠,导致连接处接触电阻增大,运行时因过热引发电气故障,影响正常用电,严重时会烧毁电缆头和与之相连的电气设备;

3) 电缆头屏蔽护套未接地,未能达到屏蔽要求;铠装电力电缆的金属护层未接地,起不到接地保护作用,存在安全隐患。

(2) 原因分析

1) 采购热缩电缆头、热缩中间头及其附件时,未曾核实电压等级,热缩管加热收缩时操作技术掌握不好,局部过热,出现气泡、开裂、烧糊;工艺上达不到要求。

操作人员不熟悉操作方法,剥除绝缘层不准确,电缆头未包扎或缺少材料,绝缘带和绝缘胶布包扎不到位,电缆干包头包扎不规范;

2) 定购电缆的连接金具与电缆的芯线规格不配套,购买开口的端子。多股芯线剪芯往往是由于接线端子小或设备自带插接式端子小,芯线无法插入,剪去多股导线的部分芯线来适配连接端子。操作人员不熟练或未严格按工艺要求施工,焊接头时焊料不饱满,接头不牢固。

操作人员未按工艺程序认真操作，工作马虎，粗心大意，未使用配套的端子和附件，接线端子连接处缺平垫圈和防松垫圈，接线端子未压接牢固；

3) 操作人员不清楚电缆屏蔽护套、铠装电力电缆金属护层的作用和要求，无接地或漏做接地。

3. 标准要求及防治措施

(1) 标准要求

《建筑电气工程施工质量验收规范》(GB 50303—2002)第 18.2.2 条："电线、电缆的芯线连接金具(连接管和端子)，规格应与芯线的规格适配，且不得采用开口端子"。

第 18.1.3 条：铠装电力电缆头的接地线应采用铜绞线或镀锡铜编织线，截面积不应小于表 3.3.4 的规定。

电缆芯线和接地线截面积(mm^2)　　　　表 3.3.4

电缆芯线截面积	接地线截面积
120 及以下	16
150 及以上	25

注：电缆芯线截面积在 16mm^2 及以下，接地线截面积与电缆芯线截面积相等。

(2) 防治措施

1) 采购热缩电缆头、热缩中间头及其附件时，必须与原电缆额定电压相符，有关资料齐全才允许采购和使用，产品的规格应符合设计要求，并应严格进行材料进场的联合验收。

电缆热缩管件在加热收缩的操作时，应注意温度控制在 110～120℃之间；在套入绝缘热缩管后，应从一端开始均匀加热，火焰缓慢接近被加热材料，逐渐向另一端移动，在其周围不停移动，确保收缩均匀，既要保证收缩紧密又要防止烧糊保护层；去除火焰烟碳沉积物，使层间界面接触良好；收缩完的部位光滑无皱褶，其内部结构轮廓清晰，而且密封部位有少量胶挤出，表明密封完美。

对干包式电缆头，因剥除原保护层，应重新包扎好端子和干包头，并保证线芯绝缘强度满足要求，电缆头根部一定要包扎到位，干包头应下够料，包出干包橄榄头形状；

2) 必须加强操作人员的熟练程度和工作责任心。

剥除电缆外护层时应先调直，测好接头长度，再剥除外护套及铠装，剥除内护层及填充物、屏蔽层，再逐层进行切割剥除，不得损伤芯线及相邻护层；

3) 应采用配套的接线端子，及时剔除并更换不配套的产品；

4) 焊接头时焊料饱满，接头牢固。提高操作人员技术水平，严格按工艺标准施工；

5) 电缆的屏蔽护套应可靠接地，铠装电力电缆头的接地线应与接地干线(接地母排)可靠地连接。

3.3.5 电缆沟内电缆敷设不规范，沟内积水

1. 现象

(1) 电缆沟内积水,有杂物,在进户处有渗漏水现象;

(2) 电缆支、托架间距大、安装不牢;

(3) 金属电缆支架、电缆导管未接地。

2. 危害及原因分析

(1) 危害

1) 电缆沟是敷设电缆的专用场所,有其他杂物,对电缆构成损害,沟内积水,使电缆沟太潮湿而影响电缆的绝缘强度;

2) 电缆支、托架间距大,支、托架安装不牢固,造成电缆在支、托架之间下坠、变形、固定不牢固等,影响电缆的敷设质量;

3) 金属电缆支架、电缆导管未接地,存在触电的安全隐患。

(2) 原因分析

1) 电缆沟内防水不佳或未做排水处理,穿越外墙套管与外墙防水处理不当,造成室内进水等;

2) 安装电缆沟内支(托)架时,未按工序要求进行放线、定位,固定点位置不准确,为了省时、省料出现固定点间距大;安装固定支(托)架的金属螺栓固定不牢,施工不精心;

3) 技术交底不细、施工人员对接地问题不重视、工序交接检查不到位。

3. 标准要求及防治措施

(1) 标准要求

1)《10kV 及以下变电所设计规范》(GB 50053—94)第 6.2.7 条:"配电所、变电所的电缆夹层、电缆沟和电缆室,应采取防水、排水措施"。

《低压配电设计规范》(GB 50054—95)第 5.6.18 条:"电缆沟和电缆隧道应采取防水措施;其底部排水沟的坡度不应小于 0.5%,并应设集水坑;积水可经集水坑用泵排出,当有条件时,积水可直接排入下水道";

2)《建筑电气工程施工质量验收规范》(GB 50303—2002)第 13.2.3 条:"电缆敷设固定应符合下列规定:……3　电缆排列整齐,少交叉";当设计无要求时,电缆支持点间距不大于表 3.3.5 的规定;

电缆支持点间距(mm)　　表 3.3.5

电缆种类		敷设方式	
		水平	垂直
电力电缆	全塑型	400	1000
	除全塑型的电缆	500	1500
控制电缆		800	1000

3)《建筑电气工程施工质量验收规范》(GB 50303—2002)第 13.1.1 条:"金属电缆支架、电缆导管必须接地(PE)或接零(PEN)可靠"。

(2) 防治措施

1）电缆沟应采取防水、排水措施。电缆进户套管穿越外墙时，特别对低于±0.00层地面深处，应用油麻和沥青处理好套管与电缆之间的缝隙，以及套管边缘渗漏水的问题；电缆沟内进水的处理方法，应采用地漏或集水井向外排水；

2）电缆沟内支（托）架安装应先弹线、定位，找好固定点，预埋件固定坐标应准确，使用金属膨胀螺栓固定时，要求螺栓固定位置正确，与墙体垂直，固定牢固。

电缆沟内支、托架的间距应符合表3.3.5的规定；

3）接地干线应按设计要求进行选择和敷设，把金属电缆支架、电缆导管可靠地与接地干线连接；

4）加强技术交底，精心施工，做好工序交接检查验收。

3.3.6 电缆敷设出现损伤

1．现象

电缆敷设出现绞拧、铠装压扁、护层断裂和表面严重划伤。

2．危害及原因分析

（1）危害

电缆的敷设如果出现绞拧、铠装压扁、护层断裂和表面严重划伤，可能损伤电缆的芯线，使电缆局部发热，载流量下降；可能破坏电缆的绝缘层，造成电缆的绝缘强度达不到要求。

（2）原因分析

1）电缆出厂的品质控制不严格，运输、库存等环节出错，敷设前电缆已出现损伤；

2）电缆的敷设未按工序施工，敷设时对线路走向不清楚，在转角敷设时没有及时调整、理顺电缆；

3）电缆敷设时与其他专业交叉作业，土建或其他专业施工时也会损伤电缆；

4）采用的机夹具不配套；

5）施工过程对电缆未做好保护。

3．标准要求及防治措施

（1）标准要求

《建筑电气工程施工质量验收规范》（GB 50303—2002）第13.1.2条："电缆敷设严禁有绞拧、铠装压扁、护层断裂和表面划伤等缺陷"。

（2）防治措施

1）电缆敷设前应认真检查，电缆产品不应出现包装破裂、外皮损伤等缺陷；

2）电缆的敷设应按工序施工，对线路走向清楚，应先有电缆桥架、电缆支架等，敷设电缆时应做好保护，边敷设边整理，敷设一根即固定一根，采用配套的专用电缆卡固定；

3）用机械敷设电缆时的最大牵引强度宜符合表3.3.6的规定，电缆应理顺后再牵引；

4）与其他专业同时施工时，应协调好，减少互相影响；

5）加强质量检查验收，敷设时注意保护电缆不应受到损伤，如出现不符合要求的电缆应及时更换，使其符合设计和规范要求。

电缆最大牵引强度(N/mm²)　　表 3.3.6

牵引方式	牵引头		钢丝网套		
受力部位	铜芯	铝芯	铅套	铝套	塑料护套
允许牵引强度	70	40	10	40	7

3.3.7 电气竖井面积小,强弱电同井未考虑干扰问题,有无关的管道通过

1. 现象

(1) 强电竖井面积太小,强电井内配电箱的箱前操作距离小;

(2) 强电、弱电同一竖井,强电与弱电线路未分开敷设,且无屏蔽等防护措施;

(3) 强电竖井与管道井相邻未做防水处理,有无关的水管通过。

2. 危害及原因分析

(1) 危害

1) 强电竖井面积太小,配电箱等设备无法布置,配电箱箱前操作距离小,会造成操作和维修不方便,存在安全隐患;

2) 强、弱电线路设置于同一竖井内,弱电线路和弱电设备无屏蔽措施,会使弱电线路和设备受到强电系统的干扰,影响弱电系统的正常工作;

3) 强电竖井里的电气设备、电气元器件、电线、电缆等,要求有干燥的环境,有水管通过,或与管道井相邻未做好防水处理,强电井内可能受潮,使电气线路、设备和元器件受损。

(2) 原因分析

1) 设计未考虑设备安装的位置和配电箱箱前操作空间;在设备布置、安装时也未考虑箱前的操作距离和设备维修问题;

2) 为了提高建筑物的实用率,未考虑强、弱电的干扰问题;把强电、弱电设置在同一竖井内;

3) 各专业设计人员没有汇签,不清楚专业井道的位置,造成强电竖井与管道井相邻未做防水处理,甚至出现水管穿越强、弱电井。

3. 标准要求及防治措施

(1) 标准要求

1)《民用建筑设计通则》(GB 50352—2005)第 8.3.5 条:"电气竖井、智能化系统竖井应符合下列要求:1　高层建筑电气竖井在利用通道作为检修面积时,竖井的净宽度不宜小于 0.8m;2　高层建筑智能化系统竖井在利用通道作为检修面积时,竖井的净宽度不宜小于 0.6m;多层建筑智能化系统竖井在利用通道作为检修面积时,竖井的净宽度不宜小于 0.35m;……4　智能化系统竖井宜与电气竖井分别设置,其地坪或门槛宜高出本层地坪 0.15～0.3m";

2)《低压配电设计规范》(GB 50054—95)第 5.7.7 条:"竖井内的高压、低压和应急电源的电气线路,相互之间的距离应等于或大于 300mm,或采取隔离措施,并且高压线路应设有明显标志。当强电和弱电线路在同一竖井内敷设时,应分别在竖井的两侧敷设或采

取隔离措施以防止强电对弱电的干扰，对于回路线数及种类较多的强电和弱电的电气线路，应分别设置在不同竖井内”。

(2) 防治措施

1) 智能化系统竖井宜与电气竖井分别设置；

2) 在设计阶段，就应考虑竖井的大小，应留有设备安装位置和操作空间；在图纸会审时，必须认真考虑设备的安装位置，配电箱的开启方式、方向和箱前的操作距离，以保证安装安全和使用、维护方便；

3) 强电、弱电同一竖井，竖井的面积要求大一些，强电与弱电线路间距应大于300mm，应把强电与弱电线路分别敷设在竖井的两侧，或采取隔离、屏蔽等防护措施；

4) 无关的管道不能通过强电井，如相邻是管道井应做好防水处理，应保证电气竖井内干燥，保护好电气线路、设备和元器件。

3.3.8 明敷设电缆未固定好、防火封堵不符合要求

1. 现象

(1) 水平敷设电缆的固定支架间距大于800mm；竖向垂直敷设电缆固定支架的间距大于1500mm；截面积较大的电缆未用专用金属电缆卡固定；

(2) 交流单芯电缆或分相后的每相电缆，固定用的夹具和支架形成闭合铁磁回路；

(3) 管线穿越楼板、防火墙处不符合消防要求。

2. 危害及原因分析

(1) 危害

1) 水平、垂直敷设电缆固定支架间距过大，使电缆固定不可靠；特别是截面积较大的电缆，当电缆的固定点间距离过大时，线路的重量增加，电缆的芯线、绝缘保护层与统包部分都会受超负荷的拉力损伤，引发事故；未用专用金属电缆卡固定，电缆的固定不牢固；

2) 交流单芯电缆或分相后的每相电缆，所使用的夹具和支架如果是铁质金属物，当围绕电缆形成闭合(铁磁)回路，会造成涡流损耗；

3) 穿越楼板、防火墙的孔洞未做防火处理，不能达到设计要求，存在消防隐患，不能通过消防验收。

(2) 原因分析

1) 施工单位为了节省电缆支架和专用电缆固定卡的数量，节省成本；

2) 施工人员不了解形成铁磁回路会出现涡流损耗，或者知道存在涡流损耗，但认为设计上已考虑载流余量，而未引起重视；

3) 为了节省材料，节约工程成本，穿越楼板、防火墙的孔洞未按要求用防火堵料密封处理。

3. 标准要求及防治措施

(1) 标准要求

1)《建筑电气工程施工质量验收规范》(GB 50303—2002)第13.2.3条：“电缆敷设固定应符合下列规定：……2　交流单芯电缆或分相后的每相电缆固定用的夹具和支架，不形成闭合铁磁回路；3　电缆排列整齐，少交叉；当设计无要求时，电缆支持点间距，不大于表3.3.5的规定；……5　敷设电缆的电缆沟和竖井，按设计要求位置，有防火隔堵措施”；

2)《低压配电设计规范》(GB 50054—95)第5.6.15条:电缆明敷设时,其电缆固定部位应符合表3.3.8的规定。

电缆的固定部位 **表3.3.8**

敷设方式	构架型式	
	电缆支架	电缆桥架
垂直敷设	电缆的首端和尾端	电缆的上端
	电缆与每个支架的接触处	每隔1.5~2m处
水平敷设	电缆的首端和尾端	电缆的首端和尾端
	电缆与每个支架的接触处	电缆转弯处
		电缆其他部位每隔5~10m处

第5.7.5条:"竖井……楼层间应采用防火密封隔离;电缆和绝缘线在楼层间穿钢管时,两端管口空隙应作密封隔离";

3)《民用建筑电气设计规范》(JGJ/T 16—92)第9.13.3条:"竖井……楼层间应做防火密封隔离,隔离措施如下:……电缆和绝缘电线穿钢管布线时,应在楼层间预埋钢管,布线后两端管口空隙应做密封隔离"。

(2) 防治措施

1) 电缆支架间距,应根据实际情况弹线、定位准确,符合表3.3.5的规定。采用专用金属电缆卡将电缆固定牢固,防止下坠,电缆的排列应整齐,少交叉;如表3.3.8的部位电缆应加强固定;

2) 交流单芯电缆或分相后的每相电缆固定用的夹具和支架,不能形成闭合铁磁回路。可采用合金材料的金属电缆专用卡;

3) 在电缆敷设完毕后采用防火枕或其他防火材料,及时将楼板孔洞封堵严实,符合消防防火要求。

3.3.9 电线、电缆的连接端子未处理好

1. 现象

(1) 2.5mm^2 及以下的多股铜芯导线未搪锡或未接接续端子;截面积大于2.5mm^2 的多股铜芯线与插接式端子连接,端部未拧紧搪锡;

(2) 电线、电缆的连接金具规格与芯线不适配,使用开口的端子,多股导线剪芯;接线处缺平垫圈和防松垫圈,端子压接不牢;

(3) 每个设备和器具的端子接线多于2根电线。

2. 危害及原因分析

(1) 危害

1) 多股铜芯导线未搪(浸)锡或压接端子,会使导线的连接不紧固、不可靠,电线、电缆连接不符合规范要求,会使导线接头严重发热,甚至烧坏开关和周围的电气部件和设备;

2) 接线端子选用不当,连接不紧固、不可靠,连接处电阻大,接头容易发热、烧毁,使绝缘基座碳化变质,影响相邻回路和其他回路供电。

参考本章第 3.3.4 条;

3) 每个设备和器具的端子接线多于 2 根电线,可能造成导线的连接不紧密、不可靠。

(2) 原因分析

1) 施工人员不熟悉规范要求,贪图方便,无搪锡工具,不按照操作规程施工,减少施工程序,以减少人工和辅材,达到降低成本的目的;

2) 定购电缆的连接金具与电缆的芯线规格不配套,购买开口的端子。多股芯线剪芯往往是由于接线端子小或设备自带插接式端子小,芯线无法插入,剪去多股导线的部分芯线来适配连接端子。

操作人员未按工艺程序认真操作,工作马虎,粗心大意,未使用配套的端子和附件,接线端子连接处漏加平垫圈和防松垫圈,接线端子未压接牢固;

3) 导线的数量多,接线端子或汇流排的接线座(孔)少,操作人员责任心不强,把多根导线接于同一座(孔)。

3. 标准要求及防治措施

(1) 标准要求

《建筑电气工程施工质量验收规范》(GB 50303—2002)第 18.2.1 条:"芯线与电器设备的连接应符合下列规定:1　截面积在 $10mm^2$ 及以下的单股铜芯线和单股铝芯线直接与设备、器具的端子连接;2　截面积在 $2.5mm^2$ 及以下的多股铜芯线拧紧搪锡或接续端子后与设备、器具的端子连接;3　截面积大于 $2.5\ mm^2$ 的多股铜芯线,除设备自带插接式端子外,接续端子后与设备或器具的端子连接;多股铜芯线与插接式端子连接前,端部拧紧搪锡;4　多股铝芯线接续端子后与设备、器具的端子连接;5　每个设备和器具的端子接线不多于 2 根电线"。

第 18.2.2 条:"电线、电缆的芯线连接金具(连接管和端子),规格应与芯线的规格适配,且不得采用开口端子"。

第 6.1.9 条:"照明配电箱(盘)安装应符合下列规定:1　箱(盘)内配线整齐,无绞接现象。导线连接紧密,不伤芯线,不断股。垫圈下螺丝两侧压的导线截面积相同,同一端子上导线连接不多于 2 根,防松垫圈等零件齐全"。

(2) 防治措施

1) 多股铜芯导线应搪锡或压接端子,才能与设备、器具的端子连接,应符合规范要求;

2) 应使用与电线、电缆相适配的连接金具,应使用闭口的端子;导线与端子的连接不能出现剪芯线现象。

参考本章第 3.3.4 条;

3) 电线、电缆的接头应在箱(盒)内连接,接线端子的平垫圈和防松垫圈应齐全,连接处应拧紧固;垫圈下螺丝两侧压的导线截面积相同;导线盘圈方向顺着螺丝拧紧方向;

4) 每个设备和器具的端子接线应不多于 2 根电线;如果出现特殊情况,可使用汇流排过渡。

3.4 电缆桥架安装和桥架内电缆敷设的质量通病

3.4.1 电缆桥架及部件、附件不齐、连接不牢固

1. 现象

(1) 镀锌电缆桥架的连接处用电(气)焊焊接,接头拼装处毛刺未处理;

(2) 连接螺栓的螺母安装在桥架的内侧;

(3) 电缆桥架转弯处的弯曲半径小于桥架内电缆最小允许弯曲半径。

2. 危害及原因分析

(1) 危害

1) 在施工现场临时随意加工电缆桥架的连接件,镀锌电缆桥架的连接处用电(气)焊焊接,接头拼装处毛刺未处理,将破坏电缆的保护层、损伤芯线,难以保证连接处的安装质量;

2) 连接螺栓的螺母安装在桥架的内侧,会割伤电缆;

3) 电缆桥架转弯处的弯曲半径小于桥架内电缆最小允许弯曲半径,敷设电缆时将电缆硬压在桥架内,电缆的弯曲半径太小,会损伤电缆绝缘层及芯线。

(2) 原因分析

1) 定货时未提出要求,设备进场时未做联合验收,或未按产品标准和规范要求验收;电缆桥架及部件、附件不齐,变向、变径接头部位安装未采用标准配套附件;

2) 施工人员认为螺帽在外美观,片面追求美观,把连接螺栓的螺母安装在桥架的内侧;

3) 电缆桥架定货时未考虑电缆的大小及电缆的最小允许弯曲半径。施工时盲目追求线路捷径,减小桥架的弯曲半径,或设计时桥架规格偏小。

3. 标准要求及防治措施

(1) 标准要求

《建筑电气工程施工质量验收规范》(GB 50303—2002)第 3.2.16 条:"电缆桥架、线槽应符合下列规定:1 查验合格证;2 外观检查:部件齐全,表面光滑、不变形;钢制桥架涂层完整,无锈蚀;玻璃钢制桥架色泽均匀,无破损碎裂;铝合金桥架涂层完整,无扭曲变形,不压扁,表面不划伤"。

第 12.2.1 条:"电缆桥架安装应符合下列规定:……2 电缆桥架转弯处的弯曲半径,不小于桥架内电缆最小允许弯曲半径",电缆最小允许弯曲半径如表 3.4.1。

电缆最小允许弯曲半径 表 3.4.1

序号	电缆种类	最小允许弯曲半径
1	无铅包钢铠护套的橡皮绝缘电力电缆	10*D*
2	有钢铠护套的橡皮绝缘电力电缆	20*D*
3	聚氯乙烯绝缘电力电缆	10*D*

续表

序号	电 缆 种 类	最小允许弯曲半径
4	交联聚氯乙烯绝缘电力电缆	15*D*
5	多芯控制电缆	10*D*

注：*D* 为电缆外径。

(2) 防治措施

1) 电缆桥架定货时应提出技术要求，设备材料进场时应加强进场验收工作，产品有铭牌，有产品合格证和检验报告，电缆桥架及部件、附件应齐全，外观检查时未发现缺陷。

电缆桥架安装前，应根据结构型式及桥架走向，按照规范要求的间距进行放线、定位，确定出变向（拐弯）、变径、与箱（柜）处的接口部位及桥架配套安装部件的尺寸，应采用同一厂家生产的桥架配套附件，要求连接严密、固定牢固、能够承载桥架及电缆的重量。

对未采用配套安装部件、附件的，且有可能影响到桥架安装质量及割伤电缆的，应更换为合格的部件；

2) 连接螺栓的平（圆）头应安装在桥架的内侧，螺母安装在桥架的外侧，接头拼装处毛刺应处理干净、平整；

3) 镀锌电缆桥架的连接处不应采用电（气）焊焊接，应使用配套的连接板，采用配套的镀锌螺栓连接，且平垫圈和弹簧垫圈等应齐全；

4) 电缆桥架转弯处的弯曲半径不小于桥架内电缆最小允许弯曲半径，应把不符合要求的桥架段，更换成符合要求的连接段。

3.4.2 电缆桥架直线段超长或过变形缝处无补偿措施

1. 现象

(1) 电缆桥架直线段长度超出要求，未设置伸缩板（节）等补偿装置；

(2) 电缆桥架在穿越变形缝处，无补偿装置。

2. 危害及原因分析

(1) 危害

1) 桥架直线段超过允许长度，未按施工工艺要求设置伸缩板等补偿装置，温度变化时，建筑物的膨胀量大于桥架的膨胀量，可能造成桥架变形；

2) 穿越建筑物变形缝处，未按施工工艺要求设置伸缩板（节）等补偿装置，在建筑物发生伸缩、沉降变化时，可能造成桥架变形，影响电缆线路的质量。

(2) 原因分析

1) 未认真审阅图纸，对工程的情况，管线的走向、长度等不清楚；

2) 对规范要求不熟悉，不知道在什么情况下需要增加补偿装置；

3) 施工时遗漏补偿装置。

3. 标准要求及防治措施

(1) 标准要求

《建筑电气工程施工质量验收规范》(GB 50303—2002)第 12.2.1 条："电缆桥架安装应

符合下列规定:1　直线段钢制电缆桥架长度超过30m、铝合金或玻璃钢制电缆桥架长度超过15m设有伸缩节;电缆桥架跨越建筑物变形缝处设置补偿装置”。

(2) 防治措施

1) 设计单位应在图纸上说明清楚;

2) 认真审阅图纸,熟悉工程的具体情况,对管线的走向了解清楚;

3) 在电缆桥架定货、施工等阶段,都应注意电缆桥架是否超长,是否有变形缝,做到心中有数,及时设置补偿装置;

4) 应根据规范和施工工艺要求,在需要的位置设置伸缩板等补偿措施。

3.4.3　电缆桥架与其他管道距离太近

1. 现象

(1) 电缆桥架与其他管道的距离小;

(2) 电缆桥架敷设在热力管道上方,安全距离小且无隔热措施。

2. 危害及原因分析

(1) 危害

1) 电缆桥架与其他管道的距离小,电缆会受到其他管道的影响;如水管漏水等;

2) 电缆桥架敷设在热力管道上方,安全距离小且无隔热措施,电缆会受到热力管道的影响。

(2) 原因分析

1) 原因是设计深度不够,在设计时,各专业设计未汇总签字,对桥架,通风、给排水、空调等管道的走向、交叉问题未合理安排和互相协调,无可行的综合布置方案来指导施工,而是各行其是,所设计的图纸未认真汇签,把各专业的设计问题交给了施工单位,由施工单位再进行二次设计;

2) 施工各方协调不当,电气专业安装前,未及时与其他各专业进行综合图纸会审,只是按粗糙的设计图纸进行施工,各专业管道、电缆桥架等,走向曲折,距离小,安装困难,为躲避通风、水暖等其他管道而绕圈,走向混乱,同时电缆桥架会受其他管道漏水的影响;

3) 电缆桥架敷设在热力管道上方,安全距离小且无隔热措施,无考虑热力管道高温度对电缆的影响。

3. 标准要求及防治措施

(1) 标准要求

《建筑电气工程施工质量验收规范》(GB 50303—2002)第12.2.1条:“电缆桥架安装应符合下列规定:……5　电缆桥架敷设在易燃易爆气体管道和热力管道的下方,当设计无要求时,与管道的最小净距”,应符合表3.4.3的规定。

电缆桥架与管道的最小净距(m)　　**表3.4.3**

管　道　类　别	平行净距	交叉净距
一般工艺管道	0.4	0.3
易燃、易爆气体管道	0.5	0.5

续表

管道类别		平行净距	交叉净距
热力管道	有保温层	0.5	0.3
	无保温层	1.0	0.5

(2) 防治措施

1) 电缆桥架与各专业管道的距离，设计时各专业设计就应汇总研究，对桥架、通风及空调管道、给排水管道等的走向、交叉问题综合考虑、互相协调，有条件的应绘出综合管线布置图，施工过程各专业之间也要互相协调，使电缆与其他管道间有合适的间距；

2) 电缆桥架不应敷设在热力管道的上方，且应有符合规定的安全距离，如表3.4.3所示；如果距离小于规定，应有隔热措施。

3.4.4 电缆桥架的支、吊架不够，固定不牢

1. 现象

电缆桥架的支、吊架间距大；支、吊架歪斜、松动、固定不牢。

2. 危害及原因分析

(1) 危害

桥架的支、吊架间距大，安装不端正、不牢固，当电缆桥架内电缆多时，因重量大而造成塌腰、折断，拉伤(断)电缆，影响供电的正常运行。

(2) 原因分析

1) 电缆桥架安装前，未根据现场情况进行放线定位，未做好施工准备工作；

2) 安装支、吊架时，取消部分支、吊架或个别支、吊架遗漏；

3) 安装支、吊、托架操作马虎、动作粗糙，没有采用相应的配件。

3. 标准要求及防治措施

(1) 标准要求

《建筑电气工程施工质量验收规范》(GB 50303—2002)第12.2.1条："电缆桥架安装应符合下列规定：……3　当设计无要求时，电缆桥架水平安装的支架间距为1.5～3m；垂直安装的支架间距不大于2m"。

(2) 防治措施

1) 电缆桥架安装前，应根据现场情况进行放线定位，做好施工准备工作；应采用配套的附(配)件；

2) 电缆桥架每段一般长度为2m，直线段安装时，每段为一个支、吊架，可设置在每段的中间位置；

3) 非直线段的桥架支、吊架的位置，桥架转弯处的弯曲半径不大于300mm时，应在距弯曲段与直线段接合处的两直线段侧各设置一个支、吊架，当桥架转弯弯曲半径大于300mm时，还应在弯通中部增设一个支、吊架；

4) 支、吊架应安装端正、连接牢固、可靠。

3.4.5 电缆桥架的跨接接地未达要求

1. 现象

(1) 电缆桥架的跨接地线截面积小于 4mm^2;镀锌电缆桥架的连接板两端缺防松螺帽或防松垫圈;

(2) 用电(气)焊把接地线焊到桥架上,电缆桥架的保护层脱落;

(3) 电缆桥架的支架和引出的金属电缆导管未接地,全长少于 2 处与接地干线相连接;

(4) 桥架未敷设接地干线,利用桥架系统构成接地干线回路时,无测试端部之间的接地电阻。

2. 危害及原因分析

(1) 危害

1) 电缆桥架的跨接地线截面积小、连接处不紧固,易受机械损害,都会使接地不可靠,存在安全隐患;

2) 采用电(气)焊直接在桥架上焊接接地线,会破坏了电缆桥架的保护层,使其防腐性能降低,影响其使用寿命;

3) 金属电缆桥架的支架和引出的金属电缆导管未接地,会存在安全隐患;

4) 桥架系统无接地干线,桥架(及支架)全长无 2 处与接地干线相连接,端部之间的接地电阻未达要求,接地不可靠。

(2) 原因分析

1) 不熟悉规范要求,为了降低成本,接地线使用小截面积的导线;

2) 为了省去跨接工作,直接将接地线焊到桥架上;

3) 认为金属电缆桥架的支架及引出的金属电缆导管与电缆桥架是金属物连接,不用再跨接接地;桥架全长无 2 处与接地干线相连接;

4) 利用桥架系统构成接地干线回路,未测试出端部之间的接地电阻;

5) 施工时粗心,遗漏跨接接地。

3. 标准要求及防治措施

(1) 标准要求

1)《建筑电气工程施工质量验收规范》(GB 50303—2002)第 12.1.1 条:"金属电缆桥架及其支架和引入或引出的金属电缆导管必须接地(PE)或接零(PEN)可靠,且必须符合下列规定:1　金属电缆桥架及其支架全长不少于 2 处与接地(PE)或接零(PEN)干线相连接;2　非镀锌电缆桥架间连接板的两端跨接铜芯接地线,接地线最小允许截面积不小于 4mm^2; 3　镀锌电缆桥架间连接板的两端不跨接接地线,但连接板两端不少于 2 个有防松帽或防松垫圈的连接固定螺栓"。

2)《钢制电缆桥架工程设计规范》(CECS 31:91)第 3.7.1 条:"桥架系统应具有可靠的电气连接并接地"。

第 3.7.2 条:"当允许利用桥架系统构成接地干线回路时,应符合下列要求:一、托盘、梯架端部之间连接电阻不应大于 0.00033Ω。接地孔应清除绝缘涂层。二、在伸缩缝或软连接处需采用编织铜线连接"。

第 3.7.3 条:"沿桥架全长另敷设接地干线时,每段(包括非直线段)托盘、梯架应至少有一点与接地干线可靠连接"。

(2) 防治措施

1) 电缆桥架安装时，应采用截面积不小于 $4mm^2$ 的接地线，对该跨接地的部分进行可靠接地，镀锌电缆桥架连接处用连接板固定，连接板两端可不跨接接地线，连接板两端的平垫圈和弹簧垫圈应齐全并应拧紧固；

2) 应避免把接地干线直接焊接在电缆桥架上。电缆桥架的镀锌层或喷塑层脱落处应进行去锈，刷防锈漆（底漆和面漆）等防腐处理，刷面漆使颜色与桥架原来的颜色一致；

3) 在电缆桥架的全长敷设一接地干线，把接地干线固定在电缆桥架的支、吊架上，金属电缆桥架全长及其支、吊架应可靠接地，接地干线的材质可采用镀锌圆钢、镀锌扁钢或扁铜；建议在电缆桥架的两端头、转弯处、直线段每隔 30m、变形缝处连接端两侧等部位与接地干线相连接，保证桥架全长至少 2 处与接地干线相连接；

4) 当允许利用桥架系统构成接地干线回路时，应测试出端部之间连接电阻值并应符合规范要求，即不应大于 0.00033Ω；在伸缩缝或软连接处应采用编织铜线跨接接地。

3.4.6 桥架内电缆未固定好、弯曲半径小、出现损伤现象

1. 现象

(1) 敷设于桥架内的电缆未固定好、固定点间距大；

(2) 电缆的弯曲半径小；

(3) 电缆敷设出现绞拧、铠装压扁、护层断裂和表面严重划伤的现象。

2. 危害及原因分析

(1) 危害

1) 电缆固定是为了使电缆受力合理，保证固定可靠，如果不固定好会因意外冲击时发生脱位而影响正常供电。特别是截面积较大的电缆，当电缆的竖向固定点间距离过大时，线路的重量增加，电缆的芯线、绝缘保护层与统包部分都会受超负荷的拉力损伤，引发事故。

参见本章第 3.3.8 条；

2) 电缆的弯曲半径小会损坏电缆的芯线和电缆绝缘层。

参见本章第 3.4.1 条；

3) 敷设电缆出现损伤的危害，参见本章 3.3.6 条。

(2) 原因分析

1) 不熟悉规范要求，未按要求固定好电缆；

2) 电缆桥架定货时未考虑电缆的大小及电缆的最小允许弯曲半径，桥架转接头弯曲半径偏小，施工时动作粗暴，压伤电缆；

3) 电缆出厂的品质控制，运输、库存等环节出错，敷设前电缆已出现损伤；

4) 电缆的敷设未按工序施工，采用的机夹具不配套，施工过程对电缆未做好保护。

3. 标准要求及防治措施

(1) 标准要求

1)《建筑电气工程施工质量验收规范》(GB 50303—2002) 第 12.2.2 条："桥架内电缆敷设应符合下列规定：1　大于 45°倾斜敷设的电缆每隔 2m 处设固定点；……3　电缆敷设排列整齐，水平敷设的电缆，首尾两端、转弯两侧及每隔 5～10m 处设固定点；敷设于垂直

桥架内的电缆固定点间距”,不大于表 3.4.6 的规定。

电缆固定点间距(mm)　　表 3.4.6

电缆种类		固定点间距
电力电缆	全塑型	1000
	除全塑型的电缆	1500
控制电缆		1000

第 13.1.2 条:“电缆敷设严禁有绞拧、铠装压扁、护层断裂和表面划伤等缺陷”;

2)《低压配电设计规范》(GB 50054—95)第 5.6.15 条:电缆明敷设时,其电缆固定部位应符合表 3.3.8 的规定。

(2) 防治措施

1) 电缆在桥架内敷设前,须将电缆事先排列好,画出排列图表并按图表施工;

2) 电缆敷设排列整齐,水平敷设的电缆,首尾两端、转弯两侧及每隔 5 ~ 10m 处设固定点;电缆的固定点间距应符合表 3.4.6 及表 3.3.8 的规定。

敷设时应敷设一根整理一根,卡固一根。

参见本章第 3.3.8 条;

3) 敷设电缆时应保证电缆的弯曲半径不小于电缆的最小允许弯曲半径,如表 3.4.1 所示;参见本章第 3.4.1 条;

4) 电缆的敷设应按工序施工,采用的机夹具应配套,施工过程对电缆应做好保护。

参见本章 3.3.6 条。

3.4.7　桥架内电缆过多,盖不上桥架盖板

1. 现象

(1) 桥架内电缆总截面积大于规范规定值,出现叠压,盖不上盖板;

(2) 不同电源或同一电源不同回路有抗干扰要求的电缆敷设在同一桥架内。

2. 危害及原因分析

(1) 危害

1) 桥架内电缆过多,会导致电缆运行时散热困难,降低载流量,减短电缆使用寿命,出现叠压,盖不上盖板,使电缆的维护、更换困难,甚至存在安全隐患;

2) 不同电源或同一电源不同回路有抗干扰要求的电缆敷设在同一桥架内,会出现互相干扰。

(2) 原因分析

1) 设计的电缆桥架截面积偏小,未按设计要求在桥架内随意增加电缆;敷设电缆时出现交叉、叠压未调整好,造成敷设后的电缆高出盖板,设计时没有充分考虑电缆与桥架的搭配,敷设电缆时不注意成品保护;

2) 设计单位设计时考虑不周到或施工单位为了减少桥架,将不同电源或同一电源不同回路有抗干扰要求的电缆敷设在同一桥架内。

参见本章第 3.2.2 条。

3. 标准要求及防治措施

(1) 标准要求

1)《低压配电设计规范》(GB 50054—95)第 5.6.14 条:“电缆在桥架内敷设时,电缆总截面积与桥架横断面面积之比,电力电缆不应大于 40%,控制电缆不应大于 50%”。

第 5.6.15 条:电缆明敷设时,其电缆固定部位应符合表 3.3.8 的规定;

2)《建筑电气工程施工质量验收规范》(GB 50303—2002)第 12.2.2 条:“桥架内电缆敷设应符合下列规定:1 大于 45°倾斜敷设的电缆每隔 2m 处设固定点;……3 电缆敷设排列整齐,水平敷设的电缆,首尾两端、转弯两侧及每隔 5 ~ 10m 处设固定点;敷设于垂直桥架内的电缆固定点间距”,不大于表 3.4.6 的规定。

(2) 防治措施

1) 电缆桥架的尺寸、型号、规格,应充分考虑电缆的多少与电缆在桥架内的填充率,并应留有一定的备用空位。电缆总截面积与桥架横断面面积之比,电力电缆不应大于 40%,控制电缆不应大于 50%;

2) 在电缆桥架施工前,应事先考虑好电缆路径,满足桥架上敷设的最大截面电缆的弯曲半径的要求,并考虑好其排列位置。电缆在桥架内敷设前,须将电缆事先排列好,画出排列图表并按图表施工;

3) 安装电缆桥架或敷设电缆时应注意成品保护。对桥架内电缆出现叠压的,应在电缆未接头前适当调整;

4) 不同电源或同一电源不同回路有抗干扰要求的电缆不应敷设在同一桥架内。

参见本章 3.2.2 条。

3.5 母线安装的质量通病

3.5.1 封闭母线、插接式母线无合格证,零部件和附件不齐全

1. 现象

(1) 封闭母线、插接式母线无合格证,产品无铭牌或铭牌的内容不全;

(2) 开箱检查时发现箱内零部件和附件不齐全或损坏;

(3) 三相五线制插接母线的插接箱无接地端子。

2. 危害及原因分析

(1) 危害

1) 产品无铭牌或不齐全,产品无合格证,无分段标志,可能为假冒、劣质产品;

2) 箱内零部件和附件不齐全或损坏,造成安装困难,有些关键零部件缺少,将无法安装;

3) 三相五线制插接母线的插接箱无接地端子,接地线在箱体上连接,接地支线存在串接现象,接地不可靠。参见本章第 3.15.6 条。

(2) 原因分析

1) 产品无铭牌、无合格证,产生的原因是未进行材料、设备的进场验收,未按规范规

定和产品标准进行进场验收；

2) 箱内零部件和附件不齐全或损坏，产生的原因是未按施工图定货，定货时未提出技术要求，进货时未认真进行设备进场验收；零部件和附件遗漏、损坏，可能是运输中磕碰造成；

3) 定货时未提出技术要求，或生产厂家未按照三相五线制要求设置接地端子。安装时未在接地干线上接出接地线，而直接在箱体上连接，出现接地线串接现象。

3. 标准要求及防治措施

(1) 标准要求

《建筑电气工程施工质量验收规范》(GB 50303—2002)第 3.2.1 条："主要设备、材料、成品和半成品进场应检验并应有记录"。

第 3.2.17 条：封闭母线、插接母线应符合下列规定："1　查验合格证和随带安装技术文件；2　外观检查：防潮密封良好，各段编号标志清晰，附件齐全，外壳不变形，母线螺栓搭接面平整、镀层覆盖完整、无起皮和麻面；插接母线上的静触头无缺损、表面光滑、镀层完整"。

(2) 防治措施

1) 按施工图定货，选用优质产品。产品的供货渠道直接，产品的铭牌清晰、齐全。

加强设备的进场验收工作，并应有设备进场的检验记录和相关责任人签证。封闭母线、插接式母线插接箱(柜)及附件等，型号、规格应符合设计要求，安装技术文件应齐全，技术文件包括主要技术数据和有关的试验、检验证明，有符合国家现行技术标准的产品出厂合格证书。

如果货不对版，应退货；应使用符合设计要求的、合格的产品；

2) 加强开箱检查工作，箱内的零部件应齐全，质量符合要求。附件如螺栓、螺母、垫圈等金属材料及五金件，都应经过镀锌处理，且镀锌层覆盖完整、无起皮和麻面等。

应对磕碰、损坏的部件进行调换，并应加强运输、保管过程中的成品保护；

3) 三相五线制插接母线的插接箱应有符合要求的接地端子；

4) 接地支线必须直接从干线上引出，接地支线不能出现串接现象。

3.5.2　插接式母线的插接箱箱体小、高度不符合要求

1. 现象

(1) 插接箱太小，电缆头无法放在箱内；

(2) 插接箱分别开孔出线；

(3) 插接箱的安装高度不符合要求。

2. 危害及原因分析

(1) 危害

1) 插接箱太小造成出线接线困难；

2) 电缆在插接箱出线处分别开孔出线，在金属箱处将形成涡流损耗；

3) 插接箱的箱底距离地面高低不齐，太高或太低，将使操作不方便，影响美观。

(2) 原因分析

1) 插接箱太小，电缆头无法放在箱内，产生的原因是定货时未提出技术要求，厂家未

按技术要求或设计图纸进行生产；

2）进货时未认真进行设备进场验收；

3）插接箱的安装高度未按设计要求定位，对插接箱位置的测量、计算、安装不认真、不准确。

3．标准要求及防治措施

(1) 标准要求

《建筑电气工程施工质量验收规范》(GB 50303—2002)第13.2.3条："电缆敷设固定应符合下列规定：……2　交流单芯电缆或分相后的每相电缆固定用的夹具和支架，不形成闭合铁磁回路"。

(2) 防治措施

1）定货时就应提出技术要求，插接箱应有一定的体积，能安装开关和电缆头等；箱内应有接地端子，保护接地线与接地干线的引出线直接连接；

2）设备进场时应认真进行设备进场联合验收；

3）在插接箱的出线处，不能将各相相线分别开孔出线，避免出现涡流损耗，否则应重新安装；

4）插接箱的安装高度应一致，符合设计要求，以方便操作和维修。

3.5.3　封闭、插接式母线搭接处未处理好

1．现象

(1) 母线的连接处接触不良，发热；

(2) 母线的连接处松动。

2．危害及原因分析

(1) 危害

1）母线接头处搭接不紧密，搭接截面积小，使母线的接触电阻增大，会使线路的温度增高，降低载流量；

2）母线的连接处松动，同样会使母线的接触电阻增大，线路温度增高。

(2) 原因分析

1）封闭母线搭接面未按标准进行处理、接头不清洁，不涂电力复合脂；将造成搭接处接触不紧密，搭接截面积小；

2）力矩扳手拧紧钢制连接螺栓的力矩值太小，母线的连接处未拧紧固。

3．标准要求及防治措施

(1) 标准要求

《建筑电气工程施工质量验收规范》(GB 50303—2002)第11.1.2条：母线与母线或母线与电器接线端子，当采用螺栓搭接连接时，应符合下列规定：1　母线的各类搭接连接……，用力矩扳手拧紧钢制连接螺栓的力矩值符合表3.5.3的规定；2　母线接触面保持清洁，涂以电力复合脂，螺栓孔周边无毛刺；3　连接螺栓两侧有平垫圈，相邻垫圈间有大于3mm的间隙，螺母侧装有弹簧垫圈或锁紧螺母；4　螺栓受力均匀，不使电器的接线端子受额外应力。

第11.2.2条："母线与母线、母线与电器接线端子搭接，搭接面的处理应符合下列规

定:1　铜与铜:室外、高温且潮湿的室内,搭接面搪锡;干燥的室内,不搪锡”。

(2) 防治措施

1) 螺栓连接时应根据不同的材料对其接触面进行处理。当铝母线与铜设备端子连接时,必须用铜铝过渡板,以减弱接头电化腐蚀和热弹性变质。但安装时过渡板的焊缝应距设备端子3~5mm,以免产生过渡腐蚀。母线采用螺栓连接时,母线的连接部分的接触面应涂一层中性凡士林油,连接处须加以弹簧垫和加厚平垫片。

室外、高温且潮湿的室内,铜母线与铜母线搭接时,搭接面应搪锡处理;

2) 力矩扳手拧紧钢制连接螺栓的力矩值,应与母线的要求相适配。如表3.5.3所示;

母线搭接螺栓的拧紧力矩　　**表3.5.3**

序号	螺栓规格	力矩值(N·m)
1	M8	8.8~10.8
2	M10	17.7~22.6
3	M12	31.4~39.2
4	M14	51.0~60.8
5	M16	78.5~98.1
6	M18	98.0~127.4
7	M20	156.9~196.2
8	M24	274.6~343.2

3) 加强施工人员的技术培训、增强责任心,严格检查,对质量不合格的接头应重新加工。

3.5.4　母线的支、吊架接地不可靠

1. 现象

(1) 母线的支、吊架未接地或接地连接处松动;

(2) 把母线支、吊架作为接地的接续导体。

2. 危害及原因分析

(1) 危害

母线的支、吊架接地不可靠,或把支、吊架作为接地的接续导体,一旦事故发生,接地保护系统不起作用,存在安全隐患。

(2) 原因分析

1) 未进行图纸会审和技术交底;

2) 认为母线的外壳都是金属物,母线安装时把母线放在支、吊架上,与母线外壳已有接地连接;

3) 为了施工方便,未考虑接地支线出现串联连接,把母线支、吊架作为接地的接续导体。

3. 标准要求及防治措施

(1) 标准要求

《建筑电气工程施工质量验收规范》(GB 50303—2002)第 11.1.1 条:"绝缘子的底座、套管的法兰、保护网(罩)及母线支架等可接近裸露导体应接地(PE)或接零(PEN)可靠。不应作为接地(PE)或接零(PEN)的接续导体"。

第 3.3.8 条:"裸母线、封闭母线、插接式母线安装应按以下程序进行:……5　母线支架和封闭插接式母线的外壳接地(PE)或接零(PEN)连接完成,母线绝缘电阻测试和交流工频耐压试验合格,才能通电"。

(2) 防治措施

1) 母线的支、吊架等可接近裸露导体应直接与接地干线相连接,并应进行全面检查,将未接地处及时可靠接地;母线的支、吊架固定牢固,才能保证母线的正常运行,对母线的支、吊架接地连接处,应进行全面检查,发现松动及时纠正;接地连接处尽量使用焊接,如果使用螺栓连接,应有防松措施;

2) 母线的支、吊架应可靠接地,但不能把支、吊架作为接地线的接续导体。接地支线应直接与接地干线相连接,不能出现串接现象。

3.5.5　母线支、吊架不符合要求

1. 现象

(1) 母线的支、吊架间距大,未固定牢固,有些母线段无支、吊架;

(2) 支架等金具存在闭合铁磁回路;

(3) 垂直安装的弹簧支承器固定不符合规定,接头位置受力。

2. 危害及原因分析

(1) 危害

1) 母线支、吊架距离间隔大,母线自身重量大而使母线变形,甚至造成塌腰、折断,影响供电的正常运行。支、吊架未固定牢固,母线变形,存在安全隐患;

2) 支架等金具存在闭合铁磁回路,造成涡流损耗;

3) 母线的接头位置受力,将使母线的安装不牢固。

(2) 原因分析

1) 母线支、吊架间隔大,产生的原因是安装支、吊架时,忽略支、吊架的间距规定,或个别支、吊架遗漏;放线、测量工作马虎不准确;支、吊架安装方法不对,配件不匹配;安装时紧固件未拧紧固;

2) 支架等金具存在闭合铁磁回路,施工人员不清楚会造成涡流损耗;

3) 垂直安装、固定弹簧支承架比较马虎,使其受力不均或松动。

3. 标准要求及防治措施

(1) 标准要求

1)《电气装置安装工程母线装置施工及验收规范》(GBJ 149—90)第 2.3.9 条:"插接母线槽的安装,尚应符合下列要求:一、悬挂式母线槽的吊钩应有调整螺栓,固定点间距不得大于 3m";

2)《建筑电气工程施工质量验收规范》(GB 50303—2002)第 11.2.1 条:"母线的支架与铁预埋件采用焊接固定时,焊缝应饱满;采用膨胀螺栓固定时,选用的螺栓应适配,连接

应牢固”。

第11.2.4条:“……2　交流母线的固定金具或其他支持金具不形成闭合铁磁回路;……4　母线的固定点每段设置1个,设置于全长或两母线伸缩节的中点”。

第11.1.3条:“封闭、插接式母线安装应符合下列规定:1　母线与外壳同心,允许偏差为±5mm;2　当段与段连接时,两相邻段母线及外壳对准,连接后不使母线及外壳受额外应力;3　母线的连接方法符合产品技术文件要求”;

3) 标准图集《封闭式母线安装》(91D701—2)编制说明第5点:“母线安装支撑件或吊架间距一般为2~3m,建议1000A以上者以2m为宜”。

(2) 防治措施

1) 插接式母线水平安装时,距地面高度不应小于2.2m,支持点间距不应大于3m,母线的每段都应有支承架,当段与段连接时,相邻两段母线及外壳应对准确,连接后不使母线及外壳受额外应力;

2) 插接式母线垂直安装时,其固定点间距不宜大于3m,或按产品的技术要求进行固定,其始端距地与末端距顶板距离不应小于300~500mm;其垂直允许偏差不应超过5mm。

母线安装支撑件或吊架间距一般为2~3m,建议1000A以上者以2m为宜。对支架的间距不符合要求处,进行重新调整、补安装;

3) 支、吊架的固定方法也有两种:第一种是采用预埋铁件,再与支、吊架进行焊接固定,其焊接处应焊缝均匀,焊药清除干净,并进行防腐处理;第二种采用金属膨胀螺栓固定支、吊架,根据封闭插接式母线载荷重量,选择允许拉力和剪力相匹配的金属膨胀螺栓,进行支、吊架的固定;

4) 交流母线的固定金具或其他支持金具不应形成闭合铁磁回路;

5) 通过楼板处应采用专用附件支承;垂直敷设固定,应采用抱箍固定在支架上,其始端或末端应固定牢固,不得悬空;

6) 插接式母线穿楼板弹簧支承器安装方法有两种:第一种方法是预埋固定螺栓法。即在现浇楼板上预埋固定螺栓,然后将槽钢[14固定在预埋固定螺栓上,再将弹簧支承器固定在[14上,最后将插接式母线固定在弹簧支承上,各固定点应固定牢固;第二种方法是金属膨胀螺栓固定方法,根据被固定插接式母线自重,选择相应的金属膨胀螺栓,将[14固定在楼板上,再将弹簧支承器固定在槽钢上,最后将插式母线固定在弹簧支承器上,固定点牢固可靠。

3.5.6　母线在变形缝处或直线段过长无补偿措施、在变形缝处处理不当

1. 现象

(1) 母线直线段过长无补偿措施,在变形缝处无补偿措施;

(2) 母线通过变形缝时处理不当,拼装接头位置在楼板、墙洞处;

(3) 母线穿越楼板和防火分区处防火封堵不符合要求。

2. 危害及原因分析

(1) 危害

1) 母线的长度太长或在变形缝处无补偿措施,造成母线变形,影响母线的正常进行;

2) 母线通过变形缝时处理不当,使拼装接头处于楼板或墙洞处,造成施工与维护困

难及防火密封封堵困难；

3) 母线穿越楼板和防火分区时未做防火封堵，或虽然已做防火封堵但不符合消防要求，存在安全隐患。

(2) 原因分析

1) 母线直线段过长无补偿措施，在变形缝处也无补偿措施，产生原因是设计单位和施工单位忽略了母线垂直和水平安装(长度较长)时的热胀冷缩问题，在变形缝处的伸缩、沉降问题；

2) 母线经过变形缝时处理不当。造成原因是设计上考虑不周或施工单位测量不准确；

3) 母线穿越防火墙、楼板，未采用防火材料进行防火封堵；封堵材料和工艺不符合要求。

3. 标准要求及防治措施

(1) 标准要求

1) 标准图集《封闭式母线安装》(91D701—2) 编制说明第 8 点："母线穿过伸缩缝时应用膨胀节"；

2)《高层民用建筑设计防火规范》(GB 50045—95)第 5.3.3 条："建筑高度不超过 100m 的高层建筑，其电缆井、管道井应每隔 2 ~ 3 层在楼板处用相当于楼板耐火极限的不燃烧体作防火分隔；建筑高度超过 100m 的高层建筑，应在每层楼板处用相当于楼板耐火极限的不燃烧体作防火分隔"。

电缆井、管道井与房间、走道等相连通的孔洞，其空隙应采用不燃烧材料填塞密实；

3)《低压配电设计规范》(GB 50054—95)第 5.7.5 条："竖井……楼层间应采用防火密封隔离"；

4)《民用建筑电气设计规范》(JGJ/T 16—92)第 9.13.3 条："竖井……楼层间应做防火密封隔离，隔离措施如下：(1) 封闭式母线、电缆桥架及金属线槽在穿过楼板处采用防火隔板及防火封堵隔离"。

(2) 防治措施

1) 由设计单位确定垂直或水平敷设的母线，在何处需加膨胀节；施工单位认真按设计要求敷设膨胀节等补偿装置；

2) 在建筑物变形缝处，应采用膨胀节等补偿装置。保护接地(PE)线的做法，可采用编织铜线或多股铜导线作保护接地(PE)线，两端分别固定在两侧的接地干线上，同时还应注意，保护接地(PE)线的截面积应符合设计及规范规定；

3) 在母线的定货时，应根据施工图纸或实际测量的尺寸来确定母线段的长度，应避免出现母线的拼装接头处在穿越楼板或墙洞处。

由于某种原因，造成拼装接头在楼板或墙洞处，应更换、调整一些母线段，重新进行安装，将拼装接头移出楼板和墙洞处；

4) 根据设计要求、规范规定，在母线穿越防火墙、楼板，使用符合要求的防火堵料进行封堵，达到防火要求。

3.6 室外架空线路及电气设备安装质量通病

3.6.1 电杆杆体及安装存在缺陷

1. 现象

(1) 电杆有纵向裂纹,横向裂纹超过标准规定;

(2) 杆位组立不排直;

(3) 钢筋混凝土电杆不做底盘,卡盘(或横木)位置摆放错误;

(4) 拉线装设位置不合适;钢绞线拉线漏套心型环;普通拉线角度不准,用料过长。

2. 危害及原因分析

(1) 危害

1) 电杆产生横向裂纹过大时,会降低电杆的整体刚度,增大电杆挠度;纵向裂纹会使电杆钢筋易腐蚀,影响使用寿命;

2) 杆位组立不排直、钢筋混凝土电杆不做底盘、卡盘(或横木)位置摆放错误、拉线装设位置不合适等会影响到电杆组立后的其他各项技术规定。

(2) 原因分析

1) 电杆经运输后到现场,混凝土电杆在运输中因为应力集中而产生横向裂纹,纵向裂纹是由于制作时工艺差导致;

2) 肉眼测杆位有误差,挖坑时未留裕度;立杆程序不对,造成杆位不成直线;

3) 对钢筋混凝土电杆要加底盘的重要性认识不足;做卡盘未按线路走向正确位置摆放,距地面深度深浅不一;

4) 对拉线的角度、受力方向、位置缺乏理论知识,出现各种错误做法。制作拉线只凭经验估计,而未作精确计算。

3. 标准要求及防治措施

(1) 标准要求

1)《电气装置安装工程 35kV 及以下架空电力线路施工及验收规范》(GB 50173—92)第 2.0.9 条:"环形钢筋混凝土电杆制造质量应符合现行国家标准《环形钢筋混凝土电杆》的规定。安装前应进行外观检查,且应符合以下规定:1 表面光洁平整,壁厚均匀,无露筋、跑浆等现象;2 应无纵向裂纹,横向裂纹的宽度不应超过 0.1mm;3 杆身弯曲不应超过杆长的 1/1000"。

第 2.0.10 条:"预应力混凝土电杆制造质量应符合现行国家标准《环形预应力混凝土电杆》的规定,安装前应进行外观检查";

2)《建筑电气工程施工质量验收规范》(GB 50303—2002)第 4.2.2 条:"电杆组立应正直,直线杆横向位移不应大于 50mm,杆梢偏移不应大于梢径的 1/2,转角杆紧后不应向内角倾斜,向外角倾斜不应大于 1 个梢径";

3)《电气装置安装工程 35kV 及以下架空电力线路施工及验收规范》(GB 50173—92)第 3.0.4 条:"电杆基坑底采用底盘时,底盘的圆槽面应与电杆中心线垂直,找正后应填土夯实至底盘表面。底盘安装允许偏差,应使电杆组立后满足电杆允许偏差规定";

4)《电气装置安装工程 35kV 及以下架空电力线路施工及验收规范》(GB 50173—92)第 5.0.2 条:“拉线安装应符合下列规定:

一、安装后对地平面夹角与设计值的允许偏差,应符合下列规定:

1. 35kV 架空电力线路不应大于 1°;

2. 10kV 及以下架空电力线路不应大于 3°;

3. 特殊地段应符合设计要求。

二、承力拉线应与线路方向的中心线对正;分角拉线应与线路分角线方向对正;防风拉线应与线路方向垂直”。

(2) 防治措施

1) 钢筋混凝土电杆长距离运输要用拖挂车,现场短距离运输要用两辆平板小车放在电杆上腰和下腰间。运输时必须将电杆捆牢在车上,禁止随意拖、拉、摔、滚;

2) 电杆架立测位时,要在距电杆中心的某一处设标志桩,以便在挖坑后仍可测量目标,不要把标志桩钉在坑位中心。挖坑时要把杆坑长的方向挖在线路的左右方向,如图 3.6.1-1 所示,左右留有移动余地。立杆时,先立 1 号、5 号杆,然后再立 2 号和 3、4 号杆,以便找直线。杆身调整,一般可用杠子拨,或用杠杆与绳索联合吊起杆根,使移至规定位置。调整杆面,可用转杆器弯钩卡住,推动手柄使杆旋转至规定位置。

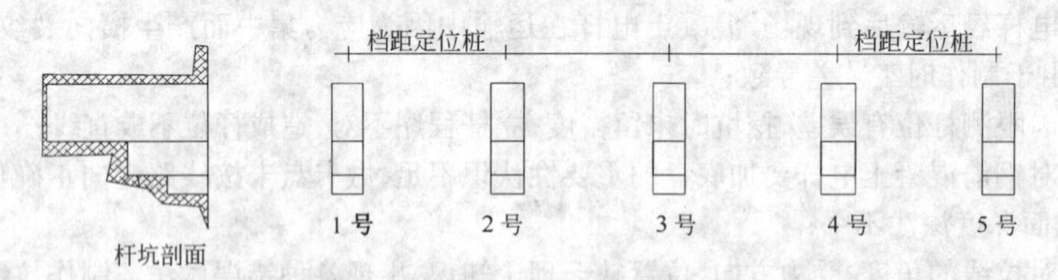

图 3.6.1-1 电杆坑挖法

对于杆位不成直线的电线杆应在打卡盘前,挖出部分填土在杆坑内校正;

3) 钢筋混凝土电杆应依设计要求在坑底放好底盘并找正。如果设计无要求,则可按当地土质情况具体确定。如果当地土壤耐压力大于 0.2MPa 时,直线杆可不装底盘。终端杆、转角杆在一般土壤要考虑装底盘。当土壤含有流砂,地下水位高时,直线杆也要装底盘。底盘可用预制块或现浇混凝土制作。

卡盘一般情况都可不用,仅在土壤不好或在较陡斜坡上立杆时,为了减少电杆埋没才考虑使用。如果需要装设卡盘,安装前应将其下部土壤分层回填夯实,卡盘应在自地面起至电杆埋深约 1/3 处,并符合以下要求:①直线杆的卡盘应与线路平行,有顺序地在线路左、右侧交替埋设;②承力杆的卡盘应埋设在承力侧。埋入地下的铁件,应涂以沥青用以防腐。卡盘若采用现浇混凝土时,可在电杆根部距地面 65cm 处,挖出以电杆为中心,直径 1m 的圆坑,浇筑厚为 15cm 的 C15 素混凝土,待养护达到要求后填土夯实。

对于应做底盘的而未做的,应按设计要求补做底盘;卡盘位置摆放错误的应纠正;

4) 拉线装在电杆上的位置,其实是力的“作用点”的问题。拉线的作用点,在线路的不平衡张力合力的作用点上(如图 3.6.1-2 所示的 A 点上),才能充分发挥作用。由此可见,电杆承受到线路不平衡张力时,应装设拉线,拉线是另外一个力,拉线的方向、大小和作用点都作对了,也就是拉线的拉力和线路的张力平衡,电杆才能稳固的竖立。

拉线长度的计算应根据拉线的结构做详细计算,而不应靠估计。

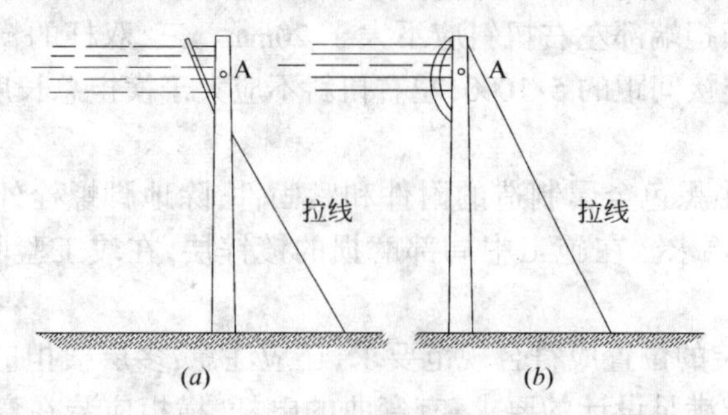

图 3.6.1-2　拉线装设的作用点

(a)拉线装得太低;(b)拉线装得太高

3.6.2　横担组装不符合要求

1. 现象

(1) 角钢横担、金属零件防腐做的不彻底,横担打眼有飞边、毛刺;

(2) 横担安装位置不符合要求,与绝缘子不配套;

(3) 终端杆横担变形;

(4) 角钢横担与电杆之间不成直角、不平正。

2. 危害及原因分析

(1) 危害

1) 角钢横担、金属零件防腐做的不彻底,会影响其使用寿命,并且不利于运行检修拆卸;

2) 横担安装位置不符合要求或横担规格过小,会影响线路的机械强度和安全运行。

(2) 原因分析

1) 横担、金具零件镀锌防腐未普遍采用,刷防锈漆时除锈不彻底,影响防腐层粘结;角钢横担用电、气焊切割,造成烂边、飞刺;

2) 横担安装位置不符合要求,与绝缘子不配套产生的原因是对横担安装位置的要求以及线路用绝缘子和横担的种类、数量标准不了解;

3) 终端杆横担未做加强双横担,或横担规格过小,刚度不够而变形;

4) 角钢横担与电杆之间不成直角、不平正产生的原因是横担与电杆之间未装 M 形垫铁。

3. 标准要求及防治措施

(1) 标准要求

《电气装置安装工程 35kV 及以下架空电力线路施工及验收规范》(GB 50173—92)第 2.0.7 条:"金具组装配合应良好,安装前应进行外观检查,且应符合下列规定:一、表面光洁,无裂纹、毛刺、飞边、砂眼、气泡等缺陷。二、线夹转动灵活,与导线接触面符合要求。三、镀锌良好,无锌皮剥落、锈蚀现象"。

第4.0.10条:“线路单横担的安装,直线杆应装于受电侧;分支杆、90°转角杆(上、下)及终端杆应装于拉线侧”。

第4.0.11条:“横担安装应平正,安装偏差应符合下列规定:一、横担端部上下歪斜应不大于20mm。二、横担端部左右扭斜应不大于20mm。三、双杆的横担,横担与电杆连接处的高差不应大于连接间距的5/1000;左右扭斜不应大于横担总长度的1/100”。

(2) 防治措施

1) 架空线路用由黑色金属制造的附件和紧固件,除地脚螺栓外,均应采用热浸镀锌制品;且应符合规范要求。在施工中局部磨损的镀锌层,在竣工验收前应全部补刷防锈漆;

2) 杆上横担安装的位置应符合规范要求,还应注意:多层横担应安装在同一侧,且横担之间的垂直距离应满足设计的要求;有弯曲的电杆、横担应装在弯曲侧,并使电杆的弯曲部分与线路的方向一致;

3) 角钢横担开孔眼必须为机加工开孔,在台钻上进行或用“漏盘”砸(冲)孔眼,不允许使用电、气焊切割;

4) 为防止横担变形,终端杆应做加强型双横担。角钢规格应依据架空导线截面积选择,抱箍螺丝应根据混凝土电杆的拔梢锥度画出大样图加工;

5) 为了使角钢横担和混凝土电杆紧密结合,应当在角钢横担和混凝土电杆之间加装M形垫铁。

3.6.3 导线架设与连接不符合要求

1. 现象

(1) 导线出现背扣、死弯、多股导线松股、抽筋、扭伤;

(2) 导线用钳接法连接时不紧密,钳接管有裂纹;

(3) 电杆档距内导线弛度不一致,裸导线绑扎处有伤痕。

2. 危害及原因分析

(1) 危害

导线出现背扣、死弯、多股导线松股、抽筋、扭伤或导线连接不紧密及档距内导线弛度不一致等现象,会影响线路的机械强度和安全运行。

(2) 原因分析

1) 在放整盘导线时,没有采用放线架或其他放线工具;放线方法不当,使导线出现背扣、死弯等现象;在电杆的横担上放线拉线,使导线磨损、蹭伤、松股,严重时甚至断股;

2) 导线接头未按规范要求制作,工艺不正确;

3) 同一档距内,架设不同截面的导线,紧线方法不对,出现弛度不一致;绑扎裸导线时没有缠保护铝带。

3. 标准要求及防治措施

(1) 标准要求

《电气装置安装工程35kV及以下架空电力线路施工及验收规范》(GB 50173—92)第6.0.1条:“导线在展放过程中,对已展放的导线应进行外观检查,不应发生磨伤、断股、扭曲、金钩、断头等现象”。

第6.0.9条："导线与接续管采用钳压连接，应符合下列规定：一、接续管型号与导线的规格应配套。……六、压接后或校直后接续管不应有裂纹"。

(2) 防治措施

1) 导线架设前，应检查导线的规格是否符合设计要求，有无严重的机械损伤，有无断股、破股、导线扭曲等现象，特别是铝导线有无严重的腐蚀现象。放线时，按线路长度和导线长度计算好导线就位的杆位或就位差，做好线盘就位，然后从线路首端（紧线处）用放线架架好线轴，沿着线路方向把导线从盘上放开。

对于导线出现背扣、死弯，多股导线松股、抽筋、扭伤严重者，应换新导线；

2) 导线的接头如果在跳线处，可采用线夹连接，接头处在其他位置，则采用钳接法连接，即采用压接管连接。

导线采用压接法连接时，应严格按照规定的操作程序来进行；

3) 同一档距内不同规格的导线，先紧大号线，后紧小号线，可以使弛度一致，断股的铝导线不能做架空线；裸铝导线与瓷瓶绑扎时，要缠 1mm×10mm 的小铝带，保护铝导线。

对于架空线弛度不一致应重新紧线校正。

3.7 室内变配电设备安装的质量通病

3.7.1 变配电房内有无关管道，电缆沟有渗漏现象

1. 现象

(1) 变配电室内有无关的管道通过，甚至有给水管、采暖管、空调冷凝水管、污水管的接口、检查口安装在室内；配电屏（柜、箱）的上方有水管通过；

(2) 配电室内积水，设备受鼠、虫损害；

(3) 地下电缆沟内穿外墙套管出现渗漏。

2. 危害及原因分析

(1) 危害

1) 把给水管、采暖管、空调冷凝水管安装在配电房内，将管道接口部位安装在变配电所内，或是将污水管道检查口放在室内，而变配电设备是需要通风干燥的环境的，如果出现"跑冒滴漏"将对变配电所内设备造成危害；

2) 配电室的地坪低，室内设备易受潮，使设备的绝缘强度降低，无防护（防水、防虫等）措施，易受鼠、虫等损害；

3) 电缆沟渗漏水，将对电气管线、电气设备造成危害。

(2) 原因分析

1) 变配电室内有无关的管道通过，产生的原因是设计时各专业之间没有配合好，图纸会审时未发现此问题；施工阶段发现存在问题，未及时反馈给设计人员；

2) 配电室的地坪低，无加门槛，室内积水；配电室门口未加防鼠板等防护措施；

3) 电缆沟渗漏水，产生原因是地下电缆沟内穿外墙套管未做防水处理或防水处理不当，造成雨水或地下水由套管间隙向电缆沟内渗水。

3. 标准要求及防治措施

(1) 标准要求

1)《低压配电设计规范》(GB 50054—95)第 3.1.4 条:"配电室内除本室需要的管道外,不应有其他的管道通过。室内管道上不应设置阀门和中间接头;水汽管道与散热器的连接应采用焊接。配电屏的上方不应敷设管道"。

2)《10kV 及以下变电所设计规范》(GB 50053—94)第 6.4.1 条:"高、低压配电室、变压器室、电容器室、控制室内,不应有与其无关的管道和线路通过"。

3)《民用建筑设计通则》(GB 50352—2005)第 8.3.1 条:"民用建筑物内变配电所,应符合下列要求:1 配变电所位置的选择,应符合下列要求:……4)不应设置在厕所、浴室或其他经常积水场所的正下方,且不宜与上述场所相贴邻;……8 变压器室、配电室等应设置防雨雪和小动物从采光窗、通风窗、门、电缆沟等进入室内的设施;9 变配电室的电缆夹层、电缆沟和电缆室应采取防水、排水措施;10 变配电室不应有与其无关的管道和线路通过";

第 8.1.12 条:"给排水管不应穿越配变电房、档案室、电梯机房、通信机房、大中型计算机网络中心、音像库房等遇水会损坏设备和引发事故的房间内"。

(2) 防治措施

1) 施工前应进行图纸会审,有问题及早发现,及时修正;在施工阶段发现存在问题,及时反馈给设计院的设计人员,变更设计。

在变配电所施工前,及时对各专业管道走向及安装部位进行协调,不允许雨水、污水管道及各种无关的管道进入变配电所内;

2) 变配电室应有防水措施和有防鼠、虫等小动物的措施。增设门槛,或抬高变配电室内地坪,并应有排水措施;门口有防鼠板,各个部位做好密封;

3) 地下电缆沟内穿外墙套管应为防水套管,套管与电缆之间应采用油麻封堵,然后要求土建对外墙套管与电缆缝隙处再做一次防水处理,确保套管在外墙处的防水做到严密可靠,不渗漏水。

3.7.2 变压器、高(低)压开关柜的接地不符合要求

1. 现象

(1) 高(低)压开关柜的接地母排经基础槽钢串接接地;在基础槽钢上焊接的接地连接螺栓松动,跨接地导体截面积偏小;

(2) 变压器中性点通过基础槽钢上焊接一螺栓,用导线跨接地,连接处松动;变压器中性线、接地线截面积过小;

(3) 变压器的金属防护栏、金属活动门接地不良;

(4) 接地线搭接处接触不紧密。

2. 危害及原因分析

(1) 危害

1) 高(低)压开关柜的接地母排未直接与接地装置的引出干线连接,而是通过基础槽钢串联连接,将导致接地不可靠,增加故障点,存在安全隐患。

高低压开关柜接地螺栓松动或接地导体截面积偏小,使接地线难以承受接地故障电流,不能保证接地的电气连续性;

2) 变压器中性点通过基础槽钢串接，中性线的导体截面积小，连接处松动，都会存在安全隐患。

变压器中性点未与接地装置引出干线直接连接，变压器中性线和保护接地线未按设计要求和规范要求进行正确连接，使变压器中性点至接地装置引出干线的距离增大，连接不可靠，尤其通过基础槽钢串联连接。

变压器的接地既有高压部分的保护接地，又有低压部分的工作接地；而低压供电系统在建筑电气工程中普遍采用 TN－S 或 TN－C－S 系统，且两者共用同一个接地装置，在变配电室要求接地装置从地下引出的接地干线，以最近的路径直接引至变压器壳体和变压器的零母线 N(变压器的中性点)及低压供电系统的 PE 干线或 PEN 干线，中间尽量减少螺栓搭接处，绝不允许经其他电气装置接地后串联连接，以确保运行中人身和电气设备的安全。

接地线截面积不够，难于保证足够的故障载流量，不足以承受流过的接地故障电流而使保护器件动作，且在保护器件动作电流和时间范围内会损坏导体或它的连续性；螺栓松动未拧紧使接地连接不可靠；

3) 变压器的金属防护栏及其金属活动门，是经常接触到的正常非带电可接近裸露导体，若不接地或接地不可靠，当带电导体碰到其后，保护装置无法动作并切断带电回路，会造成触电等事故；

4) 接地线搭接处接触不良，造成接触电阻增大，接地保护回路的接地电阻会相应加大，接地故障点电位升高、保护器件动作不正常，危及生命和财产安全。

(2) 原因分析

1) 安装高压柜和变压器基础时，未将接地干线敷设到位，设备就位前未做好检查，当设备安装固定后，才发现接地线未敷设。随便把接地线连接到基础槽钢，设备的接地从基础槽钢引出，存在串接接地现象；

2) 施工人员不熟悉规范要求，特别是强制性条文的规定，未按设计与规范要求选择接地线，施工人员责任心不强，工作马虎，管理不到位、人为图省事造成；

3) 变压器的金属防护栏及其金属活动门的铰链处，未用编织软线跨接接地；

4) 接地线用螺栓连接时，接触面未经处理或螺栓连接处未加平垫和弹簧垫圈等紧固件。

3. 标准要求及防治措施

(1) 标准要求

1)《建筑电气工程施工质量验收规范》(GB 50303—2002)第 6.1.1 条："柜、屏、台、箱、盘的金属框架及基础型钢必须接地(PE)或接零(PEN)可靠"；

2)《建筑电气工程施工质量验收规范》(GB 50303—2002)第 4.1.3 条："变压器中性点应与接地装置引出干线直接连接，接地装置的接地电阻值必须符合设计要求"。

第 5.1.2 条："接地装置引出的接地干线与变压器的低压侧中性点直接连接"。

《低压配电设计规范》(GB 50054—95)第 2.2.9 条：当保护线(以下简称 PE 线)所用材质与相线相同时，PE 线最小截面积应符合表 3.15.4－2 的规定；

3)《建筑电气工程施工质量验收规范》(GB 50303—2002)第 25.2.6 条："配电间隔和

静止补偿装置的栅栏门及变配电室金属门铰链处的接地连接,应采用编织铜线”。

第5.1.2条:“……变压器箱体、干式变压器的支架或外壳应接地(PE)。所有连接应可靠,紧固件及防松零件齐全”。

《电气装置安装工程接地装置施工及验收规范》(GB 50169—92)第2.1.1条:“电气装置的下列金属部分,均应接地或接零:……三、屋内外配电装置的金属或钢筋混凝土构架以及靠近带电部分的金属遮拦和金属门”;

4)《建筑电气工程施工质量验收规范》(GB 50303—2002)第11.2.2条:“母线与母线、母线与电器接线端子搭接,搭接面的处理应符合下列规定:1 铜与铜:室外、高温且潮湿的室内,搭接面搪锡;干燥的室内,不搪锡;2 铝与铝:搭接面不做涂层处理;3 钢与钢:搭接面搪锡或镀锌;4 铜与铝:在干燥的室内,铜导体搭接面搪锡;在潮湿场所,铜导体搭接面搪锡,且采用铜铝过渡板与铝导体连接;5 钢与铜或铝:钢搭接面搪锡”。

(2) 防治措施

1) 在做设备的基础时,应将接地干线引到位,在设备就位前,应对照图纸加强检查和交接验收,注意检查接地线安装到位的情况,使设备能直接以最近的距离与接地干线连接。

高(低)压开关柜的接地母排应直接与接地装置的引出干线连接,中间尽量减少螺栓搭接处,绝不允许经其他电气装置接地后,串联连接过来,以确保运行中人身和电气设备的安全。

使用螺栓连接时,接地螺栓及接地导线截面应合格,弹簧垫、平垫圈都应符合规定,压接牢固可靠;

2) 变压器中性线和保护接地线应直接与接地干线相连接,并保证连接点的可靠性。

接地线的截面积应达要求,保证接地线的截面积不小于相线的一半。

参考本章第3.15.4条;

3) 变压器的金属防护栏及其防护栏杆的金属活动门应跨接地,接地线应采用编织铜线,并应连接紧固牢靠;

4) 接地导体连接面应符合要求。如采用螺栓连接时接触面未经处理的,要求重新施工:将螺母卸下,将设备与接地线的接触面擦干净;根据连接导体的材质,如钢与钢:搭接面搪锡或镀锌;钢与铜:钢搭接面搪锡;铜与铜:室外、高温且潮湿的室内,搭接面搪锡;并涂中性凡士林油,然后接入螺母并拧紧固;所有接地螺栓都需加平垫和弹簧垫圈以防松动。

3.7.3 变配电设备的电压切换装置失灵

1. 现象

(1) 变压器的电压切换装置切换不灵活或错位;

(2) 变压器联线松动。

2. 危害及原因分析

(1) 危害

1) 变压器的电压切换装置切换不灵,可能使电压切换出错,出现供电事故;

2) 变压器联线松动,容易造成接线处接头脱落或接触不良好,出现短路和线路发热烧坏现象。

(2) 原因分析

1) 变压器的电压切换装置产品本身有缺陷,进场的检查验收不严格;

2) 电压切换装置传动机构安装不牢固,造成停留位置与指示位置不一致;

3) 在安装时未调整好,造成切换装置切换不灵活或错位;

4) 变压器一、二次引线,压接螺栓未拧紧,连接处压接不牢固,使变压器的套管直接承受应力。

3. 标准要求及防治措施

(1) 标准要求

《建筑电气工程施工质量验收规范》(GB 50303—2002)第5.2.1条:"有载调压开关的传动部分润滑应良好,动作灵活,点动给定位置与开关实际位置一致,自动调节符合产品的技术文件要求"。

(2) 防治措施

1) 变压器的电压切换装置安装前应做好预检,检查电压切换装置是否准确可靠,转动灵活,检查时应注意:

切换装置各分接点与线圈的连线压接正确,牢固可靠,其接触面接触紧密良好,切换电压时,转动触点停留位置正确,并与指示位置一致;拉杆、分接头的凸轮、小轴销子等应完整无损,转动盘应动作灵活,密封良好;传动机构(包括有载调压装置)的固定应牢靠,传动机构的摩擦部分应有足够的润滑油。

如为有载调压装置时,调换开关触头及其连接线应完整无损且接触良好,必须保证机械连锁和电气连锁的可靠性,触头间应有足够的压力(一般为80~100N);其限流电阻应完好无断裂现象;切换开关的工作顺序应符合产品出厂要求,切换装置转到极限位置时,其机械连锁与极限开关的电气连锁动作应正确。

其控制箱一般应安装在值班室或操作台上,联线应正确无误,手动、自动模式都应工作正常,档位指示正确;电压切换装置不灵活或错位的应重新对其传动机构进行调整,合格后方可使用;

2) 变压器的一次、二次联线、地线、控制管线均应认真施工,连接可靠,符合规范规定。

变压器的一次、二次引线连接,不应使变压器的套管直接承受应力;压接要牢固,紧固螺栓时,应用力矩扳手,并应有可靠的防松措施。

正式送电前应由专人重新检查螺栓的紧固情况,变压器联线松动的应用力矩扳手重新紧固,确认无误后方可送电。

3.7.4 变配电房的照明灯具安装位置不合理

1. 现象

高压开关柜的正上方设置照明灯具;变压器裸露母排的正上方设置照明灯具;壁灯安装在变压器的高压侧。

2. 危害及原因分析

(1) 危害

高压开关柜的正上方设置照明灯具；在配电室内裸露导体上方布置灯具；壁灯安装在变压器的高压侧。在设备运行时，无法更换和维修灯具；如果强行操作，不符合安全操作规程，维修时可能影响正常供电，维修人员有触电的危险。

(2) 原因分析

1) 设计时未考虑灯具的布置情况；

2) 施工时发现问题未及时反映给设计单位，由设计人员做必要的变更。

3. 标准要求及防治措施

(1) 标准要求

1)《建筑电气工程施工质量验收规范》(GB 50303—2002)第 19.2.3 条："变电所内，高低压配电设备及裸露母线的正上方不应安装灯具"；

2)《10kV 及以下变电所设计规范》(GB 50053—94)第 6.4.3 条："在变电室内裸导体正上方，不应布置灯具和明敷线路。当在配电室内裸导体上方布置灯具时，灯具与裸导体的水平净距不应小于 1.0m，灯具不得采用吊链和软线吊装"。

(2) 防治措施

1) 认真进行图纸会审和技术交底工作；不要把灯具安装在高压柜或裸露母排的正上方，应安装在易维修、保护、更换处，同时要保证有合适的照度；

2) 安装时发现设计出错，或设计不合理处，应及时反馈给设计院，设计人员及时修改设计图纸；

3) 把变压器裸露母排正上方设置的照明灯具移到安全的位置；

4) 壁灯宜安装在距离变压器较远的安全范围内，应安装在易维修、保养、更换处。不要把壁灯安装在高压侧；壁灯安装在低压侧时，壁灯与裸导体的水平净距应大于 1.0m。

3.8 成套配电柜、控制柜(屏、台)和动力、照明配电箱(盘)安装的质量通病

3.8.1 成套配电柜、控制柜(屏、台)无合格证、配件不齐

1. 现象

成套配电柜的规格、型号不符合设计要求，随机装箱技术文件不全；柜(箱)内仍使用明令淘汰的电气元器件；接地汇流排截面积小；缺配套的螺栓、垫圈等。

2. 危害及原因分析

(1) 危害

成套配电柜规格、型号不符合设计要求，使用淘汰的产品，未按规范规定选用和安装汇流排，不能保证工程质量。

(2) 原因分析

1) 定货时未提出具体的技术要求，购买无生产能力、无生产条件厂家的产品；

2) 贪图便宜，购买低于成本价的产品；

3) 代理商等中间环节出错；

4) 对已被淘汰的产品不了解；

5）对接地保护不重视，未按设计要求选择地汇流排；

6）设备进场未认真检查验收。缺少平垫圈、弹簧垫圈，造成接线端子压接不牢固。

3．标准要求及防治措施

（1）标准要求

《建筑电气工程施工质量验收规范》（GB 50303—2002）第3.2.7条："高低压成套配电柜、控制柜（屏、台）及动力、照明配电箱（盘）应符合下列规定：1　查验合格证和随带技术文件，实行生产许可证和安全认证制度的产品，有许可证编号和安全认证标志。2　外观检查：有铭牌，柜内元件无损坏丢失、接线无脱焊，涂层完整无明显碰撞凹陷"。

第6.1.2条："低压成套配电柜、控制柜（屏、台）和动力、照明配电箱（盘）应有可靠的电击保护。柜（屏、台、箱、盘）内保护导体应有裸露的连接外部保护导体的端子，当设计无要求时，柜（屏、台、箱、盘）内保护导体最小截面积"，如表3.8.1所示。

保护导体的截面积　　表3.8.1

相线的截面积 $S(\text{mm}^2)$	相应保护导体的最小截面积 $S_p(\text{mm}^2)$
$S \leqslant 16$	S
$16 < S \leqslant 35$	16
$35 < S \leqslant 400$	$S/2$
$400 < S \leqslant 800$	200
$S > 800$	$S/4$

注：S 指柜（屏、台、箱、盘）电源进线相线截面积，且两者（S、S_p）材质相同。

（2）防治措施

1）定货时要提出相应的技术要求，对产品有一定的了解；选有生产能力的生产厂家的产品；加强设备进场的检查验收。

低压成套配电柜及动力开关柜等设备的规格、型号、电压等级应符合设计要求、产品标准、施工验收规范；产品上应有铭牌，并注明生产厂家和规格、型号等；设备使用、安装、维护等技术资料文件，出厂检验证明，产品合格证等随带技术文件应齐全；

2）低压成套配电柜及动力开关柜内，无国家明令淘汰的电气元器件；安装所使用的主要材料均应有产品合格证，其材料规格、型号应符合设计要求、产品标准、施工验收规范；各种附件齐全，外观检查完好无损，瓷件无裂纹及破损，完整无缺。

多关注产品的动态，对明令淘汰的产品有所了解；把淘汰的产品换为合格的产品；

3）配电柜（箱）必须有地线（零线）汇流排，且选用的汇流排规格必须符合规范规定；注意汇流排的连接线座（孔）的数量和座（孔）的规格与连接导线的规格一致；做到一线一座（孔）；

4）接地线的截面积要符合要求，见表3.8.1；将接地线接到母排上；保护接地线的接线端子处，应保证平垫圈和弹簧垫圈齐全；应对偏小截面积的保护接地线进行更换，符合设计和规范规定。

3.8.2 成套配电柜、控制柜(屏、台)未保护好、门未接地

1. 现象

(1) 成套配电柜(屏、台)柜体普遍漆皮有碰撞痕迹,柜内部件或五金配件遗失,个别柜内元器件不齐全,个别元器件有破损;

(2) 装有电器的可开启的柜(屏、台)门、金属框架未接地。

2. 危害及原因分析

(1) 危害

1) 成套配电柜(屏、台)柜体受损,柜内元器件不齐或破损,影响正常使用;

2) 装有电器的可开启的柜(屏、台)门未可靠接地,存在触电的隐患。

由于门与柜(屏、台)的连接是活动的,有些是采用绞链连接,门与柜(屏、台)并未构成电气连接,一旦门上的电器元件发生故障或电器元件的绝缘老化、电器元件的导线(带电部分)与门构成电气接触时,门就带电,造成危险,如果装有电器的可开启的设备柜(屏、台)门、盖、框架未可靠接地,存在触电的安全隐患。

(2) 原因分析

1) 起吊配电柜时没有采取有效的保护措施,存放保管不善,过早的拆除包装造成人为的或自然的侵蚀、损伤;

2) 安装过程中未做好成品保护工作,致使个别器件缺损;

3) 施工人员未按照规范要求施工,图省事,未将装有电器的可开启的门,用裸铜软线与接地的金属构架可靠地连接。

3. 标准要求及防治措施

(1) 标准要求

1)《建筑电气工程施工质量验收规范》(GB 50303—2002)第 6.1.1 条:"柜、屏、台、箱、盘的金属框架及基础型钢必须接地(PE)或接零(PEN)可靠;装有电器的可开启门,门和框架的接地端子间应用裸编织铜线连接,且有标识";

2)《电气装置安装工程盘、柜及二次回路接线施工及验收规范》(GB 50171—92)第 2.0.6 条:"盘、柜、台、箱的接地应牢固良好。装有电器的可开启的门,应以裸铜软线与接地的金属构架可靠地连接"。

(2) 防治措施

1) 加强成品保护。要拿出切实可行的保护方案,对设备进行保护,对遗失部件及时补齐;设备和器材到达现场后,应作检查验收,要求设备无损伤,附件、备件齐全;搬运时应加强保护,不允许出现严重磕碰现象;安装过程中应注意成品保护。对柜体损坏部位及时进行修补;对设备元器件破损的应及时更换,并做好成品保护;

2) 对装有电器的可开启的柜(屏、台)门和金属框架,用裸编织铜线把接地端子间可靠连接、且标识齐全。

3.8.3 柜(箱)内的接线端子松动、配线凌乱

1. 现象

(1) 柜(箱)内开关设备的接线端子,与相连接导线截面积不匹配,个别处电气间隔和爬电距离小于规范规定;

(2) 柜(箱)内不按规定的导线颜色配线,保护地线使用黑色的导线,零线也使用黑色的导线;

(3) 导线接线端子压接不牢;

(4) 电缆进出金属配电柜(箱)处,相线单独穿孔敷设;

(5) 柜(箱)内低压电缆未加固定。

2. 危害及原因分析

(1) 危害

1) 接线端子与相连接导线截面积不匹配,如导线大而端子小,难以保证线路的截面积;电气间隔和爬电距离小,设备的绝缘强度不符合要求;

2) 柜(箱)内的导线颜色未按要求配置,导线颜色混乱,难以区分其代表的功能,对导线的识别、维护、检修造成困难;

3) 导线的连接端子缺平垫圈、弹簧垫圈,使导线的连接不牢固;

4) 相线单独穿孔进出金属配电箱,会造成涡流损耗;

5) 柜(箱)内低压电缆未固定好,可能会使端子受力,造成线路连接松动。

(2) 原因分析

1) 未使用配套的端子,如导线大而端子小,可能会剪掉一些芯线来适合端子,使导线截面积变小;

2) 设备生产人员对导线的颜色规定不了解,未注意导线颜色的区分,随意使用导线;

3) 导线接线端子压接时未一次性压接牢靠,忘记调整并压接牢固;

4) 配电箱的预留敲落孔较多,可能为了排列整齐,进出配电箱的三相电线(电缆)单独穿孔,施工人员不知道会造成涡流损耗;

5) 电缆安装完毕,遗忘固定。

3. 标准要求及防治措施

(1) 标准要求

《建筑电气工程施工质量验收规范》(GB 50303—2002)第 7.2.4 条:“在设备接线盒内裸露的不同导线间和导线对地间最小距离应大于 8mm,否则应采取绝缘防护措施”。

第 15.2.2 条:“当采用多相供电时,同一建筑物、构筑物的电线绝缘层颜色选择应一致,即保护地线(PE 线)应是黄绿相间色,零线用淡蓝色;相线用:A 相——黄色、B 相——绿色、C 相——红色”。

第 13.2.3 条:“电缆敷设固定应符合下列规定:……2　交流单芯电缆或分相后的每相电缆固定用的夹具和支架,不形成闭合铁磁回路”。

(2) 防治措施

1) 接线端子与导线应相匹配,单股导线或多股导线的连接工艺符合要求;电气间隔和爬电距离应达要求,即在设备接线盒内裸露的不同导线间和导线对地间最小距离应大于 8mm,否则应采取绝缘防护措施。

参见本章第 3.3.9 条;

2) 导线的颜色要符合要求,交流三相电中,A 相导线的颜色为黄色,B 相为绿色,C 相为红色,地线应使用黄绿相间导线,零线应使用淡蓝色的导线。

参见本章第3.3.2条；

3) 压板连接时压紧无松动；螺栓连接时，接线端子的平垫圈、弹簧垫圈应齐全，并拧紧螺母，使其连接可靠。

参见本章第3.3.9条；

4) 交流三相电源的电线、电缆进出金属配电箱时，不能分相单独穿孔敷设，避免出现涡流损耗；

5) 加强施工管理，应有交接验收和质量检查制度，对未固定的电缆按规范规定重新固定牢靠。

3.8.4 柜(箱)内开关动作不正常，柜(箱)门开启不灵活

1. 现象

(1) 柜(箱)内开关动作不正常；

(2) 柜(箱)体不规整，保护层脱落，柜(箱)门开启不灵活。

2. 危害及原因分析

(1) 危害

1) 柜(箱)内开关动作不正常，造成线路电源通断不灵活，给用电部位留下安全隐患，设备不能正常工作；

2) 柜(箱)体不规整，门开启不灵活，会影响正常使用。

(2) 原因分析

1) 柜(箱)内开关动作不正常，产生原因是操作机构、开关等产品本身质量不合格，产品进场时未进行检查验收，安装完毕，未进行现场调整；

2) 柜(箱)体不规整，柜(箱)门开启不灵活是箱体制作时未啮口、校正、搬运过程受损、墙体预留孔不当，或安装就位后受压变形，损坏柜(箱)门，使柜(箱)门开启不灵活。

3. 标准要求及防治措施

(1) 标准要求

1)《建筑电气工程施工质量验收规范》(GB 50303—2002)第6.2.4条："柜、屏、台、箱、盘内检查试验应符合下列规定：1 控制开关及保护装置的规格、型号符合设计要求；2 闭锁装置动作准确、可靠；3 主开关的辅助开关切换动作与主开关动作一致"；

2)《电气装置安装工程盘、柜及二次回路结线施工及验收规范》(GB 50171—92)第2.0.7条："成套柜的安装应符合下列要求：一、机械闭锁、电气闭锁应动作准确、可靠。二、动触头与静触头的中心线应一致，触头接触紧密。三、二次回路辅助开关的切换接点应动作准确，接触可靠"。

第2.0.10条："盘、柜的漆层应完整、无损伤。固定电器的支架等应刷漆。安装于同一室内且经常监视的盘、柜，其盘面颜色宜和谐一致"。

(2) 防治措施

1) 加强产品进场的检验验收工作，设备的就位安装完毕，应对柜(箱)内的开关、操作机构进行调整，使开关、操作机构动作正常；

2) 搬运成批配电(柜)箱时应防止碰撞；入成品库，运输、保管时要小心轻放、防止受潮、变形；对变形、损坏、开启不灵活的柜(箱)门应进行校正、修复，损坏严重的应予以更

换；

3）安装时应先把基础槽钢安装好后，再安装配电柜（箱）。配电柜先就位，再找正，调平后，柜体与基础，柜体与柜体，柜体与侧挡板均用镀锌螺栓连接固定。保证柜体规整，稳固，柜门开启灵活；

4）配电箱预埋或预留孔位置尺寸准确，避免箱体受力变形；

5）柜、箱、盘及支架等的表面保护层脱落处，应重新刷漆，柜、箱、盘表面颜色应和谐一致。

3.8.5 照明配电箱的箱体小，用气（电）焊开孔

1. 现象

(1) 照明配电箱箱体太小，无法布线、接线；

(2) 箱壳穿线孔随意改动，且用气（电）焊随意割长孔。

2. 危害及原因分析

(1) 危害

1）配电箱的箱体太小，将无法配线，即使能布线、接线，导线间太挤，容易压坏导线，破坏导线的绝缘层，造成漏电，存在安全隐患；

2）在箱壳上随意用电焊或气焊开孔，会造成箱体变形，且箱体容易生锈；切割处难做防腐处理，割长孔容易导致线管固定不牢靠。

(2) 原因分析

1）配电箱的箱体太小产生原因是定货时事先未核实箱体尺寸和电器接线端子大小，配电箱安装完后，才发现导线较大，无法直接与电器连接；或者配电箱的生产厂家片面追求降低成本，致使箱体尺寸太小，箱内未留过线和转线空间；

2）在箱壳上随意用电焊或气焊开孔，产生原因是施工人员未使用专用开孔工具进行开孔，未利用箱体预留的敲落孔。

3. 标准要求及防治措施

(1) 标准要求

《建筑电气工程施工质量验收规范》（GB 50303—2002）第 6.1.9 条："照明配电箱（盘）安装应符合下列规定：1　箱（盘）内配线整齐，无绞接现象"。

第 6.2.8 条："照明配电箱（盘）安装应符合下列规定：1　位置正确，部件齐全，箱体开孔与导管管径适配，暗装配电箱箱体紧贴墙面，箱（盘）涂层完整"。

(2) 防治措施

1）配电箱在定货时，应附电气系统图及技术要求，生产厂家根据图中导线大小及开关电器型号、规格和技术要求，预留足够的过线和接线空间，对已安装无法布线、接线的配电箱应更换。

配电箱（盘）导线连接牢固，绑扎成束，有适当的余量，无绞结、死弯，包扎紧密，不伤芯线；

2）配电箱的进线导管孔应为压制孔，应采用专用的开孔器进行开孔，严禁用电焊或气焊对箱体进行开孔，避免箱体受热产生变形。

个别处如果已用电焊或气焊开孔，应在电（气）焊开孔的部位进行修补，重新用开孔器进行开孔，对保护层破坏处，应认真做好防腐处理；保证箱体位置正确，部件齐全，箱体开孔与导管管径适配，暗装配电箱箱体紧贴墙面，箱（盘）涂层完整。

3.8.6 柜（箱）安装高度不符合要求

1. 现象

(1) 照明配电箱（盘）的安装高度未达要求；

(2) 托儿所、幼儿园、小学的公共走道照明配电箱的安装高度不够；

(3) 托儿所、幼儿园、小学的进户落地柜（总箱）无防护栏。

2. 危害及原因分析

(1) 危害

1) 照明配电箱（盘）的安装高度达不到要求，会影响设备的就位、安装、操作、维护、美观；

2) 托儿所、幼儿园、小学的公共走道照明配电箱的安装高度不够，容易接触，小孩好奇多动而误操作；

3) 进户落地柜（总箱）经常带有可操作的电源总开关和板面按钮等，容易接触，存在安全隐患。

(2) 原因分析

1) 配电箱的安装高度不符合设计要求，可能是施工人员测量定位安装不准确造成；

2) 未认真审阅图纸，未进行技术交底；

3) 对托儿所、幼儿园、小学等特殊场所的安全用电不重视。

3. 标准要求及防治措施

(1) 标准要求

《建筑电气工程施工质量验收规范》(GB 50303—2002) 第 6.2.8 条："照明配电箱（盘）的安装应符合下列要求：……4　箱（盘）安装牢固，垂直度允许偏差为 1.5‰；底边距地面为 1.5m，照明配电板底边距离地面不小于 1.8m"。

(2) 防治措施

1) 配电箱应安装在干燥、无灰尘、明亮、不易受损和受振，以及便于操作和检查维修的场所。配电板底边离地面高度不应小于 1.8m，配电箱的高度，底边距地面一般不小于 1.5m。

根据施工图纸，找出配电箱平面轴线位置，对暗装配电箱，在结构施工中，就应确定好具体位置，安装时略加调整即可；对明装配电箱，应根据设计要求，确定轴线坐标、标高、定位尺寸；

2) 托儿所、幼儿园、小学的公共走道，照明配电箱的安装高度应高于 1.8m；

3) 托儿所、幼儿园、小学的进户落地柜（总箱）应有防护栏等防护措施。

3.8.7 照明配电箱内漏电开关配错

1. 现象

漏电保护开关的动作电流大于 30mA，动作时间大于 0.1s。

2. 危害及原因分析

(1) 危害

漏电保护开关的动作电流大于 30mA、动作时间大于 0.1s,会存在人身触电的安全隐患。

人身电击安全电压为 50V,人体皮肤及接触电阻一般为 1500 ~ 2000Ω,当漏电动作电流大于 30mA,不能起到保护作用。

通过人体的电流从几十毫安至几百毫安为小电流电击,根据人体电击死亡机理,小电流电击使人致命的最危险、最主要的原因是引起心室颤动(心室纤维性颤动)。麻痹和中止呼吸、电休克虽然也可能导致死亡,但其危险性比引起心室颤动要小得多。

通过人体 50mA(有效值)的交流电流,既可能引起心室颤动或心脏停止跳动,也可能导致呼吸中止。但是前者的出现比后者早得多,即前者是主要的。如果通过人体的电流只有 20 ~ 25mA,一般不能直接引起心室颤动或心脏停止跳动。但如果时间较长,仍会导致心脏停止跳动。这时,心室颤动或心脏停止跳动主要是由呼吸中止导致机体缺氧引起。

根据有关资料显示,人体遭受电击与电流和时间的积有关系。

根据 IEC 出版物 479(1974) 提供的《电流通过人体的效应》一文中,电流为 30mA、时间 0.1s 是属于②区,即通常为无病理生理危害效应,如果在③④⑤等位置就存在生命危险。如图 3.8.7 所示。

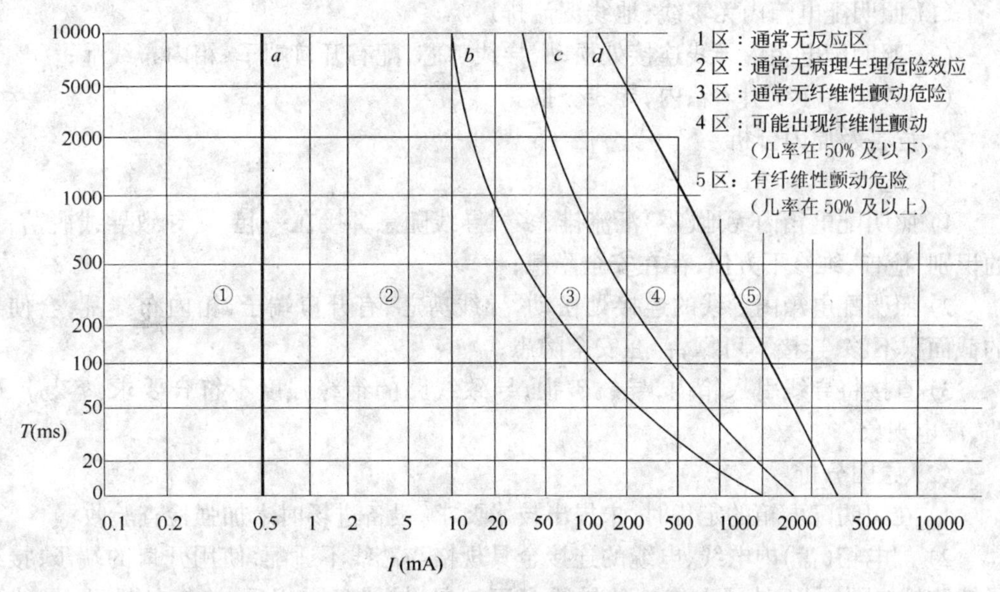

注：1. 人体重为 50kg 以上

2. I 为有效值/均方根值

图 3.8.7　交流电流(50/60Hz)对成年人的效应区域

(2) 原因分析

选用漏电开关的动作电流,动作时间不符合要求,是因为对人身电击保护的原理不熟悉,对规范要求不清楚,对漏电保护不重视,随便选用。

3. 标准要求及防治措施

(1) 标准要求

1)《建筑电气工程施工质量验收规范》(GB 50303—2002)第6.1.9条:"照明配电箱(盘)安装应符合下列规定:……2　箱(盘)开关动作灵活可靠,带有漏电保护的回路,漏电保护装置动作电流不大于30mA,动作时间不大于0.1s"。

第3.1.6条:"动力和照明工程的漏电保护装置应做模拟动作试验";

2)《低压配电设计规范》(GB 50054—95)第4.4.3条:"……设备所在的环境为正常环境,人身电击安全电压限值为50V"。

(2) 防治措施

1) 要了解人体遭电击的机理,知道漏电保护的重要性,熟悉规范要求;

2) 选择漏电开关时,要保证漏电保护开关的动作电流和动作时间应符合规范规定,即漏电保护装置动作电流不大于30mA,动作时间不大于0.1s;

3) 漏电开关安装时,应注意相序、中性线、PE线,配线时不能接错;安装完毕,通电试验要先做模拟动作试验;

4) 在模拟动作试验后,再用漏电测试仪进行检测,应全部符合要求。

3.8.8　箱内无汇流排、布线乱、导线连接不可靠,进出箱体导线无保护

1. 现象

(1) 照明配电箱内无零线、地线汇流排;

(2) 照明配电箱内导线连接处松动,导线剪芯,配有开口端子,箱内布线乱;

(3) 直接将导线引入箱内,导线破损。

2. 危害及原因分析

(1) 危害

1) 照明配电箱内无地(零)汇流排,多根导线随意绑接在一起,易导致导线脱落,导线的识别、检查、维修不方便,存在安全隐患;

2) 照明配电箱内导线的连接处松动,导线剪芯,有开口端子,箱内布线乱,会使导线的截面积不够,连接不可靠,存在安全隐患;

3) 直接将导线引入箱内,导线破损,导致线路的绝缘强度不符合要求,容易产生短路、漏电现象。

(2) 原因分析

1) 在照明配电箱的定货时,未提出技术要求;设备进场时未加强检查验收;

2) 配电箱(盘)内电线、电缆的连接金具规格与芯线不适配,使用开口的端子;接线端子缺防松垫圈;同一端子上连接的导线多于2根,导线盘圈相反,连接处松动;导线进箱后,预留量不够,导线无法绑扎和固定好,造成导线交叉、混乱。

配电箱(盘)内连接金具规格与芯线不适配,当导线截面积大而端子规格小,多股导线容易出现剪芯、断股现象,使导线的截面积不够,而当导线截面积小而端子大时,导线的连接处很难压接牢固;使用开口的端子,导线连接易脱落;接线端子缺防松垫圈,导线连接容易松动;导线盘圈压反,当螺母压接导线到有一定的磨擦力时,导线会反向移动出垫圈的压接范围,螺母(垫圈)压不住导线,可能使导线松动;同一端子上连接的导线多于2根,也容易使导线的连接松动。

参考本章3.3.9条;

3）导线在进出箱体时无保护套管，施工人员贪图方便，节省导管。

3. 标准要求及防治措施

(1) 标准要求

《建筑电气工程施工质量验收规范》(GB 50303—2002)第6.1.9条："照明配电箱(盘)安装应符合下列规定:1 箱(盘)内配线整齐,无绞接现象。导线连接紧密,不伤芯线,不断股。垫圈下螺丝两侧压的导线截面积相同,同一端子上导线连接不多于2根,防松垫圈等零件齐全;……3 照明箱(盘)内,分别设置零线(N)和保护地线(PE)汇流排,零线和保护地线经汇流排配出"。

(2) 防治措施

1) 照明配电箱内应有接地线和零线汇流排,汇流排的截面积应符合要求,接线座(孔、螺栓、螺钉)的数量和规格,应与连接端子、芯线相匹配;

2) 电线、电缆的连接金具规格与芯线应适配,使用闭口端子,压接端子时不能出现断股和剪芯线的现象。

配电箱(盘)内导线与接线座连接一般一线一座、一线一孔,同一端子连接的导线不能多于2根导线;单股导线直接接在端子上时,导线的盘圈应顺螺纹拧紧方向,盘圈不能盘反;导线连接处应有防松措施,如平垫圈和弹簧垫圈应齐全并应拧紧固。

参考本章3.3.9条;

3) 导线在进出箱体处应用保护管作保护,接口要严密;进线导管应从规格适配的孔中引进,排列顺直整齐,一孔一管,导管进箱的长度,应预留好,在锁紧螺母锁紧固(或带牢护帽)后剩2~4扣,并配有导线护套。

在箱内导线应留有适当的余量,才能把导线放到合适的位置,并绑扎和固定好。箱内导线配线整齐,不出现交叉和绞接现象。

3.8.9 照明配电柜(箱)的接地不正确

1. 现象

(1) 进户线在进户总箱内未按设计要求做重复接地,重复接地线截面积偏小;

(2) 装有按钮及带有指示灯的箱门未跨接接地。

2. 危害及原因分析

(1) 危害

1) 按设计要求必须做重复接地而未做重复接地,重复接地线截面积偏小,供电可能不正常;

2) 装有按钮及带有指示灯的箱门未跨接接地,当相应的部件绝缘老化时,可能会带电,或带电导体碰门或箱体时,会危及人身安全。

(2) 原因分析

1) 施工人员未熟悉施工图纸,技术交底不详细,未搞清楚是否需做重复接地,或者知道需重复接地,但是不同施工单位交叉作业而忘记做重复接地;

2) 施工人员安全意识不强,未将装有电器的可开启的门与接地线可靠地连接。

参考本章第3.8.2条。

3. 标准要求及防治措施

(1) 标准要求

《建筑电气工程施工质量验收规范》(GB 50303—2002)第 6.1.1 条:"柜、屏、台、箱、盘的金属框架及基础型钢必须接地(PE)或接零(PEN)可靠;装有电器的可开启门,门和框架的接地端子间应用裸编织铜线连接,且有标识"。

第 6.2.7 条:"连接柜、屏、台、箱、盘面板上的电器及控制台、板等可转动部位的电线应符合下列规定:1 采用多股铜芯软电线,敷设长度留有适当裕量;…… "。

(2) 防治措施

1) 根据施工图纸中低压配电系统接地要求,做好重复接地;并保证接地线的截面积符合设计和规范要求;当设计无要求时,重复接地线的截面积应不小于进户线相线截面积的一半;

2) 箱、盘接地应牢固紧密,装有按钮和指示灯的可开启的箱门应用裸编织铜线与箱、盘金属框架的接地端子连接,并与接地干线可靠连接,且有标识。

连接柜、屏、台、箱、盘面板上的电器及控制台、板等可转动部位,应采用多股铜芯软电线进行跨接地。

参考本章第 3.8.2 条。

3.9 柴油发电机组安装的质量通病

3.9.1 柴油发电机的接地不符合要求

1. 现象

发电机中性线(工作零线)未直接与接地干线相连接,而是通过发电机基础槽钢串联连接,防松件不齐全;发电机本体和机械部分等金属物未可靠接地。

2. 危害及原因分析

(1) 危害

1) 发电机中性线通过发电机基础槽钢串联连接,将导致中性点接地不可靠,会造成供电不正常、存在安全隐患;

2) 发电机本体和机械部分等金属物未可靠接地,当发电机运行供电时,若发生接地故障,保护电路不能正常动作,危及人身安全。

(2) 原因分析

1) 在安装前未做技术交底;主体施工时未预留接地引出点,从其他地方引接地线有困难,在联动切换柜内的接地不可靠;

2) 柴油发电机组一般由设备供应商负责安装、调试,有的安装人员不熟悉接地的基本要求,不知道有关标准和施工验收规范的规定,或贪图方便、认为只要接地就可以了,而将发电机中性线通过基础槽钢串联连接;

3) 发电机本体和机械部分等金属物未可靠接地,是由于安装人员不熟悉规范规定或工作马虎、检查不认真;

4) 未做交接验收。

3. 标准要求及防治措施

(1) 标准要求

《建筑电气工程施工质量验收规范》(GB 50303—2002)第8.1.4条:"发电机中性线(工作零线)应与接地干线直接连接,螺栓防松零件齐全,且有标识"。

第8.2.2条:"发电机本体和机械部分的可靠近裸露导体应接地(PE)或接零(PEN)可靠,且有标识"。

(2) 防治措施

1) 在发电机安装前,应加强针对接地系统的技术交底;

2) 发电机中性线(工作零线)应直接与接地干线相连接,不应通过基础槽钢串联连接,且防松件应齐全;

3) 发电机本体和机械部分等金属物应可靠接地。要注意接地连接应使用软性连接,螺栓连接处必须有防松措施,避免受发电机振动部分的影响使连接处松动;

4) 在发电机试运行前,应由安装单位对发电机接地系统自检合格,经监理工程师检查通过后方可试车。

3.9.2 发电机运行前未按要求做试验和交接验收

1. 现象

(1) 发电机的馈电线路相序与原供电系统不一致;

(2) 发电机的交接试验内容缺项,未按要求做好记录。

2. 危害及原因分析

(1) 危害

1) 发电机的馈电线路相序与原供电系统不一致,导致三相电机反转,设备无法正常运行,存在安全隐患;

2) 发电机未按要求做试验和交接验收,发电机绕组是否存在问题、耐压是否满足规范要求仍未搞清楚,就盲目投入试运行,可能造成烧毁发电机的事故。

(2) 原因分析

1) 施工人员责任心不强,线路压接前未认真核对相序,或由于插接母线接续后再与发电机母线、低压柜母线连接时未认真校对。

核相是两个电源向同一供电系统供电的必经手续,虽然不出现并列运行,但相序一致才能确保用电设备的性能和安全;

2) 发电机未按要求做试验和交接验收,是由于施工人员贪图省事,未严格按施工质量验收规范、电气设备交接试验标准执行。

3. 标准要求及防治措施

(1) 标准要求

《建筑电气工程施工质量验收规范》(GB 50303—2002)第8.1.3条:"柴油发电机馈电线路连接后,两端的相序必须与原供电系统的相序一致"。

第3.3.5条:"柴油发电机组安装应按以下程序进行:1 基础验收合格,才能安装机组;2 地脚螺栓固定的机组经初平、螺栓孔灌浆、精平、紧固地脚螺栓、二次灌浆等机械安装程序;安放式的机组将底部垫平、垫实;3 油、气、水冷、风冷、烟气排放等系统和隔振防噪声设施安装完成;按设计要求配置的消防器材齐全到位;发电机静态试验、随机配电盘控制柜接线检查合格，才能空载试运行；4　发电机空载试运行和试验调整合格，才能负荷试运行；5　在规定时间内，连续无故障负荷试运行合格，才能投入备用状态”。

第8.2.3条：“受电侧低压配电柜的开关设备、自动或手动切换装置和保护装置等试验合格，应按设计的自备电源使用分配预案进行负荷试验，机组连续运行12h无故障”。

(2) 防治措施

1) 柴油发电机馈电线路连接后，必须进行核相，对不一致的回路进行调整，使其与原供电系统的相序一致；

2) 发电机安装后必须做试验和交接验收，发电机的试验必须符合表3.9.2的要求。发电机的交接验收要做好记录。

发电机交接试验验收表　　**表3.9.2**

序号	部位＼内容		试验内容	试验结果
1	静态试验	定子电路	测量定子绕组的绝缘电阻和吸收比	绝缘电阻值大于0.5MΩ；沥青浸胶及烘卷云母绝缘吸收比大于1.3；环氧粉云母绝缘吸收比大于1.6
2			在常温下，绕组表面温度与空气温度差在±3℃范围内测量各相直流电阻	各相直流电阻值相互间差值不大于最小值2%，与出厂值在同温度下比差值不大于2%
3			交流工频耐压试验1min	试验电压为1.5*Un*＋750V，无闪络击穿现象，*Un*为发电机额定电压
4		转子电路	用1000V兆欧表测量转子绝缘电阻	绝缘电阻值大于0.5 MΩ
5			在常温下，绕组表面温度与空气温度差在±3℃范围内测量绕组直流电阻	数值与出厂值在同温度下比差值不大于2%
6			交流工频耐压试验1min	用2500V摇表测量绝缘电阻替代
7		励磁电路	退出励磁电路电子器件后，测量励磁电路的线路设备的绝缘电阻	绝缘电阻值大于0.5 MΩ
8			退出励磁电路电子器件后，进行交流工频耐压试验1min	试验电压为1000V，无击穿闪络现象
9		其　他	有绝缘轴承的用1000V兆欧表；测量轴承绝缘电阻	绝缘电阻值大于0.5MΩ
10			测量温检计(埋入式)绝缘电阻，校验温检计精度	用250V兆欧表检测不短路，精度符合出厂规定
11			测量灭磁电阻自同步电阻器的直流电阻	与铭牌相比较，其差值为±10%
12	运转试验		发电机空载特性试验	按设备说明书对比，符合要求
13			测量相序	相序与出现标识相符
14			测量空载和负荷后轴电压	按设备说明书对比，符合要求

3.10 不间断电源安装的质量通病

3.10.1 不间断电源的规格型号及布线不符合要求

1. 现象

不间断电源的规格型号不符合设计要求,设备进出线布线凌乱、电线颜色混乱,电线、电缆无保护。

2. 危害及原因分析

(1) 危害

不间断电源的规格型号不符合设计要求,将不能按设计所预期的要求工作,如电流小、电压低、电压不稳定等。布线凌乱、电线颜色混乱影响运行、维护,甚至引发故障;电线、电缆无保护容易损坏绝缘保护层,影响使用,难以保证由其供电的设备可靠地运行。

(2) 原因分析

现行国家标准《不间断电源设备》(GB 7260—2003)中规定,不间断电源由整流装置、逆变装置、静态开关和蓄电池组四个功能单元组成,由制造厂以柜式出厂供货,有的组合在一起,容量大的分柜供应,安装时基本与柜盘安装要求相同。但有其独特性,即供电质量和其他技术指标,是由设计人员根据负荷性质对产品提出特殊要求,因而对规格型号的核对和内部线路的检查非常重要,一定要满足设计要求。

不间断电源的规格型号不符合设计要求,产生原因是施工方采购不间断电源时未认真核对设计文件、对产品技术参数不熟悉或贪图便宜,采购不符合要求的设备。布线凌乱、电线颜色混乱、线路无保护是由于安装人员不熟悉规范规定、随意施工。

3. 标准要求及防治措施

(1) 标准要求

《建筑电气工程施工质量验收规范》(GB 50303—2002)第 9.1.1 条:“不间断电源的整流装置、逆变装置和静态开关装置的规格、型号必须符合设计要求。内部结线连接正确,紧固件齐全,可靠不松动,焊接连接无脱落现象”。

(2) 防治措施

1) 向生产厂家提供相应的技术指标,不间断电源的规格、型号必须符合设计要求,内部布线规范、整齐,符合规范规定;

2) 设备进场应进行严格的检查验收;

3) 线路均应穿管或线槽敷设,不应有裸露的电线、电缆。电线颜色符合规范规定。

参见本章 3.3.2。

3.10.2 不间断电源的接地不符合要求

1. 现象

不间断电源输出端的中性线未按照规范要求做重复接地;不间断电源装置的外侧金属物未接地。

2. 危害及原因分析

(1) 危害

不间断电源输出端的中性线如未接地，或与原供电系统的接地不一致，不能正常供电，甚至损坏由其供电的用电设备；金属物未可靠接地会有安全隐患。

(2) 原因分析

需要设置不间断电源的场合，一般是重要的场所，是不能停电的，对供电的可靠性要求高，安装的不间断电源一定要可靠，接地系统的接地应与原供电系统一致；不间断电源装置的外侧金属物未可靠接地，存在触电的隐患。

不间断电源一般由智能建筑的施工单位安装，其输出端的中性线不做重复接地、金属物未接地是因为安装单位不熟悉规范规定，仅凭以往经验施工，而设备安装、使用说明书中又无此规定。

3. 标准要求及防治措施

(1) 标准要求

《建筑电气工程施工质量验收规范》(GB 50303—2002)第 9.1.4 条："不间断电源输出端的中性线(N 极)，必须与接地装置直接引来的接地干线相连接，做重复接地"。

(2) 防治措施

1) 不间断电源输出端的中性线(N 极)通过接地装置引入干线做重复接地，有利于遏制中心点漂移，使三相电压均衡度提高，同时当引向不间断电源供电侧的中性线意外断开时，可确保不间断电源输出端不会引起电压升高而损坏由其供电的重要用电设备，以保证整栋建筑物的安全使用。

不间断电源的中性线必须与接地干线的引出线直接连接；

2) 不间断电源装置的外侧金属物均应可靠接地；

3) 不间断电源安装前应认真进行技术交底，按照制造厂提供的安装说明书和规范要求进行安装、接线，投入运行前，必须进行交接检查验收，经安装单位现场技术负责人和监理工程师检查、确认合格、签字认可。

3.10.3　不间断电源运行时噪声大

1. 现象

不间断电源运行时噪声大。

2. 危害及原因分析

(1) 危害

不间断电源运行时噪声大，既影响设备的运行，又污染了环境。

(2) 原因分析

产生的原因是设备本身噪声超标或接线端子、安装螺栓(母)松动。

不间断电源运行时的噪声要控制在合理的范围内，既考核产品制造质量，又维护了环境质量，有利于保护工作人员、值班人员的的身体健康。

3. 标准要求及防治措施

(1) 标准要求

《建筑电气工程施工质量验收规范》(GB 50303—2002)第 9.2.4 条：不间断电源正常运行时产生的 A 声级噪声，不应大于 45dB；输出额定电流为 5A 及以下的小型不间断电源噪声，不应大于 30dB。

(2) 防治措施

1) 必须购买合格设备(符合噪声指标);

2) 不间断电源安装完毕、投入运行前对接线端子、安装螺栓(母)全部进行检查,将未紧固好的螺栓(母)重新紧固;

3) 不间断电源运行时的噪声,应使用合适的仪器进行现场检测,结果应符合国家规范规定,既是对产品质量的要求,以利于保护环境及变配电工作人员的身体健康。

3.11 低压电动机、电加热器及电动执行机构的质量通病

3.11.1 电动机、电加热器及电动执行机构的接线、接地不符合要求

1. 现象

(1) 电动机、电加热器及电动执行机构未可靠接地;

(2) 设备接线盒内裸露的不同相间导体间距小,相线对地之间的间距小。

2. 危害及原因分析

(1) 危害

1) 电动机、电加热器及电动执行机构未可靠接地,存在安全隐患;

2) 接线盒内导体的安全间距不够,操作过电压时会发生放电事故。

(2) 原因分析

1) 电动执行机构一般在接线端子旁边或外壳设置了接地接点,施工人员将电源连接完后,容易遗漏接地,当后期检查工作不细致或发现问题也没有及时处理;低压动力工程无论采用何种供电系统,但可接近的裸露导体必须接地,以确保使用安全;

2) 设计人员设计时,没有认真考虑到一些进口设备与国内材料的匹配问题,还有的接线箱、配电箱生产厂家在箱内器件组装时,忽视相线对地间、相间的安全间距问题。

设备的接线盒内所配备的接线端子间的距离本来就较小,所连接的导线压接端子后比接线座大,接线后端子间的间距更加接近。如部分进口水泵的接线盒体积较小,设计上的电缆截面积较大,使端子间的间距小于8mm。

3. 标准要求及防治措施

(1) 标准要求

《建筑电气工程施工质量验收规范》(GB 50303—2002)第7.1.1条:“电动机、电加热器及电动执行机构的可接近裸露导体必须接地(PE)或接零(PEN)”。

第7.2.4条:“在设备接线盒内裸露的不同相导线间和导线对地间最小距离应大于8mm,否则应采取绝缘防护措施”。

(2) 防治措施

1) 电动机、电加热器及电动执行机构的可接近裸露导体必须接地,以确保使用安全;施工过程要加强检查和认真做好交接验收;

2) 进口电机有部分接线盒的体积较小,要多加注意,如接线盒内预留的端子,设备的线间(端子)应有大于8mm的安全电气间隔,对电气间隙、爬电距离不满足规范要求的必须采取加强绝缘措施。

3.12 灯具安装的质量通病

3.12.1 灯具无合格证、配件不齐全

1. 现象

灯具无合格证;灯具的配件不齐全或者不配套。

2. 危害及原因分析

(1) 危害

灯具无合格证,产品的质量难以保证;灯具配件、附件不齐全,造成安装困难;使用不合格的灯具达不到使用效果,存在安全隐患。

(2) 原因分析

产生原因是灯具的选型、定货时未提出相应的技术要求,对产品不了解;未选有生产能力的生产厂家的产品;产品供货中间环节出错;产品进场时未进行检查验收。

灯具无合格证,产品没有铭牌、无生产厂家,新型灯具没有性能试验报告,灯具不符合有关技术标准要求,可能是假冒伪劣产品。

3. 标准要求及防治措施

(1) 标准要求

《建筑电气工程施工质量验收规范》(GB 50303—2002)第3.2.10条:"照明灯具及附件应符合下列规定:1 查验合格证,新型气体放电灯具有随带技术文件;2 外观检查:灯具涂层完整,无损伤,附件齐全。防爆灯具铭牌上有防爆标志和防爆合格证号,普通灯具有安全认证标志;3 对成套灯具的绝缘电阻、内部接线等性能进行现场抽样检测。灯具的绝缘电阻值不小于2MΩ,内部接线为铜芯绝缘电线,芯线截面积不小于0.5mm^2,橡胶或聚氯乙烯(PVC)绝缘电线的绝缘层厚度不小于0.6mm。对游泳池和类似场所灯具(水下灯及防水灯具)的密闭和绝缘性能有异议时,按批抽样送有资质的试验室检测"。

(2) 防治措施

1) 灯具定货时注意所选型号应符合设计要求,满足产品技术要求,灯具结构合理;选有生产能力厂家的产品,尽量减少中间环节;

2) 设备进场时要加强检查验收工作,必须使用合格的灯具,每批产品附有合格证和有效的检验报告等;每件产品有铭牌,普通灯具有安全认证标志;产品批量进货与定货时所选样品一致;

3) 注意灯具应配有专用接地端子、接地端子位置合理,紧固件齐全,且有接地标识。

灯具所配导线的芯线截面积不小于0.5mm^2,绝缘层厚度符合要求,如橡胶或聚氯乙烯(PVC)绝缘电线的绝缘层厚度不小于0.6mm;

4) 灯具配件、附件应齐全,无机械损伤、变形、裂纹、涂料剥落、灯罩损坏等现象;

5) 对于防爆灯具、游泳池和类似场所灯具,应注意抽样检测。

3.12.2 引向灯具的导线截面积小、无保护套管

1. 现象

(1) 引向灯具的导线截面积小于0.5mm^2;

(2) 导线进出灯具金属壳体的穿孔处，无保护措施。

2. 危害及原因分析

(1) 危害

1) 引向灯具的导线截面积小于 0.5mm² 时，因为灯具使用频率高、部分灯具启动电流大，难以保证线路有足够大的电流，造成线路发热，绝缘老化，甚至短路，同时不能保证线路能承受一定的机械应力、可靠地安全运行；

2) 导线在进出金属壳体处，无保护措施，易割伤绝缘层，使线路绝缘强度不符合要求，造成漏电或短路。

(2) 原因分析

1) 引向灯具的导线截面积小，是由于安装人员不熟悉规范规定，贪图节省材料所致；

2) 导线进出灯具金属壳体的穿孔处无保护措施，是由于施工不认真、安全意识差、检查不到位。

3. 标准要求及防治措施

(1) 标准要求

《建筑电气工程施工质量验收规范》(GB 50303—2002)第 19.2.1 条："引向每个灯具的导线芯线最小截面积应符合表 3.12.2 的规定"。

(2) 防治措施

1) 引向灯具的导线截面积应不小于规范规定，如表 3.12.2 所示；

2) 为了保护线路的绝缘层，导线在进出金属灯具壳体处，应有穿管等保护措施。引向灯具的导线与灯具本体所配的导线应可靠连接。

导线芯线的最小截面积(mm²) **表 3.12.2**

灯具安装的场所及用途		线芯最小截面积		
		铜芯软线	铜线	铝线
灯头线	民用建筑室内	0.5	0.5	2.5
	工业建筑室内	0.5	1.0	2.5
	室　外	1.0	1.0	2.5

参考本章第 3.3.9 条。

3.12.3 灯具的接线错误、接地保护不符合要求

1. 现象

(1) 灯具的相线未接到螺口灯头中间的端子上，灯具的相线和零线反接；

(2) 室外灯具不防水，室外壁灯底座积水，导线自电线管引出直接与灯头接线座连接，电线外露；

(3) 安装高度距地面低于 2.4m 灯具，无专用接地端子，专用保护接地线与灯具的安装固定螺栓压于同一座。

2. 危害及原因分析

(1) 危害

1) 灯具的接线错误,如灯具的相线、零线接反或接错,当开关断开时,灯具依旧带电,对人身有触电的安全隐患;

2) 室外灯具安装无防水措施,密封不好,容易进水;室外壁灯若不防淋或无排水孔等防水措施,积水无法及时排放,使灯具受潮,灯具内部进水使灯具的绝缘强度不够,灯具不能正常工作,同时灯具受到腐蚀、减少使用寿命;

3) 低于2.4m的灯具无专用接地端子,灯具正常不带电裸露导体不接地,当导线绝缘层受损时,裸露导体将会带电,危及人身安全。

将专用保护接地线与灯具的安装固定螺栓压于同一座,当地线随安装螺栓的松开而脱落,导线绝缘一旦受损,外壳将带电,危及操作者、使用者的人身安全。

(2) 原因分析

1) 由于施工人员技术水平低、交底不细致;相线和零线因使用同一颜色的导线,不易区别,以致相线和零线混淆不清,结果相线未进开关,也未接在螺口灯头舌簧的端子上;灯具的相线、零线接反或接错,将导致开关不能切断火线;

2) 室外灯具防水不好是由于选用的灯具防护等级不满足设计和环境要求,或安装时密封圈损坏、压接不严密导致进水;室外的壁灯不防淋、也无排水孔等防水措施,导致底座积水、不能及时排放;

3) 灯具裸露导体未按规范要求可靠接地,是由于施工人员责任心不强、施工马虎。

3. 标准要求及防治措施

(1) 标准要求

1)《建筑电气工程施工质量验收规范》(GB 50303—2002)第19.2.2条:"灯具的外形、灯头及其接线应符合下列规定:……4 连接灯具的软线盘扣、搪锡压线,当采用螺口灯头时,相线接于螺口灯头中间的端子上";

2)《建筑电气工程施工质量验收规范》(GB 50303—2002)第19.2.7条:"安装在室外的壁灯应有泄水孔,绝缘台与墙面之间应有防水措施";

3)《建筑电气工程施工质量验收规范》(GB 50303—2002)第19.1.6条:"当灯具距地面高度小于2.4m时,灯具的可接近裸露导体必须接地(PE)或接零(PEN)可靠,并应有专用接地螺栓,且有标识"。

《深圳市民用建筑设计技术要求与规定》第6.1.6.5条:"照明配电回路中,灯具的金属底座应与PE线连接"。

(2) 防治措施

1) 为了保证相线和零线不相混淆,应采用不同颜色的导线。零线应采用淡蓝色的导线,相线(A、B、C)各相应分别使用黄色、绿色、红色,以保证相线和零线的明显区别。

相线应进开关,保证相线(火线)接于螺口灯头中间的端子上,并加强检查、交接验收。

参考本章第3.3.2条;

2) 室外灯具的防护等级应满足设计及使用环境的要求。室外壁灯应选用防淋型灯具;安装固定的配件都要考虑到灯具容易受到雨、露侵蚀的问题。同时壁灯应有泄水孔,绝缘台与墙面之间应有防水措施。

引向灯具的导线应穿保护管，且保护管与灯具的连接处有配套的配件，管与灯具的连接牢靠、紧密、防水，不能有裸露的导线；

3）加强施工工人的技术培训，应做详细技术交底，明确接地的问题。对安装高度距地面小于2.4m的灯具，必须有专用接地螺栓，且有标识，否则不允许使用；

4）施工过程严格按照操作规程和规范要求施工。灯具的金属外壳等可接近裸露导体必须接地（PE）或接零（PEN）可靠。

灯具的接地应接到专用接地端子，且接地应坚固牢靠。不要将保护接地线与灯具的安装固定螺丝压于同一座。

3.12.4 灯具的安装高度不够、导线受拉力

1. 现象

（1）敞开式灯具在室内的安装距地面高度小于2m；

（2）重量超过3kg的灯具，直接安装在吊顶辅助龙骨上；重量超过0.5kg的灯具未采用吊链，使灯具的导线受力；

（3）钢管做灯杆时钢管壁厚小于1.5mm。

2. 危害及原因分析

（1）危害

1）室内敞开式灯具安装距地面高度小于2m，人身容易碰触到，存在被烧伤的隐患；

2）重量超过3kg的灯具，直接安装在辅助龙骨上，灯具的安装不牢固，灯具容易脱落砸伤人，破坏吊顶结构；重量超过0.5kg的灯具未采用吊链，因为导线受力而容易造成线路断裂，进而造成短路、断路现象；

3）灯杆钢管壁厚小于1.5mm，也同样因为钢管强度不够，钢管受力时容易断裂或弯曲，使线路受力而造成短路现象。

（2）原因分析

1）设计图纸上未根据灯具的使用场所注明灯具的规格、型号，安装位置和高度；对室内低于2 m的敞开式灯具无防护措施；

2）灯具无专用的支、吊架，安装中没按要求进行结构生根处理，而随意利用吊顶的龙骨架；

3）对规范要求不熟悉，未进行技术交底。

3. 标准要求及防治措施

（1）标准要求

《建筑电气工程施工质量验收规范》（GB 50303—2002）第19.1.5条："当设计无要求时，灯具的安装高度和使用电压等级应符合下列规定：1 一般敞开式灯具，灯头对地面距离不小于下列数值（采用安全电压时除外）……3）室内：2m"。

第19.1.1条："灯具的固定应符合下列规定：1 灯具重量大于3kg时，固定在螺栓或预埋吊钩上；2 软线吊灯，灯具重量在0.5kg及以下时，采用软电线自身吊装；大于0.5kg的灯具采用吊链，且软电线编叉在吊链内，使电线不受力"。

第19.1.3条："当钢管做灯杆时，钢管内径不应小于10mm，钢管厚度不应小于1.5mm"。

(2) 防治措施

1) 选用灯具时应考虑灯具的使用场合、安装位置、供电电压等;如果电压高于50V的危险电压,在室内的安装高度低于2m时,不能选用敞开式的灯具。

使用敞开式灯具,安装高度距地应大于2m;

2) 灯具安装前做好技术交底工作。

安装灯具时,应根据灯具的重量,选用正确的安装方法;吊顶内的灯具有单独支、吊架,不能直接安装在辅助龙骨上;灯具重量大于3kg时,固定在螺栓或预埋吊杆上;大于0.5kg的灯具采用吊链,且软电线编叉在吊链内,使电线不受力。

安装过程中认真进行施工和工序交接检查验收;

3) 应加强施工工人的技术培训,施工过程严格按照规范要求施工,对于大型灯具按照图纸做好预埋工作;当钢管做灯杆时,钢管内径大于等于10mm,钢管厚度大于等于1.5mm。

3.12.5 大型花灯未做过载试验

1. 现象

大型花灯的固定及悬吊装置未做过载试验或过载试验做法不正确,试验负载重量不满足灯具重量的2倍。

2. 危害及原因分析

(1) 危害

大型花灯的固定及悬吊装置未按规范要求做过载试验,难以确定其牢固程度是否符合要求,存在安装不牢固而脱落的安全隐患。

大型花灯通常安装在共众场所的正上方,如各类厅堂的中央位置,就是民用住宅一般也是安装在客厅、餐厅的正中间,灯下面过往人员多,如固定不可靠、不牢固,当灯具的吊挂装置不能承受灯具的重量时,大型花灯脱落,将危及人身安全,并造成财产损失。

(2) 原因分析

1) 施工人员不熟悉规范要求、经验不足而漏做;

2) 不按灯具制造厂提供的相关资料为依据进行安装;

3) 未进行技术交底;

4) 灯具安装前,未对固定及悬吊装置进行检查验收,漏做或贪图省事不做。

3. 标准要求及防治措施

(1) 标准要求

《建筑电气工程施工质量验收规范》(GB 50303—2002)第19.1.2条:"花灯吊钩圆钢直径不应小于灯具挂销直径,且不应小于6mm。大型花灯的固定及悬吊装置,应按灯具重量的2倍做过载试验"。

(2) 防治措施

灯具的固定可采用预埋件(支架、铁板、吊钩等)或金属膨胀螺栓的方法。不管采用何种安装固定方法,大型灯具吊挂安装前,都必须进行过载试验,检验其牢固程度是否达要求,以确保使用安全。

对施工设计文件或灯具随带的说明文件中,有些指定安装用吊钩的,按产品要求施工;一般重量较小的可用拉手弹簧秤检测,吊钩不应变形。对施工设计文件有预埋部件图样的大型灯具固定及悬吊装置,要以灯具重量的2倍做悬吊过载试验。

试验时应注意:①吊挂重量不小于灯具重量的2倍;②吊挂物的离地高度不要高于0.2m;③试验时间不小于15min。同时要求做好详细记录,及时进行签证。

3.12.6 疏散照明灯位置不准确、配线不合理

1. 现象

疏散照明的安全出口标志灯的安装距地高度低于2m;疏散通道上的标志灯间距大,位置不合理,在其周围有容易混同的其他标志牌;疏散照明明敷线未穿管保护;在人防区域未穿金属管保护;线路使用BV型电线。

2. 危害及原因分析

(1) 危害

疏散照明的安全出口标志灯高度不够、疏散标志灯的设置不合理,指示灯不能正确指明逃生通道、逃生路线,将会影响应急状态下人们的逃生之路,不符合消防要求;消防线路电线不穿管保护,线路采用普通铜芯电线,当发生火灾时,耐火时间达不到要求,线路容易着火而引起火灾蔓延。

(2) 原因分析

1) 设计上未明确灯具的安装高度、间距,对明敷线路未强调须穿管保护;

2) 未标明线路须采用耐火电线、电缆等;

3) 设计上已有明确要求,但施工人员未按设计要求施工。

3. 标准要求及防治措施

(1) 标准要求

1)《建筑电气工程施工质量验收规范》(GB 50303—2002)第20.1.4条:"应急照明灯具安装应符合下列规定:……3 ……安全出口标志灯距地高度不低于2m,且安装在疏散出口和楼梯口里侧的上方;4 疏散标志灯安装在安全出口的顶部,楼梯间、疏散走道及其转角处应安装在1m以下的墙面上。不易安装的部位可安装在上部。疏散通道上的标志灯间距不大于20m(人防工程不大于10m);5 疏散标志灯的设置,不影响正常通行,且不在其周围设置容易混同疏散标志灯的其他标志牌等;……8 疏散照明线路采用耐火电线、电缆,穿管明敷或在非燃烧体内穿刚性导管暗敷";

2)《人民防空工程设计防火规范》(GB 50098—98)第8.1.5条:"消防用电设备的配电线路应符合下列规定:1 当采用暗敷设时,应穿在金属管中,并应敷设在不燃结构内,且保护层厚度不宜小于30mm;2 当采用明敷设时,应敷设在金属管或金属线槽内,并应在金属管或金属线槽表面涂防火涂料";

3)《高层民用建筑设计防火规范》(GB 50545—95)第9.1.4条:"消防用电设备的配电线路应符合下列规定:9.1.4.1 当采用暗敷设时,应敷设在不燃烧体内,且保护层厚度不宜小于30mm。9.1.4.2 当采用明敷设时,应采用金属管或金属线槽上涂防火涂料保护。9.1.4.3 当采用绝缘和护套为不延燃材料的电缆时,可不穿金属管保护,但应敷设在电缆井内"。

(2) 防治措施

1) 对疏散照明等重要的线路和灯具，从设计环节就应认真对待，对灯具的安装位置、高度、间距应明确并符合规范要求；线路敷设中的电线、电缆防火等级和线路保护措施等都应注明。还应加强图纸校对、审核、汇签等；

2) 施工人员应熟悉规范要求，要重视施工前的图纸会审工作，及时发现问题；如施工过程发现存在问题，应及时反馈给设计院，设计人员做出修改意见，按修正的图纸更正好灯具的安装位置，使之满足规范要求。

3.12.7 游泳池灯具电源线管使用金属线管

1. 现象

游泳池引入灯具的电源导管使用金属导管。

2. 危害及原因分析

(1) 危害

游泳池引入灯具的导管使用金属导管，容易引入危险电压，引起触电事故。

在游泳池的水中活动，人的身体浸在水里，皮肤与人体电阻降低，是易受电击的特殊危险活动场所，绝对不能存在危险电压，如果使用金属导管，容易引入危险电压，引起触电事故。

(2) 原因分析

1) 施工人员不熟悉规范要求；

2) 未按图纸施工。游泳池是用电特殊危险场所，无安全用电措施，未按要求预埋线管。

3. 标准要求及防治措施

(1) 标准要求

《建筑电气工程施工质量验收规范》(GB 50303—2002)第 20.1.2 条："游泳池和类似场所灯具(水下灯及防水灯具)的等电位联结应可靠，且有明显标识，其电源的专用漏电保护装置应全部检测合格。自电源引入灯具的导管必须采用绝缘导管，严禁采用金属或有金属护层的导管"。

(2) 防治措施

游泳池用电及接地措施关系到人身安全，施工时必须高度重视，严格按规范和设计要求进行电气线路和等电位联结的施工，引入灯具的线管应使用 PVC 绝缘导管。

应做好隐蔽工程施工、验收和工序交接工作，确保使用安全。

3.12.8 储油室灯具及管线不符合防火要求

1. 现象

柴油发电机储油间的照明灯使用一般灯具；接线盒未按设计要求选用；电线、电缆额定电压低于 750V，错误使用 PVC 管以及管口未密封处理。

2. 危害及原因分析

(1) 危害

由于油气的挥发，储油间可能充满油气。若使用普通灯具、普通开关。当开关接通，灯具点燃时易出现电火花，极易造成火灾。灯具的防火等级未达要求，在油气的浓度达到一定值，可能会导致储油间爆炸。

爆炸和火灾危险环境中的电气线路使用的接线盒、分线盒等连接件，如果选型不当，可能产生电火花或高温而引起爆炸。

在储油间的电线、电缆额定电压低，线管连接口不符合要求，存在安全隐患。

(2) 原因分析

1) 不熟悉规范要求，把储油间按普通场所对待，未考虑储油间可能散发的油气；

2) 未认真审阅图纸，未按图纸施工；

3) 灯具、管线选错型号，未按设计要求选用合适的产品。

3. 标准要求及防治措施

(1) 标准要求

1)《电气装置安装工程爆炸和火灾危险环境电气装置施工及验收规范》(GB 50257—96)第2.1.9条："灯具的安装，应符合下列要求：2.1.9.1 灯具的种类、型号和功率应符合设计和产品的技术条件的要求，不得随意变更；2.1.9.2 螺旋式灯泡应旋紧，接触良好，不得松动；2.1.9.3 灯具外罩应齐全，螺栓应紧固"；

第3.1.4条："电气线路使用的接线盒、分线盒、活接头、隔离密封件等连接件的选型，应符合现行国家标准《爆炸和火灾危险环境电力装置设计规范》的规定"；

2)《建筑电气工程施工质量验收规范》(GB 50303—2002)第15.1.3条："爆炸危险环境照明线路的电线和电缆额定电压不得低于750V，且电线必须穿于钢导管内"。

(2) 防治措施

1) 在储油间，所选用灯具的防火、防爆等级应符合设计和规范要求，防止油气挥发可能导致的火灾或爆炸；

2) 爆炸和火灾危险环境中的电气线路使用的接线盒、分线盒等连接件的选型，是根据具体环境而设计的，如储油间灯具选用防爆灯，则其电气管路、接线盒、分线盒等连接件均应按要求选用合适的产品；

3) 在储油间所采用的电线和电缆额定电压高于或等于750V，且电线必须穿于钢导管内，施工安装时应按照设计要求选用符合要求的连接件。在储油间的线路出入口应做好密封封堵。

3.13 建筑物景观照明灯、航空障碍标志灯和庭院灯安装

3.13.1 建筑物景观照明灯具无护栏且未可靠接地

1. 现象

(1) 景观照明灯的导电部分对地绝缘电阻小于2MΩ，灯具的裸露导体及金属软管接地不可靠；

(2) 人员来往密集场所无围栏防护的落地式灯具安装高度距地面小于2.5m。

2. 危害及原因分析

(1) 危害

1) 景观照明灯具的绝缘强度不够，裸露导体及金属软管未可靠接地，存在安全隐患。灯具的裸露导体接地不良，灯具的带电部分绝缘老化而漏电，使金属导体带电，接地

系统起不到保护的作用,人身接触可能发生触电事故;

2) 落地式景观照明灯具的安装高度距地面小于 2.5m 时,人体容易碰触到灯具,造成灼伤及发生触电事故。

(2) 原因分析

1) 不熟悉规范要求。一般场所要求线路绝缘电阻为大于 0.5MΩ,而景观照明灯具的导电部分对地绝缘电阻值按规范要求应大于 2MΩ,因此应特别予以注意;

2) 安全意识不强。随着城市美化,建筑物立面反射灯应用众多,有的由于位置关系,灯架安装在人员来往密集的场所,或易被人接触的位置,因而要有严格的防灼伤和防触电的措施;

3) 设计图纸未明确,施工人员贪图方便,节省工时。

3. 标准要求及防治措施

(1) 标准要求

《建筑电气工程施工质量验收规范》(GB 50303—2002)第 21.1.3 条:“建筑物景观照明灯具安装应符合下列规定:1　每套灯具的导电部分对地绝缘电阻值大于 2MΩ;2　在人行道等人员来往密集场所安装的落地式灯具,无围栏防护,安装高度距地面 2.5m 以上;3　金属构架和灯具的可接近裸露导体及金属软管的接地(PE)或接零(PEN)可靠,且有标识”。

(2) 防治措施

1) 灯具进场时,必须进行严格的审查,保证使用合格的产品;应正确选用带有专用接地螺栓的灯具;设备安装完,进行绝缘、接地电阻测试,不符合要求的必须进行更换、整改。对景观照明灯具的导电部分须进行对地绝缘电阻测试,其绝缘电阻值应大于 2MΩ;

2) 在人员来往密集场所,对于无围栏防护的落地式灯具、安装高度距地面应该高于 2.5m,对安装高度无法达到时,增加防护栏;

3) 金属构架和灯具的可接近裸露导体及金属软管的接地应可靠,且做好接地标识。

3.13.2　航空障碍标志灯的选型和接地不符合要求

1. 现象

(1) 航空障碍标志灯未按设计要求选用合适的型号;

(2) 航空障碍标志灯的外露支架等金属物未接地;

(3) 建筑物的最高处未安装航空障碍标志灯。

2. 危害及原因分析

(1) 危害

1) 未按设计要求选型,不能达到设计的效果,不能保障航空飞行安全;

2) 灯具、外露支架等金属物无可靠接地容易遭受雷击;

3) 最高点没有安装航空障碍标志灯,不能起到标志作用,可能会出现误导而发生碰撞事故。

(2) 原因分析

1) 对航空障碍标志灯的功能、作用不了解,灯具型号选错;

2) 未认真审阅图纸,未做技术交底;

3）未按图施工。

3. 标准要求及防治措施

（1）标准要求

《建筑电气工程施工质量验收规范》(GB 50303—2002)第21.1.4条："航空障碍标志灯安装应符合下列规定：1　灯具装设在建筑物或构筑物的最高部位。当最高部位平面面积较大或为建筑群时，除在最高端装设外，还在其外侧转角的顶端分别装设灯具；……3　灯具的选型根据安装高度决定；低光强的(距地面60m以下装设时采用)为红色光，其有效光强大于1600cd。高光强的(距地面150m以上装设时采用)为白色光，有效光强随背景亮度而定"。

（2）防治措施

1）按设计要求选购合适的型号；注意依据建筑物具体高度，选用合适的光强及颜色；

2）航空障碍标志灯一般安装在建筑物的顶部，最容易遭受雷击，一定要与避雷带等接地网可靠连接，应把灯具置于防雷设施的保护下；

3）施工前预审图纸，结合土建与电气专业的图纸，在建筑物最高点设置航空障碍标志灯，建筑物是建筑群时，除在最高端装设灯具外，应在其外侧转角的顶端分别装设灯具。

3.13.3　建筑物的庭院灯、草坪灯的接线、接地不可靠

1. 现象

庭院灯、草坪灯的金属壳体无专用接地端子；接地线随意与安装固定螺丝压接在同一座上；大型庭园的灯具接地无接地干线；灯具的接线盒不防水。

2. 危害及原因分析

（1）危害

庭院灯、草坪灯的形式多种，结构上高矮不一，造型上花样众多，材料上有金属和非金属之分。一般安装在室外，易被雨水入侵，人们日常易接触灯具表面。灯具的接线端子设置不合理，没有专用接地端子，庭院灯接地不可靠，存在安全隐患。

大型庭园无接地干线且未形成环形，接地线有串接现象，存在安全隐患。若无接地干线，灯具的接地支线串联连接，当灯具移位或更换时，容易使其他灯具失去接地保护作用，而发生人身安全事故。

将接地线与安装固定螺丝压接在同一座上，当固定螺丝松动后，接地不良，同样不能起到接地保护作用。

灯具接线盒不防水容易使线路的绝缘强度不符合要求。接线盒不防水，室外雨水、露水等很容易通过接线盒进入线路管道中，受到水浸泡后，线路绝缘层破坏，造成线路漏电、短路现象。

（2）原因分析

1）对灯具的安装场所不熟悉，不清楚规范要求；

2）原设计图纸未设计这部分内容，园林、绿化施工单位"深化"设计的图纸不详细；

3）未认真审阅图纸，未做技术交底；

4）未按图施工，施工人员贪图方便，节省工时。

3. 标准要求及防治措施

（1）标准要求

《建筑电气工程施工质量验收规范》(GB 50303—2002)第21.1.5条："庭院灯安装应符合下列规定：……3　金属立柱及灯具可接近裸露导体接地(PE)或接零(PEN)可靠。接地线单设干线，干线沿庭院灯布置位置形成环网状，且不少于2处与接地装置引出线连接。由干线引出支线与金属灯柱及灯具的接地端子连接，且有标识"。

（2）防治措施

1）庭院灯、草坪灯的金属壳体要求有专用的接地端子；

2）专设接地干线，接地干线沿灯具布置要形成环形网，且不少于2处与接地装置的引出干线相连接，金属灯柱和每套灯具的专用接地端子用支线与接地干线相连接，连接处防松垫圈齐全，并拧紧固；并要注意防水、防锈，做好接地标识；

3）应选用防水型灯具和使用防水接线盒；

4）在大的庭园内要注意敷设重复接地极，每套灯具熔断器(熔丝)应与灯具适配。

3.14　开关、插座、风扇安装的质量通病

3.14.1　普通开关、插座的布置、安装不符合要求

1．现象

（1）不同类别、不同电压等级的插座安装在同一场所，无明显的区别；

（2）插座回路的布置不符合要求；

（3）预埋的空调插座与空调预留洞不一致，洗衣机插座与放洗衣机的位置不一致；

（4）金属线盒生锈腐蚀，插座盒内不干净、有灰渣，开关、插座周边抹灰不整齐，安装好的开关、插座面板被喷浆弄脏，开关、插座面板安装不牢。

2．危害及原因分析

（1）危害

1）不同类别、不同电压等级的插座安装在同一场所，无明显的区别，容易误用，存在安全隐患。

在同一场所，因为一些特殊的需要，将安装有交流、直流的电源插座，或不同电压等级的插座；因为不同用电设备的供电电源不同，用电时如果插错插座(例如把直流供电电源的设备插到交流的插座上，把24V直流电源的设备插到110V直流电源上)，可能会损坏设备，甚至危及人身的安全；

2）公共建筑物一个插座回路的插座数量超出10个；插座与灯具同一回路，且插座数超过5个。住宅插座回路和照明灯具同一回路，厨房、卫生间的电源插座与其他插座同一回路。存在安全隐患；

3）预埋的空调插座与空调预留洞不一致，洗衣机插座与放洗衣机的位置不一致，造成使用不方便；

4）金属线盒生锈腐蚀，插座盒内不干净、有灰渣，开关、插座周边抹灰不整齐，安装好的开关、插座面板被喷浆弄脏，开关、插座面板安装不牢，影响开关插座的安装质量，并影响其寿命。

(2) 原因分析

1) 不同类别、不同电压等级的插座安装在同一场所，为了方便，使用相同型号的插座；

2) 设计上对照明用电回路和插座回路未分路设计；或施工人员未按设计要求布置插座回路，贪图方便，想节省管材及工时；

3) 设计图纸未汇签，图纸标注出错；或者施工单位施工前未认真审图、未熟悉图纸；施工过程发现位置不对，不及时反馈给设计院等有关的单位、人员；

4) 金属线盒受潮，受酸性、碱性等物质的污染，在施工过程碰伤破坏镀锌层等造成生锈；接线前后未清理干净；抹灰时，只注意大面积的平直，忽视盒子口的修整，抹罩面灰膏时仍未加以修整，待喷浆时再修补、由于墙面已干结，造成粘结不牢并脱落；开关面板的紧固柱损坏、紧固螺钉不配套，造成面板安装不牢固。

3. 标准要求及防治措施

(1) 标准要求

1)《建筑电气工程施工质量验收规范》(GB 50303—2002)第 22.1.1 条："当交流、直流或不同电压等级的插座安装在同一场所时，应有明显的区别，且必须选择不同结构、不同规格和不能互换的插座；配套的插头应按交流、直流或不同电压等级区别使用"；

2)《民用建筑电气设计规范》(JGJ/T 16—92)第 11.8.13 条："插座宜由单独的回路配电，并且一个房间内的插座宜由同一回路配电"。

第 11.8.11 条："……当灯具和插座混为一回路时，其中插座数量不宜超过 5 个(组)；当插座为单独回路时，数量不宜超过 10 个(组)"。

但住宅可不受上述规定限制；

3)《住宅设计规范》(GB 50096—1999)第 6.5.2 条："住宅供电系统的设计，应符合下列基本安全要求：……3　每套住宅的空调电源插座、电源插座与照明，应分路设计；厨房电源插座和卫生间电源插座宜设置独立回路"。

(2) 防治措施

1) 同一场所装有交流与直流的电源插座，或不同电压等级的插座，应选择不同结构、不同规格、不能互换的插座，配套的插头也有明显的区别，用电时不能互换而插错；

2) 插座宜由单独的回路配电，并且一个房间内的插座宜由同一回路配电；插座回路与照明灯具回路由不同的电源回路供电，不要贪图方便，由照明回路引出导线连接到插座上；厨房、卫生间的插座应有独立的供电回路。

在导管的敷设时就应预留好回路，再按不同的回路穿线供电；

3) 预埋的空调插座与空调预留洞应一致，洗衣机插座与放洗衣机的位置应一致；设计图纸应汇签，图纸标注明确；施工单位施工前应认真审图，熟悉图纸；施工过程发现位置不对，及时反馈给设计人员进行修改；

4) 安装开关、插座之前，应先扫清盒内灰渣脏土；安装盒如出现锈迹，应再补刷一次防锈漆，以确保质量；土建装修进行到墙面、顶板喷完浆活时，才能安装电气设备；开关、插座安装不牢固，应拆下重新更换紧固柱或线盒。

3.14.2 开关、插座的接线错误

1. 现象

(1) 插座的相线、零线、地线接线错误；

(2) 插座的接地线串接；

(3) 导线分支接头采用缠绕方法未搪锡，不包扎绝缘层，接线帽的连接导线绝缘层受损，接头松动；

(4) 同一单位工程的开关，通断方向位置不一致，相线未经开关控制。

2. 危害及原因分析

(1) 危害

1) 插座的相线、零线、地线接线错误，造成用电设备的接线出错。用电设备，如家用电器，一般自带有电源开关切断火线，如果火线、零线接反，家用电器的使用过程中虽然关闭了电源开关，但未能切断电源的火线，家用电器仍然带电，当家用电器的绝缘老化时外壳带电，既浪费电能，又存在安全隐患；

2) 插座的接地线串接，当前面的插座或接地线端子出现问题，后面插座的接地端子不能与接地线可靠连接，存在严重安全隐患；

3) 导线分支接头采用缠绕方法不搪锡，连接处松紧不一致，接触不可靠，接触电阻增大，连接处发热；

4) 相线未经开关控制，起不到控制作用，当开关断开时，不能可靠断开电源，存在安全隐患。

同一单位工程的开关，通断方向位置不一致，开关的控制混乱，有时表面上虽然切断了电源，但未切断火线，易给维修人员造成错觉，检修时易产生触电事故。

(2) 原因分析

1) 不熟悉规范要求；

2) 施工单位技术管理人员未对工人进行技术交底和技术培训；

3) 施工时贪图方便，把两根或以上导线接于同一孔(座)，导线分支接头采用缠绕方法不搪锡，连接处包扎的绝缘胶布少；

4) 未认真做交接验收，或发现问题没有随即处理。

3. 标准要求及防治措施

(1) 标准要求

《建筑电气工程施工质量验收规范》(GB 50303—2002)第22.1.2条："插座接线应符合下列规定：1　单相两孔插座，面对插座的右孔或上孔与相线连接，左孔或下孔与零线连接；单相三孔插座，面对插座的右孔与相线连接，左孔与零线连接；2　单相三孔、三相四孔及三相五孔插座的接地(PE)或接零(PEN)线接在上孔。插座的接地端子不与零线端子连接。同一场所的三相插座，接线的相序一致。3　接地(PE)或接零(PEN)线在插座间不串联连接"。

第22.1.4条："照明开关安装应符合下列规定：1　同一建筑物、构筑物的开关采用同一系列的产品，开关的通断位置一致，操作灵活、接触可靠；2　相线经开关控制"。

(2) 防治措施

1）穿线时就应把三相电鉴别好相序，并分好颜色；注意单相电相线、零线、PE线的颜色区分清楚，零线为淡蓝色，PE线为黄绿相间色，三相电的A相为黄色，B相为绿色，C相为红色。加强自检互检，及时纠正错误；

2）接地线在插座间不能串联连接，必须直接从PE干线接出单根PE支线接入插座；

3）导线分支接头采用缠绕方法应搪锡，包扎绝缘层不低于原来导线的绝缘强度，接线处的连接导线绝缘层受损处，要求重新包扎好；

4）同一建筑物、构筑物的开关采用同一系列的产品，开关的通断位置一致，操作灵活、接触可靠；

5）灯具的相线经开关控制。

3.14.3 托儿所、幼儿园、小学、特殊场所的开关、插座安装高度不够

1．现象

(1) 托儿所、幼儿园、小学等儿童活动场所的插座，高度低于1.8m时，未使用安全插座；

(2) 特殊场所插座选用的类型、安装位置不符合要求。

2．危害及原因分析

(1) 危害

1）托儿所、幼儿园、小学等儿童活动场所的插座，未采用安全插座，且安装高度未达要求，容易发生触电事故；

2）特殊场所插座选用的类型、安装位置不符合要求，存在安全隐患。

(2) 原因分析

1）设计图纸中未明确或设计有误；

2）技术交底不清或无交底；

3）对特殊场所用电的安全意识不强；插座的安装高度应以方便使用为原则，但在托儿所、幼儿园、小学等活动场所容易发生小孩用导电异物触及插座导电部分，所以这些场所的插座安装高度要有一定的限制；

4）责任心不强，预埋时位置出错，后来发现嫌麻烦不改正；

5）装修时地板增高了，而开关、插座未相应抬高。

3．标准要求及防治措施

(1) 标准要求

《建筑电气工程施工质量验收规范》(GB 50303—2002)第22.2.1条："插座安装应符合下列规定：1　当不采用安全插座时，托儿所、幼儿园及小学等儿童活动场所安装高度不小于1.8m"。

第22.1.3条："特殊情况下插座安装应符合下列规定：1　当接插有触电危险家用电器的电源时，采用能断开电源的带开关插座，开关断开相线；2　潮湿场所采用密封型并带保护地线触头的保护型插座，安装高度不低于1.5m"。

(2) 防治措施

1）托儿所、幼儿园、小学等儿童活动场所的插座，应使用安全插座或高度不低于1.8m；

2）特殊场所的插座应按规范要求选用合适的类型，安装高度、安装位置合理。当接插有触电危险家用电器的电源时，采用能断开电源的带开关插座，开关断开相线；

3）当装修时地面抬高，相应的插座应随着抬高，达规范要求。

3.14.4 风扇的安装高度不够、噪声大

1．现象

（1）吊扇的安装高度低于2.5m，壁扇的安装高度低于1.8m；

（2）风扇的防松件不齐全，扇叶有明显的颤动，噪声大。

2．危害及原因分析

（1）危害

1）吊扇的高度低于2.5m、壁扇高度低于1.8m时，身高一点的人伸手容易碰到风扇叶，容易伤及人；

2）电风扇在运转中有明显的颤动和噪声，污染使用环境，影响人们的生活和工作。

（2）原因分析

1）技术交底不清或无交底；

2）大面积吊扇安装，缺少专业之间的配合，无大样图设计，操作者随意施工，操作人员质量意识差，施工时偷工减料；

3）设备进场未认真验收，验收制度不健全；扇叶有明显的颤动，噪声大，产生的原因是产品本身存在噪声、颤动、动平衡不良问题，产品附件不配套，防松垫圈规格小、材质薄、支撑力差；

4）发现存在问题未进行更换、调整。

3．标准要求及防治措施

（1）标准要求

《建筑电气工程施工质量验收规范》(GB 50303—2002)第22.1.5条："吊扇安装应符合下列规定：1　吊扇挂钩安装牢固，吊扇挂钩的直径不小于吊扇挂销直径，且不小于8mm；有防振橡胶垫；挂销的防松零件齐全、可靠；2　吊扇扇叶距地高度不小于2.5m；3　吊扇组装不改变扇叶角度，扇叶固定螺栓防松零件齐全；4　吊杆间、吊杆与电机间螺纹连接，啮合长度不小于20mm，且防松零件齐全紧固；5　吊扇接线正确，当运转时扇叶无明显颤动和异常声响"。

第22.2.4条："壁扇安装应符合下列规定：1　壁扇下侧边缘距地面高度不小于1.8m"。

（2）防治措施

1）吊扇的高度要满足要求，使吊扇扇叶距地高度等于或大于2.5m，避免身材高大的人碰触到；螺钉、螺栓安装部位平垫圈和弹簧垫圈应齐全，并且拧紧固；吊扇为转动的电气器具，运转时有轻微的振动，为防止安装器件松动而发生坠落，故其减振防松措施要齐全；

2）壁扇的安装高度也要满足要求。不符合要求的壁扇要重新安装，高度要求在1.8m及以上的位置；

3）风扇安装完毕，应认真做好试运行，运转时扇叶无明显颤动和异常声响。

3.15 避雷带(针)、防雷及接地装置安装的质量通病

3.15.1 突出屋面的金属、非金属物未作防雷接地保护

1. 现象

(1) 建筑物突出屋面的金属物未与避雷带等接地装置可靠连接;

(2) 高出屋面避雷带的非金属物,如玻璃钢水箱、塑料排水透气管等超出防雷保护范围。

2. 危害及原因分析

(1) 危害

突出屋面的金属物未与避雷带等接地装置可靠连接,非金属物超出防雷保护范围,存在雷击的危险。

(2) 原因分析

1) 未按设计图纸和规范要求施工;

2) 施工不细致、交接检查不认真;

3) 错误地认为只有高出屋面的金属物才需要与屋面避雷装置连接,而非金属物不是导体,不会传电,因而不会遭受雷击。雷击是一种瞬间高压放电现象,这种高压、强电流足以击穿空气、击毁任何物体。很多高大的建筑物、构筑物本身并非导体,却需要防雷保护,就是最简单的例子。

3. 标准要求及防治措施

(1) 标准要求

《建筑电气工程施工质量验收规范》(GB 50303—2002)第26.1.1条:"建筑物顶部的避雷针、避雷带等必须与顶部外露的其他金属物体连成一个整体的电气通路,且与避雷引下线连接可靠"。

(2) 防治措施

1) 在建筑物屋面接闪器保护范围之外的物体金属部分应可靠接地,并和屋面防雷装置相连接,必要时增设接闪器;

2) 高出屋面接闪器的玻璃钢水箱、玻璃钢冷却塔、塑料排水透气管等补装避雷针,并和屋面防雷装置相连,避雷针的高度应保证被保护物在其保护范围之内。

3.15.2 避雷带(针)的设置不合理、安装不可靠

1. 现象

(1) 建筑物的防雷网格设置偏大;避雷带(针)的位置不当;

(2) 避雷带的支架埋设不牢靠,支持点间距大、不均匀;避雷带不端正、不平直、有急弯、用电焊加热煨弯;避雷针针体不垂直、安装不牢;

(3) 避雷带在穿过变形缝处无补偿措施。

2. 危害及原因分析

(1) 危害

1) 建筑物的防雷网格太大,将起不到防直击雷和防侧击雷的作用;避雷带(针)的位

置未测量准确、未做好标记等，或者埋设位置不准确，影响使用效果；

2）避雷带敷设不牢固，易变形、移位；直线段不平直，弯曲半径小，急弯和热弯都会破坏镀锌圆钢（扁钢）等材料的镀锌层，电焊加热煨弯还造成面积变小、微小裂纹以及对焊等现象，针体固定时没掌握好垂直度，偏差超过规定值，安装不牢固，影响使用效果；

3）避雷带在变形缝处无补偿措施，当变形缝处的变形幅度大时，可能会拉伤、拉坏避雷带。

避雷带（针）的设置不合理、安装不可靠，不能起到预期的防雷作用。

（2）原因分析

1）设计单位未按《建筑物防雷设计规范》确定防雷类别，未按选定防雷类别选用相应的防雷设施，造成防雷网格尺寸偏大，位置不当；

2）施工人员未按设计要求施工，不熟悉规范要求；

3）施工不认真，支架定位不准确，不熟悉避雷带的安装工艺；

4）对建筑物的结构不清楚，无考虑变形缝对避雷带的影响。

3. 标准要求及防治措施

（1）标准要求

1）《建筑物防雷设计规范》（GB 50057—94）第 2.0.1 条："建筑物应根据其重要性、使用性质、发生雷电事故的可能性和后果，按防雷要求分为三类"。

第 5.2.1 条：接闪器布置应符合表 3.15.2－1 的规定；

接闪器中的防雷网格 **表 3.15.2－1**

建筑物防雷类别	滚球半径 h_r(m)	避雷网网络尺寸(m)
第一类防雷建筑物	30	≤5×5 或≤6×4
第二类防雷建筑物	45	≤10×10 或≤12×8
第三类防雷建筑物	60	≤20×20 或≤24×16

2）《建筑电气工程施工质量验收规范》（GB 50303—2002）第 26.2.2 条："避雷带应平正顺直，固定点支持件间距均匀、固定可靠，每个支持件应能承受大于 49N（5kg）的垂直拉力。当设计无要求时，支持件间距符合规范第 25.2.2 条的规定"。

第 25.2.2 条："明敷接地引下线及室内接地干线的支持件间距应均匀，水平直线部分 0.5～1.5m；垂直直线部分 1.5～3mm；弯曲部分 0.3～0.5m"。

（2）防治措施

1）建筑物应根据其重要性、使用性质、发生雷电事故的可能性和后果，按防雷要求分为三类：即一类防雷建筑物、二类防雷建筑物和三类防雷建筑物。

建筑物的防雷保护措施主要有几个方面：防直击雷、防侧击雷、防雷电磁感应、防雷电波入侵、防雷电磁脉冲等，其中防直击雷和防侧击雷一般设有防雷网格。

在设计交底和图纸会审时，应审核建筑物的防雷网格的设置是否符合对应防雷等级的要求，应符合表 3.15.2－1 的规定后方可做为施工依据。

防雷网格施工时应按设计和规范要求设置，不合格的必须调整直至符合要求；

2）避雷带的支架采用镀锌圆钢时，支架高度按设计要求，当设计上无要求时，一般为100～120mm；避雷带的支架采用镀锌扁钢时，其燕尾端和高度要求同镀锌圆钢，做法详见图3.15.2。

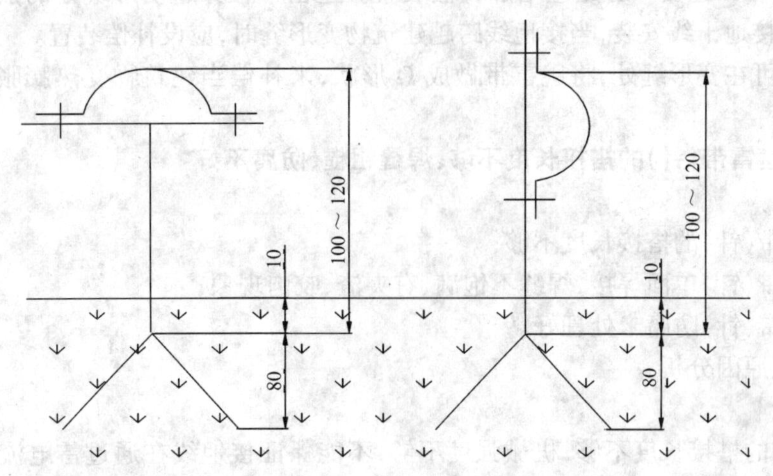

图3.15.2 支架两种做法示意图

避雷带的支架间距应满足规范要求，如表3.15.2-2的规定。

明敷接地线支持件间距 **表3.15.2-2**

项 目	支持件间距（m）
水平直线部分	0.5～1.5
垂直直线部分	1.5～3
弯曲部分	0.3～0.5

支架埋设前，应先对镀锌圆钢或镀锌扁钢进行调直、调平；支架在女儿墙上安装的程序：先放线测量后，找好间隔距离，然后打孔、预埋支架，埋入深度和高度找准确后，再用水泥进行捻缝，同时捻牢后，进行养护，待水泥达到强度后，再使用支架。

避雷带应平正、顺直，固定点支持件间距均匀、固定可靠，每个支持件应能承受大于49N(5kg)的垂直拉力。安装时应测量好，弹线、定位准确，把支持件预埋固定好：首先把每一处转角的支持件确定，转角处两边的支持件距转角中心宜为250～300mm，且应对称设置，然后在每一直线段上从转角处的支持件开始进行测量并平均分配，其间距应符合设计和规范规定；

敷设避雷带时，直线段要保证不起伏、转弯处的弯曲半径(圆弧)不应小于圆钢直径的10倍，并大于60mm；严禁弯成90°的直角弯。避雷带的弯曲应使用冷弯，严禁使用电焊加热煨弯。

避雷针必须按设计的位置设置，在埋设时确认针体垂直后应固定牢固，针体固定好后，要与引下线焊接牢固，若有防雷网，还要与防雷网焊接成一个整体；若避雷针针体不垂直、安装不牢，拆下重新进行调整，调直后再组装立杆；

3）避雷带在穿越变形缝处应增加补偿装置。避雷带在穿越变形缝处的敷设类似变配电室内明敷接地干线安装，当接地线跨越建筑物变形缝时，应设补偿装置。

具体做法可在变形缝处，将避雷带做成Ω形状，来补偿当建筑物受热膨胀时变形缝的伸长变化。

3.15.3 避雷带(针)的搭接长度不够、焊缝粗糙、防腐不好

1. 现象

(1) 避雷带(针)的搭接长度不够；

(2) 避雷带(针)单面焊接，焊缝不饱满、有夹渣、咬肉现象；

(3) 避雷带(针)防腐未处理好。

2. 危害及原因分析

(1) 危害

1）避雷带的搭接长度不够，机械强度不够，不能保证接地线在通过雷电流时有足够大的有效截面积；

2）焊缝处理不好，不能保证焊接质量；

3）防腐等工艺达不到要求，避雷带的焊接处受腐蚀快，易损坏，缩短避雷带的使用寿命。

(2) 原因分析

1）未做技术交底，施工人员不清楚避雷带(针)的施工工艺标准或具体做法；

2）不熟悉规范要求；

3）施工人员操作不熟练，焊接技术水平低，工作不认真。

3. 标准要求及防治措施

(1) 标准要求

《建筑电气工程施工质量验收规范》(GB 50303—2002)第24.2.1条："……接地装置的焊接应采用搭接焊，搭接长度应符合下列规定：1　扁钢与扁钢搭接为扁钢宽度的2倍，不少于三面施焊；2　圆钢与圆钢搭接为圆钢直径的6倍，双面施焊；3　圆钢与扁钢搭接为圆钢直径的6倍，双面施焊；4　扁钢与钢管，扁钢与角钢焊接，紧贴角钢外侧两面，或紧贴3/4钢管表面，上下两侧施焊；5　除埋设在混凝土中的焊接接头外，应有防腐措施"。

第26.2.1条："避雷针、避雷带应位置正确，焊接固定的焊缝饱满无遗漏，螺栓固定的应备帽等防松零件齐全，焊接部分补刷的防腐油漆完整"。

(2) 防治措施

1）避雷带应采用搭接焊接，搭接长度要符合规范要求，如表3.15.3所示；

2）焊缝工艺要符合规范要求。如镀锌圆钢，搭接长度满足要求，并双面焊接，焊接处应焊缝饱满、平滑，并应有足够的机械强度；无夹渣、无气孔、无咬肉等缺陷；

3）在焊接工艺满足要求后，把焊渣敲干净，焊接面药皮处理干净，再做好防腐处理。防腐时最少刷两遍防锈底漆，再刷面漆，表面颜色一致，符合设计要求。

接地线的搭接长度　　表 3.15.3

项次	项　目		规定数值		检验方法
1	搭接长度	扁钢	≥2b	三面施焊	尺量检查
		圆钢	≥6d	双面焊接	尺量检查
		圆钢和扁钢	≥6d	双面焊接	尺量检查
2	扁钢焊接搭接的棱边数		3		观察检查
3	扁钢与钢管或角钢	角钢	外侧两面		观察检查
		钢管	3/4 钢管表面、上下两侧		观察检查

注：b 为扁钢宽度，d 为圆钢直径。

3.15.4 接地装置的材质、规格和设置不符合要求

1. 现象

(1) 接地装置的材料品种选择不当；钢材不是热浸镀锌产品；材料的规格、尺寸(厚度或直径)小；接地体(极)间距大，连接工艺不符合要求；

(2) 接地装置未按设计要求(点数和位置)设置测试点；

(3) 防雷接地的人工接地装置在经人行通道处的埋设深度不够；

(4) 接地线(PE)的截面积偏小。

2. 危害及原因分析

(1) 危害

1) 如果接地装置材质(如镀锌圆钢、扁钢、角钢、钢管)选择不当，如设计要求为热浸镀锌圆钢，但施工时却选用一般的非热浸镀锌钢材，使用一般的圆钢，甚至螺纹钢；尽管现场做了防腐处理，由于条件的限制，达不到热浸镀锌的防腐效果。不符合设计要求，将降低了所选用材料的标准，缩短了使用寿命。

同理若所选用的材料小于允许规格，将达不到设计的预期效果和寿命。圆钢直径、扁钢厚度不够，直接影响雷电电流的流通，当建筑物遭受雷击时，会造成人员伤亡和财产损失。

接地极的间距不当，如间距过大时，疏散电流慢，接地电阻达不到设计要求；如间距过小，浪费多余的材料。

连接工艺不符合要求，也达不到设计的效果和使用寿命；

2) 接地装置未按设计要求(点数和位置)设置测试点，使用、维护、测试不方便；

3) 防雷接地装置在经过人行道处的埋设深度不够，可能由于雷击电流散流时造成跨步电压太高，对行人造成伤害；

4) 接地线的截面积偏小，影响雷电流向大地散流，或对地故障短路电流流通，同时也影响工程寿命。

(2) 原因分析

1) 未按设计要求选择热浸镀锌产品，未按设计要求设置防雷网格，未用熟练的操作人员，未认真进行技术交底，偷工减料。

参考本章第3.15.3条；

2）施工人员认为避雷引下线利用柱内钢筋，则整个建筑物的钢筋已统一接地，没必要再预留测试点；

3）未按图施工或节省工时；

4）为了节省材料，接地线（PE）的截面积选用较小的导体。

3．标准要求及防治措施

（1）标准要求

1）《建筑电气工程施工质量验收规范》（GB 50303—2002）第24.2.2条："当设计无要求时，接地装置的材料采用为钢材，热浸镀锌处理"，最小允许规格、尺寸应符合表3.15.4－1的规定。

接地装置钢材的最小允许规格、尺寸　　表3.15.4－1

种类、规格及单位		敷设位置及使用类别			
		地上		地下	
		室内	室外	交流电流回路	直流电流回路
圆钢直径（mm）		6	8	10	12
扁钢	截面（mm^2）	60	100	100	100
	厚度（mm）	3	4	4	6
角钢厚度（mm）		2	2.5	4	6
钢管管壁厚度（mm）		2.5	2.5	3.5	4.5
钢板厚度（mm）				1.5	1.5
钢绞线截面（mm^2）			16	16	16

第26.2.1条："避雷针、避雷带应位置正确，焊接固定的焊缝饱满无遗漏，螺栓固定的应备帽等防松零件齐全，焊接部分补刷的防腐油漆完整"；

2）《建筑电气工程施工质量验收规范》（GB 50303—2002）第24.1.1条："人工接地装置或利用建筑物基础钢筋的接地装置必须在地面以上按设计要求位置设测试点"；

3）《建筑电气工程施工质量验收规范》（GB 50303—2002）第24.1.3条："防雷接地的人工接地装置的接地干线埋设，经人行通道处埋地深度不应小于1m，且应采取均压措施或在其上方铺设卵石或沥青地面"；

4）《低压配电设计规范》（GB 50054—95）第2.2.9条：当保护线（以下简称PE线）所用材质与相线相同时，PE线最小截面积应符合表3.15.4－2的规定。

（2）防治措施

1）选用接地材料的品种、材质、规格、尺寸要符合设计要求和相应材料的国家标准。

如设计上选用的钢材为热浸镀锌扁钢（圆钢），就不要用角钢或钢管来代替，更不允许选用冷镀锌的产品。

PE 线最小截面 表 3.15.4-2

相线芯线截面 $S(mm^2)$	PE 线最小截面(mm^2)
$S \leqslant 16$	S
$16 < S \leqslant 35$	16
$S > 35$	$S/2$

注：当采用此表若得出非标准截面时，应选用与之最接近的标准截面导体。

在选用、定货和材料进场验收时，可用下面方法，简单地辨别接地装置的钢材是否为热浸镀锌钢材：镀锌钢材有热镀锌和冷镀锌两种，经过热浸镀锌的金属材料，其镀锌层较冷镀锌沾接金属表面的强度大，耐腐蚀性能强，但镀锌层表面有锌瘤及锌结晶花纹，表面较显粗糙。冷镀锌金属表面镀锌层光泽眩目，金属表面光滑，抗腐蚀性较差。

材料的规格、尺寸(厚度或直径)要符合设计要求和规范规定。根据接地装置敷设的场合(地点)，设计上所选用的材料，规格、尺寸必须满足规范规定。

防雷接地装置的人工接地装置的接地干线埋设，应先沿接地体(极)的线路开挖接地体(极)沟，接地体(极)沟验收合格后，再打入接地体(极)和敷设连接接地体(极)的接地干线，做好工序交接记录、隐蔽工程验收记录，前一道工序未经验收合格，不得进行下一道工序。

接地体(极)的间距应按设计的要求施工，位置应正确，才能达到设计的快速疏散雷电流的效果；参考本章第 3.15.2 条。

连接工艺，参考本章第 3.15.3 条；

2) 人工接地装置或利用建筑物基础钢筋的接地装置，必须在地面以上按设计和规范要求的位置设测试点。

在主体施工时，若避雷引下线利用柱子钢筋，按设计要求的位置(如果设计不明确，可在室外距地面 500mm 处)，于建筑物的四个角焊出接地电阻测试端子，其盒子和接地测试点作法如图 3.15.4 所示；

3) 防雷接地的人工接地装置的接地干线埋设，在设计阶段或在施工时，一般尽量避免防雷接地干线穿越人行通道，以防止雷击时跨步电压过高而危及人身安全。如果无法避开，需要穿越人行通道，接地干线的深度应符合规范要求，即经人行通道处埋地深度应大于等于 1m，且应采取均压措施或在其上方铺设卵石或沥青地面；

4) 选择接地干线的截面积时，要注意符合设计和规范要求。

3.15.5 等电位联结的联结线截面积偏小

1. 现象

等电位联结的线路截面偏小。

2. 危害及原因分析

(1) 危害

等电位联结选用的材料规格小，将达不到设计的使用寿命，接地线截面积小于规范要求时，当发生漏电现象后，不能快速的将电流流向大地及影响保护电器保护动作，造成人员伤亡和财产损失。

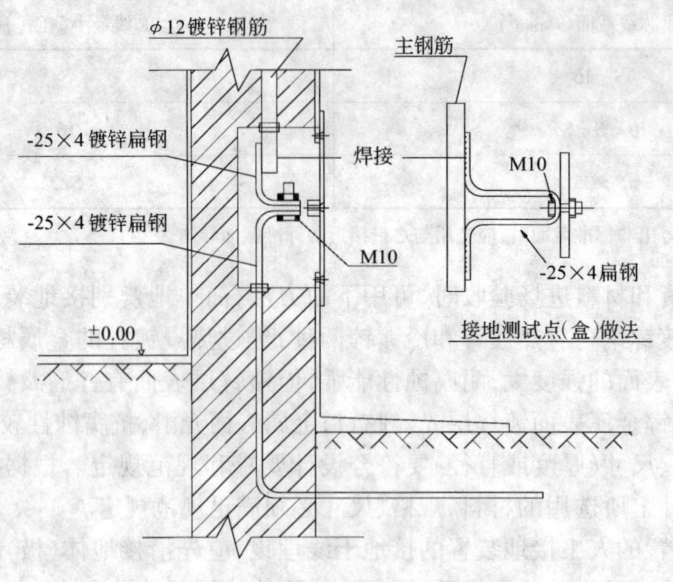

图3.15.4　暗装断接卡子做法

(2) 原因分析

1) 不熟悉规范要求；

2) 偷工减料，未按设计要求选用等电位联结线。

3. 标准要求及防治措施

(1) 标准要求

《建筑电气工程施工质量验收规范》(GB 50303—2002)第27.1.2条：等电位联结的线路最小允许截面应符合表3.15.5的规定。

等电位联接接地线最小允许截面(mm^2)　　表3.15.5

材料	截面	
	干线	支线
铜	16	6
钢	50	16

(2) 防治措施

等电位联结线的规格按设计要求选取，并符合规范要求。不能小于最小允许截面面积。

注意干线和支线的关系，干线指总等电位联结处LPZOB与LPZ1交接处，支线指局部等电位联结处LPZ1与LPZ2交界处及以下交界处，如图3.15.5。

把已敷设但不符合要求的等电位联结线更换至符合要求。

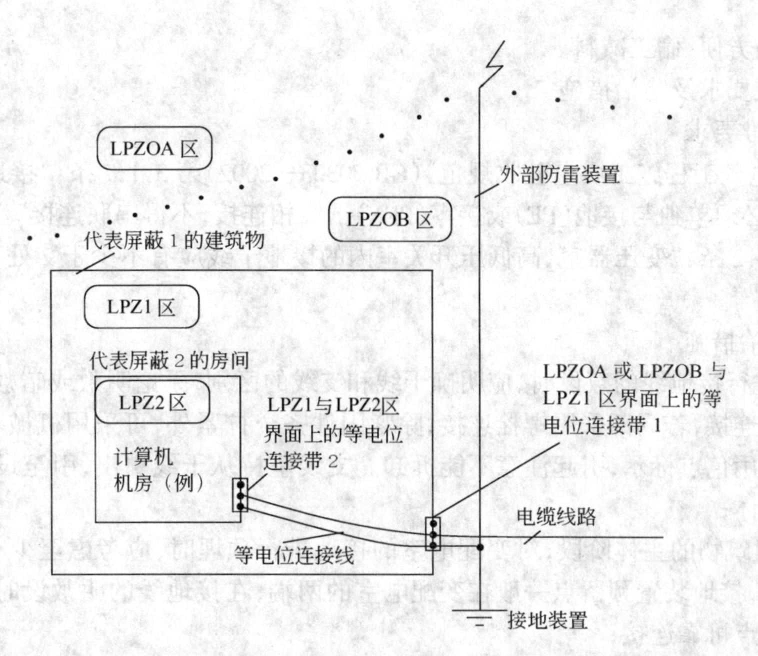

图 3.15.5　将一建筑物划分为几个防雷区和做符合要求的等电位连接的例子

3.15.6　变配电室的接地干线少于 2 处与接地装置连接，接地支线有串接现象

1．现象

(1) 接地线的支线有串接现象；

(2) 变压器室、高低压开关室的接地干线少于 2 处与接地装置的引出干线相连接。

2．危害及原因分析

(1) 危害

1) 接地线的支线有串接现象，如果中间的一段或一个设备断开，则支线与干线相连方向相反的另一侧所有电气设备、器具及其他需接地的单独个体全部失去接地保护。

接地干线一般处于良好的电气导通状态，一般具有不可拆卸特性，而支线是指由干线引向某个电气设备、器具(如电动机、单相三孔插座等)以及其他需接地单独个体的接地线，通常用可拆卸的螺栓连接；这些设备、器具及其他需要接地的单独个体，在使用中往往由于维修、更换等种种原因需临时或永久的拆除，若他们的接地支线彼此间是相互串联连接，只要拆除中间一件，则与干线相连方向相反的另一侧所有电气设备、器具及其他需接地的单独个体全部失去接地保护，这显然不允许，要严禁发生的，所以支线不能串联连接；

2) 接地干线只有 1 处与接地装置的引出干线相连接，降低了可靠性，故障电流向接地装置流散时只有一个流向，不利于快速疏散故障电流。

(2) 原因分析

1) 不熟悉规范要求，不知道接地线串接会造成严重后果；

2) 嫌麻烦。认为只要与接地网连接上就可以了，不知道变压器室、高低压开关室的接地干线，要求不少于 2 处与接地干线相连接，为了保证供电系统接地可靠，构成环网状电路有利于故障电流的流散畅通；

3）贪图方便，偷工减料。

3．标准要求及防治措施

（1）标准要求

《建筑电气工程施工质量验收规范》（GB 50303—2002）第3.1.7条："接地（PE）或接零（PEN）支线必须单独与接地（PE）或接零（PEN）干线相连接，不得串联连接"。

第25.1.2条："变压器室、高低压开关室内的接地干线应有不少于2处与接地装置引出干线连接"。

（2）防治措施

1）在进行接地线的敷设时，应明确干线和支线的区别，无论明敷或暗敷的干线，尽可能采用焊接连接，若局部采用螺栓连接，除紧固件齐全拧紧外，可采用机械手段点铆使其不易拆卸或用色点标示，引起注意不能拆卸。支线坚持从干线引出，引至设备、器具以及其他单独个体；

2）在建筑物的主体阶段，对变配电室的接地进行预埋时，应考虑至少有两处预留接地点（钢板），接地装置预留点一般在变配电室的两端；在接地线的明敷设时，不要漏掉与预留的接地点可靠连接；

3）变压器室、高低压开关室的接地干线至少有2处与接地装置的引出干线相连接，保证供电系统接地可靠和故障电流的流散畅通。

3.15.7 接地线的安装固定工艺差

1．现象

（1）变配电室内沿墙敷设接地干线的高度 < 250mm，支持点间距大且贴墙面安装，接地线标识不明；

（2）接地装置搭接焊的搭接长度和搭接面面数不够；搭接面不平、焊缝粗糙；

（3）玻璃幕墙、栏杆、门窗等外墙上的金属物未就近与接地干线连接，不同金属间无防电化腐蚀措施。

2．危害及原因分析

（1）危害

1）变配电室内接地线的支持点间距大，使接地线安装不牢固；接地线的标识不明，有的用黑色，有的用黄色，色标混乱；接地线的标识不明，未能引起操作人员重视，在设备、线路的检查、维修后，拆卸下的接地支线可能未及时安装回原位；

2）接地装置搭接焊的搭接长度（焊缝长度）和搭接面面数不够，接地线的强度不够、可靠性低。搭接面不平、焊缝粗糙不饱满，防腐处理难度大，焊接质量无保证；

3）外墙上的金属物很容易受到雷电袭击，如果没有接地，将危及人身安全；不同金属的分子活跃程度不同，如果碰在一起会出现电化腐蚀，从而降低使用寿命。

（2）原因分析

1）施工人员不熟悉规范要求；

2）未做技术交底，不清楚接地干线色标标识规定；

3）施工人员操作不熟练，焊接技术水平低，操作马虎应付。

参考本章第3.15.3条；

4) 对防雷接地部位要求不清楚，不知道电化腐蚀的危害。

3. 标准要求及防治措施

(1) 标准要求

1)《建筑电气工程施工质量验收规范》(GB 50303—2002)第25.2.2条："明敷接地引下线及室内接地干线的支持件间距应均匀，水平直线部分0.5~1.5m；垂直直线部分1.5~3m；弯曲部分0.3~0.5m"。

第25.2.4条："变配电室内明敷接地干线安装应符合下列规定：1　便于检查，敷设位置不妨碍设备的拆卸与检修；2　当沿建筑物墙壁水平敷设时，距地面高度250~300mm；与建筑物墙壁间的间隔10~15mm；3　当接地线跨越建筑物变形缝时，设补偿装置；4　接地线表面沿长度方向，每段为15~100mm，分别涂以黄色和绿色相间的条纹；5　变压器室、高压配电室的接地干线上应设置不少于2个供临时接地用的接线柱或接地螺栓"；

2)《建筑电气工程施工质量验收规范》(GB 50303—2002)第24.2.1条："……接地装置的焊接应采用搭接焊，搭接长度应符合下列规定：1　扁钢与扁钢搭接为扁钢宽度的2倍，不少于三面施焊；2　圆钢与圆钢搭接为圆钢直径的6倍，双面施焊；3　圆钢与扁钢搭接为圆钢直径的6倍，双面施焊；4　扁钢与钢管，扁钢与角钢焊接，紧贴角钢外侧两面，或紧贴3/4钢管表面，上下两侧施焊；5　除埋设在混凝土中的焊接接头外，应有防腐措施"；

3)《建筑电气工程施工质量验收规范》(GB 50303—2002)第25.2.7条："设计要求接地的幕墙金属框架和建筑物的金属门窗，应就近与接地干线连接可靠，连接处不同金属间应有防电化腐蚀措施"。

(2) 防治措施

1) 变配电室内，接地干线敷设时，应先进行测量，弹线、定位、准确标定支持点的位置。支持件的安装间距，水平直线部分为0.5~1.5m，垂直直线部分为1.5~3m，转弯部分为0.3~0.5m。

支持件的安装高度为：沿建筑物墙壁水平敷设时，距地面高度250~300mm；与建筑物墙壁间的间隔10~15mm；敷设的部位要注意便于检查，不妨碍设备的拆卸与检修。

接地干线在跨越建筑物的变形缝处，应将接地干线弯成Ω形状，做补偿装置。

接地干线的支持件可用预埋固定法或用金属膨胀螺栓进行固定。

接地干线的标识应符合规范要求。可在接地线表面沿长度方向，每段为15~100mm，分别涂以黄色和绿色相间的条纹；接地线的色标可涂油漆，也可使用黄绿双色胶带。

参考本章第3.15.2条；

2) 接地干线的连接应采用搭接焊接，搭接长度应符合表3.15.3的规定。参考本章第3.15.3条。

接地线的焊接处焊缝应饱满，无夹渣、无气孔、无咬肉，并做好防腐处理；参考本章第3.15.3条；

3) 有接地要求的玻璃幕墙金属框架、栏杆、门窗等金属物，应就近与接地干线连接，不同金属间应有防电化腐蚀措施，如使用不锈钢垫片过渡。

3.15.8　接地电阻达不到设计要求

1. 现象

实测的接地电阻值大于设计要求。

2. 危害及原因分析

(1) 危害

接地电阻实际测量阻值达不到设计要求,不能保证有设计上预期的防雷接地效果。当接地系统是共接地系统,将影响智能系统的正常运行。

(2) 原因分析

1) 接地装置的材料选择不当;

2) 接地体(极)的位置选择不当;接地体(极)的数量设置不够;

3) 人工接地体(极)的埋设深度不够;

4) 土壤的电阻率过高;

5) 施工工艺不符合规范要求。

3. 标准要求及防治措施

(1) 标准要求

《建筑电气工程施工质量验收规范》(GB 50303—2002)第 24.1.2 条:“测试接地装置的接地电阻值必须符合设计要求”。

(2) 防治措施

1) 接地体、接地线的种类和规格应符合设计和规范要求,人工接地体和接地线的最小规格见表 3.15.4-1;

2) 人工接地体(极)的位置和数量应按设计要求布置;人工接地体(极)敷设后,用接地干线全部连接起来,并及时进行接地电阻的测试,若阻值未达设计要求,应及时把结果反馈给设计院,由设计人员决定是否增加人工接地体(极)的数量等措施;

3) 人工接地体的埋设深度以顶部距地面大于 0.6m 为宜,在经人行通道处埋地深度应大于等于 1m,且应采取均压措施或在其上方铺设卵石或沥青地面。

参考本章第 3.15.4 条;

4) 对于砂、石、风化岩等高电阻率的地区,按设计要求进行敷设接地装置,且工艺全部符合规范要求;如果接地电阻仍不能满足设计要求,应及时反馈给设计院,由设计人员决定是否使用降阻剂降低土壤的电阻率;

5) 施工工艺如搭接长度、焊缝质量要符合施工规范要求。接地体和接地线的搭接长度如表 3.15.3 的规定,施工现场必须加强质量检查,严格把好质量关,同时接地装置施工中应做好隐蔽工程的验收记录,相关责任人及时签证。

参考本章第 3.15.3 条。

3.16 建筑物的通电试运行的质量通病

3.16.1 建筑物的照明通电试运行不符合要求

1. 现象

(1) 开关与灯具控制顺序不对应;建筑物照明通电试运行的送电部位不明确;

(2) 公共建筑物照明通电连续运行试验时间不足 24h,民用住宅不足 8h;通电期间未记录通电运行的情况。

2．危害及原因分析

(1) 危害

1) 开关与灯具的控制顺序不相对应，不能起到开关的作用，开关操作不方便；送电部位不明确，哪些设备、部位做过试验，哪些设备、部位未做过试验，不清楚，会造成有些设备、有些部位漏做通电试验，留下安全隐患；

2) 建筑物照明送电试验时间为不足，不能真正考核照明工程的发热稳定性和安全性，也未暴露灯具和光源的质量问题，未能达到检验的目的；通电期间未记录通电运行的情况，对通电过程是否正常，出现问题如何处理等都不清楚，不能真实记录通电试验的情况。

(2) 原因分析

1) 工作马虎应付，灯具到开关的控制回路线未作标志，接线时随意连接，照明箱内的回路无标志，通电试验未按规范要求做好；

2) 未按交接验收条件进行交接验收，有些照明设备的施工质量和设计的预期功能未经试验；对规范不清楚，或公用建筑与民用住宅的照明通电连续试运行时间混淆；

3) 无检验照明灯具的可靠性、安全性、耐久性。

3．标准要求及防治措施

(1) 标准要求

《建筑电气工程施工质量验收规范》(GB 50303—2002)第23.1.1条："照明系统通电，灯具回路控制应与照明配电箱及回路的标识一致，开关与灯具控制顺序相对应"。

第23.1.2条："公用建筑物照明系统通电连续试运行时间应为24h，民用住宅照明系统通电连续试运行时间应为8h。所有照明灯具均应开启，且每2h记录运行状态1次，连续试运行时间内无故障"。

(2) 防治措施

1) 灯具回路控制、照明配电箱回路的标识、开关与灯具控制顺序应按规范要求施工，安装施工结束后，应做照明全负荷通电试验，符合要求方能认为合格，否则应整改至合格。

通电部位明确，哪些设备、哪些部位做试验，详细记录清楚，如果存在问题，及时进行整改；

2) 公用建筑物照明系统通电连续试运行时间与民用住宅照明系统不同，前者照明工程负荷大、灯具众多，可靠性要求严格，连续负荷试验时间应为24h，后者应为8h。实施时严格按规范执行，且每2h记录运行状态1次，连续试运行时间内无故障方可认为合格。

第4章　智能建筑工程

4.1　火灾自动报警及消防联动系统

4.1.1　系统管线布置的缺陷

1. 通病现象

(1) 系统的线管(槽)规格偏小,填充率偏大。

(2) 明装电线钢管不刷防火涂料,或只刷正面,不刷背面。

(3) 埋地线管采用了薄壁电线钢管,且未做好防腐措施。

(4) 薄壁镀锌电线钢管敷设时,采用电焊连接或钢筋跨焊接地。

(5) 金属线槽、线管敷设时,吊点及支点的距离太大。吊杆直径偏小(< ϕ6mm)。

(6) 柔性导管暗敷设、末端使用过长、与设备和器具间无专用接头,被保护的线路外露。

2. 危害及原因分析

(1) 危害

1) 造成穿线困难,很容易发生导线挂破,形成短路、断线等事故。

2) 造成明装电线钢管达不到防火要求,一旦火灾,线路很容易被烧坏而短路。

3) 电线管很容易腐蚀;使用寿命不长。

4) 镀锌管内外保护层被破坏,且易形成毛刺、焊熘,挂破电线造成短路。

5) 线槽、线管机械强度不够,容易变形,或出现坍塌事故。

6) 线路维护困难,丧失保护线路作用。

(2) 原因分析

1) 设计人员不细,线管设计偏小;或施工人员不按图纸施工,不熟悉电气安装规程,或偷工减料。

2) 不熟悉消防管线明装安装一律要刷防火涂料的要求,或施工程序不对,对背面线管未先刷防火涂料。

3) 设计人员对埋地敷设电线管的材质要求未注明,或施工人员未按规范要求选用材料施工。

4) 施工人员在敷设薄壁电线管时,未按新的验收要求的工艺施工。

5) 施工人员在放线时,没按规程安装要求作标记,随意施工。吊杆材料时也不按规范要求选材。

6) 不熟悉规范,未采购柔性导管的接头配件,或部分设备和器具接口处无法与接头配件相连接。

3. 标准要求及防治措施

(1) 标准要求

1)《民用建筑电气设计规范》(JGJ/T 16—92)第9.4.3条:"三根及以上绝缘导线穿于同一根管时,其总截面积(包括外护层)不应超过管内截面积40%";

第9.7.3条:"控制信号或其相类似的线路,电线或电缆的总截面积(包括外护层)不应超过线槽截面积50%"。

2)《火灾自动报警系统设计规范》(GB 50116—98)第10.2.2条:"当消防管线明敷时,应采用金属管或线槽保护,并在金属管或线槽上采用防火保护措施"。

3)《民用建筑电气设计规范》(JGJ/T 16—92)第9.4.2条:"明敷于潮湿场所或埋地敷设的金属管布线,应采用水、煤气钢管。明敷或暗敷于干燥场所的金属管布线,可采用电线钢管"。

4)《建筑电气工程施工质量验收规范》(GB 50303—2002)第14.1.1条:"镀锌的钢导管、可挠性导管和金属线槽不得熔焊跨接地接地线"。

5)《民用建筑电气设计规范》(JGJ/T 16—92)第9.4.6条:金属管明敷时,其固定点的间距,不应大于下表4.1.1所列数值;

金属管明敷时的固定最大间距 **表4.1.1**

金属管种类	金属管公称直径(mm)			
	15~20	25~32	40~50	70~100
	最大间距(m)			
钢管	1.5	2.0	2.5	3.5
电线管	1.0	1.5	2.0	3.5

第9.7.7条:"金属线槽敷设时,吊点及支点的距离,应根据工程具体条件确定,一般应在下列部位设置吊架或支架:

a. 直线段不大于3m或线槽接头处;

b. 线槽首端、终端及进出接线盒0.5m处;

c. 线槽转角处"。

《火灾自动报警系统施工及验收规范》(GB 50166—92)第2.2.11条:"吊装线槽的吊杆直径,不应小于6mm"。

6)《建筑电气工程施工质量验收规范》(GB 50303—2002)第14.2.10条:"柔性导管与电气设备、器具连接采用专用接头,其长度在动力工程中不大于0.8m,在照明工程中不大于1.2m"。

《电气装置安装工程1kV及以下配线工程施工及验收规范》(GB 50258—96)第2.3.1条:"金属软管的长度不宜大于2m"。

《火灾自动报警系统施工及验收规范》(GB 50166—92)第2.6.2条:"消防控制设备的外接导线,当采用金属软管作套管时,其长度不宜大于2m,且应采用管卡固定,其固定点间距不应大于0.5m。金属软管与消防控制设备的接线盒(箱),应采用锁母固定,并应根据配管规定接地"。

(2) 防治措施

1) 设计人员、施工人员应认真学习规范,了解电线产品性能,并认真执行规范;监理应加强管理。

2) 施工时无论钢管的正面、背面都应均匀涂刷防火涂料。

3) 应严格按规范要求,采用水、煤气钢管敷设,敷设后涂刷沥青漆防腐。

4) 薄壁镀锌电线管明装时,管间的接地连接只能用线卡子与相应截面的导线进行连接;或采用新工艺"JDG管"连接法。

5) 应严格按规范要求施工。

4.1.2 系统线盒安装不规范

1. 通病现象

(1) 预埋线管弯曲多、弯曲半径小、线路长时线盒布置偏少。

(2) 线盒与管子连接时,盒外没套锁母、内侧不装护口。

(3) 金属软管连接线盒不到位,裸露电线。

2. 危害及原因分析

(1) 危害

1) 造成穿线困难。

2) 容易挂破电线,造成短路、接地故障。

3) 容易遭受老鼠侵害,其次易受人为机械损伤或使导线裸露部分老化加快,引起绝缘损坏等。

(2) 原因分析

1) 设计人员不熟悉消防规范,或设计人员不仔细,设计时未留中间过渡盒。

2) 施工人员不严格执行安装工艺,或偷工减料。

3. 标准要求及防治措施

(1) 标准要求

1)《火灾自动报警系统施工及验收规范》(GB 50166—92)第2.2.7条:"管路超过下列长度时,应在便于接线处装设接线盒:

a. 管子长度每超过45m,无弯曲时;

b. 管子长度每超过30m,有1个弯曲时;

c. 管子长度每超过20m,有2个弯曲时;

d. 管子长度每超过12m,有3个弯曲时"。

2)《火灾自动报警系统施工及验收规范》(GB 50166—92)第2.2.8条:"管子入盒时,盒外侧应套锁母,内侧应装护口,在吊顶内敷设时盒的内外侧均应套锁母"。

3)《民用建筑电气设计规范》(JGJ/T 16—92)第24.8.11条:"从接线盒、线槽等处引至探测器底座盒、控制设备盒、扬声器箱等的线路应加金属软管保护,而且应封闭处理,不得有电线、电缆裸露"。

(2) 防治措施

1) 提高施工人员素质,严格执行规范,加强监理。

2) 尽量安排谁预埋,谁穿线安装。

4.1.3 系统布线的缺陷

1. 通病现象

(1) 将不同系统、不同电压等级、不同电流类别的线路,穿在同一管内或同一线槽内,线槽内未设分隔板。

(2) 穿线不规范:

1) 不按原设计线管规定线数布线,随意增加,强行拽线;

2) 采用非标准导线,或随意降低线缆等级;

3) 在线槽中布线不整齐,没按类别、楼层扎捆。

2. 危害及原因分析

(1) 危害

1) 容易给报警系统带来信号干扰、甚至造成绝缘破坏、刮破电线造成短路等后果。

2) 造成线路故障增加,出现事故不便查找和维护。

(2) 原因分析

1) 设计不细或不明确;施工人员不熟悉安装规程,不按规范施工,将广播线(70~110V)与主回路线(DC24V)穿一起;将电源线(AC220V)与主回路线(DC24V)穿一起等。

2) 施工人员不熟悉消防规范,或不按图纸施工,或偷工减料。

3. 标准要求及防治措施

(1) 标准要求

1)《火灾自动报警系统施工及验收规范》(GB 50166—92)第2.2.4条:"不同系统、不同电压等级、不同电流类别的线路,不应穿在同一管内或线槽的同一槽孔内"。

2)《火灾自动报警系统设计规范》(GB 50116—98)第10.1.2条:"火灾自动报警系统的传输线路截面选择,应满足自动报警装置技术条件的要求和机械强度要求"。其最小截面面积不应小于表4.1.3的规定。

铜芯绝缘导线和铜芯电缆的线芯最小截面面积　　表4.1.3

序号	类　别	线芯的最小截面面积(mm)
1	穿管敷设的绝缘导线	1.00
2	线槽内敷设的绝缘导线	0.75
3	多芯电缆	0.50

(2) 防治措施

1) 设计人员应严格执行消防规范。

2) 严格按规范、按规程施工,加强监理。

4.1.4 系统布线设计不当

1. 通病现象

(1) 报警主回路线采用普通导线,缺乏针对性,没有按照报警产品要求设计。

(2) 直流(24V)电源干线截面偏小。

2. 危害及原因分析

(1) 危害

1) 主回路线用错将产生误报,甚至影响主机正常运行。

2) 由于楼层较高、线路长、压降偏大,造成末端电压不足,不能打开风阀或不能启动相关设备。

(2) 原因分析

1) 设计人员不熟悉消防产品,消防报警产品多达数十种、甚至上百种,抗干扰能力不同,所以要求报警主回路线也不一样,有的用屏蔽线、有的用双绞抗干扰线等。

2) 设计人员工作不细,设计时没有详细计算线路电压损失,直流(24V)电源干线截面选择偏小;或施工人员不按图纸施工,偷工减料,将干线截面随意改小。

3. 标准要求及防治措施

(1) 标准要求

1) 报警产品的使用说明书中对线路的要求。

2)《民用建筑电气设计规范》(JGJ/T 16—92)第24.9.5条:"火灾自动报警控制器应采用单独的供电回路,并能保证在消防系统处于最大负载状态下不影响报警控制器的正常工作"。

(2) 防治措施

1) 设计要有针对性,特别在选定产品后应邀请供货商对图纸进行深化设计。

2) 设计及施工人员,不但要熟悉消防规范,还必须熟悉每个报警产品的特点、个性及用线的要求。

3) 对较长的线路,设计人员应计算最不利点的压降,便于选择合理的导线截面,同时又能保障系统正常工作。

4) 施工人员应严格按图纸施工。

4.1.5 报警控制器及联动柜的安装缺陷

1. 通病现象

(1) 报警控制器、联动柜的安装位置背光或没有预留检修位置。

(2) 报警控制器、联动箱柜内,外接导线较乱、不牢固、无编号、捆扎松散等。

(3) 落地安装的报警控制器、联动柜柜体基础与地面未保持一定距离。

2. 危害及原因分析

(1) 危害

1) 观察面背光,给操作管理带来不便,没预留出检修位置,给维修管理带来困难。

2) 容易造成系统故障、发生事故等,并给维修管理带来困难。

3) 地面潮气影响柜内器件的性能,造成系统故障。

(2) 原因分析

1) 近年来,为了方便管理,开发商不光将消防设备,还将安全防范监控系统、楼宇监控系统设备,以及网络系统设备都设置在消防控制室内,以致报警控制器、联动柜的安装位置无法按设计图纸或规范要求安装,离后墙、侧墙太近。

2) 在安装报警控制器、联动柜时,施工人员不熟悉电气安装工艺及规范,接线零乱无序,没规律;线头无编码、安装不牢靠。

3) 设计不细,或安装时没有熟悉规范和统一规划。

3. 标准要求及防治措施

(1) 标准要求

1)《火灾自动报警系统设计规范》(GB 50116—98)第 6.2.5 条:"报警控制器、联动柜前的面盘操作距离,单列布置时不应小于 1.5m、双列布置时不应小于 2m;设备面盘后的维修距离不宜小于 1m"。

2)《火灾自动报警系统施工及验收规范》(GB 50166—92)第 2.5.3 条:"引入控制器的电缆或导线,应符合下列要求:

a. 配线应整齐,避免交叉,并应固定牢靠;

b. 电缆芯线和所配导线的端部,均应标明编号,并与图纸一致,字迹清晰不易退色;

c. 端子板的每个接线端,接线不得超过 2 根;

d. 电缆芯和导线,应留有不小于 20cm 的余量;

e. 导线应绑扎成束;

f. 导线引入线穿线后,在进线管处应封堵"。

3)《火灾自动报警系统施工及验收规范》(GB 50166—92)第 2.5.1 条:"报警控制器落地安装时,其底宜高出地坪 0.1~0.2m"。

(2) 防治措施

设备布局更应统筹规划、合理安排、精心设计,但特别强调消防设备的布置,一定要符合消防规范的要求。

4.1.6　火灾探测器的安装缺陷

1. 通病现象

(1) 探测器的安装位置离墙、梁距离太近(水平距离 <0.5m)。

(2) 探测器的安装位置离周围遮挡物太近(距离 <0.5m);探测器的安装位置距进风口(距离 <1.5m)、回风口的距离(距离 <0.5m)太近。

(3) 探测器的保护面积不按规范设计,感烟探测器保护面积大于 60m^2、感温探测器保护面积大于 20m^2(指中危险级场合)。

(4) 感温、感烟探测器的安装使用场合不正确。如茶炉房设感烟、厨房设感烟、发电机房设感烟等。

(5) 红外线光束探测器安装距顶板距离不当(>1m 或 <0.3m),距地面高度偏高(>20m);相邻组间水平间距过大(>14m),距侧墙距离不当(>7m 或 <0.5m);发射器与接收器间距离偏大(>100m);或安装在强烈灯光和阳光照射的位置等等。

2. 危害及原因分析

(1) 危害

造成误报率增高;或有火情不报,耽误扑灭初起火灾。

(2) 原因分析

1) 在火灾报警系统的平面设计施工图中,由于大多数消防线管都是由土建单位预埋的,他们毕竟不太熟悉消防规范,所以才出现离墙、梁的距离太近现象。探测器的位置一般是没有标尺寸的,施工人员在预埋探测器的线盒时,没有严格执行规范标准。

2) 没有和装修或空调专业人员协调,也会影响探测器的报警效果。

3) 设计不细,未详细计算;或设计人员、施工人员不熟悉规范。

4) 设计人员在设计探测器时,对保护区的功能考虑不周;或施工人员不熟悉安装规范,只照图施工。

5) 设计人员、施工人员不熟悉红外线探测器产品要求和规范要求,安装位置距离不当,或没避开灯光、阳光,辐射距离不符合产品标准要求等,造成经常误报。

3. 标准要求及防治措施

(1) 标准要求

1)《火灾自动报警系统设计规范》(GB 50116—98)第 8.1.7 条:"探测器至墙壁、梁边的水平距离不小于 0.5m";《火灾自动报警系统施工及验收规范》(GB 50166—92)第 2.3.1 条中也有同样的规定。

2)《火灾自动报警系统设计规范》(GB 50116—98)第 8.1.10 条:"探测器的安装位置离周围 0.5m 不应有遮挡物;房间被书架、设备或隔断等分隔,其顶部至顶棚或梁的距离小于房间的净高的 5%时,每个隔断应安装一个探测器等。探测器的安装位置距进风口不小于 1.5m、距回风口的距离不小于 0.5m"。

3)《火灾自动报警系统设计规范》(GB 50116—98)第 8.1.2 条:"对感烟、感温探测器的保护面积和保护半径作了规定"(具体数据见表 4.1.6)。

感烟探测器、感温探测器的保护面积和保护半径(仅摘录屋顶坡度 $\theta \leqslant 15°$)　　表 4.1.6

探测器种类	地面面积 S (m^2)	房间高度 h (m)	一只探测器保护面积及保护半径	
			A(m^2)	R(m)
感烟探测器	$S \leqslant 80$	$h \leqslant 12$	80	6.7
	$S > 80$	$6 < h \leqslant 12$	80	6.7
		$h \leqslant 6$	60	5.8
感温探测器	$S \leqslant 30$	$h \leqslant 8$	30	4.4
	$S > 30$	$h \leqslant 8$	20	3.6

4)《火灾自动报警系统设计规范》(GB 50116—98)第 7 章,专门谈了探测器的选择,第 7.2.5 条:"锅炉房、厨房、发电机房等宜设感温探测器"。

5)《火灾自动报警系统设计规范》(GB 50116—98)第 8.2.1 条:"专门谈了红外光束感烟探测器的安装,至顶棚的垂直距离宜为 0.3～1.0m,距地高度不宜超过 20m"。

第 8.2.2 条:"相邻两组红外光束感烟探测器的水平距离不应大于 14m。探测器至侧墙水平距离不应大于 7m,且不应小于 0.5m。探测器的发射器和接收器之间的距离不宜超过 100m"。

6)《民用建筑电气设计规范》(JGJ/T 16—92)第 24.5.2 条中对探测器的设置与布局也作了详细的要求,特别提醒红外光束感烟探测器,不可安装在易受阳光或其他光源照射的地方。

(2) 防治措施

1) 弱电设计人员应加强与建筑结构施工人员沟通,合理设计探测器的位置。电气管线预埋人员应加强报警规范的学习。

2) 加强与建筑装修、通风专业人员沟通。

3) 设计人员应了解保护区的功能,合理选择探测器,合理设计保护面积。施工人员在施工过程中发现设计不合理后应及时向建设和监理单位提出修改意见。

4) 设计和施工人员应充分了解特殊探测器的使用特性。

4.1.7　手动报警按钮及警铃的安装缺陷

1．通病现象

(1) 手动按钮和警钟,没有设置在人员出入口,方便报警的位置。

(2) 自动报警系统不设手动按钮,仅设消火栓按钮。

(3) 报警时警钟不响,或响的分贝不够。

2．危害及原因分析

(1) 危害

1) 手动按钮和警钟的位置如果设置得不便于报警,往往延误时机酿成大火。

2) 手动按钮和消火栓按钮混为一谈,当人们发现火情时无法紧急报警,酿成大火。

3) 警钟不响,其后果是影响及时扑救火灾及人员的疏散。

(2) 原因分析

1) 设计人员、施工人员经验少、对规范掌握不够。

2) 手动按钮和消火栓按钮混为一谈,手动按钮是火灾自动报警系统中必不可少的装置,当人们发现火情时用作紧急报警之用;而消火栓按钮是为了灭火及时启动水泵、同时报告火灾部位,两者概念完全不同,决不能混淆。

3) 一种可能是系统编程不对、二是警钟安装太紧、三是主机消声没复位。

3．标准要求及防治措施

(1) 标准要求

1)《火灾自动报警设计规范》(GB 50116—98)第8.3.1条、第8.3.2条:"手动火灾自动报警按钮宜设置在公共场所的出入口处、设置在明显的和便于人员操作的部位"。

2)《火灾自动报警设计规范》(GB 50116—98)第5.1.1条:"火灾自动报警系统应设有自动和手动两种触发装置。这里手动触发装置,就是指手动火灾报警按钮,每个防火分区至少要安装一个,而且防火分区的任意位置,到临近一个手动火灾报警按钮的距离不应大于30m"。

3)《火灾自动报警设计规范》(GB 50116—98)第6.3.1.6条:"火灾警报装置(警钟)其控制程序是,在多层楼房,当某层发生火灾时,应首先接通本层和上、下层的警钟"。

(2) 防治措施

1) 设计人员应认真学习规范、严格执行规范。施工人员进场后应由有经验的技术人员认真进行技术交底。

2) 编程序时要认真仔细,严格执行规范要求;安装警钟时松紧度要适度,不能太紧也不能太松。

4.1.8 模块及模块箱的安装缺陷

1. 通病现象

(1) 接线箱线头无编号,导线捆扎不整齐。

(2) 模块箱太小,没设置端子牌。

2. 危害及原因分析

(1) 危害

1) 影响系统维修,给查找线路带来困难,甚至造成事故。

2) 影响安装和操作,容易引发故障。

(2) 原因分析

1) 由于施工人员工作不规范,或者马虎,不仔细造成的。

2) 设计与安装时都没有按电气设备的规范要求考虑留出一定间隙距离。

3. 标准要求及防治措施

(1) 标准要求

《火灾自动报警设计规范》(GB 50116—98)第10.2.6条:"接线端子箱内的端子宜选择压接,其端子上应有相应的标号"。

(2) 防治措施

1) 施工和设计人员应认真学习规范、严格执行规范。

2) 购置模块箱以前,应了解模块的大小尺寸,端子排多少及尺寸大小,并适当考虑预留配线和可能扩展模块数量的安放位置,然后依据尺寸大小再订购模块箱。

4.1.9 系统接地安装的缺陷

1. 通病现象

(1) 控制室未设置专用接地板;设备箱柜内无接地汇流排或无接地标识。

(2) 接地干线不合格(截面偏小 $<25mm^2$)。

(3) 当采用交流电源供电时,主机、联动箱柜等设备金属外壳和支架未作保护接地。

2. 危害及原因分析

(1) 危害

1) 难于保证信号具有稳定的基准电位,影响主回路运行,容易产生误报警。

2) 增加造成雷击和设备损害的可能性。

3) 易于发生触电等安全事故。

(2) 原因分析

设计和施工安装人员不重视系统接地问题,在设计和施工时未严格按规范执行,致使接地板没做或做得不规范,安装不牢靠;设备厂家未按规范要求生产或施工人员在设备到场时没认真检查。

3. 标准要求及防治措施

(1) 标准要求

1)《火灾自动报警系统设计规范》(GB 50116—98)第5.7.2条:"火灾自动报警系统应设专用接地干线,并应在消防控制室设置专用接地板"。

2)《火灾自动报警系统设计规范》(GB 50116—98)第 5.7.4 条:"由消防控制室接地板引至各消防设备的专用接地线应选用铜芯绝缘导线,其截面不小于 4mm²"。

3)《火灾自动报警系统设计规范》(GB 50116—98)第 5.7.3 条:"专用接地干线应选用铜芯绝缘导线,其截面不小于 25mm²"。

4)《火灾自动报警系统设计规范》(GB 50116—98)第 5.7.5 条:"设备采用交流供电时,设备金属外壳和金属支架等应作保护接地,接地线应与电气保护接地干线(PE 线)相连接"。

(2) 防治措施

设计和施工安装人员应重视系统接地问题,并严格按规范执行;设备到场时应认真检查。

4.1.10 系统电源使用不当

1. 通病现象

(1) 电源不是消防电源。

(2) 消防控制中心主电源采用了漏电保护开关。

(3) 直流备用电源容量不够。

2. 危害及原因分析

(1) 危害

1) 一旦停市电,自动报警系统的联动系统将不会工作;还可能将备用电源消耗完,造成无法报警和灭火。

2) 漏电保护开关一旦动作,市电断开,其后果与上条相同。

3) 如果直流备用电源容量不够,自动报警系统将不能正常工作,从而影响报警和及时扑灭火灾。

(2) 原因分析

1) 这种现象常较多出现在改造工程中,一是原本没有消防电源;二是疏忽,没接消防电源。

2) 设计、安装要杜绝消防控制中心电源采用漏电保护开关。

3) 设计不明确或供货商不按要求供货。

3. 标准要求及防治措施

(1) 标准要求

1)《火灾自动报警系统设计规范》(GB 50116—98)第 9.0.2 条:"火灾自动报警系统的主电源应采用消防电源。因为安装火灾自动报警系统的场所均为重要的建筑或场所,火灾报警装置如能及时、正确报警,可以使人民的生命、财产得到保护或少损失。所以要求其主电源的可靠性高,有二个或二个以上电源供电,在消防控制室进行自动切换。同时,还要有直流备用电源,来确保其供电的切实可靠"。

2)《火灾自动报警系统设计规范》(GB 50116—98)第 9.0.4 条:"火灾自动报警系统主电源的保护开关不应采用漏电保护开关。漏电保护与保证装置供电可靠性相比,后者更为重要"。

3)《火灾自动报警系统设计规范》(GB 50116—98)第 9.0.2 条:"无论火灾报警控制器

采用专用蓄电池,或是集中设置的蓄电池,都必需保证火灾报警控制器在消防系统最大负载状态下正常工作”。

4)《火灾报警控制器通用技术条件》(GB 4717—93)第4.2.1.10条:“……主电源容量应能保证火灾报警控制器在下述最大负载条件下,连续正常工作4h:

a. 火灾报警控制器容量不超过10个构成单独部位号的回路(以下称回路)时,所有回路均处于报警状态;

b. 火灾报警控制器容量超过10个回路时,20%的回路(不少于10回路,但不超过30回路)处于报警状态”。

注:对于允许在同一回路中并行连接火灾探测器等部件的火灾报警控制器,应按其允许的最大并接数量的1/2作为该回路的负载(并接短路式负载除外)。

(2) 防治措施

1) 设计人员在施工图上应注明此条款,安装人员发现不是消防电源应向甲方或监理提出来。

2) 设计中明确说明不能采用漏电保护开关,以保证供电的可靠性。

3) 设备进场时应检查设备各项功能,并向供货商询问、了解蓄电池容量,如达不到要求专业监理工程师可以不准予其设备进场。

4.1.11 报警系统联动调试的缺陷

1. 通病现象

(1) 在采用智能型火灾自动报警系统时,消防水泵、防烟和排烟风机等重要控制设备,在消防控制室未设置手动直接控装置;有的虽然设计和施工了,但其线路采用阻燃(ZRKVV)控制线,而没采用耐火(NHKVV)控制线。

(2) 消防电梯迫降仅通过模块信号自动控制。

(3) 广播系统没有设置为独立系统,受每层模块控制,往往和警铃一并动作,警铃、广播一起响,很难听清广播什么。

2. 危害及原因分析

(1) 危害

1) 如有火灾,一旦报警主机出问题,将无法立即启动相关风机、水泵等,影响到扑灭初起火灾和疏散人员等重大决策,后果将不堪设想。

2) 任何一个火灾报警系统,都会存在误报现象,无论是住宅、宾馆或是办公大楼,如果一旦有火警信号,电梯就迫降,较易使人们感到可靠性太差,并有很大意见。

3) 其缺点:一是警铃、广播一起响,很难听清广播什么;二是一旦主机失灵,将无法通知人们疏散,造成重大损失。

(2) 原因分析

1) 设计人员不甚了解消防联动的要求。

2) 消防电梯迫降在消防控制室无直接控制线路控制,一般是由设计不当造成,对规范理解不够。

3) 这种情况较普遍存在,许多设计院都这样设计,结合国情不够,对规范理解不深、不透。

3. 标准要求及防治措施

(1) 标准要求

1)《火灾自动报警系统设计规范》(GB 50116—98)第5.3.2条:"消防水泵、防烟和排烟风机控制设备,当采用智能型模块控制时,还应在消防室设置手动直接控制装置"。

2)《火灾自动报警系统设计规范》(GB 50116—98)第6.3.1.9条:"消防控制室在确认火灾后,应能控制电梯全都停于首层,并接收其反馈信号。所以从消防室到电梯机房应有直接控制的线路,以保证电梯可靠迫降"。

3) 火灾发生后,及时向着火区发出火灾警报,有秩序地组织人员疏散,是保证人身安全的重要方面。《火灾自动报警系统设计规范》(GB 50116—98)第6.3.1条的条文说明明确规定,根据国内情况一般工程的火灾报警信号和应急广播的范围都是在消防控制室手动操作。

(2) 防治措施

设计、安装人员应加强规范的学习,认真学习规范的条文说明,了解掌握火灾自动报警系统联动要求。

4.1.12 报警系统与水系统联动调试的缺陷

1. 通病现象

(1) 自动喷淋系统的水流指示信号参与起泵。

(2) 消火栓按钮一动作,水泵还没有起动 DC24V 指示灯就亮。

2. 危害及原因分析

(1) 危害

1) 可能造成水泵频繁启动,使管网压力增大,以至于管子破裂造成重大事故。

2) 不能真实反映水泵状态,往往给人以误会. 贻误灭火时机。

(2) 原因分析

1) 一般说这也是由设计不当造成的。自动喷淋系统是一个常压系统,当稳压泵运行时,水流指示信号可能发生误动作,水流指示信号不能作为启动喷淋泵的依据。

2) 当发现火情,灭火器又灭不了火时,要立刻通过消火栓按钮紧急启动水泵,水泵启动后通过最后一级接触器控制线路, DC24V 指示灯会亮,以示确认水泵启动,人们可用消火栓及时扑灭火灾。水泵没有起动,指示灯就亮,说明设计安装是错误的。

3. 标准要求及防治措施

(1) 标准要求

1)《火灾自动报警系统设计规范》(GB 50116—98)第6.3.3条:"仅规定监测显示水流指示动作信号"。而在《自动喷水灭火系统设计规范》(GB 50084—2001)第11.0.1条:"应由压力开关直接连锁自动启动水泵"。

2) 消火栓按钮指示灯,是水泵启动后的返馈确认信号,是消防部门验收的必验项目,如果此项不合格,将不能通过消防验收。

(2) 防治措施

1) 设计人员应正确设计,了解水流指示器功能。

2) 设计、安装人员要严格执行标准中的规定。

4.1.13 报警系统与防排烟联动调试的缺陷

1. 通病现象

(1) 排烟风阀打开后,不能自动起动排烟风机。

(2) 在调试时,容易烧坏模块。

2. 危害及原因分析

(1) 危害

1) 如果排烟风阀打开后不联动排烟风机起动,烟雾会使人们窒息,从而贻误疏散、逃生的时机,甚至造成人员伤亡。

2) 烧坏模块,排烟风阀或送风风阀打不开,不能将烟气抽走或将新风送进来,将直接影响人们疏散,影响消防员扑灭火灾,造成伤亡。

(2) 原因分析

1) 设计及编程序时疏忽造成的。

2) 这个问题涉及到二个方面的问题,一是模块工作电流问题,二是风阀工作电流问题。报警产品的模块工作电流,由于产品型号不一,也各不相同,但设计人员在设计时往往忽视这一点。风阀开启方式不同,其电流值也不尽相同,一般讲缓冲开启式的电流比弹簧开启式电流大,所以在设计时如果用电流小的模块带电流大的风阀,就可能出现烧模块的现象。

3. 标准要求及防治措施

(1) 标准要求

1)《高层民用建筑设计防火规范》(GB 50045—95)第 8.4.8 条:"机械排烟系统中,当任意一个排烟口或排烟阀开启时,排烟风机应能自行启动"。

2) 规范条文中没有做具体规定的,要求设计人员必须熟悉了解各种报警产品模块的性能,同时还要了解各类风阀的性能,设计出合理的、可靠的匹配关系。

(2) 防治措施

1) 设计人员在设计施工图时应予以说明;编程及调试人员在调试时应按说明进行调试。

2) 设计人员应不断积累经验,熟悉了解各种报警产品模块、各类风阀的性能,设计出合理、可靠的施工图。

4.1.14 报警系统与防火卷帘联动调试的缺陷

1. 通病现象

(1) 地下车库防火卷帘的两侧,仅设计普通感温探测器,满足不了"对防火卷帘,一般都以两个探测器的'与'门信号动作为控制信号比较安全"的规定。

(2) 防火卷帘的联动关系不明确,不同设计单位往往设计都不一样。

2. 危害及原因分析

(1) 危害

这是关系到人员疏散和防火分区隔离的大问题,必须认真对待。联动关系错误将给正常运作带来麻烦。

(2) 原因分析

1) 地下车库防火卷帘的两侧,设计的多个普通感温探测器,是由一个模块带的,仅一个地址,无法实现“与”门信号的编程。

2) 防火卷帘的联动关系不明确,主要有两点,一是对防火卷帘的用途不清楚,二是接到什么样信号卷帘才动作不了解,所以造成设计混乱。

3. 标准要求及防治措施

(1) 标准要求

1)《火灾自动报警系统设计规范》(GB 50116—98)第 6.3.8.1 条:“疏散通道上的防火卷帘两侧,应设置火灾探测组及其报警装置”;在第 6.3.8 条的条文说明中强调了对防火卷帘,一般都以两个探测器的“与”门信号作为控制信号比较安全。这里实质问题是要求火灾确认后卷帘再下来。装什么探测器应该结合保护区现场条件而定。如果是车库,则应在卷帘两侧安装智能型温感探测器即可。

2)《火灾自动报警系统设计规范》(GB 50116—98)第 6.3.8.3 条:“用于防火分隔的卷帘,当接到火灾确认信号后,卷帘应一次下降到底”;

第 6.3.8.2 条:“用于疏散通道的防火卷帘,当接到第一个火灾信号后,卷帘应先下降到 1.8m 位置;当接到第二个火灾信号后,卷帘再下降到底。目前,用于疏散通道的防火卷帘,还有一种联动方法,当接到第一个火灾信号后,卷帘不动作;等接到第二个火灾信号后,卷帘下降到 1.8m 位置,等延时 20s 后,再下降到底”。

(2) 防治措施

设计人员应了解防火卷帘功能、正确设计功能不同卷帘的联动关系。此外,安装、调试人员应正确编程,严格按图纸、规范要求施工。

4.1.15 报警系统与气体灭火系统联动调试的缺陷

1. 通病现象

(1) 气体灭火系统的信号没有返回消防控制中心。

(2) 气体灭火系统的报警控制系统,对防护区的排烟口、通风口、风机等设备没有联动,不能形成封闭空间。

2. 危害及原因分析

(1) 危害

1) 气体灭火系统的信号不返回消防控制中心,值班人员将无法了解气体灭火保护区的安全状况。

2) 气体灭火系统的防护区不能形成封闭空间,喷气时灭火药剂就会流失,造成扑灭不了火灾的重大事故。

(2) 原因分析

1) 这个问题是往往是设计遗漏所造成的。

2) 由于设计或安装不当造成排烟口、通风口、风机等设备没有联动。

3. 标准要求及防治措施

(1) 标准要求

1)《火灾自动报警系统设计规范》(GB 50116—98)第 6.3.4 条:“消防控制设备能显示气体灭火系统手动、自动的工作状态。一般说有报警、火灾确认、喷气、故障等信号”。

2)《火灾自动报警系统设计规范》(GB 50116—98)第 6.3.4.3 条:"气体灭火喷气前的延时阶段,应关闭防火门、窗,停止通风空调系统,关闭有关部位防火阀。形成封闭空间,保证喷气灭火效果"。

(2) 防治措施

设计、安装人员应严格执行规范。

4.1.16 火灾自动报警系统验收时容易出现的问题

1. 通病现象

(1) 报警点与实际名称不符。

(2) 强弱电井、前室、楼梯间探测器不能报出具体位置。

(3) 高层建筑的正压送风末端的风压小。

(4) 汽车库的排烟系统末端风口抽力不足。

(5) 消防室打印设备只能打代码,不能显示中文具体部位。

2. 危害及原因分析

(1) 危害

1) 不能报出确切具体火灾位置,将贻误初起火灾的扑救。

2) 造成正压送风末端的风压小,将会严重影响人员的疏散、影响消防员扑救火灾。

3) 汽车库的排烟系统末端风口抽力不足,不能及时将地下室的烟雾抽出去,容易造成重大事故。

4) 不能显示中文会给管理带来不方便。

(2) 原因分析

1) 编程、调试不仔细,或编程后房间名称又重新调整。

2) 由于设计不当造成在塔楼的前室、强弱电井、楼梯间等场所采用了模块带普通探测器所致。

3) 高层建筑中,特别是 20~30 层的高层建筑中,经常出现正压送风末端风口风压偏小的问题,这也是消防验收中经常出现不合格的问题。分析其原因是多方面的:

a. 设计太理论化,不考虑其他因素,仅按理论计算值选风机,未留出富余量。其结果,竣工验收时风量偏小,消防部门不予通过验收,问题十分难处理;

b. 竖向风道未按规范施工,内壁不抹灰,不光滑,有的风道壁漏风;还有的施工后不清理,有模板、垃圾等,增大了送风阻力;

c. 风阀质量差,风口漏风量偏大。

4) 车库的排烟系统末端风口抽力不足,其原因也是多方面的:

a. 设计太理论化,不考虑其他因素,仅按理论计算值选风机,未留出富余量;

b. 排烟风机出口受人防门影响,所排烟从上至下走了一个"U"形弯才排出去,增加了排烟的阻力;

c. 地下室大多是排烟、排风用同一风机及风管,排烟时排风口未关闭,造成实际排烟风口面积偏大,其风口的风速偏小,抽力不足;

d. 所采用排烟口为普通百叶风口,不能调节风量,造成离风机近的风口风速大,离风机远的风口风速小,头尾不均匀。

5) 订购设备时也未向供货方提出打印设备显示中文具体部位的要求。

3. 标准要求及防治措施

(1) 标准要求

1)《火灾自动报警系统设计规范》(GB 50116—98)第4.2.3条:“前室、强弱电井、楼梯间等场所都应分别单独划分探测区域。这些场所不应用模块带普通探测器”。

2)《高层民用建筑设计防火规范》(GB 50045—95)第8.3.7条和第8.3.9条:“机械加压送风的压力要求,防烟楼梯间为40~50Pa;前室、合用前室、消防电梯前室、封闭避难层为25~30Pa;还要求风口风量分配均匀。选择风机时必须留些富余量”。

3)《火灾自动报警系统设计规范》(GB 50116—98)第8.1.5条:“机械加压送风和机械排烟的风速:送风口的风速不宜大于7m/s,排烟口的风速不宜大于10m/s”;

第8.4.12条:“排烟风机的全压应按排烟系数最不利环境管道进行计算,其排烟量应增加漏风系数”。

4)《火灾自动报警系统设计规范》(GB 50116—98)第5.2.4.2条:“系统应能集中显示火灾报警部位信号和联动控制状态信号。消防监督部门进行消防验收时,要求抽查的报警点报警后消防中心应通过广播播出报警点具体位置,而且打印机也应打印出相应的位置”。

5) 为方便管理,消防验收时要求打印设备能打印中文,并显示具体部位。

(2) 防治措施

1) 作为发展商应尽早确定各场所的功能名称及位置编号,以便于调试。调试时工作要仔细,对每一个探测器都要试验并确定其准确位置。

2) 设计人员应严格执行规范,规范中要求的部位都应报到点。

3) 设计人员对风机的风量应留出较大余量,安装人员应多个环节把好关,监理要加强管理,特别是对土建的竖向风道的施工质量要严格核查。

4) 地下室的排烟,一般都是排风兼排烟,设计时应综合考虑,特别要重点考虑排烟口位置、距离的合理性。

5) 设计人员在设计图纸时,应考虑打印设备能打印中文和显示具体部位的要求;建设方应在订购设备时,向供货方提出详细要求,并写进合同中。

4.1.17 火灾自动报警系统运行时容易忽略的问题

1. 通病现象

(1) 值班人员没有经过专业知识培训,没有消防人员上岗证。

(2) 消防系统没有交由正规的、有维修资格的消防公司维修保养。

(3) 没建立消防设备档案,值班记录不合格。

2. 危害及原因分析

(1) 危害

1) 如果值班人员没有经过专业知识培训,不熟悉消防系统,一旦有火警或出故障不会处理,将造成重大事故。

2) 消防设备档案不健全和值班记录不合格的问题较普遍存在,由于人员流动大,资料、图纸丢失,给系统的维修保养增加了难度。

(2) 原因分析

管理方不重视，制度不够健全，不愿在消防管理上投资或人员素质较差。

3. 标准要求及防治措施

(1) 标准要求

1)《火灾自动报警系统施工及验收规范》(GB 50166—92)第4.3.1条："火灾自动报警系统的使用单位应有经过专业培训，并经过考试合格的专人负责系统的管理操作和维护。使用单位应严格遵守此规定"。

2)《火灾自动报警系统施工及验收规范》(GB 50166—92)第4.3.1条、4.3.2条："应建立火灾自动报警系统的技术档案；同时每日应填写系统运行(按规定格式)的记录。"

(2) 防治措施

管理方要严格执行规范，重视人员培训及档案管理工作，相对稳定值班人员；值班人员应努力提高素质，加强责任心。

4.2 有线电视系统

4.2.1 放大器电源选用不当

1. 通病现象

电源的选择是放大器安装的头等工作，也是有线电视系统设计应当首先考虑的问题，实际上大部分工程中电源的选择都是随便找个电源转换器接上去了事。

2. 危害及原因分析

(1) 危害

供电电压不够稳定，不能保证用电器件的正常工作，甚至造成设备停止工作或发生故障。

(2) 原因分析

设计时注重系统传输与分配网络环节，而忽视系统中有源器件电源的供给问题，造成施工时没有相应图纸可以参照。

3. 标准要求及防治措施

(1) 标准要求

《民用建筑电气设计规范》(JGJ/T 16—92)第15.8.1条："电源一般由靠近前端的照明配电箱以专用回路方式供给"；

第15.8.3条："当系统中有源器件采用集中供电时，宜采用专线方式，并由线路插入器向线路放大器供电。在网络设计的同时应完成供电方式以及电源线路敷设方式的设计"。

(2) 防治措施

1) 电源的选用一定要取自主供电线路上，防止电源线路出现短路或超负荷引起的跳闸现象，必要时可设置稳压装置或UPS应急电源。

2) 为了保证系统不间断地工作，干线和支干线上的放大器都应采用电源插入器集中供电的方式。

4.2.2 接地引起的安全问题

1. 通病现象

对天线、前端设备、干线和分配系统、供电系统的接地处理不当,地线敷设不到位,或者根本没有敷设。

2. 危害及原因分析

(1) 危害

造成器件大面积损坏、电视信号中断等。

(2) 原因分析

对雷击引起的不安全问题认识不够,施工时偷工减料,接地电阻不符合设计要求,不能有效防止雷电波的入侵。

3. 标准要求及防治措施

(1) 标准要求

《民用建筑电气设计规范》(JGJ/T 16—92)第 15.8 章节就系统供电、防雷与接地均有详细规定,设计、施工时应严格遵守规范执行。

(2) 防治措施

1) 独立避雷针和接收天线的竖杆均应有可靠的接地。当建筑物已有防雷接地系统时,避雷针和天线竖杆的接地应与建筑物的防雷接地系统共地连接,当建筑物无专门的防雷接地可利用时,应设置专门的接地装置,从接闪器至接地装置的引下线宜采用两根,从不同的方位以最短的距离沿建筑物引下;其接地电阻不应大于 4Ω。

2) 沿天线竖杆(架)引下的同轴电缆应采用双屏蔽电缆或采用单屏蔽电缆穿金属管敷设。双屏蔽电缆的外层或金属管应与竖杆有良好的电气连接。

4.2.3 空闲端口空载

1. 通病现象

分配设备的空闲端口未做终结(即空载)处理。

2. 危害及原因分析

(1) 危害

一般会出现该端口阻抗失配,造成相邻工作端口幅频特性曲线畸变,传输能量发生变化,驻波干扰严重。

(2) 原因分析

施工人员偷工减料,没有使用的端口不包好。

3. 标准要求及防治措施

(1) 标准要求

《民用建筑电气设计规范》(JGJ/T 16—92)第 15.5.8 条:"分配设备的空闲端口和分支器的干线输出终端,均应终接 75Ω 负载阻抗"。

(2) 防治措施

施工时应按照规定,对空闲端口终接 75Ω 阻抗,避免因为阻抗失配而影响电路的传输性能。

4.2.4 线缆接头不规范

1. 通病现象

由于连接处施工操作不规范,线缆接头与线缆连接不牢、接头的外壳与电缆的屏蔽层接触不良等,信号故障屡见不鲜。

2. 危害及原因分析

(1) 危害

接线时的毛刺、回钩在一定条件下表现为电感,并与电缆的结构电容形成谐振回路,造成对线路信号的吸收衰减。

(2) 原因分析

1) 接头质量较差,接头内的卡片不能与电缆的铜芯紧密接触,在高频率工作条件下导致信号频率高端的幅度衰减过大,对于馈电电缆还容易引起接头打火造成信号故障。

2) 施工时剪钳不利,或用力不当,剪去电缆铜芯线时,留下毛刺或回钩。

3. 标准要求及防治措施

(1) 标准要求

1)《民用建筑电气设计规范》(JGJ/T 16—92)第15.7.8条:"器件和电缆的连接,应采用高频插接件,其规格应与电缆的规格相适应。以保证阻抗特性和信号传输质量。做电缆F头必须仔细认真,将F头插入串接头时需对准弹簧芯片轻轻推入,确信插入正常后再用力旋紧F头"。

2) 电缆接头处一般应留在方便检修的位置,并留有足够裕量(不小于电缆的最小弯曲半径,能盘成3~4圈即可)。将余缆盘成圈后用铁扎线成捆绑扎,在距串接头两端约5cm处一定要各绑扎一道,这样能使接头处的弧度与所盘余缆的弯度保持一体,F头就不会因电缆张力而弹出,最后将圈扎好的余缆在电杆线架或墙体上固定好不致摇摆即可。

(2) 防治措施

规范施工,减少线路接头中存在的毛刺、剪痕或回钩现象。下剪前要先看好预留芯线的长度,切不可盲目下剪,剪断以后应检查一下剪口处是否留下毛刺,如有毛刺,应当沿剪痕的垂直方向重剪一下,以消除毛刺或剪痕。

4.2.5 噪波干扰

1. 通病现象

(1) 系统传送电视频道数量多时,容易产生各种噪波干扰。

(2) 交流声干扰、网纹干扰、交扰调制干扰或重影等。

2. 危害及原因分析

(1) 危害

1) 通过电源的内阻和公共地线阻抗的耦合产生的干扰。

2) 电容静电耦合。这些电容往往是寄生电容,通过互感作用(如线圈或变压器的漏磁),产生电磁耦合。

3) 系统无法播放。

(2) 原因分析

1) 干扰的来源是非常复杂的,有来自外界,也有CATV系统内部产生的,要认真观察图像上噪波形状，根据现象分析判断噪波产生的原因。

2）电磁波辐射。天线信号输入输出线、电源线等都能接收或辐射干扰波。系统设备的非线性失真引起的。

3．标准要求及防治措施

（1）标准要求

1）《民用建筑电气设计规范》(JGJ/T 16—92)第15.3.5条："天线朝向电视发射台的方向不应有遮挡物和可能的信号反射，并尽量远离汽车行驶频繁的公路、电气化铁路和高压电力线等"。

第15.7.7条："传输分配设备的部件，宜具备防电磁波辐射和电磁波侵入的屏蔽性能……设备、部件不得安装在高温、潮湿或易受损伤的场所，如厨房、厕所、浴室、锅炉房等处"。

2）《民用建筑电气设计规范》(JGJ/T 16—92)第15.6.5条第3款："不得将电视电缆与照明线、电力线同线槽、同出线盒（中间有隔离的除外）、同连接箱安装"。第4款："在强场强区，应穿管并宜沿背电视发射台方向的墙面敷设"。

（2）防治措施

1）正确设计分配网络，保证设备工作在正常状态，由于干线放大器的非线性特性，会产生交扰调制和相互调制的干扰信号，所以为保证系统的信号质量指标，减少输出电平偏高带来的交扰调制和相互调制干扰。设备在选型、安装时应充分考虑外界环境带来的干扰，室内线路的敷设应避免电磁干扰和强场强区重影干扰。

2）施工中要考虑设备部件不得安装在高温、潮湿或易受损伤的场所，如厨房、厕所、浴室、锅炉房等处。

4.2.6 用户终端用法错误

1．通病现象

擅自拆掉用户终端盒，将线路终端直接作为用户终端等。

2．危害及原因分析

（1）危害

1）造成电视机输入电平下降，图像噪点增多，图像质量下降。

2）在用户接收机经常断续的情况下（即用户输出口经常会出现空载），会给传输线的特性阻抗造成极大的失配，从而影响全线路的工作。

（2）原因分析

1）安装双孔终端盒时将TV插孔和FM插孔搞混、插错，造成电视机输入电平下降，图像噪点增多，图像质量下降。

2）用户盒的隔离作用，既可以防止电视机内部电路上的感应电泄漏至信号传输线路上，又可以在雷雨季节观看电视时，降低雷电侵袭电视的概率。

3．标准要求及防治措施

（1）标准要求

《民用建筑电气设计规范》(JGJ/T 16—92)第15.5.8条第2款："不得将干线或支线的终端直接作为用户终端。以避免因阻抗失配对整个传输系统产生影响"。

(2) 防治措施

安装用户盒时一定要精心、仔细,分清楚 TV 插孔和 FM 插孔;安装电缆接头时要处理好电缆屏蔽层与轴芯的绝缘,避免电缆线屏蔽层与轴芯直接将信号短路,或者接头接触不良。

4.3 背景音乐及紧急广播系统

4.3.1 紧急广播不能强制输出

1. 通病现象

(1) 消防控制机接收到火警信号以后,没有相应的联动信号输出。

(2) 紧急广播分区混乱。

2. 危害及原因分析

(1) 危害

1) 火灾发生时不能联动紧急广播输出。

2) 不能有效地将火灾疏散层的扬声器和公共广播扩音机强制转入火灾应急广播状态。

(2) 原因分析

1) 火灾自动报警系统没有同广播系统有效联动。

2) 不熟悉消防分区。

3. 标准要求及防治措施

(1) 标准要求

1)《火灾自动报警系统设计规范》(GB 50116—98)第 5.4.3.1 条:"火灾时应能在消防控制室将火灾疏散层的扬声器和公共广播扩音机强制转入火灾应急广播状态"。

2)《智能建筑工程质量验收规范》(GB 50339—2003)第 4.2.10 条第 5 款:"紧急广播与公共广播共用设备时,其紧急广播由消防分机控制,具有最高优先权,在火灾和突发事故发生时,应能强制切换为紧急广播并以最大音量播出";第 4.2.10 条第 5 款:"公共广播系统应分区控制,分区的划分不得与消防分区的划分产生矛盾"。

(2) 防治措施

1) 火灾自动报警及消防联动系统应该设置联动输出装置,以便在接收到火警信号以后,能够输出火警控制信号至广播系统。

2) 设计时应先熟悉消防自动报警系统的图纸,统筹划分防火分区。

4.3.2 音控器可以关闭紧急广播

1. 通病现象

(1) 音量调节装置(音控器)在火灾发生时不能实现强切控制。

(2) 火灾时可以将背景音乐切换为紧急广播,但在广播区域仍然可以通过音控器对音量进行调节。

2. 危害及原因分析

(1) 危害

1) 火灾区域不能切换背景音乐为紧急广播。

2) 导致扬声器不能全功率鸣响。

(2) 原因分析

1) 广播系统的线路采用了二线式的功率馈送回路,导致音量调节装置(音控器)不能接收控制信号。

2) 音控器接线错误。

3. 标准要求及防治措施

(1) 标准要求

1)《民用建筑电气设计规范》(JGJ/T 16—92)第24.4.5.4条:"火灾事故广播用扬声器不得加开关,如加开关或设有音量调节时,则应采用三线式配线强制火灾事故广播开放"。

2)《智能建筑工程质量验收规范》(GB 50339—2003)第4.2.10条第5款规定:"紧急广播与公共广播共用设备时,……在火灾和突发事故发生时,应能强制切换为紧急广播并以最大音量播出"。

(2) 防治措施

1) 设计时应严守规范以及厂家的技术资料。

2) 音控器在接线时,应区分公共线、信号线和控制线,并严格按照产品接线图端接,紧急广播时,音量调节装置应该失效。

4.3.3 功率放大器发热

1. 通病现象

(1) 功率放大器通风不良。

(2) 功率放大器超负荷运行。

(3) 线径过小或接线不牢。

2. 危害及原因分析

(1) 危害

1) 热量不能及时散发出去。

2) 功率放大器过载将严重发热,长期运行将损坏设备。

3) 线路损耗过大,造成功率放大器超负荷运行。

(2) 原因分析

1) 功放设备安装位置不当,柜后空间太小。

2) 功率放大器容量过小,或扬声器的实配功率超过设计功率。

3) 信号传输线路其芯线截面积不能满足广播系统技术条件的要求,或施工时线缆头和接线端子压接不牢固、接触不良。

3. 标准要求及防治措施

(1) 标准要求

1)《民用建筑电气设计规范》(JGJ/T 16—92)第21.3.7条:功放设备的布置应符合下列规定:

a. 柜前净距不应小于1.5m;

b. 柜侧与墙、柜背与墙的净距不应小于0.8m。

2)《民用建筑电气设计规范》(JGJ/T 16—92)第21.3.3条:功放设备容量的一般计算公式:

$$P = K_1 \cdot K_2 \cdot \sum P_0$$

式中 P——功放设备输出总电功率(W);

P_0——$K_i \cdot P_i$,每分路同时广播最大电功率;

P_i——第 i 支路的用户设备额定容量;

K_i——第 i 分路的同时需要系数:

服务性广播时,客房节目每套 K_i 取0.2~0.4

背景音乐系统 K_i 取0.5~0.6

业务性广播时,K_i 取0.7~0.8

火灾事故广播时,K_i 取1.0;

K_1——线路衰耗补偿系数:

线路衰耗1dB时取1.26

线路衰耗2dB时取1.58;

K_2——老化系数,一般取1.2~1.4。

3)《民用建筑电气设计规范》(JGJ/T 16—92)第21.2.4条:"有线广播系统中,从功放设备的输出端至线路上最远的用户扬声器箱间的线路衰耗宜满足以下要求:a. 业务性广播不应大于2dB(1000Hz时);b. 服务性广播不应大于1dB(1000Hz时)"。

(2) 防治措施

1) 安装机柜时,应预留足够的通风散热空间。

2) 设计时应根据系统的使用性质,合理选用同时需要系数和补偿系数。由于大部分扬声器的功率可以调节(例如额定功率为6W的扬声器,一般有6W、3W、1.5W三个档次的功率供接线时选择),接线时应严格按照设计图纸选择合适的实配功率。

3) 设计时应选用足够截面的信号电缆,有接头的地方需要压接良好。

4.3.4 不能正常收听无线电台信号

1. 通病现象

信号夹杂较多的噪声、音量偏小等。

2. 危害及原因分析

(1) 危害

不能正常收听无线广播电台节目。

(2) 原因分析

接收点正处于信号盲区,或由于广播机房做了屏蔽措施处理,造成接收设备不能接收到电台信号。

3. 标准要求及防治措施

(1) 标准要求

《民用建筑电气设计规范》(JGJ/T 16—92)第21.4.4条:"需要接收无线电台信号的广

播控制室，当接收点处的电台信号场强小于1mV/m或受钢筋混凝土结构屏蔽影响者，应设置室外接收天线装置”。

(2) 防治措施

改变接收设备的安装位置或设置室外接收天线。

4.3.5 声场不均匀

1. 通病现象

在播放背景音乐的场所，若以某个扬声器为中心，离它越近响度越强，而离该扬声器越远响度越低，声场严重不均匀。

2. 危害及原因分析

(1) 危害

造成背景音乐播放区域声场的声压级前后相差太大，影响广播效果。

(2) 原因分析

由于扬声器选择不当，或布置间距不合理。

3. 标准要求及防止措施

(1) 标准要求

《民用建筑电气设计规范》(JGJ/T 16—92)第21.3.8条第1款：“扬声器(或箱)的中心间距应根据空间净高、声场及均匀度要求、扬声器的指向性等因素确定。要求较高的场所，声场不均匀度不宜大于6dB”。

(2) 防治措施

扬声器的服务范围间距是轴线与边重叠、边与边重叠，或它们的不同程度的重叠等，都将直接决定着声场的分布情况，设计时应根据现场环境情况选择扬声器的类型、布置形式及间距等。

4.3.6 扬声器啸叫

1. 通病现象

通过话筒进行广播时扬声器产生啸叫。

2. 危害原因及分析

(1) 危害

影响广播效果，导致功放过载运行，严重时将损坏音频设备。

(2) 原因分析

1) 话筒离扬声器太近，或者二者处于同一声场内，扬声器的一部分声音进入了话筒而形成声反馈，从而产生了啸叫。

2) 话筒附近存在干扰源，形成声反馈。

3. 标准要求及防治措施

(1) 标准要求

1)《民用建筑电气设计规范》(JGJ/T 16—92)第22.7.1条：“a. 传声器的位置与扬声器(或扬声器系统)的间距宜尽量大于临界距离，并且位于扬声器的辐射范围角以外；b. 当室内声场不均匀时，传声器应尽量避免设在声级高的部位”。

2)《民用建筑电气设计规范》(JGJ/T 16—92)第22.7.1条第3款：“传声器应远离可控

硅干扰源及其辐射范围”。

(2) 防治措施

1) 话筒在设置时,应减少声反馈,提高传声增益和防止干扰。

2) 远离干扰源。

4.4 计算机网络系统

4.4.1 设计漏洞

1. 通病现象

设计考虑不周全,数据传输功能无法满足用户实际要求。

2. 危害及原因分析

(1) 危害

造成用户功能缺陷或无法正常使用。

(2) 原因分析

1) 用户的需求了解不够,没有准确掌握项目建设的规模,没有充分了解用户的行业特点、信息量分布密度等实际情况。

2) 设计选择设备不当。

3. 标准要求及防治措施

(1) 标准要求

《智能建筑设计标准》(GB/T 50314—2000)第 3.3.1 条第 4 款:“应根据用户的需求和实际情况,选择配置相对应的设备”。

(2) 防治措施

准确掌握项目建设的规模,充分了解用户需求、行业特点、信息量分布密度等实际情况。

4.4.2 网络不通

1. 通病现象

(1) 计算机在局域网内不能访问某台计算机或服务器。

(2) 计算机在局域网不能通过服务器上网访问外部的网站。

2. 危害及原因分析

(1) 危害

1) 造成无法实现局域网的互连互通及资源共享。

2) 无法实现广域网的互连互通。

(2) 原因分析

1) 计算机在硬件及软件设置上不正确。

2) 线缆长期与产生电磁干扰或电气设备设置在一起。

3) 中心交换设备存在着质量问题。

4) 当地电信运营部门主干网接入的原因。

5) 中心交换设备设置工作异常或断电。

3. 标准要求及防治措施

(1) 标准要求

1)《建筑与建筑群综合布线系统工程设计规范》(GB/T 50311—2000)第 11.0.2 条:"综合布线电缆与附近可能产生高电平电磁干扰的电动机、电力变压器等电气设备之间应保持必要的间距"。具体间距见表 4.4.2。

综合布线电缆与电力电缆的间距　　表 4.4.2

类　别	与综合布线接近状况	最小净距(mm)
380V 电力电缆 < 2kV·A	与缆线平行敷设	130
	有一方在接地的金属线槽或钢管中	70
	双方都在接地的金属线槽或钢管中	10
380V 电力电缆 2 ~ 5kV·A	与缆线平行敷设	300
	有一方在接地的金属线槽或钢管中	150
	双方都在接地的金属线槽或钢管中	80
380V 电力电缆 > 5kV·A	与缆线平行敷设	600
	有一方在接地的金属线槽或钢管中	300
	双方都在接地的金属线槽或钢管中	150

2)《智能建筑工程质量验收规范》(GB 50339—2003)第 5.2.2 条第 2 款:"网络设备开箱后通电自检,查看设备状态指示灯的显示是否正常,检查设备启动是否正常"。

3)《智能建筑设计标准》(GB/T 50314—2000)第 8.3.2 第 5 款:"建筑物进线间或总配线间内,当地信息通信部门应在公用通信网络设备接口处,配置自身所需并与大楼内布线系统相匹配的高质量布线器件,使建筑物内构成一个完整优良的信息传输通道"。

(2) 防治措施

1) 检查计算机硬件及软件的设置(如:网卡是否驱动、IP 地址有无冲突、IP 地址有没有分配、IP 地址是不是在同一段、网关有没有设置、DNS 设置正不正确、代理软件的设置是否正确等)。

2) 检查线缆是否长期与产生电磁干扰或电气设备放置在一起。

3) 检查中心交换设备运行状态是否正常。

4) 检查当地电信运营部门主干网连接是否正确。

5) 检查交换设备设置通电情况。

4.4.3　网络速度慢

1. 通病现象

(1) 电脑互连或上 Internet 网络速率慢。

(2) 打开网页中组件及插件速率慢。

(3) 上传文件及下载文件网络速率慢。

2. 危害及原因分析

(1) 危害

1) 造成无法登陆各大网站或登陆时间超时。

2) 造成无法打开网页及网页中组件和插件。

3) 造成无法上传与下载。

(2) 原因分析

1) 线路在传输数据方面存在的原因。

2) 病毒的原因。

3) 当地通信部门主干网接入的原因。

3. 标准要求及防治措施

(1) 标准要求

1)《智能建筑设计标准》(GB/T 50314—2000)第 8.3.2 条第 2 款:“水平布线电缆和配线器件应采用五类或五类等级以上的布线器件”。

2)《智能建筑设计标准》(GB/T 50314—2000)第 8.3.2 第 5 款:“建筑物进线间或总配线间内,当地信息通信部门应在公用通信网络设备接口处,配置自身所需并与大楼内布线系统相匹配的高质量布线器件,使建筑物内构成一个完整优良的信息传输通道”。

3) 中华人民共和国公安部第 51 号《计算机病毒防治管理办法》第 11 条第 4 款:“及时检测、清除计算机信息系统中的计算机病毒,并备有检测、清除的记录”。

(2) 防治措施

1) 检查线缆的质量合不合标准。

2) 用专业杀毒软件检查电脑是否存在病毒的侵害。

3) 检查外网接入是否正常。

4.4.4 网络不安全

1. 通病现象

电脑遭到病毒的传播、黑客的攻击。

2. 危害及原因分析

(1) 危害

1) 造成计算机系统数据丢失。

2) 造成计算机系统整体崩溃。

(2) 原因分析

1) 管理方面有欠缺,没有采取有效的防御措施。

2) 系统有漏洞或存在“后门”(如:没有及时给系统打好安全补丁)。

3) 人为的触发(如:恶意网站及恶意消息的触发)。

3. 标准要求及防治措施

(1) 标准要求

1) 中华人民共和国公安部第 51 号《计算机病毒防治管理办法》第 11 条第 1 款:“建立本单位的计算机病毒防治管理制度”。

2) 第 11 条第 2 款:“采取计算机病毒安全技术防治措施”。

3) 第 11 条第 3 款:“对本单位计算机信息系统使用人员进行计算机病毒防治教育和培训”。

4) 第 11 条第 4 款:“及时检测、清除计算机信息系统中的计算机病毒,并备有检测、清除的记录”。

5) 第 11 条第 5 款:“使用具有计算机信息系统安全专用产品销售许可证的计算机病毒防治产品”。

6) 第 12 条:“任何单位和个人在从计算机信息网络上下载程序、数据或者购置、维修、借入计算机设备时,应当进行计算机病毒检测”。

(2) 防治措施

1) 加强计算机病毒管理,提高防护意识。

2) 专业维护人员定期检查计算机工作运行状况。

3) 对专业维护人员及操作者进行定期培训,加强防护意识。

4.5 语音通信系统

4.5.1 设计漏洞

1. 通病现象

(1) 设计过程中所配置的信息点位不足。

(2) 设计过程中使用的线缆达不到指定的传输技术指标要求。

2. 危害及原因分析

(1) 危害

1) 造成用户无法利用充足的资源完成工作。

2) 造成通信方面信号不稳定的情况。

(2) 原因分析

1) 对图纸及业主需求理解不透。

2) 没有准确掌握项目建设的规模,没有充分了解用户的行业特点、信息传输量需求等实际情况。

3. 标准要求及防治措施

(1) 标准要求

1)《智能建筑设计标准》(GB/T 50314—2000)第 3.3.2 条第 5 款:“建筑物内电话用户线对数的配置应满足实际要求,并预留足够的裕量”。

2)《智能建筑设计标准》(GB/T 50314—2000)第 8.3.2 条第 3 款:“主干线布线线缆和配线器件在支持语音业务信息传输时,应采用三类等级或三类等级以上的的布线器件”。

(2) 防治措施

1) 充分了解用户及业主要求,准确掌握项目建设的规模。

2) 充分了解设计标准,严格按相关标准执行设计。

4.5.2 无信号传输

1. 通病现象

电话线路上没有任何信号传输。

2. 危害及原因分析

(1) 危害

造成系统无法正常工作，不能对外沟通。

(2) 原因分析

线路接头质量问题、配线架端接不良、用户区电话机故障、语音交换设备端口故障。

3. 标准要求及防治措施

(1) 标准要求

《建筑与建筑群综合布线系统工程设计规范》(GB/T 50311—2000)第3.0.7条："综合布线系统工程设计，选用的电缆、光缆、各种连接电缆、跳线，以及配线设备等所有硬件设施，均应符合《大楼通信综合布线系统》(YD/T 926.1～4)标准的各项规定"。

(2) 防治措施

1) 用专业仪器测试线的参数。

2) 检查配线架是否有脱落的现象。

3) 检查电话机是不是存在质量问题。

4) 检查交换设备是否有质量问题。

5) 检查交换设备设置是否有问题。

6) 检查交换设备是否有断电的现象。

4.5.3 设备及线缆未采取有效的防雷接地措施

1. 通病现象

通信设备的使用环境经常出现雷电天气，语音交换设备经常出故障。

2. 危害及原因分析

(1) 危害

造成语音交换机卡板烧坏及受损。

(2) 原因分析

1) 通信线缆没有采取防雷接地措施。

2) 通信设备没有采取防雷接地措施。

3. 标准要求及防治措施

(1) 标准要求

1)《工业企业通信接地设计规范》(GBJ 79—85)第2.2.1条："敷设于空旷地区的地下电缆，当所在地区年雷暴日数大于20天及土壤电阻率大于100Ω·m时，电缆的金属护套或屏蔽层应每隔2km左右接地一次"。

2) 第4.0.2条："地下电缆防雷接地装置的接地体的布置应与电缆走向垂直，接地体与电缆的距离不宜小于10m，最大不应超过30m"。

3) 第3.1.1条："不利用大地作为信号回路的厂(矿)区电话交换机、载波机、调度电话总机、会议电话汇接机或终端机、有线广播扩音机、生产扩音机等通信设备的接地装置的电阻值应符合下列规定：直流供电通信设备的接地电阻值不应大于15Ω，交流供电或交直流两用通信设备的接地电阻值，当设备的交流单相负荷小于或等于0.5kVA时，不应大于

10Ω;大于 0.5kVA 时,不应大于 4Ω”。

4)《民用建筑电气设计规范》(JGJ/T 16—92)第 19.6.36 条:“程控交换机的接地电阻值一般不大于 5Ω”。

(2) 防治措施

1) 认真学习标准要求,严格按标准要求执行。

2) 做好交换机各项防雷接地工作。

4.6 建筑设备监控系统

4.6.1 设计中存在的问题

1. 通病现象

(1) 系统设计盲目地照抄照搬。

(2) 独自编制监控总表。

(3) 缺乏合理的网络架构规划设计。

2. 危害及原因分析

(1) 危害

1) 一成不变地照抄照搬已建成的 BA 系统是不可取的,这样做不仅在技术上可能已经落后,而且在经济效益和社会效益上也不可能达到应该的水平。

2) 导致系统的最终功能不够完善,丢项、甩项等事情经常发生。

3) 增加投资,或者难以实现集中监控和节省人力。

(2) 原因分析

1) 不考虑项目的具体情况,不考虑建设投资规模和用户需求。

2) 对受控对象的工艺要求了解不准确,与其他专业人员配合不好。

3) 设计人员只注重控制原理及点表,网络架构形式等方面的设计相对来讲比较薄弱。

3. 标准要求及防治措施

(1) 标准要求

1)《民用建筑电气设计规范》(JGJ/T 16—92)第 26.1.2 条:“BA 系统的采用与规划设计必须考虑国情,从具体工程实际出发,持慎重态度……”;

《智能建筑设计标准》(GB/T 50314—2000)第 1.0.3 条:“智能建筑中各智能化系统应根据使用功能、管理要求和建设投资等划分为甲、乙、丙三级(住宅除外),且各级均有扩展性、开放性和灵活性。智能建筑的等级按有关评定标准确定”。该标准第 5 章还就不同等级应符合的功能做了详细的规定。

2) 第 26.3.1.1 条:“编制总表应在各工种设备选型之后,由 BA 系统设计人与各工种设计人共同编制,同时核定对指定监控点实施监控的技术可行性”。

3) 第 26.2.2.1 条:“BA 系统网络结构的规划应符合下列原则:a. 满足集中监控的需要;b. 与系统规模相适应;c. 尽量减少故障波及面,实现“危险分散”;d. 减少初投资;e. 系统扩展易于实现”。

(2) 防治措施

1) 设计时应结合等级标准和用户需求酌情考虑。

2) BA系统涉及空调、暖通、给排水、动力与照明等几乎所有建筑设计各类专业，由于新产品、新技术的不断涌现，BA系统设计人也应不断提高自身的专业素质，与设备等相关专业工程师多沟通，使设计的控制系统符合工况要求，正常合理地运行。

3) 由于信息技术的不断发展，楼宇自控系统的网络结构也将随之发生变化，设计人员应熟悉各种产品的设备配置，同时根据具体项目的不同而选择合适的网络拓扑结构。

4.6.2 DDC分站(控制器)的设置和安装不合理

1. 通病现象

(1) 安装位置潮湿，靠近蒸汽管道或水管。

(2) 现场控制器靠近感应负载或大电流母线。

(3) 控制器监控区域的划分不合理。

(4) 控制器受控对象不清晰。

(5) 控制器输入量/输出量的裕量太少。

2. 危害及原因分析

(1) 危害

1) 控制器容易受到腐蚀，若是管道、阀门跑水，将殃及现场控制器。

2) 造成电磁干扰。

3) 加大了投资成本，同时造成网络结构复杂。

4) 增大了施工难度。

5) 不易扩展，个别点出现故障时不便处理。

(2) 原因分析

1) 设计人员不熟悉现场，对现场环境了解不够。

2) 设计人员没有考虑感应负载和大功率设备对控制器的干扰。

3) 设计人员不熟悉现场设备的安装位置。

4) 未编制DDC监控总表，或者已编制，但不能明确每个监控点的内容和属性；或施工图描述不清楚。

5) 对所采用产品输入/输出模块所能提供的点数及性能参数不熟悉。

3. 标准要求及防治措施

(1) 标准要求

1)《民用建筑电气设计规范》(JGJ/T 16—92)第26.4.2.4条第1款："分站结构选择应符合下列规定：……通常应选用挂墙的箱式结构，在设备集中布置的大面积机房内亦可采用小型落地柜式结构……"。

2) 第26.4.2.14条："所有分站的设置位置应满足下列规定：a. 噪声低、干扰少、环境安静，24h均可接近进行检查和操作；b. 满足产品自然通风的要求，空气对流路径通畅"。

3) 第26.4.2.3条第1款："集中布置的大型设备应规划在一个分站内监控，如果监控点过多，输入/输出量(包括开关量和模拟量)的总和超过一个分站所允许的最大量的80%时，可并列设置两个或两个以上的分站，或在分站之外设置扩展箱"。

第 3 款："每个分站至监控点的最大距离应根据所用传输介质、选定波特率以及芯线截面等数值按产品规定的最大距离的性能参数确定，并不得超过"。

第 4 款："分站的监控范围可不受楼层限制，依据平均距离最短的原则设置于监控点附近"。

4) 第 26.3.2 条："(监控)总表的格式以简明、清晰为原则，根据选定的建筑屋内各类设备的技术性能，有针对性地进行制表。对于每个监控点应明确如下内容：a. 所属设备名称及其编号；b. 设备所属配电箱或控制盘编号；c. 设备安装楼层及部位；d. 监控点所属类型"。

5) 第 26.4.2.12 条第 2 款："依据监控总表分别统计该分站所辖区域内模拟输入量/输出量和开关输入量/输出量的数量，并加入 15% ~ 20% 的裕量"。

(2) 防治措施

1) 现场安装时远离输水管道，在潮湿、蒸汽场所，应采取防潮、防结露等措施。

2) 应远离交流电机、大电流母线，以避免噪声大、干扰大的环境。在无法满足要求时，应采取可靠的屏蔽和接地措施。

3) 合理划分控制器的监控区域，同一设备的监控内容尽量划分在一个控制器内。

4) 监控总表的编制并不是监控点的无序罗列，应根据实际项目有针对性地进行制表，并严格按照规范所规定的内容进行编制。

5) 按照规范要求加入适当裕量。

4.6.3 各子系统设计界面不够清晰

1. 通病现象

(1) 受 BA 监控的设备例如冷水机组、通风机、空调机，不能提供通信接口或硬接点连接联动控制的技术接口界面。

(2) 设备可以提供通信接口或硬连接点，但无法同 BA 的接口相匹配。

2. 危害及原因分析

(1) 危害

1) 使得 BA 的监控无从实施。

2) 不能满足 BA 的监控要求，最终功能不够完善。

(2) 原因分析

1) 在工程实施前，尤其在商务合同阶段，未明确各子系统的设备供应商在技术接口方面的供应范围，导致在系统调试过程中形成这些硬、软件方面的缺口。

2) 在深化设计阶段，BA 设计人员未向设备供应商提出详细的接口要求，导致设备接口不能满足 BA 的监控要求。

3. 标准要求及防治措施

(1) 标准要求

1)《智能建筑工程质量验收规范》(GB 50339—2003)第 6.2.2 条第 3 款："建筑设备监控系统安装前，……，空调与通风设备、给排水设备、动力设备、照明控制箱、电梯等设备安装就位，并应预留好设计文件中要求的控制信号接入点"。

2)《民用建筑电气设计规范》(JGJ/T 16—92)第 26.4.2.5 条："分站必须能够接受多种

信号输入，以适应各种不同类型监控点所采用传感器及变送器，根据规划按当前和未来扩展的需要，宜选用下列各项中的一种至数种”：

a. 模拟量：

a) 4～20mA，DC；

b) 0～10mA，DC；

c) 0～1V，DC；

d) 0～5V，DC；

e) 0～6V，DC；

f) 2～10V，DC。

b. 开关量：

a) 常开；

b) 常闭；

c) 电流——有/无；

d) 电压——有/无。

第26.4.2.6条：“分站应具备有模拟量和开关量两种输出。根据规划按当前及未来扩展的需要，宜选用下列各项中的一种至数种”：

c. 模拟量：

a) 4～20mA，DC；

b) 0～10mA，DC；

c) 0～10V，DC；

d) 0～12V，DC。

d. 开关量：

必须的开关量输出应有保持式和脉冲式(用于瞬时式或自锁式电路)，其组合状态为：

a) 两态控制(通—断)；

b) 三态控制(快—慢—停)。

(2) 防治措施

1) 建设单位在设备的采购合同中，应将关于BA的监控要求列入合同条款，以便约束供货商。

2) BA设计人员应根据需要进行选择，在深化设计过程中，应向建设单位和设备供应商提供详尽的接口技术要求，与设备供应商讨论确定设备是否具备监控功能和联动控制功能，并就通信方式、通信协议、信号量程和接点容量等具体技术参数共同磋商，并明确工程界面。

4.6.4 中央监控界面操作不方便

1. 通病现象

(1) 中央监控界面不能提供全汉化的中文界面。

(2) 中央监控界面缺少人性化设计，人机界面不符合友好、图形化的要求。

2. 危害及原因分析

(1) 危害

1）普通操作员不能对一些报警和事件进行处理。

2）使用户的操作变得复杂。

（2）原因分析

1）由于目前 BA 系统主要还是从国外引进，在 BA 产品选型以后造成既成事实。

2）BA 调试工程师比较重视对硬件的调试工作和监控功能的实现，而忽视对图形监控界面的设计。

3. 标准要求及防治措施

（1）标准要求

1）BA 系统充分发挥效益的关键在于合理地选用和开发软件，《民用建筑电气设计规范》(JGJ/T 16—92)第 26.5 章节对中央软件与分站软件的功能和技术做了原则性规定。其中第 26.5.4 条："软件应采用模块化结构，以利简易、灵活地实现功能扩展"。

第 26.5.5 条："中央和/或分站软件必须支持：

a. 对系统的使用与操作实现有效的身份识别与访问级别管理。

b. 系统具有最简易的可操作性，例如：

a）以菜单式的操作指示，击键一下即完成控制指令输入；

b）建立应用软件包，把程序编制过程简化为数据输入过程等等。

c. 系统规模的可扩展性和数据的可修改性。

d. 用高级语言和/或接近于自然的语言进行非标准的应用程序开发。

e. 逻辑与物理资源的编程处理可简单地实现：

a）根据点型、对象系统、通信信道、建筑区域等不同组态原则区分的逻辑组进行编程；

b）对中央站、二级站和远方操作站及其所属外部设备的功能范围进行编程。

f. 每个分站均可以根据需要从其他站读入共享数据"。

第 26.5.7 条："无论何种结构、无论中央站或分站、无论对各类软件按功能要求如何取舍，均应设置完整的系统诊断功能软件，以检查程序错误、计算机故障并指出错误点或故障部位"。

第 26.5.8 条："中央与分站软件均应提供在不影响系统正常运行条件下，允许操作员或程序员进行操作练习的功能；中央软件还应提供按分组（或分区）显示的监控点描述短语及操作指示样板的功能"。

2）《民用建筑电气设计规范》(JGJ/T 16—92)第 26.4.1.1 条第 1 款："中型及中型以上系统中央站的最小基本组态必须包括"由中央处理单元……及净化电源组成的计算机系统；该系统显示运行与报警状态和操作指示的方式可以以文字、表格为主，也可以以标有设备符号和参数值的对象系统模拟图形作为操作员基本框架的、彩色的、具有动感的图像为主"。

（2）防治措施

1）BA 系统设计人员应该熟知规范对中央监控软件的规定，并熟悉市场上主流 BA 产品可以实现的功能，以便为用户选用合适的 BA 产品。

2）图形中心方式由于其一系列彩色、动态的模拟图形，快捷、直观的操作界面以及较短的培训周期,在目前得到广泛推广。目前 BA 软件均包含强大的图形组态工具,BA 软件编制工程师应该在此方面多用点精力。

4.6.5 不能查询、打印历史数据和报表

1. 通病现象

(1) 可以查询近期(如 1 个月前)的历史数据,但不能查询较前期(如 2 个月前)的历史数据。

(2) 只可以查询部分监控点的历史数据。

2. 危害及原因分析

(1) 危害

1) 在需要进行数据分析时由于没有查询结果而给设备管理带来不便。

2) 造成系统未对相关监控点的历史数据进行记录和保存。

(2) 原因分析

1) 需查询的资料历史过长,已超过中央工作站所能保存的最长期限。

2) 对相关监控点的相关设置不当。

3. 标准要求及防治措施

(1) 标准要求

1)《智能建筑工程质量验收规范》(GB 50339—2003)第 6.3.13 条:"中央管理工作站存储的历史数据时间应大于 3 个月"。

2) 由于不同品牌的 BA 产品其软件功能各不相同,并非所有的 BA 系统运行后即可直接查询某个监控点的历史数据和报表,必须对该监控点进行设置,系统才能记录和保存。

(2) 防治措施

1) 定期对系统数据进行备份,或增加硬盘存储容量。

2) 调试人员应同用户进行沟通,对有需要的监控点进行设置,以便系统自动记录和保存历史数据。

4.6.6 流量测量误差

1. 通病现象

(1) 不考虑需要测量的介质(如液体、气体和蒸汽等)种类而盲目选用流量计。

(2) 流量计安装位置不当,例如入口/出口直管段不能满足规定的长度、流量计插入深度不够等。

2. 危害及原因分析

(1) 危害

1) 造成测量介质的环境不能满足流量计的使用要求,甚至造成破坏。

2) 造成错误的测量结果,影响过程控制,无法达到控制、管理和节能的目的。

(2) 原因分析

1) 不熟悉流量计的适用范围。

2) 施工人员不仔细阅读产品安装要求。

3. 标准要求及防治措施

(1) 标准要求

1)《民用建筑电气设计规范》(JGJ/T 16—92)第 23.1.4.1 条:“流量仪表的量程选择,对于线性刻度显示,正常流量为满量程的 50% ~ 70%,最大流量不应大于满量程的 90%,最大流量不应小于满量程的 10%”。

第 23.1.4.2 条:“一般流体的流量测量,应选用标准节流装置,标准节流装置的选用,必须符合现行国标《流量测量节流装置的设计、安装和使用》的规定”。

第 23.1.4.3 条:“符合下列条件者,可选用文丘里管:a. 要求低压力损耗下的精确测量;b. 被测介质为干净的气体、液体;c. 管道直径在 100 ~ 800mm 范围;d. 流体压力在 1000kPa 以下”。

第 23.1.4.4 条:“符合下列条件者,可选用 1/4 圆喷嘴:a. 被测介质为高粘度、低流速;b. 雷诺数大于 200 小于 105 范围内”。

第 23.1.4.5 条:“中、小流量,其介质对玻璃不粘附且透明、粘度较高、对金属有腐蚀性、易凝结、易汽化流体的流量测量,当量程比不大于 101,需就地指示时,可采用玻璃转子流量计”。

第 23.1.4.6 条:“差压式流量计取压方式的选择可为:a. 宜采用角接取压,也可采用法兰取压;b. 根据使用条件和测量要求,亦可采用径距取压”。

第 23.1.4.7 条:“压差变送器差压范围的选择应根据计算确定,一般情况下宜选:a. 低差压:6 ~ 10kPa;b. 中差压:10 ~ 60kPa;c. 高差压:60 ~ 250kPa”。

第 23.1.4.8 条:“饱和蒸汽的流量,当要求的精确度不高于 2.5 级并为就地或远传积算时,可采用蒸汽流量计”。

第 23.1.4.9 条:“测量较大流量,当要求就地显示时,可采用旁通转子流量计(分流式流量计)”。

2)《智能建筑工程质量验收规范》(GB 50339—2003)第 6.2.4 条第 2 款:“传感器、电动阀门……和其他设备安装时应符合 GB 50303 第 6 章及第 7 章、设计文件和产品技术文件的要求”。

3)《建筑电气工程施工质量验收规范》(GB 50303—2002)第 6.1.4 条第 1 款:“继电保护元器件、逻辑元件、变送器和控制用计算机等单体校验合格,整体试验动作正确,整定参数符合设计要求”。

第 6.2.5 条第 4 款:“低压电器组合信号回路的信号灯、按钮、光字牌、电铃、电笛、事故电钟等动作和信号显示准确”。

(2) 防治措施

1) 对不同的测量介质应选用不同类型的流量仪表。如对于测量腐蚀性液体介质或测量杂质多的污垢液体流量,最好选用电磁式流量计,测量 300℃以下的蒸汽时可选用涡街流量计。

2) 不同类型的流量计对安装位置的要求不尽相同,安装时应严格按照产品资料进行安装,如避免安装有较强磁场或有剧烈震动的位置,部分类型的流量计还需要定期进行清洗等。

4.6.7 温度采样不当

1. 通病现象

(1) 温度传感器的安装位置不适当。

(2) 温度传感器选型不当。

(3) 采样数量过少。

2. 危害及原因分析

(1) 危害

1) 不能真正反映实际参数值。

2) 误差偏大或输出信号同控制器不匹配，严重的还造成传感器破坏。

3) 造成控制参数的失调。

(2) 原因分析

1) 施工图上没有明确传感器的安装位置，或受现场安装条件的限制无法正确安装。

2) 不熟悉传感器的测量范围，不熟悉传感器的安装环境。

3) 采样区域面积太大，一个采样点不能完全反映检测参数。

3. 标准要求及防治措施

(1) 标准要求

1)《工业自动化仪表工程施工及验收规范》(GBJ 93—86)第 2.2.1 条："温度取源部件的安装位置应选在介质温度变化灵敏和具有代表性的地方，不宜选在阀门等阻力部件的附近和介质流束呈死角处以及振动较大的地方"。

2)《民用建筑电气设计规范》(JGJ/T 16—92)第 23.1.2.2 条："检测元件的选择，应根据工艺要求的测温范围决定。有振动的场所，宜选用热电偶；精度要求较高、无剧烈振动等场所，宜选用热电阻"。

(2) 防治措施

1) 将传感器的敏感元件移至最能代表被测量介质的温度点即可。

2) 选择传感器之前，先了解被测量介质的特性(如是测量液体还是蒸汽)以及控制精度；施工时应避免安装在有震动的场合，远离门窗和热源，避免暴露在阳光的地方；对于插入式传感器，还应将感温体插入被测介质管道的中心。

3) 当空调区域面积过大时，可设置多个采样点，然后取平均值作为控制比较参数。

4.6.8　流量开关信号误报

1. 通病现象

(1) 流体循环时对流量开关造成冲击。

(2) 安装方向错误。

2. 危害及原因分析

(1) 危害

1) 其触点接触不稳定，这对需要有连锁作用或"断流"保护的场所危害相当大，将直接导致连锁设备(例如冷水机组)的紧急停机。

2) 管道内的流体循环以后，流量开关不动作。

(2) 原因分析

1) 安装位置不当。

2) 施工时未看清楚流量开关上标志着的箭头方向，或者不清楚管道内流体的循环方向。

3. 防治措施

(1) 流量开关避免安装在测流孔、直角弯头或阀门附近。

(2) 安装时将流体开关旋紧定位,使叶片与流体方向成直角,且开关体上标志着的箭头方向要与流体方向一致。

4.6.9 电动阀门关阀不到位

1. 通病现象

(1) 可以手动关闭阀门,但不能自动全关阀门。

(2) 电动阀门和执行机构配合不当。

2. 危害及原因分析

(1) 危害

1) 造成流量泄漏,影响节能效果。

2) 导致阀杆变形,最终影响阀门的正常开、闭。

(2) 原因分析

1) 电动执行机构的输出轴推力不够,不能提供阀全闭时足够的压紧力;或者电动执行机构的行程小于电动阀门的行程,造成阀门不能完全关闭。

2) 施工时违反操作规程,强行作业。

3. 标准要求及防治措施

(1) 标准要求

1)《民用建筑电气设计规范》(JGJ/T 16—92)第23.1.8.3条:"气动执行机构的输出力或输出力矩,必须能使调节阀可靠开、闭。该条文同样适用电动执行机构"。

2)《智能建筑工程质量验收规范》(GB 50339—2003)第6.2.4条第2款:"传感器、电动阀门及执行器、控制柜和其他设备安装时应符合GB 50303第6章及第7章、设计文件和产品技术文件的要求"。

(2) 防治措施

1) 由于不同阀门执行器的阀座关断力不同,在选型时必须配合电动阀门进行。不同口径的电动阀门其行程不尽相同,电动执行机构的行程必须同电动阀门的行程一致;有些电动执行器的有多个行程范围,安装时注意调节,使之同电动阀门相匹配。

2) 电动阀门的安装必须正确,在组装执行机构时必须使阀杆同执行器的推杆在一条垂直线上,并保证执行机构关阀到位后电动阀处于全关状态。

4.6.10 水池液位信号误报

1. 通病现象

(1) 安装位置不当。

(2) 安装高度不当。

(3) 密封性能太差。

2. 危害及原因分析

(1) 危害

1) 水流波动时,造成液位传感器误动作。

2）导致控制效果欠佳。

3）液位传感器进水，造成触点短路或接触不良。

(2) 原因分析

1）施工时未注意水池的进、出水管道的位置。

2）设计人员不熟悉水系统的控制工艺，或者施工时粗心大意。

3）传感器质量太差。

3. 标准要求及防治措施

(1) 标准要求

《工业自动化仪表工程施工及验收规范》(GBJ 93—86)第2.2.1条："物位取源部件的安装位置，应选在物位变化灵敏，且不使检测元件受到物料冲击的地方"。

(2) 防治措施

1）按照产品资料要求，参考《建筑电气安装工程图集》进行安装，避免安装在水流动荡的地方。

2）液位传感器的安装高度应该按照设计要求，并在现场根据水位调试后确定，连接线的长度应保证浮球能在全量程范围内自由活动。

3）选用优质传感器，浸没在水中的线缆禁止接头。

4.6.11 DDC控制器箱箱内配线混乱

1. 通病现象

(1) 箱内设备的布置凌乱。

(2) 箱内接线标识不清。

(3) 控制箱箱内空间过小。

2. 危害及原因分析

(1) 危害

1）造成线路交叉敷设。

2）给日后维护带来困难。

3）造成安装、检修困难。

(2) 原因分析

1）箱内设备的布置不合理。

2）施工图纸不完善。

3）箱内设备太多，箱体过小。

3. 标准要求及防治措施

(1) 标准要求

1）《建筑电气工程施工质量验收规范》(GB 50303—2002)第6.2.6条："二次回路连线应成束绑扎，不同电压等级、交流、直流线路及计算机控制线路应分别绑扎，且有标识"。

2）《建筑电气工程施工质量验收规范》(GB 50303—2002)第6.2.5条第6款："端子排安装牢固，端子有序号，强电、弱电端子隔离布置，端子规格与芯线截面积大小适配"。第6.2.8条第2款："箱(盘)内接线整齐，回路编号齐全，标识正确"。

3）《智能建筑工程质量验收规范》(GB 50339—2003)第6.3.19条第3款："机柜至少

应留有10%的卡件安装空间和10%的备用接线端子"。

(2) 防治措施

1) 箱内设备的布置应统一设计，尽量减少线路在箱内的敷设长度。

2) 在图上清楚标注每个端子的编号。

3) 合理计算元器件所占面积，预留箱体空间。

4.6.12 冷冻机组群控节能效果差

1. 通病现象

(1) 群控策略或方式设计不合理。

(2) 构成群控的条件不明确或不准确。

2. 危害及原因分析

(1) 危害

1) 直接导致节能效果低下。

2) 影响群控系统的实施。

(2) 原因分析

1) 群控措施不适合该项目所用制冷设备的制冷性能。

2) 受现场条件的限制，没有安装参数检测传感器；或已安装，但采样位置不当。

3. 标准要求及防治措施

(1) 标准要求

1)《民用建筑电气设计规范》(JGJ/T 16—92)第23.5.4.4条："制冷设备的运行台数，宜根据实际需要的冷负荷、冷水量或冷水温度进行控制"。

2)《民用建筑电气设计规范》(JGJ/T 16—92)第23.5.4.6条："制冷装置宜设下列参数的检测仪表：a. 蒸发器的冷水进口温度；b. 冷凝器的冷却水进出口温度；c. 压缩机排气和吸气的压力和温度；d. 离心式压缩机的轴承温度；e. 吸收式制冷机发生器的蒸汽入口温度和压力，凝结水的出口温度；f. 吸收式制冷装置屏蔽泵的压力"。

(2) 防治措施

1) 目前业界存在多种不同的群控模式，如回水温度控制法、流量控制法等，BA调试人员必须根据具体项目进行个性化设计。

2) 为保证各参数在规定的范围内，应设置必要的参数检测装置；必要时可利用冷冻机组的数据接口，可降低BA群控系统的初投资，增强BA系统的监控功能。

4.6.13 数据通信接口实时性差

1. 通病现象

受监控设备或系统同BA系统以数据通信的方式相联时，其实时性较差。

2. 危害及原因分析

(1) 危害

采样速度、系统响应时间不能满足合同技术文件与设备工艺性能指标的要求。

(2) 原因分析

系统通信接口不符合设计要求，存在兼容性及通信瓶颈问题。

3. 标准要求及防治措施

(1) 标准要求

1)《民用建筑电气设计规范》(JGJ/T 16—92)第26.5.2条:"既可用软件也可用硬件实现的监控功能要求,应在进行经济性对比、并确认软件实现更可靠、更节省投资时方宜选用软件实现"。

2)《智能建筑工程质量验收规范》(GB 50339—2003)第3.2.7条:"系统承包商应提交接口规范、并应根据接口规范制定接口测试方案,接口测试方案经检测机构批准后实施"。

(2) 防治措施

严格进行系统接口测试,并保证接口性能符合设计要求,实现接口规范中规定的各项功能,避免发生兼容性及通信瓶颈问题。

4.7 闭路电视监控系统

4.7.1 线路的敷设乱连接、不规范

1. 通病现象

(1) 线路的连接局部不套管保护,强电和弱电同敷设在一条管线内。

(2) 桥架和线管内随处接头,乱并乱接。

2. 危害及原因分析

(1) 危害

1) 造成设备出现故障或人员伤亡。

2) 线路易被虫鼠等咬断。

3) 图像信号会出现干扰信号。

4) 线路出现故障后给维护人员的检修工作带来了难度。

(2) 原因分析

施工人员素质低,缺乏责任心,没有经过培训就上岗,施工时未按规范要求做。

3. 标准要求及防治措施

(1) 标准要求

1) 强弱电的线缆布线时要分开走管或线槽。根据《民用闭路监视电视系统工程技术规范》GB 50198—94 第2.3.7条:室外传输线路的敷设,应符合下列要求:

第2.3.7.1条:当采用通信管道(含隧道、槽道)敷设时,不宜与通信电缆共管孔。

第2.3.7.2条:当电缆与其他线路共沟(隧道)敷设时,其最小间距应符合表4.7.1-1的规定。

电缆与其他线路共沟(隧道)的最小间距　　表4.7.1-1

种　类	最小间距(m)
220V交流供电线	0.5
通讯电线	0.1

第2.3.7.3条:当采用架空电缆与其他线路共杆架设时,其两线间最小垂直间距应符

合表 4.7.1－2 的规定。

电缆与其他线路共杆架设的最小垂直间距　　表 4.7.1－2

种　类	最小垂直间距(m)
1～10kV	2.5
1kV 以下电力线	1.5
广播线	1.0
通信线	0.6

第 2.3.8.4 条：电缆与电力线平行或交叉敷设时，其间距不得小于 0.3m；与通讯线平行或交叉敷设时，其间距不得小于 0.1m。本规范第 2.3.9 条：同轴电缆宜采取穿管暗敷或线槽的敷设方式。当线路附近有强电磁场干扰时，电缆应在金属管内通过，并埋入地下。当必须采取架空敷设时，应采取防干扰措施。

2)《民用闭路监视电视系统工程技术规范》GB 50198—94 第 3.3.1 条："电缆的敷设应符合下列要求：

第 3.3.1.3 条：室外设备连接电缆时，宜从设备的下部进线。

第 3.3.1.4 条：电缆的长度应逐盘核对，并根据设计图上各段线路的长度来选配电缆。应避免电缆的接续，电缆无法避免接续时应采用专用接插件。设备连接处要加护套软管保护"。

(2) 防治措施

施工人员要按照标准要求施工。

4.7.2　图像模糊

1. 通病现象

(1) 远距离的摄像机画面不清楚，有干扰杂波。

(2) 图像模糊不清或很近距离才清晰。

(3) 摄像机监视画面很白，看不清晰物体。

2. 危害及原因分析

(1) 危害

1) 画面不清晰和出现干扰杂波，所回放的画面很难辨认所发生的事件。

2) 图像不清晰对所发生的事件无法取证。

3) 系统的安全性受到一定程度的威胁。

(2) 原因分析

1) 视频线路长接触不好，屏蔽层破损或线路长期被水浸导致线路发霉；选用的同轴电缆不符合标准。

2) 线路长信号损耗大，造成图像模糊。镜头焦距没调好或摄像机质量差，护罩镜面有遮挡物等直接影响录像的效果。

3) 所选用的摄像机逆光补偿功能差或摄像机所安装的方位正对着强光。

3．标准要求及防治措施

(1) 标准要求

1)《民用闭路监视电视系统工程技术规范》(GB 50198—94)第 2.1.5.2 条:“系统采用设备和部件的视频输入和输出阻抗以及电缆的特征阻抗均为 75Ω,音频设备的输入、输出阻抗应为高阻抗或 600Ω”;本规范第 3.3.5.5 条:“进入管孔的电缆应保持平直,并应采取防潮,防腐蚀、防鼠等处理措施”。

2)《智能建筑工程质量验收规范》(GB 50339—2003)第 4.2.9 条:“对图像质量进行主观评价,主观评价应不低于 4 分;抗干扰能力按《安防视频监控系统技术要求》GA/T 367 进行检测”。

《民用闭路监视电视系统工程技术规范》(GB 50198—94)第 2.1.6 条:在摄像机的标准照度下,闭路监视图像质量和系统技术指标应满足下列要求:

第 2.1.6.1 条:图像质量可按五级损伤制评定,图像质量不应低于 4 分。

第 2.1.6.2 条:相对应 4 分图像质量的信噪比应符合表 4.7.2－1 的规定。

信噪比(dB) **表 4.7.2－1**

指标项目	黑白电视系统	彩色电视系统
随机信噪比	37	36
单频干扰	40	37
电源干扰	40	37
脉冲干扰	37	31

第 2.1.6.3 条:图像水平清晰度黑白电视系统不应低于 400 线,彩色电视系统不应低于 270 线。

第 2.1.6.4 条:图像画面的灰度不应低于 8 级。

第 2.1.6.5 条:系统的各路视频信号,在监视器输入端的电平值应为:1Vp－p ± 3dB VBS。

第 2.1.6.6 条:系统各部分信噪比指标分配应符合表 4.7.2－2 的规定。

第 2.1.6.7 条:系统在低照度使用时,监视画面应达到可用图像,其系统信噪比不得低于 25dB。

系统各部分信噪比指标分配(dB) **表 4.7.2－2**

指标项目	摄像部分	传输部分	显示部分
连续随机信噪比	40	50	45

注:1. 五级损伤制评分标准应符合本规范第 4.3.1 条表 4.3.1－1 的规定;

2. VBS 为图像信号、消隐脉冲和同步脉冲组成的全电视信号的英文缩写代号;

3. 可用图像是指在监视低照度画面时,能够辨认画面物体轮廓的图像。

3)《民用闭路监视电视系统工程技术规范》(GB 50198—94)第 2.2.8.3 条:“摄像机镜

头应避免强光直射，保证摄像机管靶面不受损伤。镜头视场内，不得有遮挡监视目标的物体”。

(2) 防治措施

1) 用仪表测试视频线路的电阻，长期被水浸的线路应做防水处理，线路长的监控点加装放大器。必须需要接头处要焊接。要选用符合标准的线缆。

2) 镜头焦距安装前要先调试好，安装时要注意保护外罩的镜面不要刮划，在工程设计前要了解产品的性能和质量。不能选用那些没有合格证明的设备。

3) 摄像机的安装方位不要正对着强光，对有强光的地方要选择有逆光补偿的摄像机。

4.7.3 视频信号丢失

1. 通病现象

(1) 监视器屏幕突然出现蓝屏或单个画面不停闪动、忽隐忽现。

(2) 带云台的摄像机转动到某位置没有图像或图像经常没有。

2. 危害及原因分析

(1) 危害

无法获取图像信号。

(2) 原因分析

1) 线路接触不好，测试线路和电压正常的情况下，可以把录像机的输入端口互换检查，图像正常可以怀疑录像机个别输入端口出现故障，如果还没有图像就要检测摄像机的好坏。带云台的摄像机由于长时间运转造成机内触点松动、接触不良或长时间运转导致连接线路扭断。

2) 部分施工人员责任心不够，为了图方便，在顶棚上或其他部位布线时不套管保护线缆，时间长线缆被虫鼠咬断。

3. 标准要求及防治措施

(1) 标准要求

《民用闭路监视电视系统工程技术规范》(GB 50198—94)第 3.2.1.2 条：“检查云台的水平，垂直转动角度，并根据设计要求定准云台转动起点方向”。

(2) 防治措施

1) 安装前要注意旋转线路的保护。

2) 安装工艺规范化，增加线路通断的测试；加强施工单位的责任心教育。

4.7.4 线路标识不清、工程施工质量不过关

1. 通病现象

在竣工图上和现场的标识不一样或者根本没有标识。

2. 危害及原因分析

(1) 危害

竣工图上的布线路由和现场的根本不相符；现场的设备连接没有标识，维护人员难以检修。

(2) 原因分析

施工队伍素质低，没有按图纸要求和标准规范施工。

3．标准要求及防治措施

(1) 标准要求

《民用闭路监视电视系统工程技术规范》(GB 50198—94)第4.2.1条：系统的工程施工质量应按施工要求进行验收，检查的项目和内容应符合表4.7.4的规定。

施工质量检查项目和内容　　表4.7.4

项目	内　　容	抽查百分数(%)
摄像机	1.设置位置，视野范围 2.安装质量 3.镜头、防护套、支承装置、云台安装质量与紧固情况	10～15(10台以下摄像机至少验收1～2台)
	4.通电试验	100
监视器	1.安装位置 2.设置条件 3.通电试验	100
控制设备	1.安装质量 2.遥控内容与切换路数 3.通电试验	100
其他设备	1.安装位置与安装质量 2.通电试验	100
控制台与机架	1.安装垂直水平度 2.设备安装位置 3.布线质量 4.塞孔、连接处接触情况 5.开关、按钮灵活情况 6.通电试验	100
电(光)缆敷设	1.敷设与布线 2.电缆排列位置、布放和绑扎质量 3.地沟、走道支铁吊架的安装质量 4.埋设深度及架设质量 5.焊接及插接头安装质量 6.接线盒接线质量	30
接地	1.接地材料 2.接地线焊接质量 3.接地电阻	30

(2) 防治措施

施工人员在现场施工中如有改动，要做好标记并及时向设计工程师汇报。施工方要严格遵循图纸和规范施工。

4.7.5 云台、镜头不能控制

1. 通病现象

通过控制主机对云台、镜头控制没有反应。

2. 危害及原因分析

(1) 危害

云台、镜头无法控制，对于范围广的地方达不到防范效果。

(2) 原因分析

线路的连接不良或电源不通，解码器的地址码拨错或所选的通信协议不匹配。

3. 标准要求及防治措施

(1) 标准要求

《智能建筑工程质量验收规范》(GB 50339—2003)第8.3.5条：视频安防监控系统的检测第1条规定，"系统功能检测云台转动，镜头、光圈的调节，调焦、变倍、图像切换，防护罩功能的检测"。

(2) 防治措施

安装前要认真阅读设备的技术要求，根据现场设备的要求，正确选择地址码和通信协议。

4.8 防盗报警系统

4.8.1 点位设计不完善

1. 通病现象

(1) 室外无人值守的地方具备设计红外对射探测器但没有给业主方考虑。

(2) 在设计和安装时没有考虑好监控区域的防护等级。

2. 危害及原因分析

(1) 危害

1) 周界防范系统是个很关键的系统，没有设计好对业主方的安全管理有一定的威胁，不能完全起到监控防盗的作用。

2) 比较重要区域设计的探测器数量不能满足要求，存在漏洞，让不法分子有机可乘。

(2) 原因分析

1) 设计不专业或对防盗报警产品不熟悉。

2) 所布设的点位存在视觉死角。

3. 标准要求及防治措施

(1) 标准要求

1)《智能建筑设计标准》(GB/T 50314—2000)第7.3.1条第2款第1款："应根据各类建筑安全防范部位的具体要求和环境条件，可分别或综合设计周界防护、建筑物内区域或空间防护、重点实物目标防护系统"。

2) 第7.3.1条第2款第3项："系统的前端应按需要选择、安装各类入侵探测设备，构成点、面、立体或组合的综合防护系统。设计人员应根据现场的环境来配置设备，综合考虑设备安装美观和所起的防盗作用。在合理的地方增加探测器的数量”。

(2) 防治措施

1) 设计前应对整个小区的平面分析透彻,不能存在漏洞。

2) 在合理的地方增加探测器的数量。

4.8.2 报警器误报

1. 通病现象

(1) 在布防的情况下,防区经常误报,严重影响安全保卫工作。

(2) 周界红外对射防区经常误报。

2. 危害及原因分析

(1) 危害

1) 系统频繁的出现误报,保安人员的工作压力大,达不到系统的安全性和稳定性。

2) 周界报警系统经常误报,给值班人员增加心理上的压力,长期的误报和实际的报警都无法区分,形成“狼来了”的效果。

(2) 原因分析

1) 所选用的探测器没有防宠物的检测功能,探测器不要安装在温度太高的环境,应尽量远离窗户避免外物的干扰。

2) 探测器靠近围墙边的绿化带,这些植物经常高出围墙,风吹草动时树枝摆动隔断红外线引起报警。

3. 标准要求及防治措施

(1) 标准要求

1)《智能建筑工程质量验收规范》(GB 50339—2003)第 8.3.6 条第 1 款:“系统应具有探测器的盲区检测、防动物检测的功能”。

2)《智能建筑设计标准》(GB/T 50314—2000)第 7.3.1 条第 2 款第 5 项:“系统应能对设备运行状态和信号传输线路进行检测,能及时发出故障报警并指示故障位置”。

(2) 防治措施

1) 老鼠出没的地方要经常灭鼠,还需要防止其他动物闯入探测器的有效监测区域或选用防宠物的探测器。

2) 根据现场的实际情况调节探测器的灵敏度到最佳效果,围墙边的树枝条要定期修剪。

4.8.3 进入探测器的范围不报警或反应迟钝

1. 通病现象

进入探测的范围,不报警或反应迟钝。

2. 危害及原因分析

(1) 危害

无法及时得到警情,让不法人员有机可乘。

(2) 原因分析

1) 系统没有定期巡查,前端探测器出现故障也不及时检修。

2) 报警主机出故障或编程设置的进入报警确认延迟时间太长。

3. 标准要求及防治措施

(1) 标准要求

《智能建筑工程质量验收规范》(GB 50339—2003)第 8.3.6 条第 1 款第 2 项:"探测器的防破坏功能检测应包括报警器的防拆报警功能、信号线开路、短路报警功能、电源线被剪的报警功能"。第 5 项:"系统通信功能检测应包括报警信息传输、报警响应功能"。

(2) 防治措施

1) 至少每半年应巡检一次探测器的性能,防止人为破坏。

2) 检测报警主机或查看报警主机的编程是否把延迟设得太长了,根据现场而定可以设成即时报警。

4.8.4 所选用的设备功能不完善

1. 通病现象

管理软件不能对设备的运行状态和信号的传输线路进行检测。报警信息的记录不完善,不能提供与其他子系统联动的接口信号。

2. 危害及原因分析

(1) 危害

不能达到现场的防范要求。

(2) 原因分析

设计人员没有根据各种不同应用场所和使用环境下的具体特点,所选用的设备功能不完全符合环境要求;所选择的设备和软件产品不成熟等等。

3. 标准要求及防治措施

(1) 标准要求

《智能建筑设计标准》(GB/T 50314—2000)第 7.3.3 条第 2 款入侵报警系统第 7 项:"系统应能显示和记录报警部位和有关警情数据,并能提供与电视监控子系统联动的控制接口信号"。

(2) 防治措施

设计人员应了解产品的性能和功效,选择性能稳定的产品。

4.8.5 探测器在调试中常见的问题

1. 通病现象

调试人员对产品的性能不甚了解,没有仔细阅读产品说明书,设备没有发挥最大的功效。如:出现防范盲点、探头灵敏度偏高或偏低等等。

2. 危害及原因分析

(1) 危害

对产品的性能不了解,所采用的设备发挥不出应有的效果,造成投资的浪费。

(2) 原因分析

调试前根本没有阅读产品说明书,没有对调试人员进行技能培训,对 LED 灯况的指示不了解,给探测器的调试工作增加了难度,特别强调:每个安装人员都应熟知探测器的特性。对壁挂式探测器,步测时的行走方向为侧向行走,即切割红外视区的方向,而不是朝着或背对探测器的方向。对吸顶式探测器,步测时的行走方向为以探测器为圆心的圆周，而不是朝着或背对探测器的方向。灵敏度的调整要视周围的环境而定，不应一味追求高灵敏度而放弃了对误报的警惕。一般情况下，建议使用出厂设置——“中挡”，如环境恶劣，可考虑采用“低挡”设置以减少误报。只有环境比较好的场所才考虑使用“高挡”设置。灵敏度的调整一般通过 PCB 板上的跳线或开关来实现。具体应参照说明书进行操作。以 C&K 探测器为例：DT－500、DT－700/DT－706 没有灵敏度调节机构；DT－6360STC 调整 W1；DT－900/DT－906 调整 S3。

3. 标准要求及防治措施

(1) 标准要求

《智能建筑设计标准》(GB/T 50314—2000)第 7.2.3 第 1 款：“入侵报警系应能根据建筑物的安全技术防范管理的需要，对设防区域的非法入侵、盗窃、破坏和抢劫等，进行实时有效的探测和报警，并应有报警复核功能”。

(2) 防治措施

认识 LED 灯况的指示，下面以常用的 C&K 探测器的使用举例说明：

1) LED 指示灯：

装有红、黄、绿三只 LED 的产品：DT－900/DT906、DT－6360STC 等。红灯为报警指示灯，黄灯(微波)和绿灯(红外)为步测指示灯。仅有一只红色 LED 的产品：DT－500、DT－700/DT－706 等。

一般规律：探测器成功地探测到目标，红色 LED 应点亮。探测器视区内无目标活动的情况下，所有 LED 均应熄灭。

2) 快闪：

红色 LED 快闪(对仅有一只 LED 的产品)或者红、黄、绿三只 LED 一齐快闪(对装有三只 LED 的产品)，表示探测器正在上电自检——“预热”，也有可能是探测器出现故障。对 DT－900/DT－906，红色和绿色两只 LED 一齐快闪，代表探测器被遮挡。

3) 慢闪：

探测器上的两只 LED(红和绿或者红和黄)一齐慢闪，代表“比例监控电路”发现问题。问题既有可能出在环境方面，也有可能是探测器本身出了故障。具体可参照说明书上给出的慢闪灯况处理表进行判断。

4) 通电“预热”：

需要引起注意的是，每只探测器通电后，都必须经历一个“预热”过程(一般需时 3min 左右)，“预热”过程结束之后探测器才能达到最佳探测性能，因此步测必须在“预热”之后方可进行。正常情况下“预热”结束后，如果视区内无目标活动，则探测器上的指示灯应全部熄灭。

5) 灵敏度的调节：

a. 微波探测范围调整

请注意：双鉴器出厂时其微波探测范围一般都开在最大位置。

因为微波具有穿透能力，如果不调整很容易通过门窗穿透到室外，容易引起误报。因此除了不设调整机构的 DT－500 外，其他探测器安装完毕后都必须进行此项调整。调试时一个常见的误区是：不论房间大小和周围环境如何，微波均开最大位置(出厂设置)。

C&K 双鉴器的微波调节机构一般为一个电位器小拨轮。步测时应先将其调至最小位置,然后根据需要逐渐加大直至探测距离满足要求为止。

b. 红外探测范围调整

大多数 C&K 双鉴器在 PCB 板上不设专门的红外调整机构,一般可以采用如下方法进行调整:

有些情况下,为了避开某些能产生误报的干扰因素,安装人员可以通过改变探测器的安装高度、朝向和俯仰角度(只对挂壁式)或者遮蔽一部分红外视区(用专用贴纸)等方法进行调整,以获取合适的探测范围。

注意:红外调试时一个常见的误区是:不论房间大小和周围环境如何,探测器均平贴墙面安装,既不调整俯仰角也不调整朝向,导致红外视区移至室外或干扰因素进入红外视区造成误报。

4.9 巡更系统

4.9.1 路线和点位的设计不合理

1. 通病现象

巡更系统分为在线巡更和离线巡更两类,设计人员所设置的巡更点位太少,不能满足安全防范的要求,存在某些线路的缺漏。

2. 危害及原因分析

(1) 危害

所巡查的路线没有覆盖重点防护区域,让犯罪分子有机可乘。

(2) 原因分析

设计人员对现场不了解,也没有和业主方进行沟通。

3. 标准要求及防治措施

(1) 标准要求

《智能建筑设计标准》(GB/T 50314—2000)第 7.2.3 条第 4 款:"系统应能根据建筑物安全技术防范管理的需要,按照预先编制的保安人员巡更软件程序,通过读卡器或其他方式对保安人员巡逻的工作状态(是否准时、是否遵守顺序等)进行监督、记录,并能对意外情况及时报警"。

(2) 防治措施

设计人员在深化设计前应和业主方进行沟通,了解业主方的需求,巡更方案应起到基本的防护作用。

4.9.2 不能查询和打印历史数据

1. 通病现象

历史事件不能查询和打印或保存时间短。

2. 危害及原因分析

(1) 危害

存储的时间过短无法对所发生的历史事件进行取证和打印。

(2) 原因分析

设备功能设置不完善或者操作系统出现故障导致无法查询；打印机连接不上或连接串口设置不对。

3. 标准要求及防治措施

(1) 标准要求

《智能建筑工程质量验收规范》(GB 50339—2003)第 8.3.8 条："巡更管理系统的检测检测内容第 7 项规定，巡更系统的数据存储记录保存时间应满足管理要求"。

(2) 防治措施

应选择成熟的软件使用，管理人员应加强熟悉软件的使用功能。

4.9.3 数据采集不上来

1. 通病现象

管理电脑无法将数据采集上来，系统提示通讯连接失败或通讯错误。

2. 危害及原因分析

(1) 危害

无法对数据进行采集。

(2) 原因分析

1) 对于在线式巡更系统，一般是通讯线路连接头处接触不好，或施工人员布线时用力过大把线路拉断；或串口转换器损坏，电脑和采集器所对应的连接串口设置不对，导致数据采集不上来。

2) 离线巡更系统采集器的通讯线路接触不良或采集器损坏，电脑和采集器所对应的连接串口设置不对等，均会导致管理电脑无法采集数据。

3. 标准要求及防治措施

(1) 标准要求

1)《智能建筑工程质量验收规范》(GB 50339—2003)第 8.3.8 条："巡更管理系统的检测内容第 4 项规定，应检查系统的运行状态、信息传输、故障报警和指示故障位置的功能"。

2) 第 8.3.8 条："巡更管理系统的检测内容第 2 项规定，进行现场设备的接入率及完好率的测试"。

(2) 防治措施

1) 测试通讯线路的通断，查看电脑的连接串口是否正确；加强对施工人员的培训。

2) 检查离线巡更系统的通讯线路接触是否完好；采集器的安装和通讯线应固定，防止人为拉断；系统管理员应对操作系统的设置使用的权限进行分配。

4.9.4 在线巡更系统线路易受干扰

1. 通病现象

在线巡更系统通讯不畅，或数据采集不上，或数据采集不稳定。

2. 危害及原因分析

(1) 危害

系统的不稳定，无法使系统正常运行。

(2) 原因分析

线管安装的太靠近强电等干扰源,或通讯线路传输距离太远造成数据采集无法完成。

3. 标准要求及防治措施

(1) 标准要求

《智能建筑工程质量验收规范》(GB 50339—2003)第 8.3.8 条:"巡更管理系统的检测内容第 4 项规定,应检查系统的运行状态、信息传输、故障报警和指示故障位置的功能"。

(2) 防治措施

要依照产品的技术要求和规范进行施工,尽量远离干扰源,所采用的通讯线远距离的要选择屏蔽线缆,最好不要超过厂家规定的通讯距离。

4.10 停车场管理系统

4.10.1 设备功能的选择不到位

1. 通病现象

工程商所选用的设备,功能达不到业主的要求。比如没有车位显示功能或车牌和车型的自动识别功能、自动计费与收费金额显示、出入口及场内通道的行车指示、多个出入口组合的联网与监控管理、停车场的对讲功能等。

2. 危害及原因分析

(1) 危害

所选择的设备无法满足业主现场的需求,协调不好最后还要返工,浪费资源。

(2) 原因分析

没有结合现场的条件和业主的需求综合考虑来选择设备。

3. 标准要求及防治措施

(1) 标准要求

《智能建筑设计标准》(GB/T 50314—2000)第 7.3.3 条第 6 款:

"1) 汽车库(场)管理系统最低的标准,应具有如下功能:

a. 入口处车位显示;

b. 出入口及场内通道的行车指示;

c. 自动控制出入栅栏门;

d. 自动计费与收费金额显示;

e. 整体停车场收费的统计与管理;

f. 意外情况发生时向外报警。

2) 应在汽车库(场)的入口区设置出票机。

3) 应在汽车库(场)的出口区设置验票机。

4) 应自成网络,独立运行。

5) 应能向管理中心提供决策所需的主要信息"。

(2) 防治措施

技术人员应根据现场的实际情况,设计前应了解业主的需求和考虑将来的扩展。

4.10.2 出入口设备安装位置不合理

1. 通病现象

读卡器安装位置的不合理,给用户带来非常的不便,在车上无法读卡,要下车或给保安代读。

2. 危害及原因分析

(1) 危害

由于设备安装位置不切合现场路况实际,用户使用起来十分不便。

(2) 原因分析

对于车辆出入口为弯道的情况,设计人员没有到现场实地考察,没有依据现场情况闭门造车,停车场设施按设计要求施工完成后,经常是车上的司机无法完成取卡/读卡操作,这样的停车场反而给用户带来非常大的烦恼和不便。

3. 标准要求及防治措施

(1) 标准要求

《智能建筑工程质量验收规范》(GB 50339—2003)第 8.3.9 条第 2 款:"停车场(库)管理系统功能应全部检测,功能符合设计要求为合格,合格率 100%时采用认定系统功能检测合格"。

(2) 防治措施

智能停车场管理系统的设备安装位置应根据路面宽度、出入口的转弯半径等综合考虑。为确保设备安装后方便使用,保证车辆进出车库的安全,其入口和出口路面最小宽度应不小于 3m。如路面宽度为 6.5m 以上的,可设计为一进一出,将设备置于路面中间,制作安全岛,将设备放在安全岛的收费亭内。对于出入口为弯道的情况,设计人员应到现场考察,考虑行车的转弯半径,合理的定位设备,使其不致于影响到日后的方便使用,一般入口或出口控制机距转弯处 3m 以上。

4.10.3 地感反应不灵敏,防砸功能失灵

1. 通病现象

车辆过后栏杆不落,或者车辆还没有完全通过栏杆就下落。

2. 危害及原因分析

(1) 危害

道闸经常出现误动作,出现栏杆砸车现象。

(2) 原因分析

1) 地感线圈制作不标准(偏窄或偏小),道路太宽。

2) 地面切割槽沥青或水泥密封不牢,时间长地感线圈绝缘老化,车辆的防砸感应灵敏度大大下降。

3) 制作的地感线圈靠近金属物体或外界的干扰,而不被发现或感应器质量差经常死机。

3. 标准要求及防治措施

(1) 标准要求

1)《智能建筑工程质量验收规范》(GB 50339—2003)第 8.3.9 条第 1 款:"停车场(库)

管理系统功能检测应分别对入口管理系统、出口管理系统和管理中心的功能进行检测”。

2)《智能建筑工程质量验收规范》(GB 50339—2003)第 8.3.9 条第 1 款第 2 项:“应对自动栅栏升降功能和防砸车功能进行检测”。

3)《智能建筑工程质量验收规范》(GB 50339—2003)第 8.3.9 条第 1 款第 1 项:“应对车辆探测器对出入车辆的探测灵敏度和抗干扰性能进行检测”。

(2) 防治措施

1) 制作前应考虑道路的宽度,地感线圈的尺寸随路面宽度的不同而有所不同。一般尺寸为 2.0m×1.0m 的长方形,路面太宽时,地感线圈两边距离路面边缘为 1.0m×1.5m。

2) 地感线圈的制作密封要牢固,不能长期浸泡在水里。浇灌的沥青必须充分熔化,以利于填充槽内每一个空隙而紧固线圈,绕制应用一根完整的导线,中间不得有接头。

3) 绕制线圈前应对现场勘察,地感线圈的制作不要靠近金属物体,尽量避开干扰源。

4) 使用(更换)质量较好的感应器。

4.10.4 出卡机经常误动作

1. 通病现象

车辆压到地感线圈时,但按下“取卡键”后出卡机没有反应。

2. 危害及原因分析

(1) 危害

给用户的使用增加麻烦。

(2) 原因分析

出卡机出故障或卡片变形、车辆感应器反应不灵敏,车辆压上后没有反应。

3. 标准要求及防治措施

(1) 标准要求

《智能建筑工程质量验收规范》(GB 50339—2003)第 8.3.9 条第 1 款第 4 项:“规定了发卡(票)器功能的检测要求,即吐卡功能是否正常,入场日期、时间等记录是否正确等”。

(2) 防治措施

检测出卡机和车辆感应器的稳定性。

4.10.5 出入口控制机读卡不起闸

1. 通病现象

用户在读卡机上读卡后没有反应。

2. 危害及原因分析

(1) 危害

给用户带来烦恼,系统无法运行。

(2) 原因分析

首先通过现场管理电脑进行起闸操作,或采用手动按钮控制,没有反应则需要检修相关线路和设备,反之就是读卡机出现故障或管理电脑没有开机、操作系统出现故障数据库连接不上。

3. 标准要求及防治措施

(1) 标准要求

《智能建筑工程质量验收规范》(GB 50339—2003)第8.3.9条第1款第7项:“检查出/入口管理监控站及与管理中心站的通信是否正常”。

(2) 防治措施

对于没有脱机功能的系统要确保管理电脑24h开机,必须和装有数据库的管理电脑24h连接才有效。

4.10.6 图像对比功能效果差

1. 通病现象

停车场的图像对比功能,进场和出场的图像连车牌号都无法看清楚。

2. 危害及原因分析

(1) 危害

摄取车辆的进出场图像不清晰,无法使车辆的安全性得到保障。

(2) 原因分析

承包商为了谋取更大的利润,选用质量低劣的产品以次充好、使用假冒产品或施工人员没有调好摄像机的焦距,进出场位摄像机角度不一致,造成现场抓拍图像模糊、图像对比看不清楚。

3. 标准要求及防治措施

(1) 标准要求

《智能建筑工程质量验收规范》(GB 50339—2003)第8.3.9条停车场(库)管理系统的检测1检测内容第9项:“对具有图像对比功能的停车场(库)管理系统应分别检测出/入口车牌和车辆图像记录的清晰度、调用图像信息的符合情况”。

(2) 防治措施

要选用高清晰度的摄像机,安装前对摄像机的参数和焦距设置好必须达到验收规范的标准。

4.10.7 通信数据连接不上

1. 通病现象

(1) 出入口管理电脑与管理中心电脑的数据库通讯连接不上。

(2) 出入口管理电脑与现场控制器的通讯经常不稳定。

2. 危害及原因分析

(1) 危害

1) 出入口管理电脑与管理中心电脑的数据库通讯连接不上,导致现场的管理系统无法运行。

2) 系统通讯不稳定,设备无法正常使用。

(2) 原因分析

1) 网络线不通或水晶头没有压好,电脑网卡和主机的设置不正确。

2) 通讯线缆接触不好或控制器的质量不过关、操作系统不成熟。

3. 标准要求及防治措施

(1) 标准要求

《智能建筑工程质量验收规范》(GB 50339—2003)第8.3.9条第1款第7项:“检查出/

入口管理监控站及与管理中心站的通信是否正常。第8.3.9条第2款:停车场(库)管理系统功能应全部检测,功能符合设计要求为合格,合格率100%时为系统功能检测合格"。

(2) 防治措施

1) 系统运行前应使用专用线缆测试仪检测网络线的通断情况及水晶头RJ45的压接是否松动,以保证系统的调试畅顺。

2) 加强施工安装的工艺要求,选择成熟的产品。

4.11 综合布线系统

4.11.1 布线线槽接地保护与连接不当

1. 通病现象

(1) 综合布线的金属线槽桥架连接没有接地保护,且相互间也无电气跨接。

(2) 线槽没按标准接地,有的和强电地线接到一起。

(3) 线槽桥架连接不牢固,接口不平滑,带有毛刺。

2. 危害及原因分析

(1) 危害

1) 造成电气连接电阻太大,没有起到屏蔽电磁干扰的作用,产生电磁辐射会干扰线缆增加网络电磁干扰传输的误码率,严重时会中断网络的正常传输,给用户带来经济损失。

2) 当强电线路发生绝缘破损而接地系统又故障时,会使金属线槽桥架带电;也可能因为强电系统的雷电感应电压的引入而发生电磁干扰,由此可能造成触电人身伤亡和设备的损坏。

3) 线槽连接处的连接片螺丝不牢固,接口有毛刺,线缆在施工过程中容易刮破皮,和线槽连通造成线缆短路。

(2) 原因分析

1) 在金属线槽桥架的安装施工中,施工人员对线槽的接地环节不够重视,或为了施工方便偷工减料。

2) 施工人员缺乏对弱电系统接地保护和防雷电的认识,施工中把弱电线槽的地线接到其他强电线槽上。

3) 施工单位没有对施工人员进行技术培训,施工中对工艺要求不够。

3. 标准要求及防治措

(1) 标准要求

1)《建筑与建筑群综合布线系统工程设计规范》(GB/T 50311—2000)第11.0.6条:"综合布线的电缆采用金属线槽或钢管敷设时,槽道和或钢管应保持连续的电气连接,并在两端应有良好的接地"。

2)《建筑电气工程施工质量验收规范》GB 50303—2002第14.1.1条:"金属的导管和线槽必须接地或接零可靠,并符合下列规定:

a. 镀锌的钢导管、可挠性导管和金属线槽不得熔焊跨接接地线,以专用接地卡跨接的两卡间连线为铜芯软导线，截面不小于 $4mm^2$；

b．当非镀锌钢导管采用螺纹连接时，连接处的两端焊跨接接地线；当镀锌钢导管采用螺纹连接时，连接处的两端用接地卡固定跨接接地线；

c．金属线槽不作设备的接地导体，当设计无要求时，金属线槽全长不少于 2 处与接地(PE)或接零(PEN)干线连接；

d．非镀锌金属线槽间连接板的两端跨接铜芯接地线，镀锌线槽间连接板的两端不跨接接地线，但连接板两端不少于 2 个有防松螺帽或防松垫圈的连接固定螺栓"。

3)《建筑与建筑群综合布线系统工程验收规范》(GB/T 50312—2000)第 4.0.4 条："电缆桥架及线槽的安装要求如下：

a．桥架及线槽的安装位置应符合施工图规定，左右偏差不应超过 50mm；

b．桥架及线槽水平度每米偏差不应超过 2mm；

c．垂直桥架及线槽应与地面，保持垂直，并无倾斜现象，垂直度偏差不应超 3mm；

d．线槽截断处及两线槽拼接处应平滑、无毛刺；

e．吊架和支架安装应保持垂直，整齐牢固，无歪斜现象；

f．金属桥架及线槽节与节间应接触良好，安装牢固"。

(2) 防治措施

1) 金属线槽桥架的安装施工前，要对施工人员进行专业的综合布线线槽安装培训，现场工程师要随时到现场检查指导安装工作。

2) 金属线槽之间的连接处、金属线槽和镀锌钢管的连接出口处都要用截面积 $4mm^2$ 以上的软铜导线进行跨接，且全长不少于 2 处与接地干线相连。

3) 当弱电系统的接地是单独设置时，其接地电阻一般不大于 4Ω；如果接地系统与大楼的主体接地系统在一起形成联合接地体时，接地电阻一般不大于 1Ω，施工前后应对接地系统按设计和规范要求进行测试并记录，以确保接地的安全和可靠。

4.11.2 设备间的选址不当

1．通病现象

(1) 设备间内空气浑浊温度过高或湿度偏低。

(2) 设备间离建筑物干线电缆接入口或井道太远。

(3) 设备间和强磁场干扰系统共用一个设备间。

(4) 设备间无法作接地保护连接或接地不良好。

2．危害及原因分析

(1) 危害

1) 设备间内通风不好，环境温度高，设备散热不好，影响设备正常运转的寿命；空气湿度过低容易产生静电对微电子设备造成干扰。

2) 离建筑物电信接入机房等太远，外部网络线缆接入困难及线缆超长。

3) 没有充分了解设备间现场环境，导致弱电系统设备运转不正常。

4) 导致设备容易遭遇雷击或产生静电干扰。

(2) 原因分析

1) 设计时没有充分考虑设备间的选择位置及环境。

2) 设计设备时没有认真了解规范,没有严格按照标准执行。

3) 网络设备和强电设备摆放得太近。

4) 设备间未预留接地引出点或敷设接地干线,施工时对接地保护的连接无法实施或重视程度不够。

3. 标准要求及防治措施

(1) 标准要求

1)《建筑与建筑群综合布线系统工程设计规范》(GB/T 50311—2000)第 12.2.1 条第 5 款:“设备间应有足够的设备安装空间,其面积最低不应小于 $10m^2$(约 3m × 3.4m)以上的空间,设备间温度保持在 10 ~ 27℃之间,相对湿度应保持 60% ~ 80%,通风良好”。

第 7.0.2 条:“干线子系统所需要的电缆总对数和光纤芯数,其容量可按本规范 3.0.3 条的要求确定。对数据应用采用光缆或 5 类双绞线电缆,对绞电缆的长度不应超过 90m,对电话应用可采用 3 类对绞电缆”。

第 11.0.2 条:综合布线电缆与附近可能产生高平电磁干扰的电动机、电力变压器等电气设备之间应保持必要的间距。综合布线电缆与电力电缆的间距应符合表 4.11.2 的规定。

综合布线电缆与电力电缆的间距　　表 4.11.2

类　别	与综合布线接近状况	最小净距(mm)
380V 电力电缆 <2kV·A	与缆线平行敷设	130
	有一方在接地的金属线槽或钢管中	70
	双方都在接地的金属线槽或钢管中	10
380V 电力电缆 2 ~ 5kV·A	与缆线平行敷设	300
	有一方在接地的金属线槽或钢管中	150
	双方都在接地的金属线槽或钢管中	80
380V 电力电缆 >5kV·A	与缆线平行敷设	600
	有一方在接地的金属线槽或钢管中	300
	双方都在接地的金属线槽钢管中	150

注:1. 当 380V 电力电缆 <2kV·A,双方都在接地的线槽中,且平行长度≤10m 时,最小间距可以是 10mm;
2. 电话用户存在振铃电流时,不能与计算机网络在一根对绞电缆中一起运用;
3. 双方都在接地的线槽中,存在着两个不同的线槽,也可在同一线槽中用金属板隔开。

2)《电子计算机机房施工及验收规范》(SJT 30003—93)第 4.5.1 条:“接地装置焊接必须牢固,需涂覆部分涂层必须完整”。

(2) 防治措施

1) 设备间应选择处于干线子系统的中间位置或竖井出线部位附近,或考虑靠近电梯通道的部位,应考虑防止水害(如自来水管爆裂、暴雨成灾等)。

2) 设计设备间时应充分了解现场实际情况和信息点的分布情况。

3) 设备间的选址防止易燃易爆物的接近和强电磁场的干扰，如和强电同在一个设备间要用金属板与强电设备隔开，隔板也要接地后电阻不应大于1Ω。

4) 设备间选址时应充分了解接地规范。

4.11.3 综合布线线槽线缆施工中与装修、强电等专业工程的冲突

1. 通病现象

(1) 装修改动后线槽要跟着改动，造成部分线缆不够长。

(2) 装修的顶棚压到线槽盖无法打开，固定顶棚无法放线，没有检修口。

(3) 在通道内与其他专业管道间距不够。

2. 危害及原因分析

(1) 危害

1) 水平线槽改成转弯的，增加布线难度；短的线槽加长，使线缆超长或已布好的线缆不够长，造成线缆浪费。

2) 线槽盖板无法开启，给增加线缆布放带来困难。

3) 增加了布放线缆和维护检修的难度，且易对系统产生不良的电磁干扰。

(2) 原因分析

1) 施工前没有与装修等专业进行协调，装修完工后线槽无法敷设，改动的线槽需要绕过装修障碍，增加了施工难度，线缆也不好布放。

2) 完工后由于房间使用功能的变化，装修需要改动。

3) 施工前未与装修等专业单位协商好，吊顶和其他专业管道的标高不适合系统对线槽的要求；或线槽施工不规范，未按要求预留出足够的操作距离来。

3. 标准要求及防治措施

(1) 标准要求

《民用建筑电气设计规范》(JGJ/T 16—92)第9.11.6条："电缆桥架多层敷设时，其层间隔距离一般为：控制电缆间不应小于20cm；电力电缆间不应小于30cm；弱电电缆与电力电缆间不应小于50cm，如有屏蔽盖板可减少到30cm；桥架上部距顶棚或其他障碍物不应小于30cm"。

第9.11.7条："几组电缆桥架在同一高度平行敷设时，各相邻的电缆桥架间应考虑维护检修的距离"。

第9.11.10条：电缆桥架与各种管道平行或交叉时最小的净距离应符合表4.11.3的规定。

电缆桥架与各种管道的最小净距 **表4.11.3**

管道类别		平行净距(cm)	交叉净距(cm)
一般工艺管道		40	30
具有腐蚀性液体(或气体)管道		50	50
热力管道	有保温层	50	50
	无保温层	100	100

(2) 防治措施

1) 在施工前要看透图纸和熟悉现场施工环境。

2) 线槽施工安装时多与装修及其他专业进行协调。

3) 施工中发现问题及时向总包单位或协调人员反映,如遇协调困难的情况时应积极地采取一些有效的补救措施,如与强电线缆要共用一条线槽时,应加设金属隔板以防电磁干扰等等。

4.11.4 竖井内线槽安装不规范

1. 通病现象

(1) 线槽直接安装在井道墙上,不加任何配件进行固定。

(2) 线槽接口不对齐或连接不牢,竖向线槽不垂直。

(3) 竖向线槽与竖井楼板结合部位无封堵。

2. 危害及原因分析

(1) 危害

1) 造成线槽固定不牢,摆动空间太大。

2) 线槽连接口不对齐,造成垂直度偏差太大。

3) 发生火灾时会有烟火顺着竖井往上窜,形成烟囱效应,助长火势的蔓延,烧毁竖井里的线缆和机柜设备。

(2) 原因分析

1) 墙面与线槽之间没有加配件进行固定或是交接点不牢。

2) 在竖向线槽和水平线槽接口的施工中,没有按厂家要求定做标准的线槽配件,如异型弯头,大变小弯头等等;施工人员经验和技术水平不够。

3) 竖井的防火封堵问题,很多情况是由于建设各方没有注意忽视的结果,总包或协调人员没有明确有谁来负责此道工序,往往到竣工验收时都还存在未封堵情况。

3. 标准要求及防治措施

(1) 标准要求

1)《建筑电气工程施工质量验收规范》(GB 50303—2002)第 14.2.7 条:"线槽应安装牢固,无扭曲变形,紧固件的螺母应在线槽外侧"。

2)《电气装置安装工程 1kV 及以下配线工程施工及验收规范》(GB 50258—96)第 3.5.4 条:"线槽的敷设应符合下列要求:

a. 线槽应敷设在干燥和不易受机械损伤的场所。

b. 线槽接口应平直、严密,槽盖应齐全、平整、无翘角。

c. 线槽的出线口应位置正确、光滑、无毛刺。

d. 线槽应敷设应平直整齐;水平或垂直允许偏差为其长度的 2‰,且全长允许偏差为 20mm"。

3)《高层民用建筑设计防火规范》(GB 50045—95)第 5.2.5 条:"管道穿过隔墙、楼板时,应采用不燃烧材料将其周围的缝隙填实"。

第 5.3.3 条:"……电缆井、管道井与房间、走道等相连通的孔洞,其空隙应采用不燃烧材料填塞密实"。

(2) 防治措施

1) 竖井线槽的安装要从线槽底部打墙码固定,用工字钢加工,一面开孔打膨胀螺丝固定在墙上,一面开孔上螺丝与线槽固定,墙码安装距离 1.5 ~ 2m 一个,线槽与墙体的距离应不小于 30mm。

2) 竖井线槽安装前要从竖井顶部放一条铁丝往竖井底部吊垂线,确定线槽的宽度与其他系统没有冲突;竖向线槽与线槽对接要准确,垂直线槽和桥架应与地面保持垂直,无倾斜现象,垂直偏差度不应超过 3mm。

3) 竖向线槽与水平线槽连接用大变小的喇叭型弯头,出线口用砂轮打磨光滑无毛刺,所有线槽连接处应跨接地线,保持连续的电气连接。

4) 竖井线槽放线完毕后,应在线槽穿竖井墙板孔口两端处用不燃烧填充材料进行封堵。

4.11.5 金属线管安装的缺陷

1. 通病现象

(1) 线管弯曲半径偏小,弯曲处有严重扁凹、开裂现象;管口锯口不齐有毛刺,丝套连接不牢,管卡安装不合规范。

(2) 金属线管无接地连接或接地保护电气导通性不合格。

(3) 明装线管没有做防腐处理。

2. 危害及原因分析

(1) 危害

1) 导致穿线困难或在线缆布放时易损伤。

2) 金属线管的连接没有电气连接和接地,对管内的线缆没有起到屏蔽抗干扰的保护作用。

3) 金属线管容易锈蚀。

(2) 原因分析

1) 采用的线管管壁偏薄、使用的线管弯管器与线管不匹配。

2) 没有充分了解建筑的特性或施工规范。

3) 施工人员在实施过程中偷工减料。

3. 标准要求及防治措施

(1) 标准要求

1)《电气装置安装工程 1kV 及以下配线工程施工及验收规范》(GB 50258—96)第 2.1.5 条:"电线保护管的弯曲处,不应有折皱、凹陷和裂缝,且弯扁程度不应大于管外径的 10%"。

第 2.1.6 条:"电线保护管的弯曲半径应符合下列规定:a. 当线路明配时,弯曲半径不宜小于管外径的 6 倍;当两个接线盒只有一个弯曲时,其弯曲半径不宜小于管外径的 4 倍。b. 当线路暗配时,弯曲半径不宜小于管外径的 6 倍;当埋于地下或混凝土内时,其弯曲半径不宜小于管外径的 10 倍"。

第 2.2.3 条:"钢管不应有折扁和裂缝,管内应无铁屑及毛刺,切断口应平整,管口应光滑"。

第2.2.6条:"钢管的接地连接应符合,镀锌钢管或可挠性金属电线保护管的跨接接地线宜采用专用接地线卡跨接,不应采用熔焊连接"。

第2.2.8条:明配钢管应排列整齐,固定点间距应均匀,钢管管卡间的最大距离应符合表4.11.5的规定;管卡与终端、弯头中点、电气器具或盒(箱)边缘的距离宜为150~500mm。

钢管管卡间的最大距离　　表4.11.5

敷设方式	钢管种类	钢管直径（mm）			
		15~20	25~32	40~50	65以上
		管卡间最大距离(m)			
吊架、支架或沿墙敷设	厚壁钢管	1.5	2.0	2.5	3.5
	薄壁钢管	1.0	1.5	2.0	—

2)《建筑电气工程施工质量验收规范》(GB 50303—2002)第14.1.1条:"金属的导管和线槽必须接地或接零可靠,镀锌的钢导管、可挠性导管和金属线槽不得熔焊跨接接地线,以专用接地卡跨接的两卡间连接线为铜芯软导线,截面积不小于4mm²"。

3)《建筑与建筑群综合布线系统工程设计规范》(GB/T 50311—2000)第11.0.6条:"综合布线的电缆采用金属槽道或钢管敷设时,槽道或钢管应保持连续的电气连接,并在两端应有良好的接地"。

4)《电气装置安装工程1kV及以下配线工程施工及验收规范》(GB 50258—96)第2.2.2条:"钢管的内壁、外壁均应作防腐处理……采用镀锌钢管时,锌层剥落处应涂防腐漆,设计有特殊要求时,应按设计规定进行防腐处理"。

(2) 防治措施

1) 金属线管切割一般用钢锯和专用管子切割刀,严禁用气焊切割,管口用锉刀把内径的毛刺锉平,使管口保持光滑,成喇叭型。明管敷设时应用管卡固定,一般1.5m一个,管头连接处两端和弯头处约20cm处加多一个管架卡。弯管要选用合适的弯管器,弯管时先把要弯管的部位前端放在弯管器里,以防管子弯扁,用脚踩住管子,手扳弯管器进行弯曲,并逐步移动弯管器,慢慢用力扳到所需的弯度。条件允许时,在弯曲管道前将被弯曲管内注满砂子。

2) 金属线管连接管孔要对准牢固,密封性良好。薄壁金属管连接宜采用JDG新工艺施工简单方便。镀锌金属线管的连接和接地跨接严禁使用电焊或气焊方式施工。

3) 金属线管在施工安装前就应刷好防腐油漆或检查确定防腐无误后再安装,安装完成后再检查,发现有局部防腐损伤的地方应及时补做防腐油漆。

4.11.6 预埋暗管暗盒的缺陷

1. 通病现象

(1) 预埋底盒无法穿线或无法安装面板。

(2) 预埋暗管转弯无法穿线。

(3) 预埋管的墙面开裂。

2. 危害及原因分析

(1) 危害

1) 导致无法完成线缆布放工作。

2) 导致重新开凿,造成返工,耽误工期。

3) 墙体开裂很难恢复原样影响装修美观。

(2) 原因分析

1) 底盒内有混凝土、砂浆,造成进底盒的管口堵塞,无法穿线;底盒安装高低不平整或安装选用明装线盒作暗埋,造成面板安装不平整或面板周边无法收口。

2) 暗管的弯曲半径偏小,在同一路径上暗管的弯曲点太多,而没有设置管线过线盒。

3) 墙体里预埋的线管管径太大或数量太多,管线保护层厚度偏小。

3. 标准要求及防治措施

(1) 标准要求

1)《建筑与建筑群综合布线系统工程设计规范》(GB/T 50311—2000)第 12.5.1 条:"工作区信息插座底盒的安装如在地面的应采用防水和抗压的接线盒"。

2)《建筑与建筑群综合布线系统工程验收规范》(GB/T 50312—2000)第 5.2.1 条第 2 款预埋暗管保护要求如下:

"a. 预埋在墙体中间暗管的最大管径不宜超过 50mm,楼板中暗管的最大管径不宜超过 25mm。

b. 直线布管每 30m 处应设置过线盒装置。

c. 暗管的转弯角度应大于 90°,在路径上每根暗管的转弯角度不得多于 2 个,并不应有 S 弯出现,有弯头的管段长度超过 20m 时,应设置管线过线盒装置;在有 2 个弯时,不超过 15m 应设置过线盒。

d. 暗管转弯的曲率半径不应小于该管外径的 6 倍,如暗管外径大于 50mm 时,不应小于 10 倍。

e. 暗管管口应光滑,并加有护口保护,管口伸出部分宜为 25～50mm"。

3)《建筑电气工程施工质量验收规范》(GB 50303—2002)第 14.2.6 条:"暗配的导管,埋设深度与建筑物、构筑物表面的距离不应小于 15mm"。

4)《电气装置安装工程 1kV 及以下配线工程施工及验收规范》(GB 50258—96)第 2.1.7 条:"当电线保护管遇下列情况之一时,中间应增设接线盒或拉线盒,且接线盒或拉线盒的位置应便于穿线:a. 管长度每超过 30m,无弯曲;b. 管长度每超过 20m,有一个弯曲;c. 管长度每超过 15m,有二个弯曲;d. 管长度每超过 8m,有三个弯曲"。

(2) 防治措施

1) 暗埋线盒不应选用明装线盒,线盒在预埋时应用铁丝或木板固定好位置,线盒与模板接缝严密不得有水泥或砂浆渗入,线盒与预埋线管间应采用同品牌标准配件相连,以确保连接牢固可靠。

2) 严格按规范要求设置线路过线盒。

3) 预埋在结构板墙内的暗管不要使用太大的管径,如遇较多线路时,可考虑多预埋几条管线,凡是预埋在结构板墙内的管线一定要保证足够的保护层厚度(≥15mm)。

4.11.7 竖井垂直放线的问题

1. 通病现象

(1) 线缆在竖向槽线槽与水平线槽交口处打绞,致使线槽盖板无法封闭。

(2) 线缆打绞交叉线槽里很乱,不同种类的电缆绞叉在一起。

(3) 垂直线缆没有分开绑扎和固定,部分线缆因为竖向受拉较紧而出现绝缘破损现象。

2. 危害及原因分析

(1) 危害

1) 不能对线缆起到保护作用。

2) 无法分清线缆类型,造成维护困难。

3) 线缆太重下垂时不但对线缆的绝缘外皮有拉变长的问题,而且严重时有拉断线缆芯线的可能。

(2) 原因分析

1) 施工人员没有放线经验,每次放线前无计划,不按顺序排好,施工时比较盲目。

2) 垂直放线从上往下放,在竖井口没有做好保护措施,线缆与竖井口或线槽摩擦严重。

3) 施工人员偷工减料,没有按施工标准要求施工,或线缆在竖向线槽上无固定措施。

3. 标准要求及防治措施

(1) 标准要求

《建筑与建筑群综合布线系统工程验收规范》(GB/T 50312—2000)第 5.1.3 条:

"a. 电缆桥架内缆线垂直敷设时,在缆线的上端和每间隔 1.5m 处应固定在桥架的支架上;水平敷设时,在缆线的首、尾、转弯及每间隔 5～10m 处进行固定。

b. 在水平、垂直桥架和垂直线槽中敷设缆线时,应对缆线进行绑扎。对绞电缆、光缆及其他信号电缆应根据缆线的类别、数量、缆径、缆线芯数分束绑扎。绑扎间距不宜大于 1.5m,间距应均匀,松紧适度"。

(2) 防治措施

1) 拉线时与线缆的连接点应保持平滑,一般采用电工胶布紧紧缠绕在连接点的外面,保持平滑牢固。

2) 穿线宜自上而下进行,在放线时线缆要求平行摆放,不能相互绞缠、交叉,不得使线缆出现死弯或打结现象。

3) 施工穿线随时作好临时绑扎,避免垂直拉紧后再绑扎,以减少重力下垂对线缆的影响。主干线穿完后进行整体绑扎,要求绑扎间距 $\leqslant$1.5m。光缆应实行单独绑扎。绑扎时如有弯曲应满足变曲半径不小于 10cm 的要求。

4.11.8 信息点到设备间的线缆连接不上

1. 通病现象

(1) 信息点和设备间的线缆预留太短。

(2) 水平线缆布放完后在线槽转弯处未预留足够长,致使线缆放入线槽后长度不够。

2. 危害及原因分析

(1) 危害

1) 线缆预留太短无法端接。

2) 线槽盖板盖不上，线缆往回抽，造成信息点和设备间的线缆端接又不够长。

(2) 原因分析

1) 施工人员经验不足，放线时线缆预留太短无法端接。

2) 放线时线槽各拐弯处没有预留足够的长度。

3. 标准要求及防治措施

(1) 标准要求

《建筑与建筑群综合布线系统工程验收规范》(GB/T 50312—2000)第 5.1.1 条："缆线终接后，应有余量。交接间、设备间对绞电缆预留长度宜为 0.5～1.0m，工作区为 10～30mm；光缆布放宜盘留，预留长度宜为 3～5m，有特殊要求的应按设计要求预留长度"。

(2) 防治措施

1) 线缆布放时要注意楼层配线间、设备间端留长度(从线槽到地面再返上到机柜顶部)：铜缆 3～5m，光缆 5～7m，信息出口端预留长度 0.4m。

2) 布放线缆时先把线槽的实际长度，线管的走向长度了解清楚，线缆敷设完毕后，两端必须留有足够的长度，各拐弯处、直线段应整理后得到指挥人员的确认符合设计要求方可掐断。

4.11.9 信息点模块端接、面板安装不规范

1. 通病现象

(1) 信息点模块端接线头太长，线对绞距太长。

(2) 信息模块里有尘埃和水气，信息插座里的线缆预留太长，面板上不到位。

(3) 办公屏风下的信息插座上不到位。

2. 危害及原因分析

(1) 危害

1) 模块压接线对绞距太大，造成网络信号的衰减增大。

2) 尘土和水进入模块内的插孔，容易造成短路和模块内的铜丝腐蚀，影响了 RJ45 的连接件正常工作。

3) 信息插座脱落，碰到屏风隔板易短路。

(2) 原因分析

1) 没有专用的网络端接工具端接，把线对拧开为端接方便。

2) 网络端接的施工人员没有经过专业的培训，信息点面板和防尘盖装反，或插座面板质量太差。

3) 施工安装中没有注意屏风板是否与面板配套。

3. 标准要求及防治措施

(1) 标准要求

1)《建筑与建筑群综合布线系统工程验收规范》(GB/T 50312—2000)第 6.0.2 条："对绞电缆芯线终接应符合下列要求，终接时，每对对绞线应保持扭绞状态，扭绞松开长度对于 5 类线不应大于 13mm"。

2)《建筑电气工程施工质量验收规范》(GB 50303—2002)第 22.2.1 条:“插座安装应符合下列规定:a. 暗装的插座面板紧贴墙面,四周无缝隙,安装牢固,表面光滑整洁、无碎裂、划伤,装饰帽齐全。b. 地插座面板与地面齐平或紧贴地面,盖板固定牢固,密封良好”。

3)《智能建筑工程质量验收规范》(GB 50339—2003)第 9.2.4 条:“信息插座安装在活动地板或地面上时,接线盒应严密防水、防尘”。

4)《建筑与建筑群综合布线系统工程设计规范》(GB/T 50311—2000)第 12.5.1 条:“安装在地面上的信息插座应采用防水和抗压的接线盒。施工中插座面板无论采用直立或水平方式安装,其与接线盒和建筑物表面均应结合严密,并具有一定的防水、防尘和抗压等功能”。

(2) 防治措施

1) 剥除电缆护套时应采用专用剥线器,不得剥伤绝缘层,电缆中间不得产生断接现象。压接时一对一对拧开放入与信息模块相对的端口上。

2) 安装屏风下的信息插座时要注意面板的扣板顶到底板,面板上好要和屏风隔板紧贴,固定牢靠直至用手不能拧动。

3) 有的屏风隔板和信息插座面板不配套的,现场实际施工安装时应特别注意。

4) 面板的质量(特别是地面插座面板)要严格把关,施工安装时还应注意与底盒和建筑物表面或装饰层表面的结合部位的收口处理。

4.11.10　网络机房的线缆布放缺陷

1. 通病现象

(1) 线缆直接从顶棚上吊到网络机柜里端接。

(2) 线缆和强电线缆近距离交叉或离配电箱太近。

2. 危害及原因分析

(1) 危害

1) 线缆没有线槽保护,容易遭受人为和老鼠的破坏。

2) 机房内的线缆和强电系统的线缆绞放在一起,容易产生电磁干扰,影响网络设备的正常运行。

(2) 原因分析

1) 施工人员没有专业的布线工程知识,或有意偷工减料。

2) 设备安装前没有和强电系统施工沟通协调好。

3. 标准要求及防治措施

(1) 标准要求

1)《建筑与建筑群综合布线系统工程设计规范》(GB/T 50311—2000)第 12.4.1 条:“配线子系统电缆宜穿管或沿金属电缆桥架敷设,当电缆在地板下布放时,应根据环境条件选用地板下线槽布线、网络地板布线、高架(活动)地板布线、地板下管道布线等安装方式”。

2)《民用建筑电气设计规范》(JGJ/T 16—92)第 9.11.6 条:“电缆桥架多层敷设时,其层间距离一般为:控制电缆间不应小于 20cm;电力电缆间不应小于 30cm;弱电电缆与电力电缆间不应小于 50cm;如有屏蔽盖板可减少到 30cm”。

(2) 防治措施

1) 从上方进入机房的线槽要沿着机房的墙壁竖向敷设至机柜下,敷设的线缆在上柜端接前并应留有适度的冗余量,敷设的线缆截面一般宜不大于线槽截面的 50%,线缆在线槽中竖向和水平方向均应理顺并在一定间隔内进行固定绑扎。

2) 在机房内的部分线缆难免会与强电线缆有交叉的,网络线缆应做金属线槽保护,或与动力电缆交叉时可套金属钢管增加隔离屏蔽。

4.11.11 线缆理线上机柜的问题

1. 通病现象

(1) 从机柜底上到机柜配线架的线缆、光纤和大对数线缆绑在一起。

(2) 机柜内线缆预留太长。

2. 危害及原因分析

(1) 危害

1) 光纤容易被折断。

2) 机柜底部线缆零乱不美观,同时机柜内空间损失较大。

(2) 原因分析

1) 施工人员没有机柜理线经验,随便把线缆扎在一起。

2) 线缆进机柜前没有把线缆的长度拉平,有的线缆在活动地板下长短不一。

3. 标准要求及防治措施

(1) 标准要求

1)《建筑与建筑群综合布线系统工程验收规范》(GB/T 50312—2000)第 5.1.1 条的第 4 款:“缆线终接后,应有余量。交接间、设备间对绞电缆预留长度宜为 0.5~1.0m,工作区为 10~30mm;光缆布放宜盘留,预留长度宜为 3~5m,有特殊要求的应按设计要求预留长度”。

2) 线缆从机柜底穿上机柜端接时,网络线缆应单独绑扎,应按放线时的编号顺序分线,端接在 24 口配线架时理线就应分 12 条一扎,编号从小到大 1~12、13~24、25~36……,从机柜的底部两边分别绑上机架,线缆绑线时尽量不要交叉,扎线时要紧靠在一起在表面的线缆要理顺直。

(2) 防治措施

1) 大对数线缆线径大,应单独绑扎,室内光纤线路上机柜也应套软管保护单独绑扎。

2) 机柜内线缆不宜留太长,一般配线架端接完毕后,从配线架背面的理线架把线缆扎好,从上面往下理到机柜底部预留 1~2m 或在机柜底下盘两圈即可。

4.11.12 配线架端接和标签易出现的问题

1. 通病现象

(1) 配线架端接口有线头外露,线缆绞距撕的太开压得不牢。

(2) 线缆剥皮太长或有线对割破线芯。

(3) 标签不准确,混乱不清。

2. 危害及原因分析

(1) 危害

1) 线缆的抗干扰能力减小,线缆的传输信号衰减增大。

2) 没有外皮保护,线对易老化。

3) 用户跳线找不到端口,系统维护困难。

(2) 原因分析

1) 线缆端接时线对的绞距拧得太开,压接不到位。

2) 端接时没有经验,不用专业的剥线工具。

3) 没有系统的给各楼层信息点编号,信息点号混乱有重复显现。

3. 标准要求及防治措施

(1) 标准要求

1)《建筑与建筑群综合布线系统工程验收规范》(GB/T 50312—2000)第6.0.1条:"缆线终接的一般要求如下:a. 缆线在终接前,必须核对缆线标识内容是否正确;b. 缆线中间不允许有接头;c. 缆线终接处必须牢固,接触良好;d. 缆线终接应符合设计和施工操作规程;e. 对绞电缆与插接件连接应认准线号、线位色标,不得颠倒和错接"。

第6.0.2条:"对绞电缆芯线终接时,每对对绞线应保持扭绞状态,扭绞松开长度对于5类线不应大于13mm。拧起的导线可提高抗干扰的能力,减小信号的衰减"。

2)《建筑与建筑群综合布线系统工程设计规范》(GB/T 50311—2000)第9.0.1条:"管理应对设备间、交接间和工作区的配线设备、缆线、信息插座等设施,按一定的模式进行标识和记录,并宜符合下列规定:

a. 规模较大的综合布线系统宜采用计算机进行管理,简单的综合布线系统宜按图纸资料进行管理,并应做到记录准确、及时更新、便于查阅;

b. 综合布线的每条电缆、光缆、配线设备、端接点、安装通道和安装空间均应给定惟一的标志。标志中可包括名称、颜色、编号、字符串或其他组合;

c. 配线设备、缆线、信息插座等硬件均应设置不易脱落和磨损的标识,并应有详细的书面记录和图纸资料;

d. 电缆和光缆的两端均应标明相同的编号;

e. 设备间、交换间的配线设备宜采用统一的色标区别各类用途的配线区"。

(2) 防治措施

1) 线缆端接时线对的扭绞尽量不要拧开太多,顺其自然,压接时一对一对拧开放入配线架相对的端口,使用压线工具压接时,要压实,不能有松动的地方。

2) 剥除线缆护套时应采用专用剥线器,不得剥伤芯线的绝缘层和使芯线断裂。

3) 系统放线前要在图纸上表明信息点的编号,可以按楼层或机房来编号,信息点编号要能反应出所在的配线间、楼层和房号等信息。

4.11.13 机柜设备和配线架的安装问题

1. 通病现象

(1) 机柜内配线架安装位置靠网络设备太近。

(2) 没有预留足够的维护空间。

(3) 网络设备与配线架跳线太长或太短。

(4) 机柜摆置不牢固。

2. 危害及原因分析

(1) 危害

1) 点端口配线架的安装不合理,影响网络设备的维护,造成没有空间增加网络设备和信息点。

2) 跳线太长占用机柜空间,跳线太短网络端接没有移动位置。

3) 震动机柜会影响设备的正常运行。

(2) 原因分析

1) 有的用户为了省设备机柜,把配线架和网络设备装得很满。

2) 施工人员没有按标准安装,或缺乏机柜设备的安装经验。

3) 机柜配置的跳线都是统一的长度。

4) 活动地板安装不平或机柜底没有安装防震架。

3. 标准要求及防治措施

(1) 标准要求

1)《建筑与建筑群综合布线系统工程设计规范》(GB/T 50311—2000)第 9.0.2 条:"配线机架应留出适当的空间,供未来扩充之用"。

第 12.2.4 条:"设备安装宜符合下列规定:a. 机架或机柜前面的净空不应小于 800mm,后面的净空不应小于 600mm;b. 壁挂式配线设备底部离地面的高度不宜小于 300mm;c. 在设备间安装其他设备时,设备周围的净空要求,按该设备的相关规范执行"。

2)《建筑与建筑群综合布线系统工程验收规范》(GB/T 50312—2000)第 4.0.1 条:"机柜、机架安装要求如下:a. 机柜、机架安装完毕后,垂直偏差度不应大于 3mm,安装位置应符合设计要求;b. 机柜、机架的安装应牢固,如有抗震要求时,应按施工图的抗震设计进行加固"。

(2) 防治措施

1) 在工程设计中就要考虑好每个设备间的机柜要装多少。

2) 机柜网络设备安装在机柜的顶部下来 2 个 U,一般的机柜设备和配线架各占一半的空间,不要全部装满要留出 20%的空间供未来扩充之用,也方便维护。

3) 机房配置的跳线不要统一的长度,可根据配线架和网络设备的大概距离订购(有 3m、2m、1m 的等多种规格),也可在现场量准加工。

4) 机柜安装要稳固,位置正确后放下柜底四个固定的脚轮并调平到柜体垂直;如有的设计上有抗震要求的就要用 40×40 的角钢焊一个与机柜底盘一样大小的铁架固定在楼板上与活动地板面平,再把机柜底的脚轮拆掉,在机柜底部用螺栓与铁底架上紧并调至垂直止。

4.11.14 线缆测试中的常见问题

1. 通病现象

(1) 测试仪开机后自动关机,进入自动测试后找不到远端通信。

(2) 测试中其他连路测试项目都通过,只有阻抗串扰未通过。

2. 危害及原因分析

(1) 危害

1) 无法进行测试和远端校准。

2) 线缆测试结果不准确,超五类和六类的双绞线测试通不过。

(2) 原因分析

1) 检查测试仪设置的连路结构可能不正确,或有台测试仪(主机和远端机)不能启动。

2) 测试仪两端的跳线没有插好,线缆没端接好,或线缆打绞弯曲太厉害,线缆的端接质量不好,链路和接插件不是同一类产品等等。

3. 标准要求及防治措施

(1) 标准要求

1) 测试前要认真阅读所选定的测试仪说明书,掌握准确的操作方法。测试仪使用前要充足电,测试前要先用供检测的线缆,将发射器与测试仪连接校对仪器,这是每次测试前必需做的步骤。

2)《建筑与建筑群综合布线系统工程验收规范》(GB/T 50312—2000) 附录 B 综合布线系统工程电气测试方法及测试内容规定:

a. 在选定的某一频率上信道和基本链路衰减量应符合表 4.11.14 - 1 和表 4.11.14 - 2 的要求,信道的衰减包括 10m(跳线、设备连接线之和)及各电缆段、接插件的衰减量的总和;

信道衰减量(总长度为 100m 以内)　　表 4.11.14 - 1

频率(MHz)	3类(dB)	5类(dB)
1.00	4.2	2.5
4.00	7.3	4.5
8.00	10.2	6.3
10.00	11.5	7.0
16.00	14.9	9.2
20.00	—	10.3
25.00	—	11.4
31.25	—	12.8
62.50	—	18.5
100.00		24.0

基本链路衰减量(总长度为 94m 以内)　　表 4.11.14 - 2

频率(MHz)	3类(dB)	5类(dB)
1.00	3.2	2.1
4.00	6.1	4.0

续表

频率(MHz)	3类(dB)	5类(dB)
8.00	8.8	5.7
10.00	10.0	6.3
16.00	13.2	8.2
20.00	—	9.2
25.00	—	10.3
31.25	—	11.5
62.50	—	16.7
100.00	—	21.6

注：以上测试是以20℃为准，在3类对绞电缆时，每增加1℃则衰减量增加1.5%，对5类对绞电缆，则每增加1℃会有0.4%的变化。

b. 近端串音是对绞电缆内，二条线对间信号的感应。对近端串音的测试，必须对每对线的两端进行测量。某一频率上，线对间近端串音应符合表4.11.14－3和表4.11.14－4的要求。

(2) 防治措施

1) 检查测试仪设置的电缆类型是否正确，应重新设置测试仪的参数，类型阻抗及标称的传输速度。

2) 测试前要认真阅读所选定的测试仪说明书，掌握准确的操作方法。

信道近端串音(最差线间) **表4.11.14－3**

频率(MHz)	3类(dB)	5类(dB)
1.00	39.1	60.0
4.00	29.3	50.6
8.00	24.3	45.6
10.00	22.7	44.0
16.00	19.3	40.6
20.00	—	39.0
25.00	—	37.4
31.25	—	35.7
62.50	—	30.6
100.00	—	27.1

注：最差值限于60dB。

基本链路近端串音(最差线间)　表 4.11.14-4

频率(MHz)	3类(dB)	5类(dB)
1.00	40.1	60.0
4.00	30.7	51.8
8.00	25.9	47.1
10.00	24.3	45.5
16.00	21.0	42.3
20.00	—	40.7
25.00	—	39.1
31.25	—	37.6
62.50	—	32.7
100.00	—	29.3

注：最差值限于60dB。

3）确保链路线缆和接插件是同一类产品，把两端的配线架和模块重新端接一次，检查线对有没有在剥线时割伤线芯，不要破坏线对的绞距用端接工具压好重测，或更换模块，配线架的线缆接到别的端口上再试。

4.11.15　工程竣工文档的问题

1．通病现象

(1) 工程竣工文档不全、存在错误或不即时移交给建设单位。

(2) 施工过程中的《工程联系单》、工程施工中的变更确认单等丢失。

2．危害及原因分析

(1) 危害

1）用户没有可参考的资料，维护工作难以进行，严重者可造成布线系统瘫痪。

2）没有完整的竣工资料无法进行工程的验收和文档资料的归档工作。

(2) 原因分析

1）施工中没有随时做好文档资料的整理工作，图纸单据乱丢乱放。

2）工程过程中的工程联系单、图纸变更签证和隐蔽工程验收签证等在施工中没有落实责任。

3．标准要求及防治措施

(1) 标准要求

1）《建筑与建筑群综合布线系统工程验收规范》(GB/T 50312—2000)第8.0.1条第1款："工程竣工以后，施工单位应在工程验收以前，将工程竣工资料交给建设单位"。

第8.0.1条第2款："综合布线系统工程的竣工技术资料应包括以下内容：a．安装工程量；b．工程说明；c．设备、材料明细表；d．竣工图纸(为施工中更改后的施工设计图)；

e. 测试记录(宜采用中文表示);f. 工程变更,检查记录及施工过程中,需更改设计或采取相关措施,由建设、设计、施工等单位之间的双方洽商记录;g. 随工验收记录;h. 隐蔽工程签证;i. 工程决算"。

第8.0.1条第3款:"竣工技术文件要保证质量,做到外观整洁,内容齐全,数据准确"。

2)《智能建筑工程质量验收规范》(GB 50339—2003)第9.4.2条:"竣工验收文件除GB/T 50312第8章要求的文件外,还应包括:a. 综合布线系统图;b. 综合布线系统信息端口分布图;c. 综合布线系统各配线区布局图;d. 信息端口与配线架端口的对应关系表;e. 综合布线系统平面布置图;f. 综合布线系统性能自检报告"。

(2) 防治措施

1) 在工程施工中要做好每天的施工日志,在工程施工中每一次的图纸变更、隐蔽工程验收、随工验收和会议纪要等等都要做好记录并即时存档。

2) 变更过的图纸以最后确认的版本为竣工图纸,变更改过的图纸资料要盖章注明;工程施工中所有的文件资料和产品资料应保存好,作为工程验收和结算的依据。

4.12 智能化系统集成

4.12.1 服务器统一界面的显示问题

1. 通病现象

界面的显示没有或部分没有汉化和图形化,缺乏快捷、直观的操作界面。

2. 危害及原因分析

(1) 危害

用户的操作变得复杂,培训周期变长。

(2) 原因分析

系统集成工程师比较重视集成功能的实现,而忽视对图形界面的设计。

3. 标准要求及防治措施

(1) 标准要求

《智能建筑工程质量验收规范》(GB 50339—2003)第10.3.7条:"检查系统数据集成功能时,应在服务器和客户端分别进行检查,各系统的数据应在服务器统一界面下显示,界面应汉化和图形化,数据显示应准确,响应时间等性能指标应符合设计要求"。

(2) 防治措施

目前系统集成软件一般都包含强大的图形组态工具,软件编制工程师应该在此方面多用点精力。

4.12.2 提交的文档资料不合格

1. 通病现象

(1) 软件和设备的使用手册不齐全或无中文版手册。

(2) 维护手册不齐全。

2. 危害及原因分析

(1) 危害

1) 直接影响用户的使用和管理。

2) 系统发生故障不能迅速排除。

(2) 原因分析

1) 设备安装后管理不善,导致使用手册或说明书丢失,或者设备为进口产品,缺乏中文资料。

2) 竣工资料不齐全。

3. 标准要求及防治措施

(1) 标准要求

1)《智能建筑工程质量验收规范》(GB 50339—2003)第 3.3.5 条第 4 款:

"进口产品除应符合本规范规定外,尚应提供原产地证明和商检证明,配套提供的质量合格证明、检测报告及安装、使用、维护说明书等文件资料应为中文文本(或附中文译文)"。

2)《智能建筑工程质量验收规范》(GB 50339—2003)第 10.3.13 条:

"系统集成商应提供系统可靠性维护说明书,包括可靠性维护重点和预防性维护计划,故障查找及迅速排除故障的措施等内容。可靠性维护检测,应通过设定系统故障,检查系统的故障处理能力和可靠性维护性能"。

(2) 防治措施

1) 设备安装后及时将相关设备资料存档,外文资料应翻译成中文。

2) 按照规范要求编制维护说明书。

4.13 电源与接地

4.13.1 不间断电源中易漏做的接地连接问题

1. 通病现象

(1) 输出端的中性线(N 极)未重复接地。

(2) 不间断电源附近在正常情况下不带电的导体未做可靠的保护接地连接。

2. 危害及原因分析

(1) 危害

1) 当引向不间断电源供电侧的中性线意外断开时,不间断电源输出端将因电压升高而损坏由其供电的重要用电设备。

2) 当电气设备的绝缘损坏时,外露导体可能导电造成人身电击事故。

(2) 原因分析

1) 施工过程中偷工减料。

2) 对接地安全防护措施的重要性认识不够。

3. 标准要求及防治措施

(1) 标准要求

《建筑电气工程施工质量验收规范》(GB 50303—2002)第 9.1.4 条:"不间断电源输出

端的中性线(N极),必须与由接地装置直接引来的接地干线相连接,做重复接地”。

第9.2.3条:“不间断电源装置的可接近裸露导体应接地(PE)或接零(PEN)可靠,且有标识”。

(2) 防治措施

1) 按照规范要求将不间断电源输出端的中性线(N极)通过接地装置引入干线做重复接地。

2) 将电气设备的外露可接近导体部分按规范接地,限制金属外壳对地电压在安全电压内。

4.13.2 不间断电源主回路电线和电缆与控制回路的线缆敷设不当

1. 通病现象

(1) 线路敷设时未穿管保护。

(2) 主回路电线和电缆敷设时与控制回路的线缆之间间距偏小。

2. 危害及原因分析

(1) 危害

1) 外部热源、腐蚀、振动等危害都将对线缆产生极为不利的影响。

2) 线缆之间间距偏小会影响散热,降低载流量、影响检修且易造成机械损伤和互相干扰。

(2) 原因分析

1) 施工过程中偷工减料。

2) 未按设计要求施工。

3. 标准要求及防治措施

(1) 标准要求

《建筑电气工程施工质量验收规范》(GB 50303—2002)第9.2.2条:“引入或引出不间断电源装置的主回路电线、电缆和控制电线、电缆应分别穿保护管敷设,在电缆支架上平行敷设应保持150mm的距离;电线、电缆的屏蔽护套接地可靠,与接地干线就近连接,紧固件齐全”。

(2) 防治措施

1) 线缆穿保护管或采用电缆桥架敷设。

2) 电力电缆与控制电缆宜分开敷设,当并列明敷设时应保持较大距离。

4.13.3 系统集成中供电专用电源线路敷设中的质量通病

参见本手册第3章第4节的相关内容。

4.14 机房(环境)工程

4.14.1 机房装饰缺陷

1. 通病现象

(1) 机房选用装饰材料质量差、施工存在着偷工减料的现象。

(2) 安装过程中没随时擦拭顶板材料表面和及时清除顶板内的余料和杂物。

(3) 安装隔断墙板时,板边与建筑墙面间间隙应用嵌缝材料密封不完全。

(4) 安装在隔断墙上的设备和电气装置没能很好的固定在龙骨上。

(5) 主机房和基本工作间的内门、观察窗、管线穿墙等的接缝处密封不好。

(6) 吊顶及马道脱松、弯曲,防锈涂覆不完全,金属连接件、锚固件没除锈就涂防锈漆。

2. 危害及原因分析

(1) 危害

1) 劣质材料在温、湿度变化作用下会产生变形而导致缝隙泄露或起尘,不利于保持机房必要的清洁要求影响机房的整体美观。

2) 安装在隔断墙上的设备和电气装置,由于安装施工不规范使墙板受力产生变形,甚至发生脱落导致设备无法正常工作,影响机房整体美观。

3) 接缝处密封不严、吊顶及马道脱松、弯曲,防锈涂覆不完全,金属连接件、锚固件没除锈就涂防锈漆都将导致工程质量差影响机房整体美观。

(2) 原因分析

施工人员对有关规范不熟悉,工作态度马虎,不按规定执行。施工管理质量控制不到位。

3. 标准要求及防治措施

(1) 标准要求

《电子计算机机房设计规范》(GB 50174—93)第 4.4.1 条:"机房室内装饰应选用气密性好、不起尘、易清洁,并在温湿度变化作用下变形小的材料,并符合下列要求:

a. 墙壁和顶棚表面应平整,减少积灰面,并应避免眩光。如为抹灰时应符合高级抹灰要求;

b. 应铺设活动地板。活动地板应符合现行国家标准《计算机机房用活动地板技术条件》的要求。敷设高度应按实际需要确定,宜为 200 ~ 350mm;

c. 活动地板下的地面和四壁的装饰,可采用水泥砂浆抹灰。地面材料应平整、耐磨。活动地板下的空间为静压箱时,四壁及地面均应选用不起尘、不易积灰、易于清洁的饰面材料;

d. 吊顶选用不起尘的吸声材料,如吊顶以上仅作为敷设管线用时,其四壁应抹灰,楼板底面应清理干净;当吊顶以上空间为静压箱时,则顶部和四壁均应抹灰,并刷不易脱落的涂料,其管道的饰面,亦应选用不起尘的材料"。

第 4.4.3 条:"主机房和基本工作间的内门、观察窗、管线窗墙等的接缝处,均应采取密封措施"。

(2) 防治措施

1) 墙壁和顶棚施工时表面应抹平整,可减少积灰面,严格按照高级抹灰要求进行施工。

2) 活动地板敷设高度应按实际需要确定,宜为 200 ~ 350 mm。

3) 施工中所用的装饰材料要保证质量好且可靠。

4) 加强对施工人员的管理和技能培训使之按规范施工。

4.14.2 机房灯具安装偏离中心点不整齐

1. 通病现象

(1) 灯位安装偏位,不在中心点上。

(2) 成排灯具的水平度、直线度偏差较大。

(3) 顶棚吊顶的筒灯开孔太大,不整齐。

2. 危害及原因分析

(1) 危害

1) 灯位安装偏位,不在中心点、灯具的水平度、直线度偏差较大、顶棚吊顶的筒灯开孔太大,不整齐等都影响机房的整体照明效果和美观。

2) 施工不规范导致工程质量观感较差。

(2) 原因分析

1) 预埋灯盒时位置不准确,有偏差,安装灯具时没有采取补救措施。

2) 筒灯开孔时没有定好尺寸、圆孔直径不统一等。

3) 施工人员责任心不强,对现行的施工及验收规范、质量检验评定标准不熟悉。

3. 标准要求及防治措施

(1) 标准要求

《电子计算机机房施工及验收规范》(SJT 30003—93)第 4.4.1 条:"吸顶灯具底座必须紧贴吊顶,不留缝隙"。

第 4.4.2 条:"嵌装灯具应固定在吊顶板预留洞孔内专设的框架上。电源线应穿钢管或金属软管,且留有余量,并通过绝缘垫圈进入灯具,不应贴近灯具外壳。灯具边框外缘应紧贴在吊顶板上,与吊顶金属龙骨平行"。

第 4.4.3 条:"成排安装的灯具,光带应平直、整齐"。

(2) 防治措施

1) 在预埋灯盒时要定好位置,即使事后有偏差,在安装灯具时要采取补救措施。

2) 筒灯开孔时要根据规格定好尺寸、圆孔直径要统一。

3) 成排安装的灯具,光带要按照预先设定好的尺寸进行施工要做到平直、整齐、美观。

4) 对施工人员进行必要的培训,熟悉相关施工规范使之规范施工。

4.14.3 机房供电要求及照明划分不准确

1. 通病现象

(1) 计算机房内其他电力负荷占用计算机主机电源。主机房内没设置专用动力配电箱。

(2) 机房面积比较大的照明场所的灯具没分区、分段设置开关或设置的不够。

2. 危害及原因分析

(1) 危害

1) 造成计算机房工作电压不稳定,丢失数据和损耗设备使用寿命。

2) 管理和使用不方便。

(2) 原因分析

设计人员对机房的用电负荷规划不够准确，没严格按现行国家标准的要求来执行。

3. 标准要求及防治措施

(1) 标准要求

《电子计算机机房设计规范》(GB 50174—93)第6.1.5条："机房内其他电力负荷不得由计算机主机电源和不间断电源系统供电。主机房内宜设置专用动力配电箱"。

第6.2.10条："大面积照明场所的灯具宜分区、分段设置开关"。

(2) 防治措施

1) 计算机房用电负荷等级及供电要求要严格按现行国家标准《供配电系统设计规范》的规定执行。

2) 根据机房电子计算机的性能、用途和运行方式等情况合理的规划其供电电源等级。

3) 机房大面积照明场所的灯具进行分区、分段设置开关使之合理、方便、实用。

4.14.4 机房电线管敷设缺陷

1. 通病现象

(1) 电线管埋墙板深度(或保护层厚度)不够；暗埋管出现死弯、扁折及严重的凹痕现象。

(2) 电线管入配电箱，管口在箱内不顺直，露出太长；管口不平整、长短不一；管口无护口保护；管与箱体间未紧锁固定。

(3) 预埋PVC电线管时不是用塞头堵塞管口，而是用钳夹扁拗弯管口。

2. 危害及原因分析

(1) 危害

1) 电线管埋墙深度太浅，出现死弯、扁折、凹痕现象等会增加穿线施工难度，导致线路受损或发生管路断裂线路短路等。

2) 管口粗糙、管头堵塞都容易造成穿线施工困难或线路损坏。

(2) 原因分析

工作人员对有关规范不熟悉，工作态度马虎，贪图方便，不按规定执行。施工管理员管理不到位，监理工作不落实。

3. 标准要求及防治措施

(1) 标准要求

1) 据《建筑电气工程施工质量验收规范》(GB 50303—2002)第14.2.6条：规定暗配的导管，埋设深度与建筑物、构筑物表面的距离不应小于15mm；明配的导管应排列整齐，固定点间距均匀。安装牢固；在终端、弯头中点或柜、台、箱、盘等边缘的距离150～500mm范围内设有管卡，中间直线段管卡间的最大距离应符合表4.14.4的规定。

2)《建筑与建筑群综合布线系统工程验收规范》GB/T 50312—2000第5.2.1条第2款：预埋暗管保护要求如下：

"a. 预埋在墙体中间的暗管的最大管径不宜超过50mm，楼板中暗管的最大管径不宜超过25 mm；

b. 直线布管每30m处应设置过线盒装置；

c. 暗管的转弯角度应大于90°,在路径上每根暗管的转弯角不得多于2个,并不应有S弯出现,有弯头的管段长度超过20m时,应设置管线过线盒装置;在有2个弯时,不超过15m应设置过线盒;

d. 暗管转弯的曲率半径不应小于该管外径的6倍,如暗管外径大于50mm时,不应小于10倍;

e. 暗管管口应光滑,并加有护口保护,管口伸出部位宜为25~50mm"。

管卡间最大距离 **表4.14.4**

敷设方式	导管种类	导管直径(mm)				
		15~20	25~32	32~40	50~65	65以上
		管卡间最大距离(m)				
支架或沿墙明敷	壁厚>2mm刚性钢导管	1.5	2.0	2.5	2.5	3.5
	壁厚≤2mm刚性钢导管	1.0	1.5	2.0	—	—
	刚性绝缘导管	1.0	1.5	1.5	2.0	2.0

3)《建筑电气工程施工质量验收规范》(GB 50303—2002)第14.2.5条:"室内进入落地式柜、台、箱、盘内的导管管口,应高出柜、台、箱、盘的基础面50~80mm"。第14.2.9条:

"a. 管口平整光滑;管与盒(箱)等器件采用插入法连接时,连接处结合面涂专用胶合剂,接口牢固密封;

b. 直埋于地下或楼板内的刚性绝缘导管,在穿出地面或楼板易受机械损伤的一段,采取保护措施;

c. 当设计无要求时,埋设在墙内或混凝土内的绝缘导管,采用中型以上的导管;

d. 沿建筑物、构筑物表面和在支架上敷设的刚性绝缘导管,按设计要求装设温度补偿装置"。

第15.2.1条:"电线、电缆穿管前,应清除管内杂物和积水。管口应有保护措施,不进入接线盒(箱)的垂直管口穿入电线、电缆后,管口应密封"。

(2) 防治措施

1) 电线管入配电箱,管口在箱内要顺填,不能露出太长;管口应平整、整齐;管口要使用保护圈;并紧锁固定。

2) 参照《建筑电气工程施工质量验收规范》(GB 50303—2002),按其规定规范施工。

3) 加强对现场施工人员施工过程的质量控制,对工人进行针对性的培训工作、管理人员要熟悉有关规范,从严管理。

4.14.5 机房通风空调施工安装中的常见问题

1. 通病现象

(1) 通风机的进、出风口未加装防护罩(网)。

(2) 设备基础和隔振支、吊架不牢固。

(3) 冷冻和冷却水管连接不严密,有渗漏现象。

(4) 冷凝水排放不畅,甚至倒灌。

2. 危害及原因分析

(1) 危害

1) 通风机的进、出风口未加装防护罩(网)在意外时会对设备周边的人员伤害。

2) 设备基础和隔振支、吊架不牢固,在设备运行时容易产生振动和噪声,对安装部位的建筑结构和设备均易造成损伤。

3) 冷冻和冷却水管连接不严密和渗漏时直接影响空调效果,增加系统运行能耗。

4) 冷凝水排放不畅,甚至倒灌会造成设备房积水,影响设备正常运行,甚至损坏机房设备。

(2) 原因分析

施工人员对有关规范技术要求理解不全面,工作态度马虎,不按规定执行。施工管理质量控制不到位。

3. 标准要求及防治措施

(1) 标准要求

《通风与空调工程施工质量验收规范》(GB 50243—2002)第 7.2.2 条:"通风机传动装置的外露部位以及直通大气的进、出口,必须装设防护罩(网)或采取其他安全措施"。

第 7.1.4 条:"通风与空调设备就位前应对其基础进行验收,合格后方能安装"。

第 8.3.1 条:"制冷机组与制冷附属设备的安装应符合下列规定:……4　采用隔振措施的制冷设备或制冷附属设备,其隔振器安装位置应正确;各个隔振器的压缩量,应均匀一致,偏差不应大于 2mm;5　设置弹簧隔振的制冷机组,应设有防止机组运行时水平位移的定位装置"。

第 9.2.3 条:"空调水系统管道安装完毕,外观检查合格后,应按设计要求进行水压试验。当设计无规定时,应符合下列规定:……(在满足规定的情况下)外观检查无渗漏为合格"。

第 9.3.5 条第 3 款:"冷凝水排水管坡度,应符合设计文件的规定。当设计无规定时,其坡度宜大于或等于 8‰;软管连接的长度,不宜大于 150mm"。

(2) 防治措施

1) 参照本书第 4 章的相关内容。

2) 加强施工人员的施工管理施工技术培训和指导,增强工作责任心。

4.14.6　机房内开关、插座的盒和面板的安装、接线不牢靠

1. 通病现象

(1) 开关、插座的相线、零线、PE 保护线有串接现象。

(2) 开关、插座的导线线头裸露,固定螺栓松动,盒内导线余量不足。

(3) 面板与墙体间有缝隙,面板有胶漆污染,不平直。

(4) 线盒留有砂浆杂物。

2．危害及原因分析

(1) 危害

1) 开关、插座的相线、零线、PE保护线串接、开关、插座的导线线头裸露、容易发生短路损坏设备。

2) 面板与墙体间有缝隙，面板有胶漆污染，不平直影响美观。盒内导线余量不足影响后续的维护。

(2) 原因分析

1) 施工人员责任心不强，对电器的使用安全重要性认识不足。

2) 存在不合理的节省材料思想。

3) 预埋线盒时没有牢靠固定，模板胀模，安装时坐标不准确。

3．标准要求及防治措施

(1) 标准要求

《建筑电气工程施工质量验收规范》(GB 50303—2002)第22.1.2条："插座接线应符合下列规定：

a．单相两孔插座，面对插座的右孔或上孔与相线连接，左孔或下孔与零线连接；单相三孔插座，面对插座的右孔与相线接连，左孔与零线连接；

b．单相三孔、三相四孔及三相五孔插座接地(PE)或接零(PEN)线接在上孔。插座的接地端子不与零线端子连接。同一场所的三相插座，接线的相序一致；

c．接地(PE)或接零(PEN)线在插座间不串联连接"。

第22.2.2条："照明开关安装应符合下列规定：

a．开关安装位置便于操作，开关边缘距门框边缘的距离0.15~0.2m，开关距地面高度1.3m；拉线开关距地面高度2~3m，层高小于3m时，拉线开关距顶板不小于100mm，拉线出口垂直向下；

b．相同型号并列安装及同一室内开关安装高度一致，且控制有序不错位。并列安装的拉线开关的相邻间距不小于20mm；

c．暗装的开关面板应紧贴墙面，四周无缝隙，安装牢固，表面光滑整洁、无碎裂、划伤，装饰帽齐全"。

(2) 防治措施

1) 开关、插座的相线、零线、PE保护线要分清不得有串接现象其具体施工应按标准规范进行。

2) 开关、插座的导线线头不得裸露，盒内导线要留有一定的余量。

3) 面板与墙体间要紧贴不留缝隙，保持清洁、平直美观。

4) 加强施工人员的施工技能水平和责任心的培训。

4.14.7 机房给水排水密封处密封不严实

1．通病现象

(1) 管道穿过主机房墙壁和楼板处，设置套管，管道与套管之间的密封不严实。

(2) 进机房的给排水管质量差。

2．危害及原因分析

(1) 危害

1) 进机房的给排水管质量差、水压稍高就容易造成破裂漏水。

2) 管道与套管之间的密封不严实容易残留渣影响管路的使用寿命。

(2) 原因分析

1) 施工人员责任心不强,工作马虎。

2) 只重视投资效果,不注重工程质量。

3. 标准要求及防治措施

(1) 标准要求

《电子计算机机房设计规范》(GB 50174—93)第 7.1.2 条:"主机房内的设备需要用水时,其给排水干管应暗敷,引入支管应暗装。管道穿过主机房墙壁和楼板处,设置套管,管道与套管之间应采取密封措施"。

(2) 防治措施

1) 管道穿过主机房墙壁和楼板处,要设置套管,管道与套管之间可用防水胶密封严实。

2) 机房的给排水管要求质量好、能承受一定的水压。

3) 加强施工监管力度保证工程质量,同时加强施工人员的责任心培训保证能按质按量的施工。

4.14.8 机房防雷接地不牢固

1. 通病现象

(1) 接地装置焊接不牢固有夹渣、焊瘤、虚焊、咬肉、焊缝不饱满等缺陷。

(2) 需涂复部分涂层不完整。

(3) 不带电的电子计算机系统设备金属壳体未与保护接地装置可靠连接。

2. 危害及原因分析

(1) 危害

1) 接地装置焊接不牢固有夹渣、焊瘤、虚焊、咬肉、焊缝不饱满等缺陷使接地不可靠容易遭雷电击损坏机房设备。

2) 不带电的电子计算机系统设备金属壳体未与保护接地装置连接不可靠不能有效避免雷击损坏设备。

(2) 原因分析

1) 操作人员责任心不强,焊接技术不熟练,多数人是电工班里的多面手焊工,对立焊的操作技能差。

2) 现场施工管理员对《电气装置工程接地装置施工及验收规范》(GB 50169—92)有关规定执行力度不够。

3. 标准要求及防治措施

(1) 标准要求

《电子计算机机房施工及验收规范》(SJT 30003—93)第 4.5.1 条:"接地装置焊接必须牢固,需涂复部分涂层必须完整"。

第 4.5.2 条:"凡外露的正常状态下不带电的电子计算机系统设备金属壳体必须与保

护接地装置可靠连接”。

(2) 防治措施

1) 加强对焊工的技能培训,要求做到搭接焊处焊缝饱满、平整均匀,特别是对立焊、仰焊等难度较高的焊接进行培训。

2) 凡外露的正常状态下不带电的电子计算机系统设备金属壳体必须与保护接地装置可靠连接。

3) 增强管理人员和焊工的责任心,及时补焊不合格的焊缝,并及时敲掉焊渣,刷防锈漆。

第5章 电梯工程

5.1 机房及井道质量通病

5.1.1 机房土建工程缺陷

1. 现象

(1) 曳引绳孔洞、限速器绳孔洞大小及位置不符合要求；

(2) 机房地坑、槽坑未封盖及无挡水围堰；

(3) 机房内布置与电梯无关的上下水、采暖、蒸汽管道、阀门等；

(4) 机房门向内开启，机房内无消防设施。

2. 危害及原因分析

(1) 危害

1) 增加修凿曳引绳及限速器绳孔洞的工作量；

2) 不利于维修人员安全工作及设备保护；

3) 管道维修时溢水及管道事故时，将对电梯造成严重损失。

(2) 原因分析

1) 未按《电梯制造与安装安全规范》(GB 7588—2003)设计；

2) 土建施工单位未按设计施工；

3) 建设单位擅自改变设计和机房使用功能。

3. 标准要求及防治措施

(1) 标准要求

1)《电梯安装验收规范》(GB 10060—93)第4.1.6条及《电梯工程施工质量验收规范》(GB 50310—2002)第4.3.6条；

要求机房内钢丝绳与楼板孔洞每边间隙为20～40mm，通向井道的孔洞四周应筑一高为50mm以上的台阶。

2)《电梯制造与安装安全规范》(GB 7588—2003)第6.3.2.4条、第6.3.2.5条及《电梯工程施工质量验收规范》(GB 50310—2002)第4.2.4－6条：要求在机房地面高度不一且相差大于0.5m时，应设置楼梯或台阶并设置护栏；在机房地面有任何深度大于0.5m，宽度小于0.5m的凹坑或槽坑时，均应盖住。

3)《电梯制造与安装安全规范》(GB 7588—2003)第6.1.1条及《电梯工程施工质量验收规范》(GB 50310—2002)第4.2.1条："要求机房符合设计图纸的要求，须有足够的面积、高度和承载能力，不得作为电梯以外的其他用途；机房应配备合适的灭火器材"。

4)《电梯制造与安装安全规范》(GB 7588—2003)第6.3.3.1条、第6.3.3.3条及《电梯工程施工质量验收规范》(GB 50310—2002)第4.2.4－7条、第4.2.4－8条："要求机房门宽度不小于0.6m，高度不小于1.8m，门不得向房内开启，门上有警告的字句，门应装锁，并可以在机房内不用钥匙打开”。

(2) 防治措施

1) 机房设计前,设计单位需有所订电梯的梯型资料;

2) 土建施工时,需按照设计施工。

3) 电梯安装单位进场前,要按规范进行验收,并与土建方进行施工质量交接;

4) 土建结构上的缺陷能整改好的,整改好后才开工。

5.1.2 机房通风及防雨情况不良

1. 现象

(1) 机房通风情况差或不通风,机房温度高;

(2) 机房门窗,排风扇口防风雨情况差。

2. 危害及原因分析

(1) 危害

1) 机房温度高,不利于设备散热,严重时会导致电机控制设备及电缆等加速老化;

2) 风雨天易造成雨水直接进入机房内,甚至烧坏电梯的电气设备。

(2) 原因分析

1) 未按电梯制造厂家对电梯机房的通风要求设计;

2) 土建单位未按设计施工。

3. 标准要求及防治措施

(1) 标准要求

1)《电梯制造与安装安全规范》(GB 7588—2003)第6.3.5条及《电梯技术条件》(GB/T 10058—1997)第3.2条。要求机房应有适当的通风,调节机房内的温度,使机房温度保持在5~40℃之间,最湿月月平均最高相对湿度为90%(该月月平均最低温度不高于25℃);

2)《电梯制造与安装安全规范》(GB 7588—2003)第6.3.5条,要求从建筑物其他部分抽出的陈腐空气,不得进入机房内。

(2) 防治措施

1) 机房设计前,设计单位需有所订电梯的梯型资料;

2) 土建施工时,需按照设计施工;

3) 电梯安装单位应与土建单位进行施工质量交接,按规范验收;

4) 设置排风设备或空气调节换气装置。

5.1.3 机房吊钩设置不正确

1. 现象

(1) 吊钩材料单薄,承载量小;

(2) 吊钩埋入机房顶板或横梁上的深度不够,承载量小;

(3) 吊钩设置位置与主机安装位置偏差大;

(4) 机房没有设置吊钩。

2. 危害及原因分析

(1) 危害

1) 主机吊装就位时,由于吊钩单薄,承载量小或位置不正确,易发生吊装事故;

2）增加主机安装就位难度。

(2) 原因分析

1）未按照电梯制造厂的有关说明对吊钩进行设计；

2）土建单位未按照设计对吊钩的设置要求进行施工。

3．标准要求及防治措施

(1) 标准要求

《电梯制造与安装安全规范》(GB 7588—2003)第6.3.7条，标准及要求如下：

在机房顶板或横梁的适当位置上，应装备一个或多个适用的金属支架或吊钩，并标明最大允许载荷，以便在安装、维修和需要更新设备时吊运重的设备和零部件。

一般机房吊钩钢筋尺寸与承重之间的关系可参考如下数值：

1）ϕ20mm　A3钢吊环，承载2.1t；

2）ϕ22mm　A3钢吊环，承载2.7t；

3）ϕ24mm　A3钢吊环，承载3.3t；

4）ϕ27mm　A3钢吊环，承载4.1t。

起吊钢索安全系数应在4~5倍以上。

(2) 防治措施

1）机房及吊钩设计前，设计单位需有所订电梯的梯型及相关资料；

2）土建施工单位应按设计施工；

3）电梯安装单位在进场前与土建的交接验收包括吊钩的设置应安全可靠、位置正确。

5.1.4　井道尺寸及留洞偏差大

1．现象

(1) 井道平面尺寸偏小；

(2) 井道垂直度偏差过大；

(3) 预留孔洞或预埋件尺寸偏差大，不符合电梯制造厂对井道土建施工要求；

(4) 各层门口留洞偏差大；

(5) 各层站按钮孔洞大小、深度不够，偏差大。

2．危害及原因分析

(1) 危害

1）电梯导轨安装困难，甚至无法安装；

2）电梯层门安装不在一条垂线上；

3）装不下按钮盒；

4）同一电梯前室多台梯安装时，按钮盒位置不整齐划一，影响美观。

(2) 原因分析

1）设计单位未取得所订电梯型号的相关技术参数要求，自行参照某一型号电梯土建留洞尺寸要求设计，与实际所订梯型不相符；

2）土建施工粗糙，未按图施工或施工质量差。

3．标准要求及防治措施

(1) 标准要求

《电梯工程施工质量验收规范》(GB 50310—2002)第 4.2.5 - 1 条及《电梯主参数及轿厢、井道、机房的型式与尺寸》(GB/T 7025.1 ~ 7025.3 - 97)第 7.1 条,井道最小净空水平尺寸允许偏差值为:

当行程高度不超过 30m 的井道:0 ~ + 25mm;

当行程高度超过 30m 而不超过 60m 的井道:0 ~ + 35mm;

当行程高度超过 60m 而不超过 90m 的井道:0 ~ + 50mm;

当行程高度超过 90m 时,允许偏差应符合土建布置图要求。

(2) 防治措施

1) 电梯安装单位应尽早了解土建结构,对尺寸不符合安装要求的地方,及时提出,以便修正;不宜修正的方面,要与建设单位、土建单位和设计单位协商,采取相应的补救措施;

2) 仔细核对电梯型号、电梯制造厂提供的土建图与土建施工图,井道的平面尺寸与图纸对照,可偏大,严禁偏小。

5.1.5　井道顶层及底坑尺寸偏小

1. 现象

(1) 井道顶层高度不够,电梯故障冲顶时,顶层缓冲距离不够;

(2) 井道底坑深度不够,电梯故障蹲底时,井底安全空间不符合要求;

(3) 底坑渗水严重,未做防水处理;

(4) 底坑内有杂物、泥水、油污,不清洁。

2. 危害及原因分析

(1) 危害

1) 电梯故障冲顶或蹲底时,不能有效保护轿厢免受撞击;

2) 电梯故障冲顶或蹲底时,不能有效保护位于轿顶或井底的维修人员的人身安全;

3) 底坑渗水,轻则导致井道内电梯部件因潮气而生锈,积水严重时会使井底的安全开关或其他电梯部件浸入水中,损坏电梯。

(2) 原因分析

1) 设计单位未按建设单位提供的电梯型号要求的顶层和底坑尺寸设计;

2) 土建施工未达到设计单位的尺寸要求;

3) 土建未做好井底防渗漏。

3. 标准要求及防治措施

(1) 标准要求

1)《电梯安装验收规范》(GB 100060—93)中第 4.2.2 条、第 4.2.11 条及《电梯制造与安装安全规范》(GB 7588—2003)第 5.7.1.1 条、第 5.7.1.2 条要求电梯井道顶部高度应同时满足以下四个条件:

a. 当对重完全压缩缓冲器时,轿厢导轨进一步制导行程为 $S \geqslant 0.1 + 0.035v^2$m($v$ 为电梯额定速度:m/s,以下同);

b. 当对重完全压缩缓冲器时,轿顶上设备的最高部件与井道顶的最低部件间的距离

$S \geqslant 0.3 + 0.035v^2$m;

c. 当对重完全压缩缓冲器时,轿顶上方有一个不小于 0.5m×0.6m×0.8m 的矩形空间;

d. 当轿厢完全压缩冲器上时,对重导轨的长度应提供不小于 $0.1 + 0.035v^2$m 的进一步制导行程。

2) 电梯的底坑深度应符合《电梯安装验收规范》(GB 10060—93) 中第 4.5.5 条、第 4.5.1 条及《电梯制造与安装安全规范》(GB 7588—2003) 中第 5.7.3.3 条要求井道底坑深度应同时满足下述四个条件:

a. 当轿厢完全压在缓冲器上时,轿厢最低部分与底坑底间的净空距离不小于 0.5m,且底部应有一个不小于 0.5m×0.6m×1.0m 的矩形空间;

b. 当轿厢完全压在缓冲器上时,底坑底与导靴或滚轮、安全钳楔块、护脚板或垂直滑动门的部件之间的净空距离不小于 0.1m;

c. 轿厢与底层平层时,轿厢撞板至缓冲器顶面的距离:弹簧 200~350mm,液压 150~400mm;

d. 轿厢与顶层平层时,对重撞板至缓冲器顶面的距离:弹簧 200~350mm,液压 150~400mm。

(2) 防治措施

1) 设计单位应按所定电梯型号、速度对顶层高度及底坑深度的要求设计;

2) 土建施工单位应按设计施工。

5.1.6 井道门口最终装饰面标准线不正确

1. 现象

(1) 装饰完成面高于或低于电梯层门地坎;

(2) 并排安装的电梯,其厅门不在同一平面。

2. 危害及原因分析

(1) 危害

1) 电梯候梯厅内有积水时,易通过层门地坎流入井道,损坏电梯部件;

2) 地面低于层门地坎太多时,易使乘客进出不安全;

3) 电梯门口不整齐、不美观。

(2) 原因分析

土建施工方给出的层楼装饰基准线不准确,导致电梯安装单位以此为标准确定的层门地坎高低安装位置不正确。

3. 标准要求及防治措施

(1) 标准要求

《电梯安装验收规范》(GB 10060—93)第 4.4.2 条及《电梯工程施工质量验收规范》(GB 50310—2002)第 4.5.6 条,要求层门地坎应高出装修地面 2~5mm。

(2) 防治措施

土建施工单位必须准确给出装饰基准线;

电梯安装单位必须按照土建单位给出的装饰基准线来确定层门地坎的安装位置。

5.1.7 井道测量与放线偏移

1. 现象

(1) 电梯井道铅垂线的安装偏移;

(2) 受风或其他因素影响,铅垂线晃动严重;

(3) 制作的样板架质量不符合要求。

2. 危害及原因分析

(1) 危害

1) 电梯轿厢导轨、对重导轨垂直度超差,电梯运行摇晃大,舒适感差;

2) 电梯厅门头、地坎在井道内不在一个垂直面上,电梯运行时门刀碰到门轮或门头,电梯易出现急停。

(2) 原因分析

1) 电梯安装过程中,井道铅垂线在井道的个别位置被挂住或挡住;

2) 楼层高时,井道铅垂线易受风力影响;

3) 制作的样板架变形、样板架未固定好或底坑样板架移位;

4) 铅锤过轻或未作阻尼处理。

3. 标准要求及防治措施

(1) 标准要求

1) 样板架的水平度不大于 3/1000;

2) 顶部、底部样板架的垂直偏移不超过 1mm;

3) 铅垂线各线的位置偏差不超过 ±0.15mm。

(2) 防治措施

1) 制作样板架要选用韧性强、不易变形、并经烘干处理的木材,木料要保证宽度和厚度,并应四面刨平互成直角;提升高度超过 60m 时,应用型钢制作样板架;

2) 样板架变形或移位后,应重新测量、固定样板架;

3) 铅锤一般应 5kg 重,当提升高度较高时,应用 5~10kg 的铅锤,视井道高低,铅锤线可使用 ϕ0.5~1.0mm 的低碳钢丝;

4) 样板架上需要放垂线的各点处,用薄锯条锯过斜口,其旁钉一铁钉,以固定铅垂线;底坑样板架待铅垂线稳定后,确定其正确位置,用 U 型钉固定铅垂线,并刻以标记,以备在铅垂线碰断时重新放垂线用。

5.1.8 层门地坎牛腿尺寸超差

1. 现象

(1) 层门牛腿间垂直偏差大,牛腿高低不一;

(2) 地坎边沿的垂直平面、牛腿边混凝土外凸超差;

(3) 浇筑混凝土牛腿时,工艺粗糙。

2. 危害及原因分析

(1) 危害

1) 牛腿高低不平,导致层门地坎安装后水平度超差甚至无法安装;

2) 层门牛腿凸入井道内太多,会影响井道门口的垂线定位。

(2) 原因分析

1) 电梯制造厂的土建布置图中未对牛腿的要求作明确说明；

2) 土建施工单位未按设计要求施工或施工质量粗糙；

3) 没有按地坎安装标准线测量牛腿尺寸，地坎安装前未对牛腿超差部分处理。

3. 标准要求及防治措施

(1) 标准要求

应符合电梯制造厂技术文件，一般要求：

1) 所有层门地坎牛腿垂直面与铅垂线的偏差不应超过 2~3mm；

2) 如果未设混凝土牛腿，在安装时必须制作钢架牛腿。

(2) 防治措施

1) 电梯制造厂应明确所订电梯对牛腿的要求；

2) 土建施工应保证施工质量，如出现超差，应将牛腿高出部分凿去，等地坎安装好后再用砂浆找平。

5.2 曳引主机及曳引绳安装质量通病

5.2.1 曳引轮、导向轮安装偏差大

1. 现象

(1) 曳引轮、导向轮垂直度超差；

(2) 曳引轮、导向轮安装位置及相对位置偏差。

2. 危害及原因分析

(1) 危害

1) 曳引轮、导向轮垂直度、水平度超差，会使曳引绳与曳引轮、导向轮产生不均匀侧向磨损，引起曳引绳振动，影响电梯的乘座舒适感；

2) 由于曳引轮槽与导向轮槽不在一条直线上，钢丝绳表面易磨损，影响使用寿命，且钢丝绳易使绳槽磨损，严重时会磨坏曳引轮或导向轮。

(2) 原因分析

1) 曳引轮、导向轮安装时，没有按要求反复测量、调整，只注意空载时的垂直度，满载后垂直度就超差；

2) 只注意两轮的垂直度，没有注意两轮应在同一平面。

3. 标准要求及防治措施

(1) 标准要求

1)《电梯安装验收规范》(GB 10060—93)第 4.1.11 条要求曳引轮、导向轮对铅垂线的偏差不大于 2mm；

2) 曳引轮位置偏差，前、后(向对重方向)不超过 ± 2mm；左、右方向不超过 ± 1mm；

3) 曳引轮与导向轮应在同一平面，其偏移不大于 ± 1mm；

4) 导向轮两侧与楼板孔应有足够间隙，不宜小于 20mm。

(2) 防治措施

1）根据曳引绳绕绳型式的不同，先调整好曳引机的位置，注意应按轿厢中心铅垂线与曳引轮的节圆直径铅垂线一致、对重中心铅垂线与导向轮的节圆直径铅垂线二者一致来调整曳引机的安装位置；

2）曳引机底座与基础座中间用垫片调整，使曳引轮的空载垂直度偏差在2mm以内，并有意向满载时曳引轮偏侧的反方向调整，使轿厢在满载时曳引轮的垂直度偏差在2mm以内；

3）调整导向轮，使曳引轮与导向轮的平行度不超过1mm（在空载时）。

5.2.2　主机承重梁安装缺陷

1．现象

(1) 承重梁两端在井道壁上，未超过墙厚中心或埋入深度不够；

(2) 对砖砌的井道，承重梁下未设钢筋混凝土梁或金属过梁；

(3) 承重梁的摆放位置不正确；

(4) 承重梁水平偏差大；

(5) 承重梁的螺栓孔用气割开孔或电焊冲孔，损伤工字钢立筋；

(6) 承重梁斜翼缘上使用平垫圈固定，导致螺栓与工字钢接触不紧密。

2．危害及原因分析

(1) 危害

1）承重梁两端没有将曳引机及悬挂钢丝绳后的负载均匀地分布到井道壁上，对机房地板将造成过大的局部负荷压力；

2）对砖砌体井道，承重梁未担在钢筋混凝土梁上或金属过梁上，承重梁基础不稳固，起不到应有的作用；

3）曳引机在承重梁上螺栓固定不牢靠，造成曳引机位移和运行时振动。

(2) 原因分析

1）固定承重梁时测量不正确，造成承重梁偏移；

2）开孔后修正时损伤立筋，或开孔过大；

3）在安装承重梁时，没有仔细核对实际尺寸，就对承重梁进行下料，造成偏短，也不采取补救措施就进行安装；

4）在对承重梁两端进行混凝土浇筑时，安装人员没有向土建施工人员交底，又不在施工现场进行监督与指导，任由土建施工人员去施工。

3．标准要求及防治措施

(1) 标准要求

《电梯安装验收规范》(GB 10060—93）第4.1.7条及《电梯工程施工质量验收规范》(GB 50310—2002）第4.3.2条，承重梁的安装要求如下：

1）承重梁的两端必须平压在电梯井道的承重梁（或墙上），埋入深度应超过墙厚中心20mm，且整个埋入深度不小于75mm；如果井道是砖墙，承重梁应担在钢筋混凝土梁上或金属过梁；

2）承重梁的纵向水平偏差应小于0.5‰，两梁的相对水平偏差应小于0.5mm；

3）承重梁中心与样板架中心的位置偏差应小于20mm；

4) 承重梁的实际尺寸、规格按照电梯的实际载重量、自身重量及动负荷确定；

5) 承重梁安装在机房楼板上面时，承重梁与楼板间需留有一定的间隙，防止电梯起动时，承重梁弯曲变形碰撞楼板。

(2) 防治措施

1) 承重梁位置应根据井道平面布置标准线来确定，以轿厢中心到对重中心的连接线和机器底盘螺栓孔位置来确定，保证在电梯运行时，曳引绳不碰承重梁，安装时不损伤承重梁；

2) 当曳引机直接固定在承重梁上时，必须实测螺栓孔，用电钻打眼；对螺栓孔过大的，必须进行加固，对严重损伤工字钢立筋的，更换承重梁；

3) 严禁随意切割承重梁；

4) 承重梁安装必须严格控制，位置要准确，平整度符合设计要求。

5.2.3 制动器调整不正确

1. 现象

(1) 制动器闸瓦不能紧密贴合于制动轮工作面上；

(2) 松闸时不能同步离开，四周间隙不匀，且间隙大于 0.7mm；

(3) 制动器工作时，出现明显的松闸滞后现象及电磁铁吸合冲击现象。

2. 危害及原因分析

(1) 危害

1) 制动器闸瓦间隙不均匀，间隙大于 0.7mm，容易导致溜车；

2) 制动器电磁铁铁心吸合时有冲击，易致制动器损坏；

3) 电梯在运行过程中，制动器闸瓦与制动轮外缘相摩擦。

(2) 原因分析

1) 出厂时，抱闸制动瓦没有修正，闸瓦不能紧密均匀地贴合于制动轮工作表面上；

2) 现场安装时，制动力矩没有调整均衡。

3. 标准要求及防治措施

(1) 标准要求

《电梯安装验收规范》(GB 10060—93)第 4.1.10 条，要求制动器动作灵活，各部件齐全、可靠。

(2) 防治措施

1) 安装前应检查电磁铁在铜套中能否灵活运动，可用少量细石墨粉作为铁心与铜套的润滑剂，调整电磁铁，使其能迅速吸合，且不发生撞芯现象，保持 0.6 ~ 1mm 的间隙；必要时拆卸磁铁的铁芯，排除故障。

2) 修正闸带，使之能紧贴制动轮，调整手动松闸装置。

3) 调整松闸量限位螺钉，使制动带与制动轮工作表面间隙小于 0.7mm，且四角间隙一致。

4) 调紧制动弹簧，使之达到：

a. 在电梯作静载试验时，压紧力应足以克服电梯的载重；

b. 在作超载运行时，弹簧张力能使电梯可靠制动。

5.2.4 曳引钢丝绳安装及绳头制作不当

1. 现象

(1) 曳引绳头固定前未充分松扭;

(2) 曳引绳头销钉穿好后没有劈开或未穿销钉;

(3) 各绳张力不均匀;

(4) 曳引绳与锥套连接歪斜,曳引绳松散;

(5) 曳引绳头巴氏合金浇注不密实,小端孔口处无少量合金溢出;

(6) 同一绳头,巴氏合金进行多次浇注;

(7) 曳引绳用绳夹进行固定时,U 型绳卡压板应压在钢丝绳的长头一侧。

2. 危害及原因分析

(1) 危害

1) 曳引绳头固定前未充分松扭,钢丝绳仍带有扭矩,电梯运行时带扭矩的钢丝绳随之转动,易导致钢绳张力不匀;

2) 曳引绳头销钉是防止锁紧螺母在电梯运行中松动后脱落而设置的,没有销钉,就少了一道保护环节,严重时,会使该绳头完全从锥套中脱出;

3) 各绳张力不匀,易对钢绳及曳引轮槽造成不均匀磨损;

4) 曳引绳松散或与锥套连接歪斜时,将使该绳的受力状态不利,抗拉强度相对下降;

5) 绳头巴氏合金浇注不规范,在电梯满载或超载运行时,有可能钢丝绳会从锥套中完全脱出,酿成事故;

6) 绳夹固定不正确,易造成松脱,不符合安全运行要求。

(2) 原因分析

1) 巴氏合金浇注时,没有垂直固定好,钢绳切割处捆扎方法不对,扎紧长度不够;

2) 巴氏合金加热温度不够高,锥套没有预热或预热温度不够,合金未渗到孔底或者未一次连续浇灌完成;

3) 曳引绳在浇注巴氏合金前未充分松扭;

4) 采用绳夹固定钢丝绳头时,不注意绳夹规格与钢丝绳直径的配合和夹紧的程度。

3. 标准要求及防治措施

(1) 标准要求

《电梯安装验收规范》(GB 10060—93)第 4.3.1 条、第 4.3.3 条、第 4.3.4 条及《电梯工程施工质量验收规范》(GB 50310—2002)第 4.9.1 条、第 4.9.2 条、第 4.9.3 第、第 4.9.5 条,对曳引绳及绳头组合要求如下:

1) 巴氏合金的浇注应高出锥面 15 ~ 20mm;

2) 钢丝绳在锥套出口处不应有松股、扭曲等现象;

3) 绳头弹簧支承螺母应为双螺母,两个螺母应相互拧紧自锁,并已在锥套尾装上开口销;

4) 全部钢丝绳在全长上不应有扭曲、松股、断股、断丝、表面锈斑等情况;

5) 钢丝绳表面应清洁,不应粘有尘砂、油渍等;

6) 钢丝绳表面不应涂有润滑油或润滑脂;

7) 钢丝绳张力均匀,相互差值不超过5%;

8) 用绳夹固定绳头时,必须使用三个以上绳夹,且固定方法正确。

(2) 防治措施

1) 清洗锥套内部油质杂物及应弯折的钢丝绳头,用 ϕ0.5~1mm 铅丝将钢绳松散根部扎紧;

2) 巴氏合金加热熔化后,应除去渣滓,温度应在270~350℃之间,浇注时,将锥套大端朝上垂直固定,并在小端出口处缠上布条或棉纱,把锥套预热到40~50℃,然后将溶液一次性注入锥套;浇注前应将钢绳与锥套调正成一直线,浇注要饱满,表面平整一致;

3) 用绳夹固定绳头时,必须注意绳夹的规格应与钢丝绳直径配合且夹紧程度合适,U型螺栓夹紧方向正确。

5.3 导轨安装质量通病

5.3.1 导轨安装精度超差

1. 现象

(1) 电梯运行时,有来自导轨的明显振动、摇晃及不正常声响;

(2) 两列导轨端面间距超差,甚至导轨局部有明显弯曲;

(3) 两列导轨侧面垂直度超差。

2. 危害及原因分析

(1) 危害

1) 电梯运行时,轿厢摆动,舒适感差或有不正常声响;

2) 运行部件磨损大,影响电梯使用寿命。

(2) 原因分析

1) 导轨安装基准线、导轨中心线偏移,导致导轨顶面间距过大或过小;

2) 导轨连接方法不对,导轨弯曲;

3) 导轨用焊接等不正确方法固定;

4) 导轨安装前本身弯曲或安装后导轨热胀冷缩时,使导轨弯曲;

5) 导轨支架松动,使导轨间距变位;

6) 导轨调整时,未打磨好。

3. 标准要求及防治措施

(1) 标准要求

《电梯安装验收规范》(GB 10060—93)第4.2.3条、第4.2.5条、第4.2.6条及《电梯工程施工质量验收规范》(GB 50310—2002)第4.4.2条、第4.4.4条、第4.4.5条、第4.4.6条,要求如下:

1) 轿厢导轨工作面(侧面和顶面)对5m铅垂线的相对偏差不大于1.2mm(三段连续测量);

2) T型对重导轨工作面对5m铅垂线的相对偏差期不大于2.0mm,设有安全钳的对重导轨工作面对5m铅垂线的相对偏差不大于1.2mm;

3）轿厢两导轨顶面间距离偏差 0～＋2mm；

4）对重两导轨顶面间距离偏差 0～＋3mm。

（2）防治措施

1）导轨安装前先检查，对弯曲的导轨要先调直；

2）用专用校轨卡板自下而上初校，导板与导轨的连接螺栓暂不拧紧，用导轨卡板精调时，逐个拧紧压板螺栓和导轨连接板螺栓；

3）用焊接等不正确方法固定的导轨，应改用压板固定；

4）导轨安装质量太差的，可考虑拆梯重新安装。

5.3.2 导轨接头组装缝隙大及修光长度不足

1．现象

（1）电梯经过导轨接头时晃动，导靴磨损快；

（2）导轨在接头处存在连续缝隙或局部缝隙大；

（3）接头处未按长度充分修平。

2．危害及原因分析

（1）危害

1）电梯运行时，经过导轨接头不良处轿厢有晃动；

2）轿厢、对重导靴磨偏，损耗快，影响电梯寿命及正常运行。

（2）原因分析

1）导轨工作面接头处有连续缝隙，或局部缝隙大于 0.5mm；

2）导轨接头处有台阶，且大于 0.05mm，台阶处修光长度短。

3．标准要求及防治措施

（1）标准要求

《电梯安装验收规范》（GB 10060—93）第 4.2.4 条及《电梯工程施工质量验收规范》（GB 50310—2002）第 4.4.5 条、第 4.4.6 条，要求如下：

1）导轨接头处在全长上不应有连续缝隙，局部缝隙不超过 0.5mm；

2）导轨接头处的台阶在 ±150mm 内不大于 0.05mm，如超过应修平；

3）对于不设安全钳的对重导轨接头处缝隙不大于 1mm，接头处台阶不大于 0.15mm，如超过应修正。

（2）防治措施

1）在地面预组装，并修正接头缝隙处，预组装后将导轨编号安装；

2）导轨校正后进行修光，修磨接头处，用直线度为 0.01/300 的平直尺测量，台阶不大于 0.05mm，修光长度在 ±150mm 以上。

5.3.3 导轨支架安装不牢及不水平

1．现象

（1）导轨支架松动、焊接支架焊缝间断、无双面焊；

（2）支架不水平、膨胀螺栓入墙深度不够；

（3）在砖墙上用膨胀螺栓固定支架；

（4）导轨支架和墙壁间的垫铁超厚、未用电焊点在一起；

(5) 导轨支架与导轨间的垫铁超厚、未用电焊点在一起；

(6) 支架未与导轨连接板错开。

2. 危害及原因分析

(1) 危害

支架松动后，会引起导轨间距改变，轻则影响电梯运行，严重时可能会出现安全事故。

(2) 原因分析

1) 支架地脚螺栓或支架埋入深度不足120mm；

2) 混凝土强度等级未满足设计要求，影响固定螺栓的牢固性；

3) 膨胀螺栓的钻孔太大，歪斜或深度不符合要求；

4) 井壁预埋件的厚度和几何尺寸不符合设计要求，位置和垂直度未能满足导轨支架安装的设计要求；

5) 导轨支架与预埋件接触不严密、焊接不实；

6) 膨胀螺栓位置不准，不垂直于墙面或深度不够，固定不牢。

3. 标准要求及防治措施

(1) 标准要求

《电梯安装验收规范》(GB 10060—93)第4.2.1条、第4.2.6条，导轨支架的安装标准及要求如下：

1) 导轨支架在井道壁上的固定应牢固可靠，导轨支架或地脚螺栓埋入深度不小于120mm；当采用焊接固定时，应为连续焊缝并双面焊牢；

2) 在地脚螺栓固定方式下，当用金属垫板调整导轨架高度时，垫板厚度超过5mm时，应与导轨支架点焊在一起；

3) 导轨支架的水平度不大于1.5%；

4) 每根导轨至少要有2个支架，且间距不大于2.5m；

5) 导轨支架与砖墙的连接，应采用在砖墙两面埋入两块厚度10mm以上的钢板对拉后焊接；

6) 导轨支架与导轨连接板位置必须错开。

(2) 防治措施

对埋入式：

1) 支架埋入孔洞深度不小于120mm；

2) 支架埋入墙内部分应开叉，安装时应用水将墙洞冲净湿透，用设计规定的混凝土固定，并用水平尺校正上平面；

3) 先安装上、下两个支架，待混凝土完全凝固后，把标准线设在上、下两支架上，然后按标准线逐个安装。

对焊接式：

1) 所有焊缝应连续，并双面焊，焊接时防止预埋钢板过热变形；

2) 支架点焊在预埋钢板上后，应检查水平度，达到标准后再焊接；

3) 用膨胀螺栓固定时，选用合格的钻头打孔，孔要打正，深度位置适宜。

5.4　门系统安装质量通病

5.4.1　层门、轿门及地坎安装偏差大

1. 现象

(1) 门与门套不垂直、不平行；

(2) 门中与地坎中未对齐，门与门套间隙过大或过小；

(3) 层门有划伤；

(4) 层门地坎支承梁支持力不够，地坎变形；

(5) 层门地坎高于或低于地面；

(6) 地坎护脚板安装翘曲不平；

(7) 轿厢地坎与各层门地坎间距不一致、不平行，超差。

2. 危害及原因分析

(1) 危害

1) 开关门运行不平稳；

2) 开关门时，门扇与门套相擦，使层门、轿门划伤；

3) 开关门时不到位，开关门过程中摩擦噪声大；

4) 从层门口有水流入井道后，易损坏电梯电气部件；

5) 层门地坎与地面不相平，易使乘客进出轿厢摔倒；

6) 地坎护脚板不平，易与轿厢碰擦。

(2) 原因分析

1) 层门地坎安装时，两根基准线放线不准、不平行，造成安装误差；

2) 门套安装不垂直，层门安装后没有调整好；

3) 层门导轨、地坎导轨不清洁，层门安装和调整中没有注意保护层门外观；

4) 层门地坎的安装高度没有按装饰后最终地平面计算；

5) 层门地坎下没有用混凝土浇实或未保养好就安装门框等，造成地坎移位。

3. 标准要求及防治措施

(1) 标准要求

《电梯安装验收规范》(GB 10060—93)第 4.4.2 条、第 4.4.3 条、第 4.4.4 条、第 4.4.5 条、第 4.4.6 条、第 4.4.8 条及《电梯工程施工质量验收规范》(GB 50310—2002)第 4.5.1 条、第 4.5.2 条、第 4.5.3 条、第 4.5.4 条、第 4.5.6 条、第 4.5.8 条，层门、轿门及地坎安装要求如下：

1) 门套立柱应垂直于地面；横梁应水平，立柱的垂直度和横梁的水平度均不大于 1‰；

2) 门套立柱间的最小间距应等于电梯的开门宽度；

3) 门套表面不应有划痕、修补痕等明显可见缺陷；

4) 地坎应安装牢固，用脚踩压时，不应有松动现象；

5) 地坎应水平，水平度不大于 2‰；

6）地坎应略高于地面，但不应有使人绊倒的危险，其高出地面为2～5mm，并抹成1/100～1/500的过渡斜坡；

7）地坎槽内应清洁干净，无杂物；

8）门扇的正面与侧面，均应与地面垂直，没有明显倾斜；

9）门扇下端与地坎之间的间隙，客梯为1～6mm，货梯为1～8mm，两扇门的高低间隙差不大于2mm；

10）中分式门在门扇对口处应平整，两扇门的平行度不大于1mm；

11）中分式门在门扇对口处的门缝隙，在整个可见高度上不大于2mm；

12）门在开关过程中应平稳，不应有跳动、抖动现象；

13）门在全关后，在厅外应不能以人力打开；对中分式门，当用手扒开门缝时，强迫锁紧装置或自闭机构应使之闭合严密。

(2) 防治措施

1）门套安装前，检查门套是否变形，并进行必要的调整；

2）门套与地坎联结后，用方木将门套加固，并测量门套垂直度；

3）浇筑水泥砂浆时，采用分段浇筑法，以防止门套变形；

4）在吊挂层门门扇前，先检查门滑轮的转动是否灵活，并应注入润滑脂，清洁层门导轨和地坎导槽；

5）用等高块垫在层门扇和地坎之间，以保证门扇与地坎面间的间隙，通过调整门滑轮座与门扇间连接垫片来调整门与地坎、门套的间隙；

6）层门中与地坎中对齐后，固定住钢丝绳或杠杆撑杆，对钢丝绳传动的层门，钢丝绳需张紧；

7）注意保护门外观，外贴的保护膜在交工前才清除；

8）保证层门地坎的安装位置与层楼地平面标准线的一致；

9）保证层门地坎的水平度和与轿厢地坎的平行度；

10）地坎护脚板安装前，注意复查和修整牛腿的安装面。

5.4.2 门刀与层门装置配合不当

1. 现象

(1) 门刀与各层门地坎间隙不匀；

(2) 门刀与门锁滚轮相对位置偏差大；

(3) 电梯运行时，门刀撞擦门头盖板。

2. 危害及原因分析

(1) 危害

1）门刀与层门地坎间隙太小，导靴磨损后，电梯运行时，门刀很易碰撞层门地坎；

2）门刀与层门地坎间隙太大，影响门刀在门锁轮上的啮合深度，可能导致门刀带动门锁滚轮开关门时不可靠，甚至出现电梯困人现象；

3）门刀撞擦门头盖板，很易导致电梯出现急停。

(2) 原因分析

1）安装的开门刀垂直偏差大；

2）轿厢地坎与层门地坎间隙超标。

3．标准要求及防治措施

（1）标准要求

《电梯安装验收规范》(GB 10060—93)第4.4.5条及《电梯工程施工质量验收规范》(GB 50310—2002)第4.5.5条，门刀与层门装置的配合要求如下：

1）门刀的垂直偏差应控制在全长上不超过0.5mm；

2）门刀与层门地坎间隙为5～10mm；

3）门刀在工作时应与门锁轮在全部厚度上接触；门联锁的调整要根据门刀的位置和尺寸来进行；

4）门刀与门锁轮两侧的距离要均等。

（2）防治措施

1）各楼层层门地坎侧面应在同一条垂线上；

2）保证轿门地坎与层门地坎之间的相对位置符合要求；

3）层门门头在各楼层应在同一条垂线上。

5.4.3　指示灯盒和召唤盒安装歪斜及不稳固

1．现象

（1）指示灯盒、召唤盒安装孔不正；

（2）指示灯盒、召唤盒安装孔洞深度不够，安装不稳固；

（3）指示灯盒、召唤盒顶面与墙壁最终装饰完成面偏差大。

2．危害及原因分析

（1）危害

安装质量差，影响表面美观。

（2）原因分析

1）土建施工时未按照电梯土建布置图上对电梯指示灯盒留洞及召唤盒留洞的要求施工；

2）安装时未对不符合要求的留洞进行整改，使之符合要求；

3）安装深度未与墙壁最终装饰完成面配合一致。

3．标准要求及防治措施

（1）标准要求

《电梯安装验收规范》(GB 10060—93)第4.4.1条及《电梯工程施工质量验收规范》(GB 50310—2002)第4.5.7条，对指示灯盒和召唤盒的安装要求如下：

1）指示灯盒、召唤盒安装应平整，盒口不应突出装饰面，周边紧贴墙面，不应有可见缝隙，箱盒不应有明显歪斜；

2）召唤和消防按钮箱应装在厅门外距地1.3～1.5m的右侧墙壁上，盒边距离厅门面0.2～0.3m，群控、集选电梯应装在两台电梯的中间位置；

3）指示灯应正确反映信号，数字应明亮清晰，反应灵敏，清洁美观。

（2）防治措施

1）安装前应对留洞情况进行质量交接，不符合要求的要及时整改；

2) 按设计要求，安装固定牢靠。

5.5 轿厢及对重安装质量通病

5.5.1 轿厢组装不平整

1. 现象

(1) 安装轿厢时用的支撑横梁不符合要求；

(2) 轿厢下梁水平度，轿箱底盘水平度超差；

(3) 轿厢壁板结合处不平整，高低明显、缝隙过大；

(4) 轿厢壁板划伤或撞伤严重。

2. 危害及原因分析

(1) 危害

1) 轿厢倾斜，轿厢运行时有噪声，减振性能不良；

2) 轿厢的整体性、强度和刚度达不到要求；

3) 轿厢外观达不到要求。

(2) 原因分析

1) 轿厢未按安装工艺要求的顺序和精度进行装配，底梁、立柱、上梁安装时水平度和垂直度超差；

2) 轿厢底盘安装水平度超差；

3) 轿厢壁板装好后，没有采取防护措施就进行搬运；

4) 轿厢壁板拼接调整过程中敲击损伤壁板。

3. 标准要求及防治措施

(1) 标准要求

《电梯安装验收规范》(GB 10060—93)第4.3.2条，轿厢组装要求如下：

1) 轿壁板与轿壁板之间的拼接应平整，轿壁的固定应牢固；

2) 轿厢底盘平面的水平度不大于3‰，立柱在整个高度上的垂直度不大于1.5mm；

3) 供拼装轿厢用的两根支承横梁上平面应平行，且在同一水平面上，固定牢靠；

4) 轿厢下梁放在支承横梁上，其水平度不大于2‰。

(2) 防治措施

1) 按正确的方法安装壁板；

a. 先将组装好的轿顶临时固定在上梁下面(如未拼装的轿顶，可待轿壁装好后安装)；

b. 装配轿壁，一般按后壁、侧壁、前壁的顺序与轿顶、轿底固定，通风口以及门灯、风管等应同时一起装配；

c. 轿门处前壁和操纵壁垂直度不大于1‰，轿壁拼装时要注意上、下间隙一致，接口平整。

2) 壁板装好后，在正式交付使用前，要用木板或纸箱板保护壁板。

5.5.2 轿顶反绳轮安装缺陷

1. 现象

(1) 轿顶轮与轿厢上梁的水平面纵、横轴线不一致；

(2) 轿顶轮的垂直度超差；

(3) 防护罩固定不牢；

(4) 钢丝绳挡绳装置与绳轮的间隙不当。

2. 危害及原因分析

(1) 危害

1) 轿顶轮与轿厢的重心位置不在一条直线上，轿厢在导轨上处于不平衡运行状态；

2) 轿顶轮槽易对钢丝绳表面造成磨损，影响钢丝绳的使用寿命；

3) 轿厢运行时，轿顶轮产生噪声大；

4) 钢丝绳挡绳装置起不到防钢丝绳跳出的作用。

(2) 原因分析

1) 反绳轮安装后没有调整；

2) 安装钢丝绳后没有及时装防护罩或未将防护罩固定好；

3) 挡绳装置位置不当，起不到应有的作用。

3. 标准要求及防治措施

(1) 标准要求

《电梯安装验收规范》(GB 10060—93)第 4.3.1 条，轿顶轮的安装要求如下：

1) 轿顶轮应位于轿厢上梁的中心位置，其垂直度不大于 1mm；

2) 轿顶轮上的安全护罩须固定牢固，装有钢绳挡绳装置时，其与绳轮的间隙应适当(一般为 3mm)。

(2) 防治措施

1) 轿厢安装后，要对反绳轮的垂直度进行测量、调整，并应检查上梁与立柱的连结处是否紧密，有无变形；

2) 钢丝绳安装后，立即安装护罩和挡绳装置。

5.5.3 导靴安装不当

1. 现象

(1) 滚轮导靴所有轮子不能同时在导轨上滚动运行，滚轮对导轨相对位置不正、有歪斜；

(2) 滚轮导靴磨偏，甚至有明显打滑现象；

(3) 运行时轿厢振动大；

(4) 滑动导靴靴衬与导轨端面的间隙不均匀。

2. 危害及原因分析

(1) 危害

轿厢运行时噪声大、振动大、不平稳。

(2) 原因分析

1) 上、下导靴的中心与安全钳中心三点不在同一条垂线上，有歪斜和偏扭；

2) 未对滑动导靴和滚轮导靴的内部弹簧受力进行仔细调整，使其与导轨最佳配合；

3) 导轨垂直度偏差大，导靴的受力弹簧无法调整到合适位置；

4) 轿厢重心往一边倾斜，运行前未进行静平衡调整。

3. 标准要求及防治措施

(1) 标准要求

导靴的安装要求如下：

1) 固定滑动导靴，靴衬与导轨端面的间隙应均匀，间隙不大于1mm，两侧之和不大于2mm；

2) 弹性滑动导靴，靴衬与导轨端面无间隙，导靴的三个调整尺寸调整合理，且导靴应有润滑装置，并已加足润滑油，工作良好；

3) 滚轮导靴的滚轮对导轨不应歪斜，在整个轮缘宽度上与导轨工作面均匀接触；

4) 滚轮导靴在电梯运行时，全部滚轮应顺着导轨面作滚动，没有明显打滑现象，且导轨工作面上严禁加涂润滑油或润滑脂。

(2) 防治措施

1) 固定式导靴间隙应一致；

2) 弹簧式导靴内部弹簧受力应相同，确保轿厢平衡；

3) 滚轮导靴安装应平整，两侧滚轮对导轨压紧后，两轮压弹簧力量应相同，压缩尺寸必须符合设计要求，滚轮滚动灵活，运行时振动小。

5.5.4 对重及平衡装置配置不合适

1. 现象

(1) 对重太轻或太重；

(2) 补偿链留得太短或太长，运行时在井道内与其他装置相碰；

(3) 补偿链两端未做二次保护装置；

(4) 补偿绳有打结、扭曲、变形现象。

2. 危害及原因分析

(1) 危害

1) 对重太轻，轿厢重载运行时，电梯易蹲底；

2) 对重太重，空载时轿厢易冲顶；

3) 补偿链长度留得不合适，太短或太长时有可能拉断或钩挂补偿链；

4) 补偿链两端不做二次保护，补偿链断链时，将对井底的维修人员造成很大的安全隐患。

(2) 原因分析

1) 未根据平衡系数要求来确定对重重量；

2) 未根据工艺要求，确定合适长度的补偿链，链的长度过长，会碰撞缓冲器底座；

3) 漏装补偿链的二次保护装置，易造成补偿链固定不牢；

4) 补偿绳安装时未充分松扭，以消除扭力。

3. 标准要求及防治措施

(1) 标准要求

《电梯工程施工质量验收规范》(GB 50310—2002)第 4.9.7 条、第 4.9.8 条,对重及平衡装置的配置要求如下:

1) 将补偿链连接在对重和轿厢的底部,链悬空部分的底部距离底坑地面不小于100mm;

2) 如果用的是铁链,需要用麻绳穿于链中(麻绳长度为铁链长度的 3 倍),以消除铁链在运行时发出的噪声,且需附加二次保护装置;

3) 如果是塑包铁链,本身就消声,不用另穿麻绳;

4) 用相当于曳引绳重量的钢丝绳做补偿绳,在井道底坑还要增加绳轮张紧装置、防跳装置,以及防断和防跳电气安全开关等,对于补偿绳张紧轮应能在张紧轮导轨上平滑导向,其导轨全高的垂直度不大于 1mm,导靴与导轨端面的间隙应为 1~2mm。

(2) 防治措施

1) 电梯试运行前,宜用盘车法先大致确定对重的重量,待通电调试时,再进一步精确设定对重重量;

2) 补偿链或补偿绳必须固定牢固,调整得当。

5.5.5 称重传感器安装缺陷

1. 现象

(1) 传感器及固定支架松动;

(2) 传感器安装位置不当;

(3) 电子称重传感器调整参数不合适。

2. 危害及原因分析

(1) 危害

1) 传感器不能准确测量轿厢负荷,使电机不能准确提供预负载转矩;

2) 电子称重传感器调整的参数不能准确反映轿厢负荷的变化,电梯运行中易出现死机现象。

(2) 原因分析

1) 支架采用焊接固定,不能配合称重传感器自行有效调整;

2) 支架及传感器在安装调试时没有可靠锁紧;

3) 电子称重传感器参数设置时,一般要经过空载数据写入、平衡重量写入和称重装置微调几个阶段,才能实现参数的准确设定,任何一个环节出现偏差,都会影响精度称量。

3. 标准要求及防治措施

(1) 标准要求

称重传感器的安装要求如下:

1) 称量装置一般设在轿底,也有少数设在轿厢的上梁,一般是在底梁上安装若干个微动开关或重量传感器组成,当轿厢载荷变化时,触动微动开关或由传感器发出与载荷相对应的连续信号;

2) 在重负荷运行时,给电机输入一个预负载电流,作为启动补偿,以避免启动时,发生轿厢瞬间下滑或上滑现象出现;

3) 较高档的电梯均使用随负载变化能连续发出信号的电子称重传感器。

(2) 防治措施

1) 改焊接固定为螺栓固定；

2) 支架及传感器调整后可靠锁紧，螺母要加弹簧垫；

3) 电子称重传感器必须准确设置参数。

5.6 缓冲器和限速器等安装质量通病

5.6.1 缓冲器安装不牢固及精度超差

1. 现象

(1) 缓冲器底座与基础接触面不平整，紧固不牢；

(2) 缓冲器安装垂直度超差；

(3) 两缓冲器高差不一致，不能同时动作；

(4) 液压缓冲器放油孔有漏油现象；

(5) 缓冲器的中心与轿厢或对重架上相应碰板中心不对中；

(6) 对重缓冲器下的支撑工字钢工作点与缓冲器底座位置错开；

(7) 缓冲距离超标。

2. 危害及原因分析

(1) 危害

电梯失控时，缓冲器不能正常有效工作。

(2) 原因分析

1) 液压缓冲器缸体锈蚀或油路不畅通；

2) 液压缓冲器安装不牢固，直接影响回弹作用，不能保证缓冲行程；

3) 液压缓冲器复位开关因受潮或浸水，造成动作不可靠。

3. 标准要求及防治措施

(1) 标准要求

《电梯安装验收规范》(GB 10060—93)第4.5.1条、第4.5.2条、第4.5.3条、第4.6.3条及《电梯工程施工质量验收规范》(GB 50310—2002)第4.8.5条、第4.8.6条，缓冲器的安装要求如下：

1) 电梯越出正常平层位置，在碰到缓冲器前，能被限位和极限开关强制停止；

2) 在缓冲器被完全压缩时，轿厢或对重不会碰到井道顶；

3) 电梯越程弹簧：200～350mm，液压150～400mm；

4) 缓冲器应牢固地固定在底坑，弹簧缓冲器无锈蚀和机械损伤，液压缓冲器的油量和油的规格要符合要求；

5) 缓冲器安装应垂直，液压缓冲器柱塞的垂直度不大于0.5%，弹簧缓冲器的顶面水平度不大于4/1000；

6) 同一基础上的两个缓冲器顶部与轿底对应距离差不大于2mm；

7) 缓冲器的中心应与轿厢或对重架上相应碰板中心对中，偏移量不超过20mm。

(2) 防治措施

1) 基础应处理,根据规程要求和缓冲器型式确定安装高度,用垫片来保证两缓冲器顶面在同一高度,缓冲器底座垫片应大于底座接触面的 1/2;

2) 安装缓冲器时控制其中心位置、垂直度和水平度;

3) 在安装液压缓冲器前,应认真检查缓冲器有无锈蚀和油路不畅通情况,必要时进行清洗,清洗后更换垫片,并按说明书要求注足指定牌号的缓冲器油;

4) 底坑应做好防水防潮,确保干燥是保证复位开关功能动作可靠的重要措施。

5.6.2 对重缓冲器基座没有落在一直延伸到坚实地面上的实心桩墩上

1. 现象

电梯底坑下面有进人的空间,而且对重没装安全钳,对重缓冲器直接装在底坑楼板上,其基座没有落在一直延伸到坚实地面上的实心桩墩上。

2. 危害及原因分析

(1) 危害

万一电梯失控轿厢冲顶,对重缓冲器没有坚实的基础保证,可能起不到缓冲作用。

(2) 原因分析

1) 电梯采购时,对重没有安全钳;

2) 设计电梯井时,没有将缓冲器基座设置在一直延伸到坚实地面上的实心桩墩上。

3. 标准要求及防治措施

(1) 标准要求

《电梯制造与安装安全规范》(GB 7588—2003)第 5.5 条,井道底坑的底面至少应按 $5000N/m^2$ 载荷设计,且:

1) 将对重缓冲器安装于一直延伸到坚固地面上的实心桩墩上;

2) 对重上装设安全钳。

(2) 防治措施

1) 电梯采购时,增加对重安装钳;

2) 缓冲器底座下面加柱子一直延伸到坚实地面。

5.6.3 限速器及井底张紧轮安装缺陷

1. 现象

(1) 限速器安装底座不牢固,与安全钳联动时有颤动现象;

(2) 设置电气开关的限速器未可靠接地;

(3) 限速器绳轮垂直度超差;

(4) 限速器轮与井底张紧轮不在同一个工作面上。

2. 危害及原因分析

(1) 危害

1) 限速器与安全钳联动时工作不可靠;

2) 限速器外壳带电、危及人身安全;

3) 限速器绳易磨损,运行不平稳,易产生噪声。

(2) 原因分析

1) 限速器安装前的混凝土基础不符合要求;

2) 安装完限速器后，未对限速器的垂直度进行校正；

3) 安装井底张紧轮时，未考虑与限速器工作的合适张力；

4) 未认真检查，漏做接地。

3. 标准要求及防治措施

(1) 标准要求

《电梯安装验收规范》(GB 10060—93)第 4.1.11 条、第 4.1.12 条、第 4.2.9 条及《电梯制造与安装安全规范》(GB 7588—2003)第 9.9.4 条，要求如下：

1) 限速器绳轮垂直度偏差不大于 0.5mm，运行平稳，无异常声响；

2) 张紧装置的配重重量选择应符合：限速器动作时的拉力应取至少 300N 和安全钳动作时所需力的两倍中较大的一个；

3) 限速器绳至导轨导向面与顶面两个方向的距离偏差均不超过 10mm。

(2) 防治措施

1) 做混凝土基础时，该基础面比限速器底座每边宽 25 ~ 40mm，再将限速器固定其上；

2) 调整张紧装置所产生的张紧力，应足以使限速器钢丝绳可靠驱动限速器绳轮；

3) 张紧装置必须离底坑有一定高度(H)，高速电梯：$H \geqslant 750 \pm 50$mm；快速电梯：$H \geqslant 550 \pm 50$mm；低速电梯：$H \geqslant 400 \pm 50$mm；

4) 张紧装置断绳开关的位置正确，当张紧装置下滑或下跌时，能使断绳开关可靠动作；

5) 设置了电气开关的限速器金属底座要用专用接地保护线(PE)可靠连接接地。

5.7 电气安装质量通病

5.7.1 随行电缆安装缺陷

1. 现象

(1) 电缆与轿厢间隙过小；

(2) 随行电缆两端及不随行电缆段固定不可靠，绑扎不正确；

(3) 电缆留得太短或太长，多根电缆安装后长短不一致；

(4) 随行电缆运行时打结或波浪扭曲；

(5) 轿底电缆支架与井道电缆支架不平行。

2. 危害及原因分析

(1) 危害

1) 轿厢运行时，电缆在井道内摇摆，易与轿厢相碰擦，影响电缆线的使用寿命；

2) 电缆两端固定不可靠，绑扎不好，由于电缆本身的重量和在井道内的运行情况，使电缆在井道内易变位、摆动甚至与导轨支架等擦碰、钩挂，严重时甚至挂断电缆，造成电梯出现事故停车及困人等情况。

(2) 原因分析

1) 电缆未按要求固定；

2) 电缆未按合适长度下料；

3) 安装前未使各随行电缆充分松扭，去除内部扭力。

3. 标准要求及防治措施

(1) 标准要求

《电梯安装验收规范》(GB 10060—93)第 4.2.13 条、第 4.2.14 条及《电梯工程施工质量验收规范》(GB 50310—2002)第 4.9.6 条，要求如下：

1) 悬挂随行电缆的长度，根据中间接线盒及轿底接线盒的实际位置，加上两头电缆支架绑扎长度及接线余量确定；

2) 挂随行电缆前，应将电缆自由悬垂，消除使用内应力，并防止扭曲造成折断；

3) 电缆进入接线盒应留出适当余量，压接牢固、排列整齐；

4) 当随行电缆距导轨支架过近时，为了防止损坏运行电缆，可自底坑沿导轨支架设置防护网；

5) 电缆与轿厢的间隙不能过小，宜在 80mm 以上。

(2) 防治措施

1) 将电缆散开，检查有无外伤、机械变形，测试绝缘性能和检查有无断芯；将电缆自由悬吊于井道，使其充分松扭；

2) 计算电缆长度后再固定，保证电缆在轿厢压缩缓冲器后，不致拉紧或拖地，随行电缆绑扎长度应为 30～70mm，绑扎处离电缆支架钢管 100～150mm；

3) 轿底电缆支架与井道电缆支架平行，并使随行电缆处于井道底部时能避开缓冲器，并保持一定距离；

4) 多根电缆同时绑扎时，长度应保持一致；

5) 如果有中间接线盒的，中间接线盒的安装位置从井道底计算为 500 + 行程/2 + 300mm，并在井道挂线架上方 300mm 处，用支架或膨胀螺栓固定于井道壁上。

5.7.2 电气设备接零和接地不当

1. 现象

(1) 电气设备外露可导电部分未接地或接零，且连接不可靠，或接地时互相串接后再接地；

(2) 在中性点直接接地的 TN 供电系统中，电梯电气设备另行单独接地；

(3) 保护接地线未采用黄绿双色线；

(4) 将电脑控制电梯的逻辑接地与电气设备的保护接地混淆；

(5) 零线与地线未始终分开，接地支线串接；

(6) 轿厢、层门、线槽拐弯处和接线盒处漏做跨接接地线，金属软管没有接地处理。

2. 危害及原因分析

(1) 危害

电气设备外露可导电部分未接地或接地不当，一旦有人接触到这些平时不带电而故障时带电的设备外壳，即可能出现触电事故，危及人身及设备安全。

(2) 原因分析

1) 未按标准、规范施工，没有理解说明书要求；

2）在 TN 供电系统中，如果零线和接地线不分开，对电梯控制系统的工作会造成干扰，甚至会导致微机控制系统中的电子板损坏。

3．标准要求及防治措施

（1）标准要求

《电梯安装验收规范》（GB 10060—93）第 4.1.3 条、《电梯工程施工质量验收规范》（GB 50310—2002）第 4.10.1 条及《低压配电设计规范》（GB 50054—95）第 2.2.9 条，要求如下：

1）电梯应采用 TN－S 系统，在有困难时，可以采用 TN－C－S 系统，但不能采用 TN－C 系统，更不能在中性点接地 TN 供电系统中采用另行单独的接地保护；

2）PE 支线的连接不能串联，应将所有电气设备的外露可导电部分单独用 PE 支线接到控制柜或电源柜的 PE 总接线柱上；

3）PE 线应采用黄绿双色专用线，截面应不小于表 5.7.2 的规定；

PE 线最小截面 **表 5.7.2**

相线芯线截面 $S(mm^2)$	$S \leqslant 16$	$16 < S \leqslant 35$	$S > 35$
PE 线最小截面(mm^2)	S	16	$S/2$

4）从进入机房电源起，零线和接地线应始终分开。

（2）防治措施

1）按标准要求接零或接地；

2）弄清楚逻辑接地和设备接地的差别，逻辑接地按说明书要求进行处理。

5.7.3 电线管、槽敷设不合理及动力线路与控制线路混敷

1．现象

（1）线管和线槽敷设不平直、不整齐、不牢固，导线在线管或线槽内占空间过大；

（2）动力线路与控制线路混敷，控制线路受静电、电磁感应干扰大；

（3）线槽拐弯及出口处未用橡胶套做线路保护；

（4）电梯供电系统的电源没有单独敷设；

（5）在开口线鼻子上压线后未烫锡，易造成接触不良。

2．危害及原因分析

（1）危害

1）线管、线槽敷设的视觉效果差，不平直、不美观；

2）导线在线管或线槽内占空间过大，导致导线发热不良或维修查线的困难；

3）动力线路、控制线路混敷，控制线路易受信号干扰，电梯运行时发生误动作。

（2）原因分析

1）未排顺线槽、线管内的导线，未控制槽管内敷设的导线总量；

2）配线不绑扎，且没有接线编号。

3．标准要求及防治措施

（1）标准要求

《电梯安装验收规范》（GB 10060—93）第 4.1.3 条、第 4.1.4 条、《电梯工程施工质量验

收规范》(GB 50310—2002)第 4.10.4 第、第 4.10.5 条、第 4.10.6 条及《建筑电气工程施工质量验收规范》(GB 50303—2002)第 14.2.10 条,要求如下:

1) 电梯动力与控制线路必须分离敷设;

2) 采用线管敷设时,线管应平直、整齐、牢固,管内导线总面积不大于管内净面积 40%;

3) 采用线槽敷设时,线槽应平直、整齐、牢固,槽内导线总面积不大于槽内净面积的 60%;

4) 采用金属软管作过渡敷设时,动力回路的软管长度不大于 0.8m,照明回路的软管不大于 1.2m,端头固定间距不大于 0.1m。

(2) 防治措施

1) 电线管用管卡固定,固定点不大于 3m;电线管管口应装护口,与线槽连接应用锁紧螺母;电线槽每根固定不少于两点,安装前放好基准线,安装后应横平竖直、接口严密、槽盖齐全、平整、无翘角;

2) 动力线路与控制线路隔离敷设,对抗干扰有明确要求的线路按产品要求施工,如采用屏蔽线等;

3) 配线绑扎整齐,并有清晰的接线编号。

5.7.4 控制柜安装位置不合理

1. 现象

(1) 控制柜底座未与地面固牢;

(2) 控制柜的安装位置不利于安全巡视和维修方便;

(3) 控制柜的安装位置未能可靠防风雨吹袭。

2. 危害及原因分析

(1) 危害

1) 控制柜安装不牢,易导致柜内接线松动,使电梯运行不可靠;

2) 控制柜前后没有适合的防护通道和检修距离,维修不便和不安全;

3) 控制柜的安装位置不当,雨水能侵入,会使控制柜造成损坏。

(2) 原因分析

1) 控制柜安装未做基础,安装固定不可靠;

2) 控制柜安装未按制造厂的设计图纸要求施工。

3. 标准要求及防治措施

(1) 标准要求

《电梯安装验收规范》(GB 10060—93)第 4.1.5 条,要求控制柜、屏距机械设备不小于 500mm;其正面距门、窗及其维修侧距墙均不小于 600mm。

(2) 防治措施

1) 安装应牢固,必须有基础底座,柜、屏底座应高出地面,但不宜超过 100mm;柜与混凝土底座采用地脚螺栓连接固定;

2) 安装位置应能在操作时清楚地看到曳引机的运转情况;

3) 应使门窗与控制柜、屏正面距离不小于 600mm,以防止雨水侵入柜、屏而影响工作;控制柜、屏的维修侧与墙壁的距离不小于600mm,以保证维修操作所需的安全距离;封闭侧不小于50mm;控制柜、屏与机械设备的距离不小于500mm;

4) 控制柜、屏应排列整齐,柜面应在同一平面上,调整至柜与柜间无明显缝隙之后方可紧固螺栓固定,控制屏严禁直接固定在地板上;

5) 过线盒应用膨胀螺栓固定在机房地面上,或者固定在型钢底座和混凝土底座上;

6) 导线编号必须清楚齐全,线槽拐弯及出口须做线路保护。

5.8 电梯试运行质量通病

5.8.1 电梯运行声响不正常及噪声超标

1. 现象

(1) 电梯运行时有摩擦响声;

(2) 电梯运行时有碰撞响声;

(3) 电梯运行振动和噪声大;

(4) 曳引机运转时声音不正常。

2. 危害及原因分析

(1) 危害

电梯运行时的不正常声响、振动、噪声,直接影响电梯的舒适感和可靠性。

(2) 原因分析

1) 曳引机地脚螺栓松动会引起电梯振动;

2) 导轨表面划伤、变形、润滑不良、接头处松动、接头处有台阶、导轨支架松动等使电梯产生响声和晃动;

3) 轿厢连接处产生噪声,尤其是轿架与围壁之间的连接松动,会引起轿厢的变形,造成运行不平稳,与井道壁产生摩擦、颤动;

4) 轿门与层门之间的间隙偏小,尤其是开门刀与层门的门锁滚轮、地坎之间间隙超差,极易造成相碰;

5) 对重块在对重架内未紧固,运行时产生松动和异响。

3. 标准要求及防治措施

(1) 标准要求

《电梯技术条件》(GB/T 10058—1997)第3.3.6条及《电梯工程施工质量验收规范》(GB 50310—2002)第4.11.7条,电梯的各机构和电气设备在运行时不得有异常振动或撞击声响;规范对电梯运行中机房噪声、轿厢内噪声和开关门过程噪声标准,其要求如下:

1) 机房噪声平均值不大于80dB(A);

2) 对额定速度小于2.5m/s电梯,运行中轿内最大噪声不大于55dB(A);额定速度等于2.5m/s的电梯,运行中轿内的最大噪声不大于60dB(A);

3) 开关门过程中噪声不大于65dB(A)。

(2) 防治措施

1) 曳引电动机、减速箱的同心度和水平度应达到合格;

2) 检查曳引机和电机的轴承温升和地脚螺栓的紧固情况，及时处理；

3) 对导轨润滑系统进行检查、加油，对导轨支架进行检查、紧固；

4) 拼装轿厢时，应核对轿厢上、下四角的对角线，保证六个面的相互垂直度，并对连接螺栓进行紧固；

5) 确保安全钳楔块与导轨间隙符合要求；

6) 紧固好对重块。

5.8.2 电梯运行平稳性及舒适性差

1. 现象

(1) 轿厢运行时上、下抖动大；

(2) 轿厢水平方向振动明显；

(3) 电梯起、制动舒适感不好。

2. 危害及原因分析

(1) 危害

电梯运行时舒适感差、乘梯人员有不安全感。

(2) 原因分析

1) 曳引绳张力不均，曳引轮和导向轮垂直度偏差较大，绳槽不在同一直线上，均会引起轿厢上、下抖动；

2) 导轨工作面垂直度超差，引起轿厢水平方向振动；

3) 电梯调试时，对启、制动过程加、减速度值特别是转矩补偿控制调整不好，导致起、制动舒适感差。

3. 标准要求及防治措施

(1) 标准要求

《电梯技术条件》(GB/T 10058—1997)第3.3.2条、第3.3.5规定：

1) 电梯启、制动时，乘客电梯加减速度最大值不大于1.5m/s^2；

2) 电梯的垂直振动加速度应小于0.25cm/s^2，水平振动加速度应小于0.15cm/s^2。

(2) 防治措施

1) 安装曳引钢丝绳时，要对曳引钢丝绳张紧力的调整进行严格控制，必须将曳引绳头弹簧的压紧力调至同一量化值，并用测力计将曳引绳的张力误差控制在5%以内；

2) 安装导轨系统时，应将导轨支架及导轨压板螺栓拧紧，并应设置防松装置，对导轨接口处的台阶要按标准要求修光；

3) 保证曳引轮、导向轮的垂直度和水平度符合要求。

5.8.3 平层不准确

1. 现象

(1) 电梯平层不准确，特别是空载或满载时，平层精度更差；

(2) 电梯停车不平稳。

2. 危害及原因分析

(1) 危害

乘客乘座电梯的安全感差。

(2) 原因分析

1) 制动力不够,引起上行平层过高或下行平层过低;

2) 制动力过大,引起上行平层过低或下行平层过高;

3) 对重过重,引起上行平层过高,下行平层也高;

4) 对重过轻,引起上行平层过低,下行平层也低;

5) 平层感应器与平层板的距离不合适,引起平层精度低;

6) 制动力矩过小,引起平层需要两次以上反平层才能到位;

7) 平层时运行速度太快。

3. 标准要求及防治措施

(1) 标准要求

《电梯技术条件》(GB/T 10058—1997)第3.3.7条及《电梯工程施工质量验收规范》(GB 50310—2002)第4.11.8条,电梯运行平层要求如下:

速度为0.63~1.0m/s的交流双速梯为±30mm以内,其他各种类型和速度的电梯均在±15mm以内。

(2) 防治措施

1) 调整制动器的弹簧压力,并使制动器的松闸间隙相同且小于0.7mm;

2) 调整制动力矩;

3) 调整平层感应器与平层板之间的距离,调整平层板的安装位置;

4) 调整电梯的平层速度;

5) 调整电梯的平衡系数,达到0.4~0.5;

6) 平层的调整应在平衡系数调整及静载试验完成后进行。

5.8.4 安全钳工作不可靠使轿厢倾斜严重

1. 现象

(1) 安全钳动作时,两侧不能同时动作,使轿厢倾斜严重;

(2) 安全钳动作后,安全钳电气开关未动作;

(3) 安全钳动作时,机械结构先动作,电气开关后动作;

(4) 安全钳不动作。

2. 危害及原因分析

(1) 危害

安全钳是电梯运行中极重要的超速保护环节,与限速器一起配合工作,它的工作情况的好坏,直接导致电梯超速保护系统的工作是否可靠,直接影响乘梯安全。

(2) 原因分析

1) 由于限速器失灵,或安全钳楔块与导轨侧工作面之间间距偏大,使得电梯超速下行时,安全钳不动作;

2) 由于限速器动作速度过低,电梯在额定速度下运行时,安全钳就动作;

3) 由于导轨发生位移,使安全钳与导轨间隙变小,电梯在额定速度以下安全钳就动作;

4) 由于安装安全钳时,安全钳楔块与导轨间隙不均匀、一侧间隙大,一侧间隙小或有异物在里面，安全钳动作后，使轿厢倾斜严重；

5）安全钳电气开关位置不合适，使安全钳动作时不能按电气、机械的顺序先后动作。

3．标准要求及防治措施

（1）标准要求

《电梯安装验收规范》（GB 10060—93）第4.6.2条及《电梯工程施工质量验收规范》（GB 50310—2002）第4.11.2条，安全钳的动作要求如下：

1）限速器与安全钳电气开关在联动试验中必须动作可靠；

2）联动试验中，人为使限速器机械动作时，安全钳应可靠动作，轿厢必须可靠制动，且轿厢底倾斜度不应大于5%。

（2）防治措施

1）安全钳楔块拉杆端的锁紧螺母应锁紧，确保限速器钢丝绳与连杆系统的连接可靠；

2）试验向上拉限速器钢丝绳，连杆系统应能迅速动作，两侧拉杆应能同时被提起，安全钳开关被断开，松开时，整个系统能迅速回复，但安全钳开关不应自动复位；

3）调整安全钳楔块与导轨侧面应有均匀合适间隙，反映到拉杆的提起，应有一定的提升高度；一般国产电梯的楔块间隙为2～3mm，当楔块斜度为5°时，反映到提升高度应为23～34mm；

4）检查安全钳拉杆的提升拉力应符合有关要求；

5）当轿厢下行速度达到额定速度115%及以上时，限速器楔块动作，轧住限速器绳，对安全钳拉杆产生提拉力，使安全钳楔块轧住导轨，以免使轿厢快速下行发生坠底事故。

5.8.5 层门开启不平稳

1．现象

（1）门扇与门套间隙过大或过小，门扇不垂直；

（2）层门外观有划伤或撞伤；

（3）门套立柱的垂直度和横梁的水平度超差；

（4）开、关门不平稳，有跳动现象；

（5）开门到位或关门到位时有较大的冲击；

（6）层门各接缝处有可见空隙，不密实。

2．危害及原因分析

（1）危害

1）电梯运行时，门刀易擦碰门头盖板；

2）开门刀易与门锁滚轮相碰，导致电梯急停；

3）地坎槽内的门脚滑块易磨损；

4）电梯运行时，乘客有不安全感。

（2）原因分析

1）各层层门头的安装位置不在一个垂面上，导致挂在各层门导轨上的门扇与门套间隙不一致；

2）各层地坎安装位置不在一个垂面上，导致门扇不垂直；

3) 门套安装时垂直偏差大,出现倾斜,层门安装后没有调整好,在固定门套时,电焊焊接不牢固,使门套垂直度移位;

4) 层门导轨或地坎槽内有垃圾或其他障碍物,导致开关门跳动;

5) 在校正门扇时较为马虎、粗糙,使得门扇下端与地坎产生摩擦,并出现门扇抖动现象;

6) 没有注意保护层门外观。

3. 标准要求及防治措施

(1) 标准要求

《电梯安装验收规范》(GB 10060—93)第4.4.2条、第4.4.3条、第4.4.4条、第4.4.5条、第4.4.6条、第4.4.8条及《电梯工程施工质量验收规范》(GB 50310—2002)第4.5.1条、第4.5.2条、第4.5.3条、第4.5.4条、第4.5.6条、第4.5.8条,层门安装要求如下:

1) 门套立柱应垂直于地面,横梁应水平,立柱的垂直度和横梁的水平度均不大于1/1000;

2) 门套立柱间的最小间距应等于电梯的开门宽;

3) 门套表面不应有划痕、修补痕、撞伤等明显可见缺陷,各接缝处应密实,没有可见空隙;

4) 门扇的正面和侧面,均应垂直,没有明显倾斜;

5) 层门门扇与门扇、门扇与门套、门扇与地坎的间隙:客梯为1~6mm,货梯为1~8mm;

6) 当门导轨为板条型直线导轨时,门滑轮架上的偏心挡轮与导轨下端面的间隙均不大于0.5mm;

7) 中分式门在门扇对口处应平整,两扇门的平行度不大于1mm;

8) 中分式门在门扇对口处的门缝不应过大,在整个可见高度上均不大于2mm;

9) 门在全关后,在厅外应不能以人力推开;对中分式门,当用手扒开门缝时,强迫锁紧装置或自闭机构应使之锁闭严密。

(2) 防治措施

1) 门套安装前,检查门套是否变形,并进行必要的调整;

2) 门套与地坎连接后,用方木将门套临时固定,并测量门套的垂直度,不大于1/1000,横梁的水平度不大于1/1000;

3) 浇筑水泥砂浆时,采用分段浇筑法,防止门套变形;

4) 在吊挂层门门扇前,先检查门滑轮的转动是否灵活,并注人润滑脂,清洁层门导轨和地坎导槽;

5) 用等高块垫在层门扇和地坎之间,保证门扇与地坎间隙,通过调整门滑轮座与门扇连接垫片来调整门与地坎、门套的间隙;

6) 层门中与地坎中对齐后,固定钢丝绳或杠杆撑杆,注意旁开式门各铰接点间的撑杆长度相等,各固定门的铰链位于一条水平直线上,钢丝绳传动的层门钢丝绳须张紧;

7) 注意保护层门外观,外贴的保护膜在交工才再清除。

5.9 液压电梯工程液压系统安装质量通病

5.9.1 液压油污染

1. 现象

油液浑浊和有污染物、过滤器网上有堵塞。

2. 危害及原因分析

(1) 危害

油液污染物会引起液压部件加快磨损，影响精度和使用寿命；过滤器堵塞会影响系统的工作压力，使电梯升降工况不正常等。

(2) 原因分析

1) 油压系统组装时残留有污染物，如毛刺、焊渣、铁锈等进入系统内；

2) 周围环境混入污染物，如水滴、尘埃等进入油液；

3) 系统使用前未清洗干净。

3. 标准要求及防治措施

(1) 标准要求

《液压电梯》(JG 5071—1996)第4.11.5条、第4.11.8条，要求如下：

1) 液压系统应设有滤油器，其过滤精度不低于25μm；

2) 液压油清洁度应符合规范要求，肉眼观察油液应清透明亮。

(2) 防治措施

1) 系统组装前应清洗油箱和管道等。组装后应全面清洗，清洗时系统内要加过滤器，并使元件动作，同时可用木槌轻轻敲击焊口和连接部位；

2) 做好环境保护，防止污染物从外界进入，进行密封或加防尘罩；

3) 控制油温，油温过高会加速油液氧化变质。

5.9.2 液压系统输油量不足及压力升不高

1. 现象

液压系统压力升不高，油缸活塞杆推力不足；电梯速度达不到规定值。

2. 危害及原因分析

(1) 危害

液压系统输油量不足会影响电梯的正常运行工况；同时输油量不足的原因往往也是系统其他故障问题的反映，会引起相关部件的工作失常。

(2) 原因分析

1) 系统连接处有泄漏；

2) 溢流阀故障，压力油大量泄入油箱；

3) 系统压力流量调得过低；

4) 油温过高，黏度过小，部件内泄漏严重；

5) 油液黏度过大或过小；

6) 过滤器堵塞；

7）油箱内液面过低；
8）吸油管浸入油池中太低，离回油管太近。
3．标准要求及防治措施
(1) 标准要求
系统油压及油量应符合设备制造厂技术文件和设计要求。
(2) 防治措施
1）紧固系统内各连接部位螺母，消除泄漏；
2）检查、检修溢流阀；
3）系统压力、流量按设计文件和制造厂说明书规定工况调整设定；
4）查明油温过高原因并消除；
5）按设计文件和制造厂说明书规定要求选用适当黏度的油液；
6）清洗过滤器；
7）将油液充注至油箱内，达到油窗标记规定的液位高度；
8）一般要求吸油口浸入油池 2/3 处，按制造厂说明书规定配置吸、回油管。

5.9.3　系统工作速度不稳定

1．现象
液压缸产生爬行，压力波动不稳定。
2．危害及原因分析
(1) 危害
系统工作速度不稳定会影响电梯的正常运行工况，同时影响电梯的舒适性。
(2) 原因分析
1）系统内进入空气或液压缸内混入空气；
2）油液污染。
3．标准要求及防治措施
(1) 标准要求
《液压电梯》(JG 5071—1996)第 4.11.2 条，液压装置应防止空气混入系统，应能保证液压电梯速度控制的要求。
(2) 防治措施
1）从系统连接处或阀口排除空气；
2）过滤或更换成清洁油液；
3）液压油缸上部须有排气装置。

5.9.4　系统泄漏

1．现象
系统泄漏；油液下降及压力稳不住。
2．危害及原因分析
(1) 危害
系统泄漏会使整个系统和液压零部件工作不正常，从而也影响电梯的正常运行工况，同时造成油液的损失和污染环境。

(2) 原因分析

1) 密封件损坏;

2) 连接处管接头松动;

3) 油压过高。

3. 标准要求及防治措施

(1) 标准要求

《电梯工程施工质量验收规范》(GB 50310—2002)第 5.3.2 条,液压管路应可靠联接,且无渗漏现象。

(2) 防治措施

1) 更换密封件;

2) 紧固管接头和连接处;

3) 调整压力至制造厂说明书的规定值;

4) 按设计规定和制造厂说明书的规定对系统进行试压合格。

5.9.5 系统管道安装不良

1. 现象

油管过长而未加固定;油管穿墙未设套管。

2. 危害及原因分析

(1) 危害

1) 油管过长未加固定易使系统产生振动,久之对系统部件及连接部位有损害;

2) 油管穿墙未设套管将会给以后检修等带来不方便。

(2) 原因分析

未按管道施工规范和操作工艺标准要求进行安装。

3. 标准要求及防治措施

(1) 标准要求

《电梯工程施工质量验收规范》(GB 50310—2002)第 5.3.2 条及《工业金属管道工程施工及验收规范》(GB 50235—97)第 6.3.19 条、第 6.11.1 条,要求如下:

1) 液压管路应可靠联接,且无渗透漏现象;

2) 穿墙及过楼板的管道,应加套管;

3) 管道安装时,应及时固定和调整支、吊架。

(2) 防治措施

1) 按施工规范和操作工艺标准施工;

2) 系统管路布置应尽可能短;

3) 对油管进行固定;

4) 管道穿墙加设套管。

5.9.6 系统运行噪声大

1. 现象

(1) 系统噪声大及运行声响不正常;

(2) 噪声大是运行工况不佳的表现之一,也往往是系统内部件质量差或工作不正常的反映。

2. 危害及原因分析

(1) 危害

噪声大使乘客舒适感差。

(2) 原因分析

1) 液压系统内有空气;

2) 回油不畅;

3) 油管过长未加固定;

4) 液压系统内部件质量差、精度差。

3. 标准要求及防治措施

(1) 标准要求

《电梯工程施工质量验收规范》(GB 50310—2002)第 5.11.6 条及《液压电梯》(JG 5071—1996)第 4.3.2 条,机房噪声不应大于 85dB(A);轿厢内噪声不大于 55dB(A);开关门噪声不大于 65dB(A)的要求。

(2) 防治措施

1) 排除系统内空气;

2) 增大管径,减少弯头,回油管离开油箱底部两倍管径以上;

3) 油管加以固定;

4) 检查部件质量,质量有问题时处理或更换。

5.9.7 系统温升高

1. 现象

系统温度高于 60℃或温升高。系统温升高是运行工况不佳的表现之一,同时影响油液的黏度和系统部件的正常工作。

2. 危害及原因分析

(1) 危害

系统温度高会导致部件工作不正常和降低寿命。

(2) 原因分析

1) 系统阻力大,沿程功率损失大;

2) 压力调定值过高;

3) 油液黏度太高;

4) 工作环境温度过高。

3. 标准要求及防治措施

(1) 标准要求

《液压电梯》(JG 5071—1996)第 4.2 条、第 4.11.1 条、第 4.11.4 条规定,油箱油温应控制在 5~70℃之间;在规定的运转条件下,其油温不超过规定值。

(2) 防治措施

1) 选择合适管径,减少弯头、缩短长度;

2) 按制造厂说明书规定调定系统压力值;

3) 按制造厂说明书选用合适黏度的油液；

4) 采取降低环境温度的措施，如机房内设置排风或空调装置。

5.10 自动扶梯安装及试运行质量通病

5.10.1 桁架组装不良

1. 现象

(1) 桁架的外观受损，油漆脱落、刮伤、局部变形等；

(2) 偏差大，桁架段连接不平直；

(3) 桁架定位有偏差。

2. 危害及原因分析

(1) 危害

1) 外观轻微损伤影响设备美观及运行后的维护，严重损伤影响设备运行；

2) 桁架连接不准确，影响其他部件如导轨、扶手带等部件的安装精度，导致运行不良；

3) 桁架定位偏差影响建筑效果的协调。

(2) 原因分析

1) 桁架运输吊装过程中防护没做好，吊装方法失当；

2) 桁架段连接时定位不好，螺栓紧固力不匀；

3) 安装过程中调整不当。

3. 标准要求及防治措施

(1) 标准要求

《自动扶梯和自动人行道的制造与安装安全规范》(GB 16899—1997)第5.3条，整个桁架的最大挠度不应超过支承距离的1/1000。

(2) 防治措施

1) 大型设备的运输、吊装要制订专项吊装方案，由专职人员进行操作。吊挂的受力点只能在自动扶梯两端的支承角钢上的起吊螺栓或吊装脚上，并做好设备的保护工作；

2) 桁架段组装时，先用尖形定位销连接相邻架段作临时定位，定位合格后在其余螺栓孔插入高强度螺栓，然后将尖形定位销取出并装上连接用高强度螺栓，用测力扳手拧紧，桁架拼装螺栓的紧固力应达到设计要求并要均匀；

3) 复核土建单位提供的基准线并明确标识，保护好样板线。以楼层核准的基准线为准，在支撑面钢板上标识清楚中心基准位置，将自动扶梯吊到安装口就位，再在扶梯两端支承钢板与支撑面预埋钢板之间各放一滚子，用来校正自动扶梯桁架中心线与支撑钢板上所标基准中心，调整调节螺栓，使自动扶梯两端升降平台上的楼面盖板与装修好的楼面平齐。

5.10.2 驱动装置固定不稳

1. 现象

驱动装置振动、有噪声。

2. 危害及原因分析

(1) 危害

扶梯运行不稳,乘客舒适感差。

(2) 原因分析

驱动装置底座固定不良,防振设置不当。

3. 标准要求及防治措施

(1) 标准要求

按设备生产厂的技术要求设置。

(2) 防治措施

驱动装置底座应设置防振垫,并且底座要平稳固定。

5.10.3 驱动链、曳引链张力不当

1. 现象

(1) 驱动链过松;

(2) 曳引链过松;

(3) 链、轮过度磨损。

2. 危害及原因分析

(1) 危害

正常运行中,由于链过松,可能使安全保护开关动作,造成非正常停梯。

(2) 原因分析

1) 驱动链、曳引链的张力调整失当;

2) 链同链轮不在同一平面,偏差较大。

3. 标准要求及防治措施

(1) 标准要求

按设备生产厂的技术要求设置。

(2) 防治措施

1) 调整驱动机座前面的驱动链张紧螺栓,使驱动链有适量挠度,但不大于10mm;

2) 调整曳引链张紧装置,使链的张紧度适当,在断链情况下又能使断链保护开关起作用;

3) 安装时严格控制驱动链轮与被动链轮的端面平行度偏差,不得大于1mm;

4) 清洁链上的灰尘,检查润滑系统,确保润滑良好。

5.10.4 扶手装置安装缺陷

1. 现象

(1) 护壁板拼缝不均,局部偏大;

(2) 围裙板接缝不平滑;

(3) 扶手带开口与扶手带导轨或支架之间距离偏大。

2. 危害及原因分析

(1) 危害

1) 裙板接缝修整不好,易发生勾拌的危险;

2）影响扶手带使用寿命。

(2) 原因分析

1）护壁板的垂直度不够、壁板之间拼接不严密；

2）扶手导轨平直度差，扶手支架、导轨的接缝凸台未修整好。

3. 标准要求及防治措施

(1) 标准要求

《自动扶梯和自动人行道的制造与安装安全规范》(GB 16899—1997)第5.1.5.4条、第7.3.1条，要求如下：

1）护壁板之间空隙不大于4mm，其边缘应呈圆角和倒角状；

2）扶手带开口处与导轨或扶手支架之间的距离均不允许超过8mm。

(2) 防治措施

1）安装时确保壁板的垂直度小于0.5%，壁板之间拼接要严密；

2）裙板接缝应是对接缝且要修整平滑；

3）调整扶手导轨的平直度，修正扶手支架、扶手导轨接缝，凸台要小于0.5mm。

5.10.5 扶手带运行不稳

1. 现象

(1) 扶手带运行不平稳，局部弹跳；

(2) 扶手带运行时有异常摩擦声；

(3) 扶手带与梯级运行速度不同步。

2. 危害及原因分析

(1) 危害

扶手带易磨损，缩短使用寿命。

(2) 原因分析

1）扶手导轨平直度差，扶手支架、扶手导轨的接缝凸台未修整好；

2）扶手带张力过大。

3. 标准要求及防治措施

(1) 标准要求

《自动扶梯和自动人行道的制造和安装安全规范》(GB 16899—1997)第7.1条与《电梯工程施工质量验收规范》(GB 50310—2002)第6.3.5-2条，扶手带对梯级的速度允许偏差为0～+2%。

(2) 防治措施

1）测量扶手带和梯级的运行速度，并调整至允许偏差差符合规范要求；

2）调整扶手导轨的平直度、修整扶手支架、扶手导轨接缝、凸台要小于0.5mm；

3）调整扶手带驱动压带的压簧，张紧力以调至扶手带与转向端滑轮接触为准，同时扶手带应具有一定的弹性。

5.10.6 梯级跑偏

1. 现象

(1) 梯级横向颤动，有异响；

(2) 梯级略偏于一侧，运行时碰擦裙板；

(3) 梯级通过转向壁时产生振动和噪声。

2. 危害及原因分析

(1) 危害

梯级跑偏直接影响乘客的舒适感，并且降低梯级轮、梯级的使用寿命。

(2) 原因分析

1) 梯路导轨调整不当；

2) 梯级安装时紧固螺钉没上紧，梯级调整不到位；

3) 梯级辅轮与转向壁之间没有间隔。

3. 标准要求及防治措施

(1) 标准要求

《自动扶梯和自动人行道的制造和安装安全规范》(GB 16899—1997)第 11.2.1 条与《电梯工程施工质量验收规范》(GB 50310—2002)第 6.3.4－6 条，梯级与围裙板单侧间隔小于 4mm，两侧间隔之和小于 7mm。

(2) 防治措施

1) 调整梯级轴承与梯级主轴轴肩之间的垫圈，使梯级居中；

2) 用调整垫片分别调整两主轨及两副轨的水平度，修正导轨接头台阶不大于 0.5mm；调整两侧导轨水平方向的平行度偏差 0～0.5mm；

3) 检查梯级辅轮在转向壁导轨内有无间隙，如果用手不能转动梯级辅轮时需调整，且需逐一调整。

5.10.7 梳齿啮合不良

1. 现象

(1) 梳齿与梯级齿的间隙不均；

(2) 梳齿与梯级齿的啮合深度不够。

2. 危害及原因分析

(1) 危害

齿隙不均，啮合深度不够，造成局部间隙偏大，容易导致异物卡入其中，折断梳齿。

(2) 原因分析

梳齿板的水平位置和倾角调整不当。

3. 标准要求及防治措施

(1) 标准要求

《自动扶梯和自动人行道的制造和安装安全规范》(GB 16899—1997)第 11.3 条与《电梯工程施工质量验收规范》(GB 50310—2002)第 6.3.4－4 条，要求如下：

1) 梳齿与梯级齿槽的啮合深度不小于 6mm；

2) 梳齿根部与梯级表面间隙小于 4mm。

(2) 防治措施

1) 调整梳齿板后倾角；

2) 调整梳齿板的水平位置，正常运行中，使梳齿板与梯级齿啮合居中，梳齿两边间隙相等，误差小于0.5mm。

5.10.8　安全保护装置异常动作

1. 现象

(1) 扶梯安全保护开关(曳引链断链开关、梯级下沉开关、驱动链断链开关、梳齿异物卡入保护开关、扶手带入口保护开关、裙板保护开关、扶手带断带保护开关等)非正常动作，停梯；

(2) 各类安全保护开关在保护部件受损情况下误动作或不动作。

2. 危害及原因分析

(1) 危害

保护开关不该动作时动作，引起乘客恐慌；该动作时不动作失去保护作用，可能导致部件损坏乃至引起人身事故。

(2) 原因分析

各类开关异常动作，主要是开关的安装及调整不当。

3. 标准要求及防治措施

(1) 标准要求

《电梯工程施工质量验收规范》(GB 50310—2002)第6.3.1条之6、7、8、10、11项，其要求如下：

安全保护装置在下列情况下自动扶梯必须自动停止运行：

1) 直接驱动梯级、踏板或胶带的部件(如链条或齿条)断裂或过分伸长；

2) 驱动装置与转向装置之间的距离(无意性)缩短；

3) 梯级、踏板或胶带进入梳齿处有异物夹住，且产生损坏梯级、踏板或胶带支撑结构；

4) 扶手带入口保护装置动作；

5) 梯级或踏板下陷。

(2) 防治措施

1) 调整曳引链压簧，曳引链行程开关及曳引链条向后移动碰块，保证在曳引链过分伸长或断裂时，曳引链条向后移动，使行程开关动作后停机；

2) 调整梯级踏板装置中碰杆的位置和行程开关，梯级下沉时碰到检测撞杆，检测杆动作触碰行程开关后停机；

3) 调整驱动链张力及行程开关(提升高度超过6m时应配此装置)，当驱动链断裂后使行程开关动作后停机；

4) 调整异物卡机构及行程开关，做好梯级前沿板、梳齿板的清洁，当异物卡入时，机构的拉杆向后移动，使行程开关动作后停机；

5) 调整扶手带入口安全保护装置：如碰板、行程开关，入口保护装置通过杠杆作用放大行程后触及行程开关后停机；

6) 调整梯级与裙板之间隙，检查行程开关与C型钢之间的距离，当异物进入裙板与梯级之间的缝隙后，裙板发生变形，C型钢随之移动，碰击行程开关后停机；

7) 调整断带保护装置及行程开关，一旦扶手带断裂，原来受扶手带压住的行程开关滚轮向上摆动,行程开关动作断电停机。

5.10.9　制停距离超标

1. 现象

制停距离超标。

2. 危害及原因分析

(1) 危害

制停距离太小,形成急刹车,易造成乘客站立不稳;制停距离太大又起不到保护作用。

(2) 原因分析

制动器(带)闸瓦与制动盘的间隙调整不当,制动弹簧调整不当。

3. 标准要求及防治措施

(1) 标准要求

《自动扶梯和自动人行道的制造和安装安全规范》(GB 16899—1997)第 12.4.4 条与《电梯工程施工质量验收规范》(GB 50310—2002)第 6.3.6 条,进行空载制动试验,制停距离要求如下:

额定速度 m/s	制停距离范围 m
0.50	0.20～1.00
0.65	0.30～1.30
0.75	0.35～1.50

(2) 防治措施

1) 调整制动弹簧的压缩长度;

2) 调整制动器闸瓦(带)与制动盘的间隙,当制动器松开时,制动器闸瓦(带)必须完全从制动盘上靠在限位挡上。

第6章　建筑燃气工程

6.1　建筑燃气工程设计通病

6.1.1　埋地燃气管道设计深度不够

1．现象

(1) 坐标标注不全；

(2) 穿、跨越工程设计处理简单，不能指导施工；

(3) 与其他管线在施工中冲突；

(4) 管道敷设在地下室顶板上方时预防泄漏措施设计不详细。

2．危害及原因分析

(1) 危害

1) 不能准确指导施工，影响施工进度；

2) 影响工程质量。

(2) 原因分析

1) 设计时原始资料不足；

2) 设计人员责任心不强。

3．标准要求及防治措施

(1) 标准要求

《建设工程质量管理条例》[中华人民共和国国务院令(279号)]第三章第二十一条："设计单位应当根据勘察成果文件进行建设工程设计。设计文件应当符合国家规定的设计深度要求，注明工程合理使用年限"。

(2) 防治措施

1) 设计人员一定要认真设计，图纸标注应齐全；

2) 重要部位要有详细的设计大样图；

3) 与其他专业工程设计人员积极沟通，互相协调；

4) 加强施工图的审查工作。

6.1.2　上升立管未采取承重支撑

1．现象

设计中沿高层建筑外墙架设的立管未采取承重支撑。

2．危害及原因分析

(1) 危害

高层建筑立管未加承重支撑，会由于立管自重和环境温度变化引起下沉，以致破坏管道的结构和稳定性，引发泄漏事故。

(2) 原因分析

1) 设计人员疏忽；

2) 设计人员不熟悉相关规范及管道的受力状态。

3. 标准要求及防治措施

(1) 标准要求

《城镇燃气设计规范》[GB 50028—93(2002 年版)]第 7.2.32 条："沿高层建筑外墙架设的立管应有承重支撑和消除燃气附加压力的措施"。

(2) 防治措施

在立管下部设计固定钢支架，或砌支座进行支撑，钢支架或支座都应进行承重与稳定性校核。

6.1.3 楼栋引入管没有考虑建筑物与地面的不均匀沉降

1. 现象

楼栋引入管未采取防沉降措施。

2. 危害及原因分析

(1) 危害

1) 不均匀沉降发生时，管道受拉变形，甚至被拉断，造成重大泄漏事故，危及住户安全；

2) 供气影响范围大，且修复困难。

(2) 原因分析

1) 设计人员未掌握该地段的地质情况；

2) 设计时未考虑防沉降措施。

3. 标准要求及防治措施

(1) 标准要求

《城镇燃气设计规范》[GB 50028—93(2002 年版)]第 7.2.13 条："燃气引入管穿过建筑物基础、墙或管沟时，应考虑沉降的影响，必要时应采取补偿措施"。

(2) 防治措施

引入管管材可采用聚乙烯燃气管，利用其管材的柔韧性进行补偿；在位于填海区等地质基础条件较差或高层建筑时，可在出地面处管道上做 Z 型或Ⅱ形处理，以进行补偿。

6.1.4 热水器给排气洞口设计不合理

1. 现象

(1) 热水器给排气洞口设计尺寸不合理；

(2) 洞口被给排水等专业管道遮挡。

2. 危害及原因分析

(1) 危害

1) 洞口尺寸偏小，热水器烟道无法安装；洞口尺寸偏大，烟道与墙之间的缝隙难以密封，排出室外的烟气会倒流进室内，很可能使室内一氧化碳含量超标，造成人身伤害；

2) 洞口被给排水等专业管道遮挡，影响烟道安装或热水器排气，热水器所排废气由于温度高也会损伤其他专业管道。

(2) 原因分析

1) 设计未核对所选用热水器的安装尺寸;

2) 各专业之间协调不好或根本未协调。

3. 标准要求及防治措施

(1) 标准要求

《家用燃气燃烧器具安装及验收规程》(CJJ 12—99)第3.3.5.3条:"给排气风帽应装在敞开的室外空间……"。

第3.3.5.4条:"给排气风帽应无突起的障碍物……"。

第3.3.5.10条:"给排气管的穿墙部位应密封,烟气不得流入室内"。

(2) 防治措施

1) 设计要认真核对所选用热水器的安装尺寸;

2) 加强各专业设计之间的配合,协调各专业管线安装位置。

6.1.5 设计管道预留洞不当

1. 现象

(1) 室内燃气管道预留洞位置设置不当;

(2) 预留洞位置被其他专业管线阻挡。

2. 危害及原因分析

(1) 危害

1) 难以施工,甚至无法施工;

2) 大多数情况需设计变更,浪费人力、物力,并影响施工进度。

(2) 原因分析

1) 设计人员对相关规范不熟练;

2) 专业与专业之间未协调好。

3. 标准要求及防治措施

(1) 标准要求

《城镇燃气设计规范》[GB 50028—93(2002年版)]第7.2.26条:室内燃气管道和电气设备、相邻管道之间的净距不应小于表6.1.5的规定。

燃气管道和电气设备、相邻管道之间的净距 **表6.1.5**

管道和设备		与燃气管道的净距(cm)	
		平行敷设	交叉敷设
电气设备	明装的绝缘电线或电缆	25	10(注)
	明装的或放在管子中的绝缘电线	5(从所作的槽或管子的边缘算起)	1
	电压小于1000V的裸露电线的导电部分	100	100
	配电盘或配电箱	30	不允许
相邻管道		应保证燃气管道和相邻管道的安装、安全维护和修理	2

注:当明装电线与燃气管道交叉净距小于10cm时,电线应加绝缘套管。绝缘套管的两端应各伸出燃气管道10cm。

(2) 防治措施

1) 提高设计人员的素质,并增强其责任心;

2) 专业与专业之间的协调必须从设计开始。

6.1.6 流量表、调压器的规格选择不当

1. 现象

流量表、调压器的规格设计偏大或偏小。

2. 危害及原因分析

(1) 危害

1) 设计偏大,增加工程投资,造成浪费,甚至造成流量表计量不准确或调压器调压精度偏低;

2) 设计偏小,通过流量不够,调压器不能满足供气需求,影响供气的安全与稳定性。

(2) 原因分析

设计人员不熟悉设备性能参数或未进行认真的计算选型。

3. 标准要求及防治措施

(1) 标准要求

《城镇燃气设计规范》[GB 50028—93(2002 年版)]中第 5.6.7.(3) 条:"调压器的计算流量,应按该调压器所承担的管网小时最大输送量的 1.2 倍确定"。

第 7.3.1 条:"计量装置应根据燃气的工作压力、温度、燃气的最大流量和最小流量和房间的温度等条件选择"。

(2) 防治措施

认真掌握设备性能,根据工艺参数进行通过计算确定其型号、规格,并应注意不同介质的比重换算,严格按规范要求进行设计。

6.1.7 管径规格设计不当

1. 现象

管道设计中管径偏大或偏小。

2. 危害及原因分析

(1) 危害

1) 当设计管径偏大时,增加工程投资,增加施工难度,造成浪费。

2) 当设计管径偏小时,通过流量不够或流速增大,产生静电,不能安全稳定供气。

(2) 原因分析

由于设计中未依据用气量及规范要求进行周密的计算,致使管径设计不准确。

3. 标准要求及防治措施

(1) 标准要求

《城镇燃气设计规范》[GB 50028—93(2002 年版)]第 7.2.7 条:"室内燃气管道的阻力损失,可按本规范第 5.2.4 条、第 5.2.5 条、第 5.2.6 条的规定计算"。第 7.2.8 条:"计算低压燃气管道阻力损失时,应考虑因高程差而引起的燃气附加压力。燃气的附加压力可按下式计算(公式省略)"。

(2) 防治措施

依据规范要求控制阻力损失与附加压力，进行严密的水力计算，确定合理管径。

6.1.8　天面燃气管道低位敷设且无防攀爬措施

1．现象

天面燃气管道沿女儿墙低位敷设，没有防攀爬措施。

2．危害及原因分析

(1) 危害

天面燃气管道绕女儿墙低位敷设，设计高度一般定为 $H+0.30$ 左右（天面结构板面上来 30cm），此时管道至女儿墙顶部的有效高度不到 1.1m，儿童容易踩上管道向女儿墙外面观望或攀爬，可能发生高空坠落事故。

(2) 原因分析

设计没有考虑到儿童攀爬。

3．标准要求及防治措施

(1) 标准要求

《住宅设计规范》(GB 50096—1999)第 4.2.1 条："外廊、内天井及上人屋面等临空处栏杆净高，低层、多层住宅不应低于 1.05m，中高层、高层住宅不应低于 1.10m，栏杆设计应防止儿童攀登"。

(2) 防治措施

天面燃气管道高位敷设，比女儿墙顶部低 10cm 左右，向下引出支管，装了下降立管阀门后引到外墙下来(图 6.1.8)；如果天面女儿墙为栏杆形式，燃气管道只能低位敷设，则增加防攀爬措施，或要求建筑设计提高栏杆高度，保证安全高度。

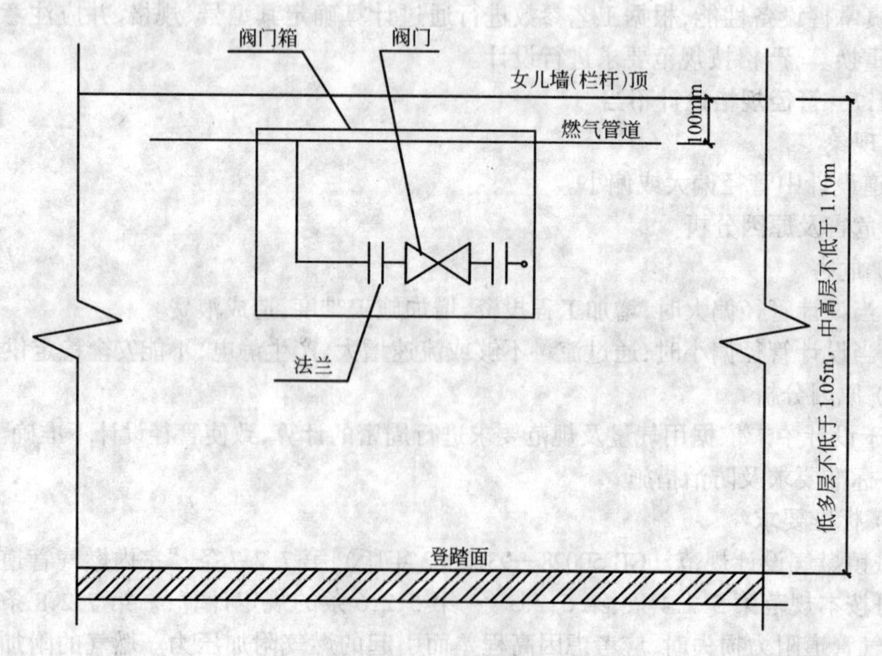

图 6.1.8　天面燃气管道高位敷设示意图

6.1.9 管道的控制阀门或流量表等设施设置在私家花园

1. 现象

将控制阀门或流量表等设施的安装位置设计在私家花园内。

2. 危害及原因分析

(1) 危害

不方便操作、维护及抢险。

(2) 原因分析

设计安装位置不合理。

3. 标准要求及防治措施

(1) 标准要求

1)《城镇燃气室内工程施工及验收规范》(CJJ 94—2003)第 3.3.1 条:“燃气计量表的安装位置应满足抄表、检修和安全使用的要求”;

2)《城镇燃气设计规范》[GB 50028—93(2002 年版)]第 7.2.15 条:“阀门宜设置在室内,对重要用户尚应在室外另设置阀门,阀门应选择快速式切断阀”。

(2) 防治措施

避开私家花园区域,设在花园围墙外或公共区域的安全、方便处。

6.1.10 设计管道阀门与进风口、冷却塔、排水口距离较近

1. 现象

阀门设计的位置与进风口、冷却塔、排水口距离较近。

2. 危害及原因分析

(1) 危害

1) 阀门及其连接处(螺纹或法兰连接)是燃气发生泄漏的一个潜在部位,当泄漏的燃气由进风口进入建筑物内,或由排水口进入市政排水管网中,如不能及时发现和排除,当积聚至一定浓度会发生爆炸事故,造成生命和财产的重大损失;

2) 管道距冷却塔过近,易被水浸淋,致使管道锈蚀穿孔,发生泄漏事故。

(2) 原因分析

阀门的设计位置不合理。

3. 标准要求及防治措施

(1) 标准要求

《城镇燃气设计规范》[GB 50028—93(2002 年版)]第 7.2.10 条:“燃气引入管不得敷设在卧室、浴室、地下室、易燃或易爆品的仓库、有腐蚀性介质的房间、配电间、变电室、电缆沟、烟道和进风道等地方”。

(2) 防治措施

设计中应避免在进风口、冷却塔、排水口就近处设置阀门,或与其他专业设计进行协调,调整位置。

6.1.11 管道放散阀操作不方便

1. 现象

管道放散阀设计位置不合理。

2. 危害及原因分析

(1) 危害

放散阀位置不合理，影响正常操作或危及操作人员的安全，并影响施工过程中的吹扫、置换及至抢修中的放散。

(2) 原因分析

设计时未考虑阀门的操作性。

3. 标准要求及防治措施

(1) 标准要求

《阀门的检验与安装规范》(SY/T 4102—1995)第1.0.4条："阀门在试验及安装过程中，应严格执行国家及行业有关安全、劳动保护等方面的法规、规定，以确保安全生产"。

(2) 防治措施

放散阀的设计高度与平面位置应是正常人可以站立操作的地面或平台。

6.1.12 与其他专业管道或电气设备的间距不符合规范要求

1. 现象

室内燃气管道与其他专业管道或电气设备间距过近，不符合规范要求。

2. 危害及原因分析

(1) 危害

距离过近，影响施工与检修，并不便于操作，尤其与电气设备过近时，一旦燃气管道泄漏，会因电气设备产生的电火花引起爆燃，造成恶性事故。

(2) 原因分析

设计人员未按相关规范进行设计，或各专业之间未进行综合协调。

3. 标准要求及防治措施

(1) 标准要求

《城镇燃气设计规范》[GB 50028—93(2002年版)]第7.2.26条："室内燃气管道和电气设备、相邻管道之间的净距不应小于表7.2.26的规定(表7.2.26省略)"。

(2) 防治措施

严格按照规范有关条款要求进行设计。

6.1.13 管道设计在洗菜盆水龙头下方

1. 现象

当室内管道需先跨过洗菜盆再至灶台时，管道设计标高在洗菜盆水龙头下方与洗菜盆之间，管道长期被水浸淋，出现锈蚀。

2. 危害及原因分析

(1) 危害

管道长期被水浸淋，容易出现锈蚀穿孔，时间一长会产生泄漏事故。

(2) 原因分析

设计未考虑管道的浸蚀问题。

3. 标准要求及防治措施

(1) 标准要求

《城镇燃气设计规范》[GB 50028—93(2002年版)]第7.2.19条:“室内燃气管道不应设在潮湿或有腐蚀性介质的房间内,当必须敷设时,必须采取防腐蚀措施”。

(2) 防治措施

设计中管道标高应在洗菜盆水龙头之上,其间距至少为100mm,同时管材应采用防腐性能较好的热镀锌钢管。

6.2 地上燃气管道施工质量通病

6.2.1 镀锌钢管外镀锌层破损

1. 现象

(1) 安装前外镀锌层磨损;

(2) 加工、安装过程中外镀锌层划伤。

2. 危害及原因分析

(1) 危害

即使对破损处进行防腐处理,也很难达到原有镀锌层的防腐效果,致使管道破损处过早产生锈蚀,可能导致漏气。

(2) 原因分析

1) 在存放、搬运、加工、安装过程中不按要求采取保护措施、不按规程野蛮操作;

2) 加工机具达不到加工要求,而未及时进行维修和更换。

3. 标准要求及防治措施

(1) 标准要求

1)《建筑给水排水及采暖工程施工质量验收规范》(GB 50242—2002)第3.2.2条:“所有材料进场时应对品种、规格、外观等进行验收。包装应完好,表面无划痕及外力冲击破损”。

第4.1.3条:“套丝扣时破坏的镀锌层表面及外露螺纹部分应做防腐处理”;或见:

2)《城镇燃气室内工程施工及验收规范》(CJJ 94—2003)第5.2.4条:“镀锌碳素钢管和管件的镀锌层破损处和螺纹露出部分防腐良好”。

(2) 防治措施

1) 加强管材在存放、搬运、加工、安装过程中的管理,严格按规程操作,采取严格的保护措施;

2) 加强加工机具的保养、维修,对达不到加工要求的机具,应马上停止使用并及时更换;

3) 按管径尺寸分次套丝,管径15~32mm者,一般分两次套丝,40~50mm者,一般分三次套丝;

4) 在存放、搬运、加工、安装过程中破坏的外镀锌层,必须按规范和设计要求进行严格的防腐处理。

6.2.2 碳素钢管防腐层脱落及污损

1. 现象

(1) 机制管件及无缝碳素钢管防腐层起泡、脱皮;

(2) 已安装外墙管道遭污损。

2. 危害及原因分析

(1) 危害

管道局部过早锈蚀,影响管道整体寿命。

(2) 原因分析

1) 管道防腐前未按要求清除管道表面灰尘、污垢和锈斑等杂物;

2) 未按工艺要求进行防腐作业;

3) 未采取成品保护措施。

3. 标准要求及防治措施

(1) 标准要求

1)《城镇燃气室内工程施工及验收规范》(CJJ 94—2003)第 2.2.22.2 条:"室内明设燃气管道及其管道附件的涂漆,……应在除锈(见金属光泽)后进行涂漆";或:

2)《涂装前钢材表面锈蚀等级和除锈等级》(GB 8923—1988)第 3.3.3 条:"钢材表面应无可见的油脂和污垢,并且没有附着不牢的氧化皮、铁锈和油漆涂层等附着物。除锈应比 St2 更为彻底,底材显露部分的表面应具有金属光泽"。

(2) 防治措施

1) 管道防腐前,应严格按照有关施工规程清除管道表面灰尘、污垢和锈斑等杂物;

2) 处理过的管道外表面应露出金属光泽,达到 St3 级;

3) 管道防腐应按要求分层进行,厚薄均匀;

4) 严禁在雨雪和大风天气露天作业;

5) 采取必要的成品保护措施,避免清污时破坏防腐层。

6.2.3 钢制管道焊接处锈蚀

1. 现象

管道焊接处出现锈点、起泡、脱皮等现象。

2. 危害及原因分析

(1) 危害

管道局部过早锈蚀,影响管道系统的整体寿命。

(2) 原因分析

1) 焊接后,在管道温度过高时进行防腐;

2) 管道防腐前未按要求清除管道表面灰尘、污垢和锈斑等杂物;

3) 漏涂防腐底漆;

4) 未按工艺要求进行防腐作业。

3. 标准要求及防治措施

(1) 标准要求

《城镇燃气室内工程施工及验收规范》(CJJ 94—2003)第 2.2.22.2 条:"室内明设燃气

管道及其管道附件的涂漆,应在检验试压合格后进行;采用钢管焊接时,应在除锈(见金属光泽)后进行涂漆:先将全部焊缝处刷两道防锈底漆,然后再全面涂刷两道防锈底漆和两道面漆”。

(2) 防治措施

1) 待管道温度降到环境温度后,再按防腐工艺要求进行防腐作业;

2) 管道防腐前,应严格按照有关施工规程清除管道表面灰尘、污垢和锈斑等杂物;

3) 建立复检制度,杜绝漏涂现象;

4) 处理过的管道外表面应露出金属光泽,达到 St3 级。

6.2.4 穿墙、楼板处管道锈蚀

1. 现象

穿过建筑墙体、楼板的管道,局部产生锈蚀。

2. 危害及原因分析

(1) 危害

1) 穿墙、楼板处管道锈蚀隐患很难被发现,容易造成泄露事故。

2) 穿墙、楼板处管道锈蚀隐患被发现后,维修比较困难。

(2) 原因分析

1) 未按工艺要求对穿墙(楼板)管进行防腐处理。

2) 未按技术要求进行穿墙(楼板)管的施工。

3) 防腐材料、防腐工艺落后。

3. 标准要求及防治措施

(1) 标准要求

深圳市建设局《深圳市燃气管道工程设计、施工若干技术规定》第 4.10 条:管道穿墙、楼板处应采用聚乙烯热收缩套进行防腐,且采用硬聚氯乙烯(建筑排水用 PVC-U,执行标准:BS5255;BS4514)管做套管保护。热收缩套与套管之间间隙用建筑用中性密封胶封堵。

(2) 防治措施

1) 加强对隐蔽工程的监督检查工作;

2) 穿墙(楼板)套管采用硬聚氯乙烯管做套管保护,套管两端与建筑墙面平齐,套管较楼面高出 50mm;

3) 穿墙(楼板)管段采用聚乙烯热收缩套防腐(深圳市要求),热收缩套长出套管 30mm;

4) 热收缩套与套管之间间隙用建筑用中性密封胶封堵。

6.2.5 管道螺纹连接不符合要求

1. 现象

(1) 管道螺纹接口断丝不严造成泄露;

(2) 管道螺纹连接处外露丝扣过多;

(3) 管道螺纹连接处外露丝扣锈蚀。

2. 危害及原因分析

(1) 危害

1) 管道螺纹断丝,可致接口不严,导致燃气泄露;

2) 管道螺纹连接丝扣不按要求加工,进而出现外露丝扣多,导致连接处机械强度降低、连接不紧密,形成泄露事故隐患;

3) 丝扣部分的有效管壁厚度很薄,产生锈蚀后,很快就会形成穿孔,造成泄露事故。

(2) 原因分析

1) 在套丝加工时,没有按工艺要求形成适合的锥度或一次加工成型用力过猛,造成断丝;

2) 安装时,在丝扣上缠绕胶带过多或过少。胶带过少造成密封不严,胶带过多则产生很大的阻力,致使丝扣旋入过少;

3) 未按技术要求进行施工。

3. 标准要求及防治措施

(1) 标准要求

《城镇燃气室内工程施工及验收规范》(CJJ 94—2003)第 2.2.7 条:"管道、设备螺纹连接应符合下列规定:1 管道与设备、阀门螺纹连接应同心,不得用管接头强力对口;2 管道螺纹接头宜采用聚四氟乙烯带做密封材料;拧紧螺纹时,不得将密封材料挤入管内;3 钢管的螺纹应光滑端正,无斜丝、乱丝、断丝或破丝,缺口长度不得超过螺纹的 10%"。

第 2.2.22.2 条:"室内明设燃气管道及其管道附件的涂漆,应在检验试压合格后进行;……采用镀锌钢管螺纹连接时,其与管件连接处安装后应先刷一道防锈底漆,然后再全面涂刷两道面漆"。

第 5.2.4 条:"连接牢固;根部管螺纹外露 1~3 扣。镀锌碳素钢管和管件的镀锌层破损处和螺纹露出部分防腐良好;接口处无外露密封材料"。

(2) 防治措施

1) 严格按照工艺要求对管道螺纹进行加工;

2) 安装时,在丝扣上缠绕适量胶带,先用手旋入 2~3 扣,然后用管钳将管件一次拧紧(不得倒回),使丝扣外露 1~3 扣;

3) 安装后,将露出胶带清除干净,对外露丝扣进行防腐处理。

6.2.6 管道法兰连接不符合要求

1. 现象

(1) 法兰相互不平行;

(2) 管道与法兰盘仅单面焊接;

(3) 法兰连接螺栓偏长;

(4) 法兰连接衬垫不符合要求;

(5) 法兰不匹配。

2. 危害及原因分析

(1) 危害

法兰连接处泄露。

(2) 原因分析

1）未按技术要求进行施工；

2）缺乏施工基本知识。

3. 标准要求及防治措施

（1）标准要求

《城镇燃气室内工程施工及验收规范》(CJJ 94—2003)第2.2.6条："管道、设备法兰连接应符合下列规定：1　管道与设备、阀门进行法兰连接前，应检查法兰密封面及密封垫片，不得有影响密封性能的划痕、凹陷、斑点等缺陷；2　阀门应在关闭状态下安装；3　法兰连接应与管道同心，法兰螺孔应对正，管道与设备、阀门的法兰端面应平行，不得用螺栓强力对口；4　法兰垫片尺寸应与法兰密封面相符，垫片安装必须放在中心位置，严禁放偏；法兰垫片在设计文件无明确要求时，宜采用耐油石棉橡胶垫片或聚四氟乙烯垫片；使用前宜将耐油石棉橡胶垫片用机油浸透；5　应使用同一规格螺栓，安装方向应一致，螺栓的紧固应对称均匀，螺栓紧固后宜与螺母齐平，涂上机油或黄油，以防锈蚀"。

第5.2.5条："对接应平行、紧密，与管道中心线垂直、同轴；法兰垫片规格应与法兰相符；法兰及垫片材质应符合国家现行标准的规定；法兰垫片和螺栓的安装应符合本规范2.2.6条的要求"。

（2）防治措施

1）按照设计要求选用标准法兰盘；

2）管道与法兰的焊接，应先将管道插入法兰盘内，法兰盘应两面焊接，其内侧焊缝不得凸出法兰盘密封面；

3）法兰的安装应垂直于管道中心线，其表面应相互平行；

4）紧固法兰的螺栓直径、长度应一致，螺母应安装在法兰的同侧，对称拧紧。螺栓紧固后宜与螺母齐平；

5）法兰连接衬垫应采用耐油橡胶垫，衬垫不得凸入管内，其外边缘接近螺栓孔为宜，并不得安放双垫或偏垫，如图6.2.6所示；

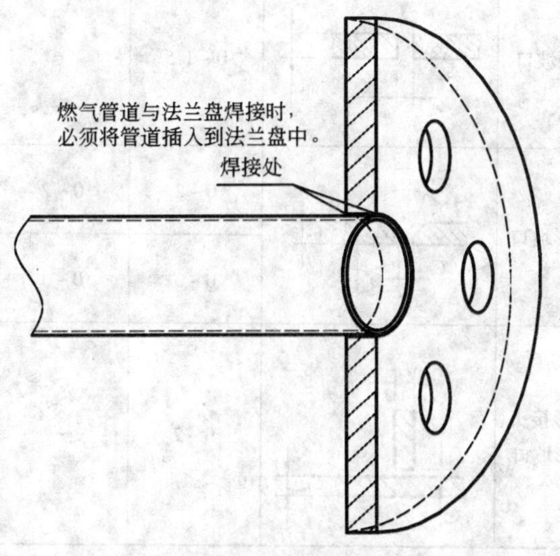

图6.2.6　管道与法兰焊接示意图

6) 对施工人员要进行业务培训，了解燃气工程施工基本知识。

6.2.7 钢制管道焊接不规范

1. 现象

(1) 焊缝的坡口形式和尺寸不符合要求；

(2) 违反规定强行组对；

(3) 违反焊接工艺要求施焊。

2. 危害及原因分析

(1) 危害

1) 造成焊接质量缺陷；

2) 强行组对将对管道系统在未运行前形成外应力。

(2) 原因分析

未严格按照设计文件、相关标准或焊接作业指导书的规定进行焊接作业和检查。

3. 标准要求及防治措施

(1) 标准要求

1)《城镇燃气室内工程施工及验收规范》(CJJ 94—2003)第 2.2.5 条：燃气管道的焊接应符合下列规定：1 管道与管件的坡口：1) 管道与管件的坡口形式和尺寸应符合设计文件规定；当设计文件无明确规定时，应符合本规范附录 A 的规定。见表 6.2.7。2) 管道与管件的坡口及其内外表面的清理应符合现行国家标准 GB 50235 的规定。3) 等壁厚对接焊件内壁应齐平，内壁错边量不宜超过管壁厚度的 10%；钢管且不应大于 2mm。

钢质管道焊接坡口形式及尺寸(CJJ 94—2003 中附录 A)　　表 6.2.7

坡口尺寸	厚度 T (mm)	坡口名称	坡口形式	坡口尺寸			备注
				间隙 C (mm)	钝边 p (mm)	坡口角度 $\alpha(\beta)$(°)	
1	1~3	I 型坡口		0~1.5	—	—	
2	3~9	V 形坡口		0~2	0~2	65~75	
	9~26			0~3	0~3	55~75	
3	2~30	T 形接头 I 形坡口		0~2	—	—	

续表

坡口尺寸	厚度 T（mm）	坡口名称	坡口形式	坡口尺寸			备注
				间隙 C（mm）	钝边 p（mm）	坡口角度 α(β)(°)	
4	管径 $\phi \leqslant 76$	管座坡口	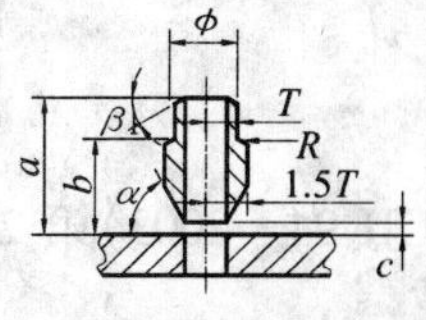 a=100 b=70 R=5	2~3	—	50~60 (30~35)	
5	管径 ϕ76~133	管座坡口	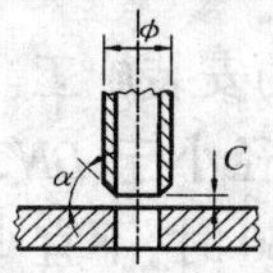	2~3	—	45~60	
6		法兰角焊接头	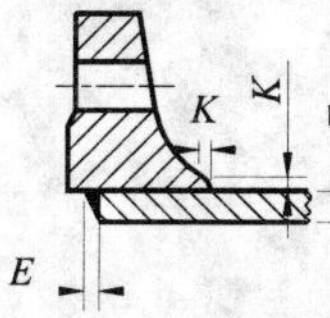	—	—	—	$K=1.4T$，且不大于颈部厚；$E=6.4$，且不大于 T
7		承插焊接法兰	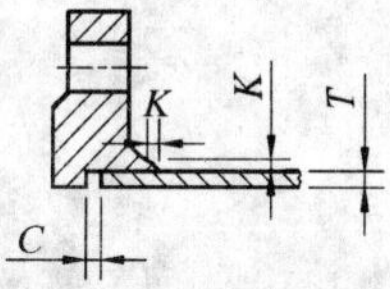	1.6	—	—	$K=1.4T$，且不大于颈部厚度

2)《现场设备、工业管道焊接工程施工及验收规范》GB 50236—98 第 6.2.3 条："除设计规定需进行冷拉伸或冷压缩的管道外，焊件不得进行强行组对"。

第 6.3 条："焊接工艺要求"。

(2) 防治措施

1) 严格按照设计文件、相关标准或焊接作业指导书的规定进行作业；

2) 制定焊接前、焊接中间和焊接后各工序间的检查制度，并严格执行；

3) 焊缝焊完后在焊缝附近做焊工标记。

6.2.8 管道安装不规范

1. 现象

(1) 管道观感质量差，管道不横平竖直；

(2) 管道的坡向、坡度有误，局部管道反坡；

(3) 管道离墙的间距不标准。

2. 危害及原因分析

(1) 危害

1) 管道观感差,影响房屋的整体质量;

2) 管道反坡,造成局部管段或计量表积水。

(2) 原因分析

管道未按图纸或标准规范规定的坡向、坡度安装。

3. 标准要求及防治措施

(1) 标准要求

《城镇燃气室内工程施工及验收规范》(CJJ 94—2003)第 2.2.1 条:“燃气管道安装应按设计施工图进行管道的预制和安装”。

(2) 防治措施

1) 严格按照国家标准、设计图纸进行管道的安装施工。

2) 室内明设燃气管道与墙面的净距,当管径小于 *DN*25 时,不宜小于 30mm;管径在 *DN*25 ~ *DN*40 时,不宜小于 50mm;管径等于 *DN*50 时,不宜小于 60mm;管径大于 *DN*50 时,不宜小于 90mm。当燃气管道垂直交叉敷设时,大管应置于小管外侧;当燃气管道与其他管道平行、交叉敷设时,应保持一定的间距,其间距应符合现行国家标准 GB 50028 的规定。

6.2.9 设备及管件安装不符合要求

1. 现象

(1) 燃气表反装;

(2) 调压器侧装;

(3) 进户球阀破裂;

(4) 与燃气灶的距离过近。

2. 危害及原因分析

(1) 危害

1) 燃气表反装,造成计量错误和燃气表的损坏;

2) 调压器侧装,影响管道供气压力;

3) 阀体破裂,造成泄漏事故;

4) 与燃气灶的距离过近,设备与管件易被火焰烘烤,引发安全事故。

(2) 原因分析

1) 安装燃气表时,未看进、出口标识;

2) 安装调压器时,未看安装说明书,侧装调压器造成调压器内积水;

3) 安装阀门时,强行安装,在阀门处产生过大应力;

4) 安装设备与管件时,忽视与燃气灶的安全间距。

3. 标准要求及防治措施

(1) 标准要求

《城镇燃气室内工程施工及验收规范》(CJJ 94—2003)第 3.1.3 条:“燃气计量表的安装位置应满足抄表、检修和安全使用的要求”。

第 5.2.8 条:“阀门安装后的检验应符合下列规定:1 型号、规格、强度和严密性试验结果符合设计文件的要求；安装位置、进口方向正确，连接牢固紧密；开闭灵活，表面洁净”。

(2) 防治措施

1) 严格按照国家标准、设计图纸进行燃气设备及管件的安装施工；

2) 家用燃气计量表的安装应符合下列要求：

a. 高位安装时，表底距地面不宜小于 1.4m。

b. 低位安装时，表底距地面不宜小于 0.1m。

c. 高位安装时，燃气计量表与燃气灶的水平净距不得小于 300mm，表后与墙面净距不得小于 10mm。见图 6.9.2－1。

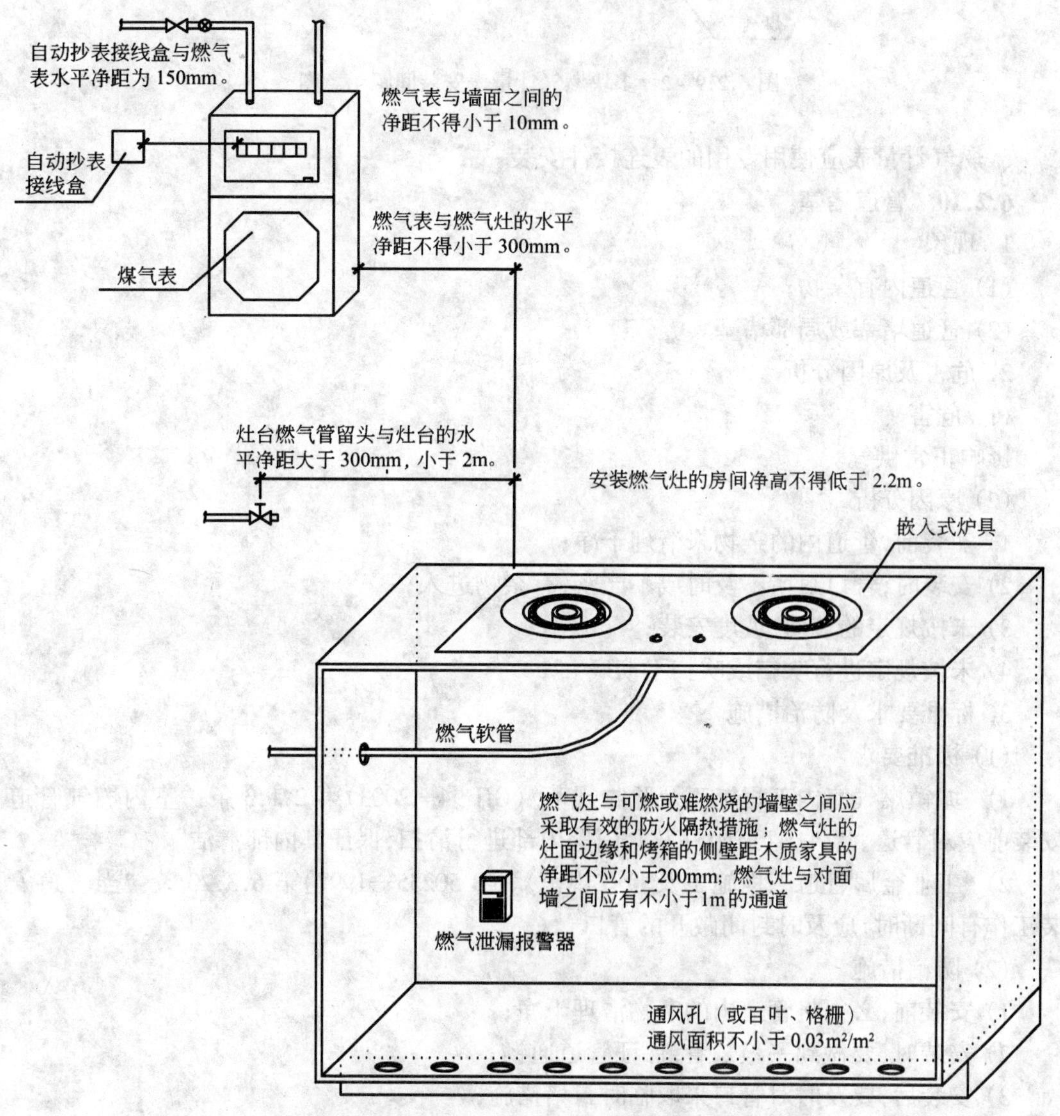

(注：对 LPG 气源通风孔开在下部；对 LNG 气源通风孔应开在上部。)

图 6.2.9－1 燃气计量表与燃气灶相互位置示意图

d. 燃气计量表安装后应横平竖直，不得倾斜。

e. 多块表挂在同一墙面上时，表之间净距不宜小于150mm。见图6.9.2-2。

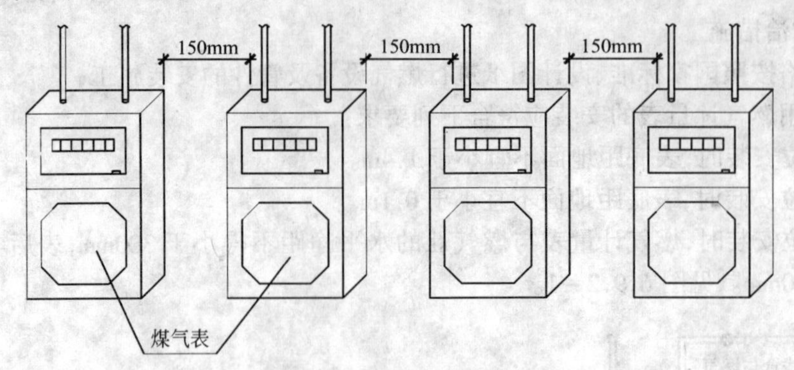

图6.2.9-2 多块燃气计量表安装间距示意图

f. 燃气计量表应使用专用的表连接件安装。

6.2.10 管道堵塞

1. 现象

(1) 管道内有杂物；

(2) 管道堵塞或局部堵塞。

2. 危害及原因分析

(1) 危害

影响正常供气。

(2) 原因分析

1) 安装前，管道内的杂物未清理干净；

2) 安装时，管口封堵不及时或不严密，有杂物进入；

3) 未按规定的坡向、坡度安装；

4) 未按规定进行吹扫或吹扫不彻底。

3. 标准要求及防治措施

(1) 标准要求

1)《城镇燃气室内工程施工及验收规范》(CJJ 94—2003)第2.1.3条："室内燃气管道安装前应对管道、管件、管道附件及阀门等内部进行清扫，保证其内部清洁"。

2)《工业金属管道工程施工及验收规范》(GB 50235—1997)第6.3.20条："当管道安装工作有间断时，应及时封闭敞开的管口"。

(2) 防治措施

1) 安装前，必须将管道内的杂物清理干净；

2) 安装时，要做到一敲二看，保证管道通畅；

3) 安装后，要及时对管口采取临时封堵措施；

4) 应严格按照规范或设计要求的坡向、坡度安装，不得有倒坡；

5) 应严格按照规范或设计要求进行彻底吹扫。

6.2.11 支、吊架安装不规范

1. 现象

(1) 制作支架的型材过小,与所固定的管道不匹配;

(2) 支架抱箍过细,与支架本体不匹;

(3) 支、吊架间距过大;

(4) 支、吊架固定不牢固;

(5) 支、吊架锈蚀情况严重。

2. 危害及原因分析

(1) 危害

1) 容易造成支、吊架松脱、破坏,形成事故;

2) 容易造成管道变形,形成泄露隐患。

(2) 原因分析

1) 未按标准或图纸制作和施工;

2) 片面追求省工、省料;

3) 支、吊架固定于不能承重的轻质墙上;

4) 除锈不彻底,防腐不符合要求。

3. 标准要求及防治措施

(1) 标准要求

《城镇燃气室内工程施工及验收规范》(CJJ 94—2003)第 2.2.15 条:燃气管道的支承不得设在管件、焊口、螺纹连接口处;立管宜以管卡固定,水平管道转弯处 2m 以内设固定托架不应少于一处;钢管的水平管和立管的支承之间的最大间距宜按表 6.2.11-1 选择。第 2.2.16 条:燃气管道采用的支承固定方法宜按表 6.2.11-2 选择。第 5.2.9 条:"管道支(吊、托)架及管座(墩)安装后的检验应符合下列规定:1 构造正确、安装平正牢固,排列整齐,支架与管道接触紧密;支(吊、托)架间距不应大于本规范 2.2.15 条的规定"。

钢管支承最大间距 **表 6.2.11-1**

管道公称直径(mm)	最大间距(m)	管道公称直径(mm)	最大间距(m)
15	2.5	100	7.0
20	3.0	125	8.0
25	3.5	150	10.0
32	4.0	200	12.0
40	4.5	250	14.5
50	5.0	300	16.5
70	6.0	350	18.5
80	6.5	400	20.5

燃气管道采用的支承固定方法　　表 6.2.11-2

管径(mm)	砖砌墙壁	混凝土制墙板	石膏空心墙板	木结构墙	楼板
DN15～DN20	管卡	管卡	管卡	管卡	吊架
DN25～DN40	管卡	管卡	夹壁管卡	管卡	吊架
DN50～DN75	管卡、托架	管卡、托架	夹壁托架	管卡、托架	吊架
DN80 以上	托架	托架	不得依敷	托架	吊架

(2) 防治措施

1) 支、吊架应严格按照标准或图纸制作和施工,不同管径的管道应按标准选用;

2) 轻质墙上的支架应根据轻质墙的材质加工特殊支架;

3) 做好支、吊架的防腐。

6.2.12 防雷搭接施工不规范

1. 现象

(1) 防雷搭接所用圆钢偏小;

(2) 搭接焊接面积(或长度)不够;

(3) 搭接点间距过大;

(4) 屋面金属保护箱未接地。

2. 危害及原因分析

(1) 危害

管道设施遭雷击时,容易引发意外事故。

(2) 原因分析

未严格按照设计文件、相关标准施工。

3. 标准要求及防治措施

(1) 标准要求

《城镇燃气室内工程施工及验收规范》(CJJ 94—2003)第 2.2.24 条:"室内燃气管道的防雷、防静电措施应按设计要求施工"。

(2) 防治措施

1) 严格按照设计文件、相关标准施工;

2) 屋面管道须在建筑物避雷网保护范围内,且每隔 25m 用 $\phi10$ 圆钢与避雷网跨接一次。当两平行管道间距小于 100mm 时,用 $\phi10$ 圆钢做跨接,跨接点间距不得大于 30m;当两交叉管道间距小于 100mm 时,其交叉处应跨接。对一、二类防雷建筑物沿外墙架设未接至屋面的立管均应与避雷网相连。法兰连接的两端须用 $\phi10$ 圆钢做跨接;

3) 屋面金属保护箱应与避雷网相连接。

6.2.13 燃气监控系统安装不符合要求

1. 现象

(1) 报警器安装位置错误;

(2) 监控系统不起作用。

2. 危害及原因分析

(1) 危害

1) 不报警或延时报警；

2) 造成抄表数据不准确。

(2) 原因分析

1) 未按设计位置安装；

2) 不按设计及相关标准安装线路；

3) 线路连接不良。

3. 标准要求及防治措施

(1) 标准要求

1)《城镇燃气室内工程施工及验收规范》(CJJ 94—2003)第1.0.4条:“城镇燃气室内工程施工应按已审定的设计文件实施；当需要修改设计或材料代用时,应经原设计单位同意”。

2)《建筑与建筑群综合布线系统工程设计规范》(GB/T 50311—2000)第11.0.6条:“综合布线的电缆采用金属槽道或钢管敷设时,槽道或钢管应保持连续的电气连接,并在两端应有良好的接地”。

(2) 防治措施

1) 按不同的气源,按照设计要求确定报警器的安装位置；

2) 线路与接线端子连接良好,室外接头采用注油端子；

3) 室外线路应采用镀锌钢管做套管,管段间应保持连续的电气连接,两端应有良好的接地；

4) 在管道井中采用金属槽道敷设时,槽道应保持连续的电气连接,两端应有良好的接地。

6.3 地下燃气管道施工质量通病

6.3.1 管沟开挖不符合要求

1. 现象

(1) 管沟开挖坐标、标高以及宽度不符合设计及施工规范要求；

(2) 沟底不平、不直、松软,有石块、垃圾等杂物。

2. 危害及原因分析

(1) 危害

1) 管沟不直、过窄,沟底、沟壁有石块等尖硬突起物会造成管道下沟时划伤管道防腐层,降低管道的防腐性能,缩短管道的使用寿命；

2) 管底不平、松软等会造成基础局部沉降,造成管道变形,甚至造成管道断裂,产生燃气泄漏事故。

(2) 原因分析

1) 管沟开挖没有按设计图纸放线,没有按土方工程施工规范要求开挖；

2) 没有将沟底废旧构筑物、硬石、木头、垃圾等杂物清除干净，或者清除后没有铺上素土并整平夯实；局部超挖部分也未按有关规范要求处理；

3) 管道施工前，施工单位内部未进行土方工程的移交验收。

3. 标准要求及防治措施

(1) 标准要求

《城镇燃气输配工程施工及验收规范》(CJJ 33—2005)第2.3.2条："管道沟槽应按设计规定的平面位置和标高开挖"。

第2.3.9条："局部超挖部分应回填压实"。

第2.3.11条："沟底遇有废弃构筑物、硬石、木头、垃圾等杂物时必须清除，并应铺上一层厚度不小于0.15m的砂土或素土，整平压实至设计标高"。

(2) 防治措施

1) 管沟开挖前按设计要求和施工规范进行放线；开挖过程按坐标、标高核对位置和深度；

2) 对沟内杂物进行清除，然后铺上砂土或素土并整平压实，对局部超挖部分也应回填压实；

3) 土方工程应进行移交验收并有验收记录。

6.3.2 PE管电熔连接处缺陷

1. 现象

PE管电熔连接处产生泄漏。

2. 危害及原因分析

(1) 危害

PE管电熔连接处缺陷，可导致管道发生燃气泄漏事故。

(2) 原因分析

1) 在寒冷气候和大风环境条件下进行连接操作时没有采取保护措施；

2) 连接时操作方法不正确，如：熔接前管件管材熔合面上的脏物及水没有清除干净；熔合面熔合长度不够；两对应的待连接件不在同一轴线上，等等；

3) 每次收工时，管口没有采取临时封堵措施，造成雨水和泥砂进入管内，造成待连接的管端不清洁；

4) 熔接冷却时间不够，马上进行管道移动或进行管道试压；

5) 管材与管件材质不同，且没有经过试验，在连接质量难以保证的情况下勉强连接。

3. 标准要求及防治措施

(1) 标准要求

《聚乙烯燃气管道工程技术规程》(CJJ 63—1995)第4.1.4条："聚乙烯燃气管道连接宜采用同种品牌、材质的管材及管件。对性能相似的不同品牌、材质的管材与管材或管材与管件之间的连接应经过试验，判定连接质量能得到保证后，方可进行"。

第4.2.2条："电熔连接冷却期间，不得移动连接件或在连接件上施加任何外力"。

第4.2.3条："电熔承插连接，还应符合下列规定：(1) 电熔承插连接管材的连接端应切割垂直，并应用洁净棉布擦净管材和管件连接面上的污物，并应标出插入深度，刮除其表皮。(2) 电熔承插连接前,应校直两对应的待连接件,使其在同一轴线上"。

(2) 防治措施

1) 在环境条件较差的情况下进行连接操作时,应采取保护措施,或调整工艺;

2) 熔接时应按《聚乙烯燃气管道工程技术规程》(CJJ 63—1995) 的要求去操作;

3) 每次收工或管道安装工作有间断时,管口应采取临时封堵措施;

4) 熔接冷却时间应符合管材、管件及连接工具生产厂的有关规定要求,在冷却过程中不移动、晃动或在连接件上施加任何外力,不进行管道试压。

6.3.3 钢质管道焊接质量缺陷

1. 现象

管道焊接质量存在缺陷,如焊缝有气孔、夹渣、裂纹、未焊透等。

2. 危害及原因分析

(1) 危害

焊缝质量差直接影响管道的施工质量,给今后管网的运行带来安全隐患。

(2) 原因分析

1) 焊接材料选型与母材不符;

2) 焊条使用前没有烘干,使用过程中没有保持干燥;

3) 坡口尺寸不规范;

4) 施焊前坡口两侧的油漆、垢、锈、毛刺、镀锌层等没有清理干净;

5) 施焊环境差,如空气潮湿、刮风下雨等;

6) 焊接工艺及操作方法不正确。

3. 标准要求及防治措施

(1) 标准要求

《现场设备、工业管道焊接工程施工及验收规范》(GB 50236—98)第 6.2.2 条:"焊件组对前应将坡口及其内外侧表面不小于 10mm 范围内的油、漆、垢、锈、毛刺及镀锌层等清除干净,且不得有裂纹、夹层等缺陷"。

第 6.2.4 条:"管子或管件对接焊缝组对时,内壁应齐平,内壁错边量不宜超过管壁厚度的 10%,且不应大于 2mm"。

第 6.2.10 条:"焊条、焊剂在使用前应按规定进行烘干,并应在使用过程中保持干燥"。

(2) 防治措施

1) 选用与管材、管件适应的焊条,在使用前对焊条进行烘干,使用过程中保持焊条干燥;

2) 坡口尺寸符合焊接规范要求;

3) 坡口两侧表面的油漆、垢、锈、毛刺、镀锌层,必须清理干净;

4) 在恶劣环境下不应进行焊接作业,如果确需焊接作业必须采取相应保护措施;

5) 采取正确的焊接工艺和操作方法。

6.3.4 绝缘法兰缺陷

1. 现象

(1) 绝缘法兰密封面产生泄漏；

(2) 绝缘法兰绝缘电阻低。

2. 危害及原因分析

(1) 危害

1) 绝缘法兰密封面产生泄漏,会造成燃气泄漏事故；

2) 绝缘法兰绝缘电阻偏低,使管道的阴极保护装置起不到应有的保护作用,加剧了管道的电腐蚀,缩短了管道的使用寿命。

(2) 原因分析

1) 制作绝缘法兰的元件表面有油污、水、泥砂等脏物,制作过程中空气潮湿,影响绝缘效果；

2) 制作时法兰错位,造成绝缘套筒歪斜、损坏,法兰面有毛刺,影响法兰绝缘密封垫片的绝缘性和密封性；

3) 螺栓和绝缘套筒不配套,容易造成绝缘套筒损坏和影响其绝缘性；

4) 螺栓的拧紧力偏大或偏小,各个螺栓拧紧力不均匀,造成螺栓绝缘垫片和法兰面绝缘密封垫片变形或损坏,影响其绝缘性和密封面性；

5) 法兰盘的缝隙和间隙及外表面没有填塞和包覆绝缘材料或填塞包覆不严密；

6) 绝缘法兰与管道组装时由于前后管道有错位现象,使绝缘法兰受到很大的外力作用,使绝缘材料产生变形,影响了绝缘性和密封性。

3. 标准要求及防治措施

(1) 标准要求

《阴极保护管道的电绝缘标准》(SY/T 0086—2003)第7.2.5条:绝缘法兰:"1) 法兰是焊接在管道上或螺纹拧接到管道上,在现场安装时绝缘垫片是按元件供货。安装宜在清洗清洁、干燥的条件下进行。安装在法兰上的绝缘垫片应匹配成套供应或现场扩孔,以保证同螺栓孔对准;2) 法兰盘面应清洁并正确定位。安装时,法兰错位会造成绝缘套筒的损坏或管道弯曲。法兰面应是平直的并且没有毛刺,使螺帽、螺栓和垫圈正确密封;3) 应将绝缘垫片在法兰面和螺栓孔之间仔细对准。采用小一号的高强度钢螺栓或用专门的薄壁套筒帮助对中,可以很容易使垫片在法兰面和螺栓孔之间对准;4) 在安装绝缘套筒时应插入调整销子以确保维持法兰的准直;5) 绝缘套筒应定位在经过准确调整过的装配孔里,绝缘套筒必须有准确的长度。绝缘套筒的长度一般还应包括两个垫圈的厚度,对于只要求一侧绝缘的法兰除外;6) 成套的螺栓在螺帽下带有绝缘垫圈和钢垫圈,穿过套筒后用手拧紧;7) 应将螺栓最终拧紧到按该法兰直径和额定压力规定的预紧力。拧紧螺栓应按顺序逐个进行,使其达到同等的张紧程度而不产生变形;8) 在采取防潮措施之前,应检测证实已达到的绝缘效果"。

(2) 防治措施

1) 绝缘法兰的制作与安装要符合《阴极保护管道的电绝缘标准》(SY/T 0086—2003)的要求；

2) 管道施工中尽量采用合格的成品绝缘法兰,如图6.3.4所示；

3) 法兰螺栓应按对角线逐渐拧紧。

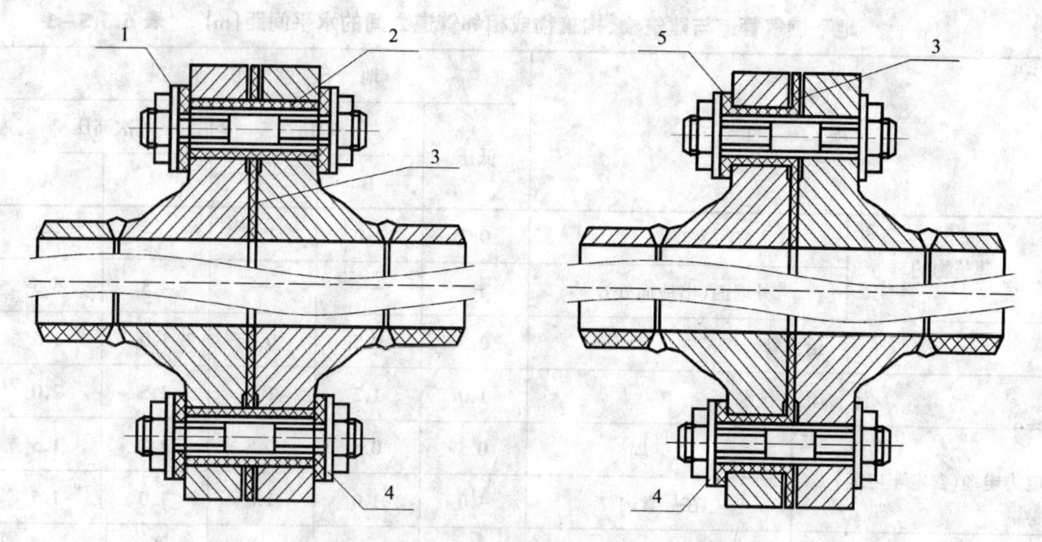

图 6.3.4　绝缘法兰的制作与安装示意图
(*a*)全长螺栓绝缘套管法兰组装图；(*b*)半长螺栓绝缘套管法兰组装图

6.3.5　安全间距不足

1. 现象

地下燃气管道与相邻管线及建构筑物之间的间距达不到规范要求。

2. 危害及原因分析

(1) 危害

1) 容易造成第三方破坏；

2) 给燃气管道的抢维修带来不便；

3) 产生安全隐患。

(2) 原因分析

1) 设计时燃气管道与相邻管线及建、构筑物没有统一规划、布置；

2) 燃气管道或相邻管线及建、构筑物没有按设计要求施工；

3) 施工现场条件满足不了规范的要求；且没有采取必要的技术措施。

3. 标准要求及防治措施

(1) 标准要求

《城镇燃气设计规范》[GB 50028—93(2002 版)]第 5.3.2 条：地下燃气管道与建筑物、构筑物或相邻管道之间的水平和垂直净距，不应小于表 6.3.5－1 和表 6.3.5－2 的规定。

(2) 防治措施

1) 地下燃气管道与建筑物、构筑物及相邻管线统一规划、设计；

2) 燃气管道、建筑物、构筑物及相邻管线按设计及规范要求施工；

3) 现场条件满足不了规范要求时，必须采取相应的安全技术保护措施。

6.3.6　钢质管道包覆聚乙烯胶带防腐层缺陷

1. 现象

钢质管道防腐层存在破损、开裂、脱落、起鼓、打皱及防腐层厚度不足等缺陷。

地下燃气管道与建筑物、构筑物或相邻管道之间的水平间距(m)　　表 6.3.5-1

项目		地下燃气管道				
		低压	中压		次高压	
			B	A	B	A
建筑物的	基础	0.7	1.0	1.5	—	—
	外墙面(出地面处)	—	—	—	4.5	6.5
给水管		0.5	0.5	0.5	1.0	1.5
污水、雨水排水管		1.0	1.2	1.2	1.5	2.0
电力电缆(含电车电缆)	直　埋	0.5	0.5	0.5	1.0	1.5
	在导管内	1.0	1.0	1.0	1.0	1.5
通信电缆	直　埋	0.5	0.5	0.5	1.0	1.5
	在导管内	1.0	1.0	1.0	1.0	1.5
其　他 燃气管道	$DN \leqslant 300mm$	0.4	0.4	0.4	0.4	0.4
	$DN > 300mm$	0.5	0.5	0.5	0.5	0.5
热力管	直　埋	1.0	1.0	1.0	1.5	2.0
	在管沟内(至外壁)	1.0	1.5	1.5	2.0	4.0
电杆(塔)的基础	≤30kV	1.0	1.0	1.0	1.0	1.0
	>30kV	2.0	2.0	2.0	5.0	5.0
通讯照明电杆(至电杆中心)		1.0	1.0	1.0	1.0	1.0
铁路路堤坡脚		5.0	5.0	5.0	5.0	5.0
有轨电车钢轨		2.0	2.0	2.0	2.0	2.0
街树(至树中心)		0.75	0.75	0.75	1.2	1.2

地下燃气管道与构筑物或相邻管道之间的垂直净距(m)　　表 6.3.5-2

项目		地下燃气管道(当有套管时,以套管计)
给水管、排水管或其他燃气管道		0.15
热力管的管沟底(或顶)		0.15
电　缆	直　埋	0.50
	在导管内	0.15
铁路轨底		1.20
有轨电车轨底		1.00

2. 危害及原因分析

(1) 危害

钢质管道防腐层缺陷会降低防腐层的防腐性能,降低管道的使用寿命。

(2) 原因分析

1) 聚乙烯胶带保存方法不正确,如露天放置,日晒雨淋,存放时间过长等,导致胶带老化、黏性降低;

2) 施工时,没有使用配套的专用底漆;或在涂刷底漆前没有将管道表面的铁锈、油污及其他脏物清除干净;或涂刷底漆后管道放置时间过长,底漆完全干固;或防腐胶带缠绕方法不正确,如搭接长度不够、起鼓、打皱等;

3) 防腐层已施工好的管道在移动或下沟、对接过程中没有做好保护,造成防腐层破损;已包好防腐层的管道露天放置时间太久,日晒雨淋,造成防腐层脱落、破损、打皱等。

3. 标准要求及防治措施

(1) 标准要求

《钢质管道聚乙烯胶粘带防腐层技术标准》(SY/T 0414—1998)第 2.1.2 条:"底漆和聚乙烯胶粘带应存放在阴凉干燥处,防止日光直接照射,并隔绝火源,远离火源。储存温度宜为 -20 ~ 50℃"。

第 2.3.3 条:"底漆与胶粘带胶层应有较好的相容性。其性能应符合表 6.3.6 的要求"。

底漆性能　　**表 6.3.6**

项目名称	指标	测试方法
固体含量(%)	≥15	GB/T 1725—1979(89)
表干时间(min)	≤5	GB/T 1728—1979(89)
黏度(涂 -4 杯)(s)	10 ~ 20	GB/T 1723—1993

第 4.2.1 条:"表面预处理应按下列规定进行:1.清除钢管表面的焊渣、毛刺、油脂和污垢等附着物;2.采用喷抛射或机械除锈方法,其质量应达到《涂装前钢材表面锈蚀等级和除锈等级》GB/T 8923—1988 中规定的 Sa2 级或 Sa3 级;3.除锈后,对钢管表面露出的缺陷应进行处理,附着表面的灰尘、磨料应清除干净,钢管表面保持干燥。当出现返锈或表面污染时,必须重新进行表面预处理"。

第 4.5.3 条:"防腐管装卸搬运时,应使用宽尼龙带或专用吊具,严禁摔、碰、撬等有损于防腐层的操作方法"。

(2) 防治措施

1) 防腐材料的存放、选用及施工方法按规范要求进行;

2) 对于防腐层有损伤的部位在管道下沟、回填前要及时修补;

3) 采用防腐层检测仪对防腐层进行电火花检漏测试。

6.3.7　牺牲阳极阴极保护装置缺陷

1. 现象

阳极安装位置离管道太近小于0.3m;引线与管道焊接不牢固且接头位置防腐质量不合格;未安装检测桩,绝缘法兰安装位置不正确,测试电位达不到要求等。

2. 危害及原因分析

(1) 危害

牺牲阳极阴极保护装置缺陷,使牺牲阳极阴极保护装置起不到应有的保护作用,不能达到降低管道的腐蚀、延长管道使用寿命的目的。

(2) 原因分析

1) 没有按照规范要求施工阴极保护装置;

2) 第三方施工造成对阴极保护装置的破坏;

3) 设计深度不够。

3. 标准要求及防治措施

(1) 标准要求

1)《长输管道阴极保护工程施工及验收规范》(SYJ 4006—1990)第5.0.1条:"测试桩必须按设计要求进行施工;作为腐蚀控制或腐蚀测试用的引线,应注意其安装状态,应避免在管道上应力集中的管段焊接引线;引线与管道焊接时,应先将该管段的局部防腐层清除干净,焊接必须牢固,焊后必须将连接处重新用与原防腐层相容的材料进行防腐绝缘处理;引线的连接应在管道下沟后和土方回填前进行"。

第5.0.3条:"测试桩高出地面不应小于0.4m,测试桩数量、规格、编号、标志及埋设位置应符合《埋地钢质管道强制电流阴极保护设计规范》(ST/J 0019—1997) 的规定"。

2)《埋地钢质管道牺牲阳极阴极保护设计规范》(ST/J 0019—1997)第6.3.2条:"牺牲阳极埋设有立式或卧式两种,埋设位置分轴向和径向。阳极埋设位置在一般情况下距离管道外壁3~5m,最小不宜小于0.3m,埋设深度以阳极顶部距地面不小于1m为宜"。

第6.3.4条:"在布置牺牲阳极时,注意阳极与管道之间不应有金属构筑物"。如图6.3.7所示。

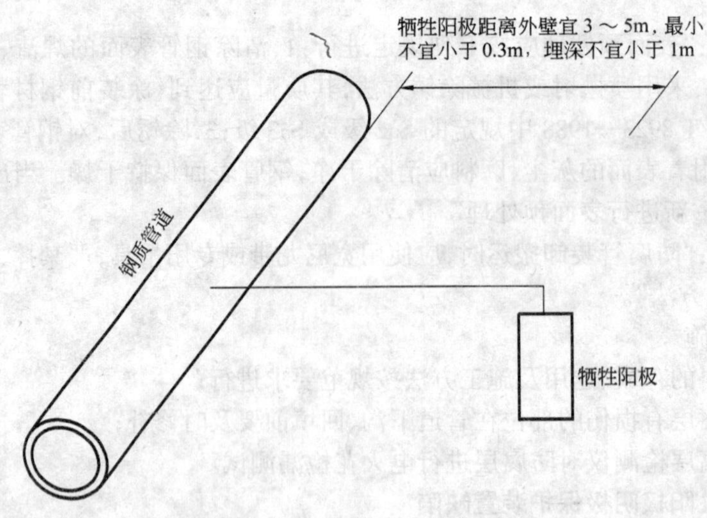

图6.3.7 牺牲阳极安装示意图

(2) 防治措施

1) 按照规范及设计要求安装阴极保护装置;

2) 对于遭第三方破坏的阴极保护装置及时进行修复;

3) 加强对阴极保护装置的维护和检测。

6.3.8 管道吹扫不干净

1. 现象

管道系统内留有脏物,如焊渣、泥土、砂子、水等。

2. 危害及原因分析

(1) 危害

1) 阀门或设备内有脏物,影响阀门关闭或损坏阀门及设备;

2) 管网运行中大量脏物积聚于管道的低洼处会造成管道堵塞。

(2) 原因分析

1) 施工过程中不注意保持管道内清洁,如在对接前未清除钢管内的铁锈、泥土及其他脏物;沟内的管道在施工间隙期由于未采取临时封堵,大量雨水、泥砂进入管内;

2) 吹扫工艺不妥。如:吹扫压力低、流速慢,无法将管内脏物,特别是大块脏物吹扫干净;

3) 设备参与吹扫;

4) 管道吹扫合格并复位后,又进行影响管内清洁的其他作业。

3. 标准要求及防治措施

(1) 标准要求

《工业金属管道工程施工及验收规范》(GB 50235—1997)第 8.1.3 条:"不允许吹洗的设备及管道应与吹洗系统隔离"。

第 8.1.5 条:"吹洗的顺序应按主管、支管依次进行,吹出的脏物不得进入已合格的管道"。

第 8.1.10 条:"管道吹洗合格并复位后,不得再进行影响管内清洁的其他作业"。

第 8.3.1 条:"吹扫压力不得超过容器及管道的设计压力,流速不宜小于 20m/s"。

第 8.3.3 条:"空气吹扫过程中,当目测排气无烟尘时,应在排气口设置贴白布或涂白漆的木制靶板检验,5min 内靶板上无铁锈、尘土、水分及其他杂物,应为合格"。

(2) 防治措施

1) 施工过程中注意保持管道内清洁;

2) 一般塑料管宜采用压缩空气或氮气吹扫,钢质管道采用清管球吹扫;

3) 吹扫工艺按规范执行;

4) 管道吹扫合格并复位后,不得再进行影响管内清洁的其他作业;

5) 施工间隙期,应及时封堵管口。

6.3.9 管沟回填不符合要求

1. 现象

(1) 管道周边用海砂覆盖;

(2) 用碎石、砖块等垃圾土回填,或不压实回填土,密实度达不到设计及规范要求;

(3) 管道埋设没有放置警示带；

(4) 施工完后没有及时修复路面。

2. 危害及原因分析

(1) 危害

1) 海砂腐蚀管道，降低管道的使用寿命；

2) 用碎石、砖块等垃圾土回填，会损坏管道表面；

3) 回填土没有压实，会造成不均匀沉降，使管道受力不均而产生变形，严重时造成管道断裂，发生燃气泄漏事故；

4) 回填土内没有放置警示带，可能导致第三方破坏管道；

5) 路面没有及时修复，影响行人行走，并容易造成交通等意外事故。

(2) 原因分析

1) 施工单位没有按设计和规范要求施工；

2) 没有严格进行回填土密实度检测；

3) 管沟内有积水，不排除干净或在下雨天进行回填作业。

3. 标准要求及防治措施

(1) 标准要求

《城镇燃气输配工程施工及验收规范》(CJJ 33—2005)第 2.4.4 条："沟槽回填时，应先回填管底局部悬空部位，再回填管道两侧"。

第 2.4.2 条："管道两侧的管顶以上 0.5m 以内的回填土，不得含有碎石、砖块、垃圾等杂物"。

第 2.4.6 条："回填压实后，应分层检查密实度"。

(2) 防治措施

1) 管沟四周用河砂填实，严禁用海砂；

2) 回填土按规范要求逐层回填并压实，分层检查密实度；

3) 沟槽各部位的密实度应符合图 6.3.9 的要求；

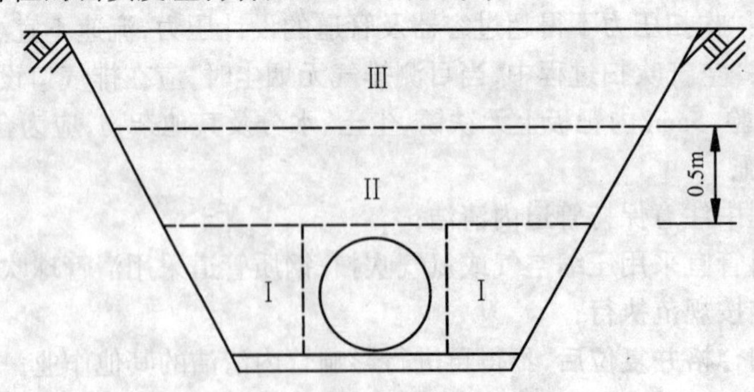

图 6.3.9 回填土横断面图

一、Ⅰ、Ⅱ区部位，密实度不应小于 90%；

二、Ⅲ区部位，密实度应符合相应地面对密实度的要求。

4) 在管顶以上 0.5m 处放置警示带；

5) 回填后及时修复路面；

6) 下雨天严禁进行回填作业。

6.3.10 管道埋深不够且无保护措施

1. 现象

地下管埋设深度达不到规范要求且没有采取任何保护措施。

2. 危害及原因分析

(1) 危害

1) 在已施工好或已运行的燃气管道附近开挖进行其他专业工程施工时,很容易伤及燃气管道,或影响燃气管道的安全运行；

2) 管道上方的动载荷会导致管道变形,甚至会使管道断裂,产生燃气泄漏事故。

(2) 原因分析

1) 道路改造时,原来的绿化带或人行道变为车行道,造成原埋管道的埋深不够；

2) 在旧城区施工燃气管道时,受现场条件限制；

3) 城市建设施工使原来燃气管道的埋深变浅了。

3. 标准要求及防治措施

(1) 标准要求

《城镇燃气设计规范》[GB 50028—93(2002年版)]第5.3.3条:"地下燃气管道埋设的最小覆土厚度(路面至管顶)应符合下列要求:1) 埋设在车行道下时,不得小于0.9m;2) 埋设在非车行道(含人行道)下时,不得小于0.6m;3) 埋设在庭院(指绿化地及载货汽车不能进入之地)内时,不得小于0.3m;4) 埋设在水田下时,不得小于0.8m"。

(2) 防治措施

1) 道路改造、城市建设施工等造成燃气管道埋深不足时,必须采取相应的保护措施,如加设钢筋混凝土盖板等,以避免动载荷对管道的破坏;或者降低管道、迁移管位；

2) 旧城区施工,由于现场条件限制,燃气管道埋深无法满足规范要求,此时必须按设计要求采取必要的保护措施,如加套管、加警示标志等。

6.3.11 埋地阀操作不灵活、关闭不严

1. 现象

(1) 埋地阀阀杆开、关操作不灵活,甚至造成阀芯被拧断；

(2) 埋地阀内漏。

2. 危害及原因分析

(1) 危害

1) 一旦发生燃气泄漏,由于阀门开关操作不灵活或阀门关闭不严,不能及时切断气源,无法有效控制燃气事故；

2) 阀门开关操作不灵活、关闭不严,给运行管理也带来许多不便。

(2) 原因分析

1) 安装时阀杆与阀芯不同轴；

2) 阀门埋地太深,阀杆太长；

3) 地面沉降,造成阀杆倾斜；

4) 管道吹扫不干净或吹扫时没有将阀门卸下，脏物滞留在阀门内。

3. 标准要求及防治措施

(1) 标准要求

1)《城镇燃气输配工程施工及验收规范》(CJJ 33—2005)第 8.1.1 条："安装前应将管道附件及设备等内部清理干净，不得存有杂物"。

2)《工业金属管道工程施工及验收规范》(GB 50235—1997)第 8.1.3 条："不允许吹洗的设备及管道应与吹洗系统隔离"。

第 8.1.4 条："管道吹洗前，不应安装孔板、法兰连接的调节阀、重要阀门、节流阀、安全阀、仪表等，对于焊接的上述阀门和仪表，应采取流经旁路或卸掉阀头及阀座加保护套等保护措施"。

(2) 防治措施

1) 阀门应在吹扫完毕后再行安装；

2) 管道吹扫要彻底、干净；

3) 阀门及操作杆的安装要符合规范及设计要求。

6.3.12 标志桩埋设位置不准确

1. 现象

标志桩埋设位置与管道实际位置不符。

2. 危害及原因分析

(1) 危害

在管道的运行管理中无法确定管道的具体位置，容易造成管道的第三方破坏，同时给抢维修工作带来不便。

(2) 原因分析

1) 回填前没有进行管线位置测量，回填后测量又不准，此时按测量结果埋设的标志桩位置不准；

2) 管沟回填后没有及时埋设标志桩，也没有做上临时标记，时间久了遗忘了管线准确位置，造成标志桩埋设不准；

3) 其他管线或绿化施工，造成燃气管道标志桩移位或覆盖。

3. 标准要求及防治措施

(1) 标准要求

《城镇燃气设施运行、维护和抢修安全技术规程》(CJJ 51—2001)第 1.0.5 条："对重要的燃气设施或重要部位必须有识别标志"。

(2) 防治措施

1) 要求在管沟回填之前对管线位置进行测量，回填后按照管线的实际位置及时埋上标志桩；

2) 因其他管线、绿化、道路施工不能及时埋设标志桩的要做好临时标记或现场实测记录，地面修复后应及时补埋。

6.4 建筑燃气燃烧器具安装质量通病

6.4.1 燃气热水器选型不当

1. 现象

(1) 浴室安装非密闭式燃气热水器；

(2) 室外选用室内型热水器。

2. 危害及原因分析

(1) 危害

1) 浴室安装非密闭式燃气热水器(如直排式、强排式燃气热水器)，使用不安全；

2) 室内型燃气热水器安装在室外时，在刮风或下雨时难以保证正常使用。

(2) 原因分析

1) 浴室安装非密闭式燃气热水器，易造成使用中浴室供氧不足，液化石油气燃烧不完全，产生一氧化碳使人中毒甚至死亡；

2) 室内型燃气热水器安装在室外时，由于热水器缺乏防风、防雨的设施，热水器在刮风或下雨使用时容易熄灭或不能正常燃烧。

3. 标准要求及防治措施

(1) 标准要求

《家用燃气燃烧器具安装及验收规程》(CJJ 12—99)第3.1.3条："安装在浴室内的燃具必须是密闭式燃具"。

(2) 防治措施

直排式、强排式等非密闭式燃气热水器严禁安装在浴室内，浴室内只能选用密闭式燃气热水器；若在室外安装燃气热水器应选购室外专用的燃气热水器。

6.4.2 燃气热水器安装位置不合理

1. 现象

(1) 燃气热水器离灶台、燃气设施、电器设备过近；

(2) 燃气热水器安装在门后等不合理的地方。

2. 危害及原因分析

(1) 危害

1) 燃气热水器离灶台、燃气设施、电器设备过近时，容易引发安全事故；

2) 燃气热水器安装在门后等不合理的地方，使用不便，且易遭撞击而损坏燃气热水器。

(2) 原因分析

1) 燃气热水器的安装位置设计不合理；

2) 缺乏燃气具安装使用基本知识。

3. 标准要求及防治措施

(1) 标准要求

《家用燃气燃烧器具安装及验收规程》(CJJ 12—99)第5.0.8条："室内燃具安装时应

考虑门等部位对燃具的遮挡，热水器不应装在无防护装置的灶、烤箱等燃具的上方”。

(2) 防治措施

在厨房安装燃气热水器时应注意与灶台、气表、烤箱、门等设施保持一定的距离。若燃气热水器安装在门后等不合理的地方，应考虑增加门挡等保护措施。

6.4.3 燃气热水器安装质量不合要求

1. 现象

(1) 给排气管装于棚顶上等隐蔽部位而不设置检查口和通风口；

(2) 给排气管穿墙处不密封或给排气管向室内倾斜；

(3) 热水器转换铜接头质量差；

(4) 给排气管风口正对其他专业管线或燃气设施。

2. 危害及原因分析

(1) 危害

1) 给排气管装于棚顶上等隐蔽部位而不设置检查口和通风口，不便于察觉给排气管的故障及检修；

2) 给排气管穿墙处不密封，热水器排出的烟气易流入室内，影响室内供氧量，并对人体产生不良影响。给排气管向室内倾斜，易引发热水器故障或事故；

3) 选用不合格的热水器入气铜接头，容易造成燃气泄漏事故；

4) 给排气管风口正对其他专业管线或燃气设施，影响燃气热水器的正常排气，并严重影响其他专业管线或燃气设施的安全运行及寿命。

(2) 原因分析

燃气热水器的安装不按《家用燃气燃烧器具安装及验收规程》CJJ 12—99 第 4.2.2 条：“装于棚顶等隐蔽部位的排气筒、排气管、给排气管，连接处不得漏气，连接应牢固，同时应覆盖不可燃材料的保护层，并应设置检查口和通风口的要求进行；

由于预留排气洞较大而热水器给排气管较小，两者之间有间隙，又没有采用填料进行封堵，易使热水器排出的烟气回流，降低室内氧含量，人体吸入影响健康；给排气管向室内倾斜易使雨水进入热水器，影响热水器的安全运行；

在安装铜接头时，由于壁厚原因易出现裂纹，造成燃气泄漏；

给排气管风口正对其他专业管线或燃气设施，由于遮挡排气不畅。另因燃气热水器在使用时给排气管排出的烟气温度较高，将严重影响其他管线或设施的安全运行及寿命”。

3. 标准要求及防治措施

(1) 标准要求

《家用燃气燃烧器具安装及验收规程》CJJ 12—99 第 3.3.5 条：“给排气管安装应向室外稍倾斜，雨水不得进入燃具；给排气管的穿墙部位应密封，烟气不得流入室内”；

第 4.2.2 条：“装于棚顶等隐蔽部位的排气筒、排气管、给排气管，连接处不得漏气，连接应牢固，同时应覆盖不可燃材料的保护层，并应设置检查口和通风口”。

(2) 防治措施

1) 给排气管尽量安装在顶棚下方(最小间距为 5cm)；

2) 安装燃气热水器给排气管时应注意不要将给排气管的倾斜方向装反，并采用填料将给排气管穿墙处进行密封；

3) 安装燃气热水器入气铜接头时，应检查铜接头的壁厚是否合格，同时不要用太大的力拧接头，防止接头出现裂纹；

4) 避免给排气管风口正对其他专业管线或燃气设施。

6.4.4 燃气灶具设置位置不合理

1. 现象

(1) 燃气灶具与燃气管预留口太近或太远；

(2) 燃气灶台设置过高或过低。

2. 危害及原因分析

(1) 危害

1) 燃气灶具与燃气管预留口太远会使连接胶管太长，容易引发胶管破损事故；

2) 与预留口太近会造成灶前旋塞难以开关，遇燃气泄漏或火灾时不便于切断气源，且灶前旋塞及胶管易被火烘烤；

3) 灶台过高或过低易引起操作不方便。

(2) 原因分析

燃气灶具或燃气管预留口的设置位置及灶台的设计不合理。

3. 标准要求及防治措施

(1) 标准要求

1)《城镇燃气设计规范》[GB 50028—93(2002 年版)]第 7.2.34 条："家用燃气灶连接软管的长度不应超过 2m"。

2) 燃气灶台的设置应考虑安装及操作方便。

(2) 防治措施

1) 设置灶台时应注意将灶台设在距燃气预留口 1m 左右的位置，灶具端面与燃气预留口的最小距离应不小于 300mm(深圳做法)；见图 6.2.9-1。

2) 根据实际情况选用适当的灶台高度。

6.4.5 厨房通风条件不佳

1. 现象

厨房不能满足自然换气要求且不安装机械换气设备。

2. 危害及原因分析

(1) 危害

厨房换气不足，灶具燃烧时，厨房内一氧化碳含量增加，吸入人体后造成中毒事故。

(2) 原因分析

1) 厨房通风面积不够；

2) 防止油烟串入房间，业主经常关闭厨房门；

3) 冬天怕室内冷，业主常关闭窗；

4) 无排风实施。

3. 标准要求及防止措施

(1) 标准要求

《城镇燃气设计规范》[GB 50028—93(2002 年版)]第 7.7.2 条规定:"安装生活用的直接排气式燃具的厨房应符合燃具热负荷对厨房容积和换气次数的要求,当不能满足要求时应设置机械排烟设施"。

(2) 防治措施

1) 体积小的厨房应安装机械换气设备如排气扇和抽油烟机等,并保持厨房窗口通风;

2) 厨房安装强排式燃气热水器须满足厨房空间大于 $7.5m^2$;

3) 经常开启门窗,冬天时应适当增加开启门窗次数。

6.4.6 嵌入式燃气灶具的安装不满足有关要求

1. 现象

(1) 嵌入式燃气灶具下方的橱柜门未设通风百叶窗;

(2) 橱柜内未设燃气泄漏报警器;

(3) 燃气胶管易被老鼠咬破。

2. 危害及原因分析

(1) 危害

嵌入式燃气灶的连接胶管或灶具一旦出现燃气泄漏(由于部分城市供应的是较空气重的液化石油气),泄漏的燃气就会沉聚在橱柜中,无法扩散,且不易被察觉,遇明火易造成爆燃或爆炸事故。

(2) 原因分析

嵌入式燃气灶的气嘴一般都设在灶台面下的橱柜中,连接旋塞及灶具的胶管也在橱柜中,由于橱柜下方未设通风百叶窗,一旦胶管或灶具出现燃气泄漏(由于部分城市供应的是较空气重的液化石油气),泄漏的燃气就会沉聚在橱柜中,加之未在橱柜中安装燃气泄漏报警器,泄漏的燃气难以被察觉也无法扩散,且浓度增加易造成爆炸或其他安全事故。

3. 标准要求及防止措施

(1) 标准要求

《城镇燃气设计规范》[GB 50028—93(2002 年版)]第 7.4.3 条:"居民住宅厨房内宜设置排气扇和可燃气体报警器"。

(2) 防治措施

1) 嵌入式燃气灶具使用液化石油气时须在灶具下方的橱柜门底部设有效截面积不小于 $0.03m^2/m^2$ 的百叶或格栅,使泄漏的燃气易于扩散;

同时须在橱柜内安装燃气泄漏报警器,以便及时察觉燃气泄漏,避免燃气事故;见图 6.2.9-1。

2) 建议使用金属软管连接灶具,防止老鼠咬破燃气软管。

6.4.7 燃气灶具与燃气管道的连接不合要求

1. 现象

(1) 使用带有万向节气嘴的燃气灶具;

(2) 使用非燃气专用胶管连接。

2. 危害及原因分析

(1) 危害

1) 带有万向节气嘴的灶具,在使用一段时间后,由于万向节密封问题,造成燃气泄漏,引发火灾事故;

2) 非燃气专用胶管,易老化,使用不安全。

(2) 原因分析

1) 部分燃气具生产厂家为了方便使用者生产了带有万向节气嘴的灶具,此类燃具在使用过程中,万向节中的橡胶密封垫会发生磨损及老化现象从而造成燃气从万向节中泄漏,引发火灾事故;

2) 非燃气专用胶管一般不耐油,遇油后胶管易老化、龟裂,发生漏气。

3. 标准要求及防止措施

(1) 标准要求

《城镇燃气设计规范》[GB 50028—93(2002 年版)]第 7.2.34 条:"燃气用软管应采用耐油胶管"。

(2) 防治措施

1) 选用固定气嘴(气嘴的方向不能转动)的燃气灶具;

2) 在选购燃气胶管及灶具时应注意选择耐油的燃气专用胶管或金属软管。

6.4.8 安装使用不合格的燃烧器具

1. 现象

(1) 安装国家已明令禁止并已淘汰的燃具;

(2) 安装"三无"产品的燃具。

2. 危害及原因分析

(1) 危害

购买安装国家明令淘汰产品或无厂名厂址、无生产许可证、无产品合格证的"三无"产品,产品质量无法保障,使用时易发生各类故障和事故,安全隐患大。

(2) 原因分析

购买使用者缺乏国家有关产品法律知识或贪图便宜。

3. 标准要求及防止措施

(1) 标准要求

《家用燃气燃烧器具安装及验收规程》(CJJ 12—99)第 1.0.4 条:"使用的燃具产品应符合国家有关产品标准的规定,并必须有产品合格证和安装使用说明书。在实行产品生产许可证制以后,应是获得生产许可证的产品"。

(2) 防治措施

1) 选购燃气热水器时,请到守法经营、信誉良好的大商场或专卖店购买。购买时应查验产品是否有生产许可证和产品合格证,不可因贪图价格便宜购买"三无"产品或已淘汰产品;

2) 购买者应当按当地有关部门公布的燃具产品销售目录的要求购买燃具。

引用规范、标准、法规

1.《建筑给水排水设计规范》GB 50015—2003
2.《建筑给水排水及采暖工程施工质量验收规范》GB 50242—2002
3.《自动喷水灭火系统设计规范》GB 50084—2001
4.《自动喷水灭火系统施工及验收规范》(2003 版)GB 50261—96
5.《给水排水管道工程施工及验收规范》GB 50268—97
6.《高层民用建筑设计防火规范》(2001 版)GB 50045—95
7.《通风与空调工程施工质量验收规范》GB 50243—2002
8.《采暖通风与空气调节设计规范》GB 50019—2003
9.《柜式风机盘管机组》JB/T 9066—1999
10.《组合式空调机组》GB/T 14294—93
11.《卧式水泵隔振及其安装》98S102
12.《ZP 型消声器、ZW 型消声弯管》97K130—1
13.《通风管道技术规程》JGJ 141—2004
14.《管道及设备保温》98R418
15.《管道及设备保冷》98R419
16.《全国通用通风管道配件图表》
17.《通风管道技术规程》JGJ 141—2004
18.《现场设备、工业管道焊接工程施工及验收规范》GB 50236—98
19.《城市区域环境噪声标准》GB 3096—93
20.《建筑设计防火规范》(2001 版)GBJ 16—87
21.《压缩机、风机、泵安装工程施工及验收规范》GB 50275—98
22.《连续热镀锌薄板和钢带》GB 2518
23.《玻璃纤维氯氧镁水泥通风管道》JC 646—1996
24.《设备及管道保冷设计导则》GB/T 15586
25.《设备及管道保温设计导则》GB 8175
26.《建筑电气工程施工质量验收规范》GB 50303—2002
27.《低压配电设计规范》GB 50054—95
28.《住宅设计规范》(2003 版)GB 50096—1999
29.《住宅装饰装修工程施工规范》GB 50327—2001
30.《火灾自动报警系统设计规范》GB 50116—98
31.《电力工程电缆设计规范》GB 50217—1994
32.《10kV 及以下变电所设计规范》GB 50053—94
33.《电气装置安装工程盘、柜及二次回路接线施工及验收规范》GB 50171—92
34.《人民防空工程设计防火规范》GB 50098—98
35.《电气装置安装工程爆炸和火灾危险环境电气装置施工及验收规范》GB 50257—96

36.《建筑物防雷设计规范》GB 50057—94(2000 年版)
37.《普通碳素钢电线套管》GB/T 3640—1998
38.《低压流体输送用镀锌焊接钢管》GB/T 3091—2001
39.《电气装置安装工程母线装置施工及验收规范》GBJ 149—90
40.《电气装置安装工程 35kV 及以下架空电力线路施工及验收规范》GB 50173—92
41.《电气安装用导管:特殊要求—金属导管》GB/T 14823.1—1993
42.《不间断电源设备》GB 7260—2003
43.《民用建筑设计通则》GB 50352—2005
44.《硬塑料管配线安装》D301—1～2(国家建筑标准设计图集)
45.《钢导管配线安装》03D301—3(国家建筑标准设计图集)
46.《电气竖井设备安装》04D701—1(国家建筑标准设计图集)
47.《封闭式母线安装》91D701—2(国家建筑标准设计图集)
48.《民用建筑电气设计规范》JGJ/T 16—92
49.《套接紧定式钢导管电线管路施工及验收规程》CECS 120:2000
50.《电控配电用电缆桥架》JB/T 10216—2000
51.《钢制电缆桥架工程设计规范》CECS 31:91
52.《智能建筑设计标准》GB/T 50314—2000
53.《智能建筑工程质量验收规范》GB 50339—2003
54.《智能建筑弱电工程设计施工图集》97X700(国家建筑标准设计图集)
55.《火灾自动报警系统施工及验收规范》GB 50166—92
56.《建筑与建筑群综合布线系统工程验收规范》GB/T 50312—2000
57.《建筑与建筑群综合布线系统工程设计规范》GB/T 50311—2000
58.《工业企业通信接地设计规范》GBJ 79—85
59.《工业自动化仪表工程施工及验收规范》GBJ 93—86
60.《民用闭路监视电视系统工程技术规范》GB 50198—94
61.《火灾报警控制器通用技术条件》GB 4717—93
62.《电子计算机机房施工及验收规范》SJT 30003—93
63.《电子计算机机房设计规范》GB 50174—93
64.《电梯制造与安装安全规范》GB 7588—2003
65.《电梯安装验收规范》GB 10060—1997
66.《电梯工程施工质量验收规范》GB 50310—2002
67.《电梯技术条件》GB/T 10058—1997
68.《电梯主要参数及轿厢、井道、机房的型号与尺寸》GB/T 7025.1～7025.3—1997
69.《液压电梯》JG 5071—1996
70.《自动扶梯和自动人行道制造与安装安全规范》GB 16899—1997
71.《工业金属管道工程施工及验收规范》GB 50235—97
72.《城镇燃气设计规范》(2002 年版)GB 50028—93
73.《家用燃气燃烧器具安装及验收规程》CJJ 12—99

74.《城镇燃气室内工程施工及验收规范》CJJ 94—2003
75.《阀门的检验与安装规范》SY/T 4102—1995
76.《涂装前钢材表面锈蚀等级和除锈等级》GB 8923—1988
77.《城镇燃气输配工程及验收规范》CJJ 33—2005
78.《聚乙烯燃气管道工程技术规程》CJJ 63—1995
79.《阴极保护管道的电绝缘标准》SY/T 0086—2003
80.《钢制管道聚乙烯胶粘带防腐层技术标准》SY/T 0414—1998
81.《长输管道阴极保护工程施工及验收规范》SYJ 4006—1990
82.《埋地钢制管道牺牲阳极阴极保护设计规范》ST/J 0019—1997
83.《城镇燃气设施运行、维护和抢修安全技术规程》CJJ 51—2001
84.《建设工程质量管理条例》 中华人民共和国国务院令(279 号)
85.《深圳市燃气管道工程设计、施工若干技术规定》
86.《深圳市民用建筑设计技术要求与规定》

主 要 参 考 文 献

1.《建筑施工手册(第4版)》编写组编写.建筑施工手册.第4版.北京:中国建筑工业出版社,2003
2. 彭圣浩主编.建筑工程质量通病防治手册.第3版.北京:中国建筑工业出版社,2002
3. 杨南方,尹辉主编.住宅工程质量通病防治手册.第2版.北京:中国建筑工业出版社,2002
4. 陈御平主编.住宅设备安装与质量通病防治.北京:中国建筑工业出版社,2001
5. 弈勇主编.建筑给水排水及采暖工程施工与质量验收实用手册.北京:中国建材工业出版社,2003
6. 王增长主编.建筑给水排水工程.第4版.北京:中国建筑工业出版社,1998
7. 彭洁,罗红.空调设备与水管之间软连接的选择.建筑科学.2002年第4期
8. 曹永敏,王翔,李天勋,杨宏斌.无机玻璃钢通风管道应用现状分析.中国玻璃钢工业协会网站,2005
9. 龚崇实,王福祥主编.通风空调工程安装手册.北京:中国建筑工业出版社,1989
10. 陆耀庆主编.实用供热空调设计手册.北京:中国建筑工业出版社,1993
11. 李娥飞主编.暖通空调设计与通病分析.北京:中国建筑工业出版社,2004
12. 建设部工程质量监督与行业发展司,中国建筑标准设计研究所.2003全国民用建筑工程设计技术措施.暖通空调、动力.北京:中国计划出版社,2003
13. 中国绝热隔离材料协会.绝热材料与绝热工程实用手册.北京:中国建材工业出版社,1998
14. 建设部住宅产业化促进中心.住宅设计与施工质量通病提示.北京:中国建筑工业出版社,2002
15. 上海市工程建设监督研究会.建筑施工禁忌手册.北京:中国建筑工业出版社,2000
16. 芮静康主编.建筑防雷与电气安全技术.北京:中国建筑工业出版社,2003
17. 张青虎,孙述璞主编.智能建筑工程质量验收规范培训教材与标准表格.北京:中国物价出版社,2004
18. 徐超汉编著.智能化大厦综合布线系统设计与工程.北京:电子工业出版社出版,1998
19. 董伟,王赫主编.江苏省建筑安装工程质量通病防治手册.南京:河海大学出版社,1999
20. 毛怀新编,《电梯与自动扶梯技术检验》.北京:学苑出版社,2001
21. 蒋春玉等编.电梯安装与使用维修实用手册.北京:机械工业出版社,2002
22. 孟少凯等编.电梯技术与工程实务.北京:宇航出版社,2002
23. 劳动和社会保障教材办公室组织编写.液压技术.北京:中国劳动社会保障出版社,2001